普通高等教育“十二五”规划教材（高职高专教育）
新能源系列教材

风力发电机组运行与维护

主　编　邵联合　周建强
副主编　张　伟　张梅有　逯登龙
编　写　安喜伟
主　审　劳思维　马虎林

中国电力出版社
CHINA ELECTRIC POWER PRESS

内 容 提 要

本书为普通高等教育“十二五”规划教材（高职高专教育）。本书采用图文并茂的方式，重点介绍了兆瓦级风力发电机组的传动系统、液压系统、偏航系统、变桨系统、控制系统、安全保护系统的基本结构、运行特点、控制过程及其日常巡检和维护知识。

本书可作为高职高专新能源相关专业学生、教师的教学用书，也可作为风电场运行与维护人员的培训教材。

图书在版编目（CIP）数据

风力发电机组运行与维护/邵联合，周建强主编. —北京：中国电力出版社，2014.3

普通高等教育“十二五”规划教材 高职高专教育新能源系列教材

ISBN 978-7-5123-5309-1

Ⅰ.①风… Ⅱ.①邵…②周… Ⅲ.①风力发电机-发电机组-运行-高等学校-教材②风力发电机-发电机组-维修-高等学校-教材 Ⅳ.①TM315

中国版本图书馆 CIP 数据核字（2014）第 003697 号

中国电力出版社出版、发行

（北京市东城区北京站西街 19 号 100005 http：//www.cepp.sgcc.com.cn）

航远印刷有限公司印刷

各地新华书店经售

*

2014 年 3 月第一版 2014 年 3 月北京第一次印刷

787 毫米×1092 毫米 16 开本 17.5 印张 427 千字

定价 **31.00** 元

前　言

风能是目前最具规模化开发利用条件的清洁可再生能源之一，风力发电是风能利用最主要的方式。近年来，风力发电技术迅猛发展，目前我国已成为世界上风力发电技术发展最快的国家之一。

我国于2010年建立起了完备的风力发电工业体系，风电技术和装备能力达到国际先进水平，计划到2020年全国风电装机容量达到3000万kW。风力发电产业要得到长足发展，必须有足够的智力支持和人才保障。目前全国的风电企业众多，包括制造、安装、运行与维护企业，未来15年，将需要4万名大、中专毕业生从事风电产业，特别是风电场运行维护岗位人员需求量最大。近几年来，很多院校相继开设了风力发电专业，但与现场结合紧密、特别适合实践教学的教材还不多。

本书以兆瓦级风力发电机组为研究对象，坚持理论够用为度，尽量避开烦琐的数学推导，重点介绍了风力发电机组运行与维护中需要解决和处理的实际问题，体现了内容的先进性和实用性，力求使读者熟悉行业标准和技术规范，掌握操作方法，学以致用。

本书由保定电力职业技术学院邵联合和郑州电力高等专科学校周建强担任主编，山西电力职业技术学院张伟、国网宁夏电力公司培训中心张梅有、中广核（张北）风力发电有限公司逯登龙担任副主编，河北红松风力发电有限公司安喜伟也参与了教材的编写工作。具体分工为周建强编写项目一，张梅有编写项目二，逯登龙编写项目三和项目四，安喜伟编写项目五，张伟编写项目六，邵联合编写项目七、项目八和附录部分，全书由邵联合负责统稿。教材编写团队中有多位成员来自生产一线，长期从事风电设备运行维护和职工培训鉴定工作，有着丰富的现场实践经验。

本书由河北红松风力发电有限公司主任级工程师劳思维和中广核（张北）风力发电有限公司主任级工程师马虎林主审，对本书提出了许多宝贵的意见和建议，在此表示衷心的感谢。

本书在编写过程中，参考了大量网上资料及出版物，在此谨向各位作者表示诚挚的谢意。

由于风力发电技术涉及面广，知识发展更新快，加之编者水平有限，书中难免有疏漏和不足之处，恳请广大读者朋友批评指正。

编　者

2013年12月

目录

项目一　风力发电机组的认识

【项目描述】

风力发电机组是风力发电场的主力设备。风力发电机组运行状态的好坏，不但直接影响其使用寿命，而且直接关系到风能利用率和整个风力发电场的经济效益，甚至电网的安全运行。同时风力发电机组也是一个涉及流体、机械、电气及自动控制多学科知识的复杂设备，运行维护人员首先要对风力发电机组有一个整体的认识。

本项目将完成以下三个工作任务：

任务一　认识风力发电机组

任务二　风力发电机组运行基本操作

任务三　维护检修工具的使用

【学习目标】

(1) 了解风力发电机组的基本结构及各组成部分的工作特点。

(2) 了解双馈发电机组和永磁直驱发电机组的结构特点。

(3) 理解大型并网风力发电机组的启动、停机、并网、偏航、变桨、脱网等基本含义。

(4) 掌握常用风力发电机组维修工具的使用方法。

【本项目学习重点】

(1) 双馈型和永磁型两类风力发电机组的基本结构和工作特点。

(2) 常用风力发电机组维修工具的使用方法。

【本项目学习难点】

(1) 双馈风力发电机组和永磁直驱风力发电机组的结构及工作原理。

(2) 风力发电机组的启动、停机、并网、偏航、变桨、脱网等基本动作过程。

任务一　认识风力发电机组

【任务引领】

了解风力发电机组的基本结构和工作原理是进行风力发电机组运行检修的基础。只有从整体上对风力发电机组有一个全面系统的认识，才能为后续系统部件的检修维护打下良好的基础。

【教学目标】

(1) 正确比较各类风力发电机组的不同结构和运行特点。

（2）了解变桨、偏航、变流等系统的基本动作过程。

【任务准备与实施建议】

（1）通过查阅相关资料，了解风力发电的工作原理，熟悉现代大型风力发电机组的基本组成和工作特点。

（2）到风电场全面了解风力发电机组的运行特点和动作过程。

（3）绘制风力发电机组系统示意图，并正确描述各组成部分的主要功能。

【相关知识的学习】

一、风力发电机组的分类

风力发电机组主要从功率大小和结构等方面进行分类。

1. 按功率分

按功率划分，风力发电机组习惯上可分为小型（0.1～1kW）、中型（1～100kW）、大型（100～1000kW）和特大型（大于1000kW）。

2. 按风轮轴方向分

（1）水平轴风力发电机组。风轮轴基本上平行于风向，工作时风轮的旋转平面与风向垂直，见图1-1。

（2）垂直轴风力发电机组。风轮轴垂直于风向的风力发电机组。可接收来自任何方向的风，因而当风向改变时，无需对风，不需要调向装置，结构简单，见图1-2。齿轮箱和发电机可以安装在地面上，维护检修方便。但垂直轴风力发电机组需要大量材料，占地面积大，目前商用大型风力发电机组较少采用。

图1-1 水平轴风力发电机组

图1-2 垂直轴风力发电机组

3. 按功率调节方式分

（1）定桨距风力发电机组。叶片固定安装在轮毂上，角度不能改变，发电机的功率调节完全依靠叶片的气动特性。当风速超过额定风速时，利用叶片本身的空气动力特性减小旋转力矩（失速）或通过偏航控制维持输出功率相对稳定。

（2）普通变桨距（正变距）风力发电机组。当风速过高时，通过减小叶片翼型上合成气流方向与翼型几何弦的夹角（攻角），改变风力发电机组获得的空气动力转矩，能使功率输出保持稳定。同时，机组在启动过程中也需要通过变桨距来获得足够的启动转矩。采用变桨距技术的风力发电机组还可改善叶片和整机的受力状况，对大型风力发电机组十分有利。

（3）主动失速型（负变距）风力发电机组。工作原理是上述两种形式的组合，当机组达到额定功率后，相应增加攻角，使叶片的失速效应加深，从而限制风能的捕获，因此称为负变距型。

4. 按传动形式分

（1）高速传动比齿轮箱型。风力发电机组中齿轮箱的主要功能是将风轮在风力作用下所产生的动力传递给发电机并使其得到相应的转速。风轮的转速较低，通常达不到发电机发电的要求，必须通过齿轮箱增速来实现。

（2）直接驱动型。应用多级同步发电机可以去掉常见的传动系统，使风轮直接拖动发电机转子运转。在低速状态，没有传动系统所带来的噪声、故障率高和维护成本大等问题，提高了运行可靠性。

（3）中传动比齿轮箱（半直驱）型。这种风力发电机组的工作原理是上述两种形式的综合。中传动比齿轮箱型风力发电机组减少了传统齿轮箱的传动比，同时也相应地减少了多级同步发电机的级数，从而减小了发电机的体积。

5. 按转速变化

（1）定速。定速风力发电机组是指其发电机的转速是恒定不变的，不随风速的变化而变化，始终在一个恒定不变的转速下运行。

（2）多态定速。多态定速风力发电机组中包含两台或多台发电机，根据风速的变化，可以有不同大小和数量的发电机投入运行。

（3）变速。变速风力发电机组中的发电机工作在转速随风速时刻变化的状态下。目前，主流的大型风力发电机组都采用变速恒频运行方式。

目前最常见的大型风力发电机组主要有恒速恒频发电机组和变速恒频发电机组两种结构类型。

二、风力发电机组的基本结构

从外观结构上看，风力发电机组主要由风轮、机舱、塔架和基础组成，如图 1-3 所示。在风力的作用下，风轮开始旋转，通过机舱内的传动系统，带动发电机转子旋转并开始发电，从而完成“风能—机械能—电能”的转换。

1. 基础

基础在风力发电机组的最下部，是主要的承载部件。主要承受上部塔架传来的机组的全部竖向荷载、水平荷载，包括机组自身重量、风荷载、风轮旋转产生的力矩、机组调向时产生的扭矩等复杂荷载。

目前大型风电机组多采用钢筋混凝土基础，按结构分主要有厚板块、多桩和单桩等几种形式，见图 1-4。距地表不远处就有硬性土质时，宜采用梁板式基础；地层土质比较疏松时宜采用桩基础。

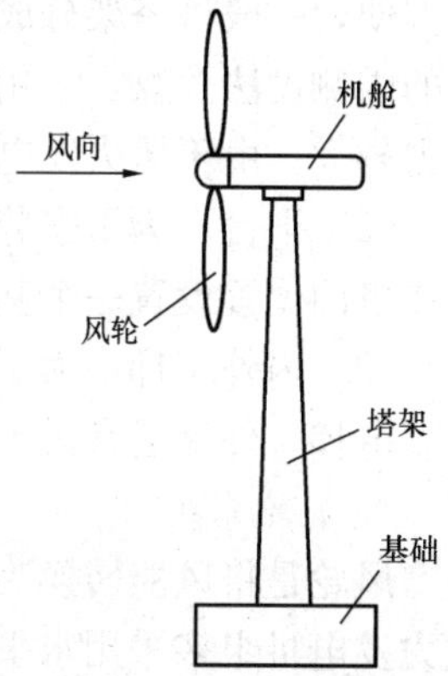

图 1-3　风力发电机组的结构

2. 塔架

见图 1-5。现代大型风力发电机组多采用圆筒形钢制塔架。塔

图 1-4 风力发电机基础

架是主要的承载部件，用来把机组上部的荷载传递给基础。塔架主要由塔筒、塔门、塔梯、平台、电缆架及照明设备组成，有些塔筒内布置有升降机。

(a)

(b)

图 1-5 风力发电机塔架
(a) 桁架式；(b) 圆筒式

(1) 塔筒。塔筒是塔架的主要承力部件。现代风轮塔架一般高 60～90m。为了吊装及运输方便，一般将塔架分成若干段塔筒，在底段塔筒底部内、外侧或单侧设法兰盘，其余连接段的内侧设法兰盘，采用螺栓连接。塔架的高度决定风力发电机组的高度，通常高度越高，风力越大。由于风力发电场的风速不同，为了在最佳的风速运行，塔架的高度也不相同。

(2) 平台。为了安装相邻段塔筒和供检修人员攀爬中间休息，塔架中设置若干平台。通常在塔门位置设置一个基础平台，在中间段还要设置 2～3 个检修平台。

(3) 内外爬梯。为了检修方便，在地面到舱门设置外梯，在基础平台到机舱设置内梯或垂直电梯。外梯通常设置成倾斜直梯或螺旋梯，内梯通常设置成垂直爬梯。

3. 风轮系统

风轮是将风能转换为机械能的装置，是风力发电机组的核心部件。现代用于并网发电的风力发电机组多采用水平轴迎风式，双叶或三叶机型（见图 1-6），功率从几千瓦到几兆瓦，风轮的功率大小取决于风轮直径。

图 1-6　不同叶片数量的风力发电机组

风轮主要由叶片、轮毂、导流罩和变桨系统的执行机构组成。

(1) 叶片。风力发电机组的风轮叶片是接受风能的主要部件，见图 1-7。叶片的翼型设计、结构形式直接影响风力发电装置的性能和功率，是风力发电机组中最核心的部分之一。

图 1-7　叶片

(2) 轮毂。轮毂是风力发电机组中的重要部件，它连接主轴和叶片，将风轮的扭矩传递给齿轮箱或发电机。轮毂通常有球形和三圆柱形两种，见图 1-8。连接叶片法兰的夹角为 120°，风机轮毂铸件的直径约为 3m，重达 8t，重要部位壁厚达 160mm，由球墨铸铁铸造而成。

(3) 变桨系统的执行机构。变桨系统是风力发电机组中调节功率的装置，它包括三个主要部件，即驱动装置（电动机）、齿轮箱和变桨轴承，见图 1-9。通过在叶片和轮毂之间安装的变桨驱动电动机带动回转轴承转动从而改变叶片迎角，由此控制叶片的升力，以达到控

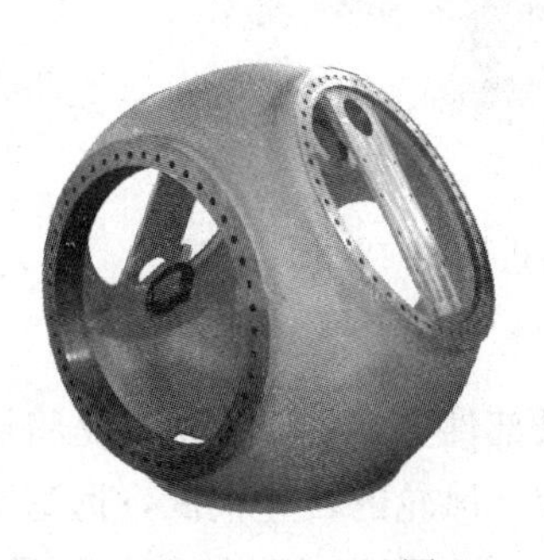

图 1-8　轮毂的结构

制作用在风轮叶片上的扭矩和功率的目的。

(4) 导流罩。一般用玻璃钢材料制造，用来减小对风的阻力，见图 1-10。

图 1-9 变桨系统

图 1-10 风力发电机导流罩

4. 机舱

机舱由底盘和机舱罩组成，底盘上安装除控制器以外的主要部件。机舱罩后部的上方装有风速和风向传感器，舱壁上有隔声和通风装置等，底部与塔架连接。机舱上安装有散热器，用于齿轮箱和发电机的冷却；同时，在机舱内还安装有加热器，使得风力发电机组在冬季寒冷的环境下，机舱内保持 10℃以上的温度。

机舱内安装有风力发电机组的大部分传递、发电、控制等重要设备，包括主轴、齿轮箱、发电机、液压装置、偏航装置和电控柜等，如图 1-11 所示。

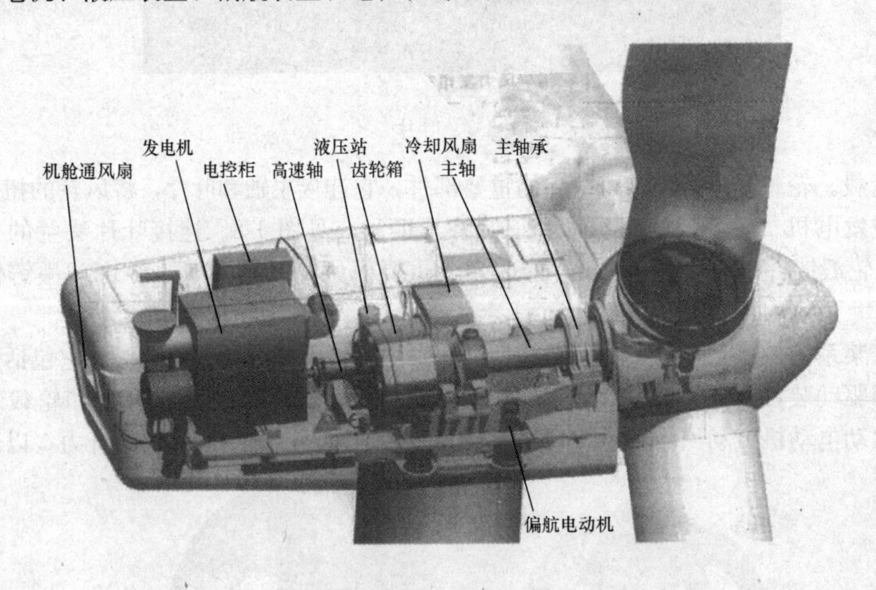

图 1-11 风力发电机机舱内设备

5. 增速齿轮箱系统

风力发电机组中的齿轮箱是一个重要的机械部件，其主要的功能是将风轮在风力作用下产生的动力传递给发电机并使其得到相应的转速。风轮的转速很低，远达不到发电机组的要求，必须通过齿轮箱齿轮副的增速作用来实现，故也将齿轮箱称为增速箱。图 1-12 所示为齿轮箱典型结构示意图。

6. 发电机

发电机是将其他形式的能源转换成电能的机械设备。发电机的种类很多，其工作原理都是基于电磁感应定律和电磁学及力学定律。

图 1-12　典型齿轮箱结构示意图

发电机通常由定子、转子、外壳（机座）、端盖及轴承等部件构成。

定子由定子铁芯、定子绕组、机座、接线盒以及固定这些部件的其他机构件组成。

转子由转子轴、转子铁芯（或磁极、磁轭）、转子绕组、护环、中心环、集电环及风扇等部件组成。

发电机分为同步发电机和异步发电机两个主要类型。同步发电机运行的频率与其所连电网的频率完全相同，也被称为交流发电机；异步发电机运行时的频率比电网频率稍高，常被称为感应发电机。风力发电机组的发电机一般采用异步发电机，异步发电机的转速取决于电网的频率，只能在同步转速附近很小的范围内变化。

同步发电机中的转子有一个通直流电的绕组，称为励磁绕组，励磁绕组建立一个恒定的磁场锁定定子绕组建立的旋转磁场。因此，转子始终能以一个恒定的与定子磁场和电网频率同步的恒定转速旋转。在某些设计中，转子磁场是由永磁机或永磁体产生的。

异步发电机的转子是由一个两端都短接的鼠笼形绕组构成的。转子与外界没有电的连接，转子电流由转子切割定子旋转磁场的相对运动产生。如果转子速度完全等于定子旋转磁场的速度（与同步发电机一样），就没有相对运动，也就没有转子感应电流。因此，异步发电机总的转速总是比定子旋转磁场速度稍高。

图 1-13　液压系统

1—蓄能器；2—偏航余压阀；3—压力表；4—空气过滤器；5、6、7—手动阀；8—油位计；9—手动泵；10—放油阀；11—压力继电器；12、14—电磁阀；13—安全阀

7. 偏航系统

由于自然风风向的不确定性和风的不稳定性，风轮需要反复地偏航对风以获得最大功率。如果风轮扫掠面和风向不垂直，则不但功率输出减少，而且承受的载荷更大。偏航系统的功能就是跟踪风向的变化，驱动机舱围绕塔架中心线旋转，使风轮扫掠面与风向保持垂直。

8. 液压系统

液压系统是以液体为介质，实现动力传输和运动控制的机械装置，见图 1-13。它具有传动平稳、功率密度大、容易实现无级调速、易于更换元器件和过载保护等优点。在大型风力发电系统中，广泛应用液压系统实现偏航刹车及转子刹车功能。

9. 制动系统

制动系统是风力发电机组中起制动作用装置的总称，一般包括气动制动装置和机械制动装置。

（1）空气动力制动。当风力发电机组处于运行状态时，叶尖扰流器作为桨叶的一部分起吸收风能的作用，保持这种状态的动力来自风力发电机组中的液压系统。液压系统提供的液压油通过旋转接头进入安装在桨叶根部的液压缸，压缩叶尖扰流器机构中的弹簧，使叶尖扰流器与桨叶主体联为一体。当风力发电机组需要停机时，液压系统释放液压油，叶尖扰流器在离心力作用下，按设计的轨迹转过 90°，在空气阻力下起制动作用，见图 1-14。变桨距风力发电机组的空气动力刹车是通过桨距角的变化来实现的。

(2) 机械制动机构。机构制动机构由安装在低速轴或高速轴上的刹车圆盘与布置在四周的液压夹钳构成。液压夹钳固定，刹车圆盘随轴一起转动，见图 1-15。液压夹钳有一个预压的弹簧制动力，液压力通过油缸中的活塞将夹钳打开。机械制动机构的预压弹簧制动力，一般要求在额定负载下脱网时能够保证风力发电机组安全停机。但在正常停机的情况下，液压力并不是完全释放的，即在制动过程中只作用了一部分弹簧力。因此，在液压系统中设置了一个特殊的减压阀和蓄能器，以保证在制动过程中不完全提供弹簧的制动力。为了监视机械制动机构的内部状态，夹钳内部装有温度传感器和指示刹车片厚度的传感器。

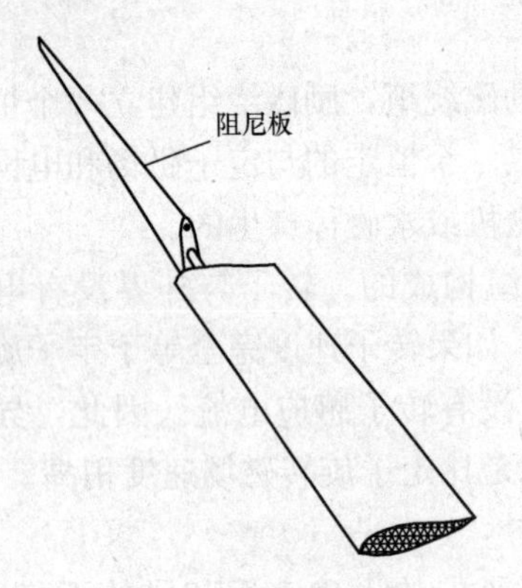

图 1-14 定桨距叶尖制动系统

图 1-15 高速轴制动系统

10. 电气及控制系统

与一般工业控制过程不同，风力发电机组的控制系统是综合性控制系统。它不仅要监视电网工况和机组运行参数，而且还要根据风速与风向的变化，对机组进行优化控制，以提高机组的运行效率和发电量。

(1) 电气控制系统的功能。电控系统通常包括正常运行控制、运行状态监测和安全保护三方面的职能。

1) 正常运行控制。包括机组自动启停、变流器并网、主要零部件的除湿加热、液压系统启停、散热器启停、偏航及自动解缆、电容补偿和电容滤波投切，以及低于切入风速时的自动停机等。

2) 监控功能。主要包括电网电压、频率，发电机输出的电流、功率、功率因数，风速，风向，叶轮转速，液压系统状况，偏航系统状况，风力发电机组关键设备的温度及舱外温度等。

3) 安全保护。安全保护系统可以分为计算机系统、独立于计算机的安全链、器件本身的保护措施三层结构。机组采用两套相互独立的保护机构，一套是可编程逻辑控制器

（PLC）软件控制的保护系统，由 PLC 对安全链的节点进行监控，任何一个节点发生故障后，主控制程序都会向变桨系统发出急停请求；另一套为独立于计算机系统的安全链，安全链是一个硬回路，由所有能触发紧急停机的触点串联而成，任何一个触发都会导致紧急停机。

（2）电控系统的组成。风力发电机组的电气控制系统由低压电气柜、电容柜、主控制柜、变流柜、机舱控制柜、变桨控制柜、传感器以及连接电缆组成。

1）低压电气柜。风力发电机组的主配电系统，连接发电机与电网，为机组中的各执行机构提供电源，同时也是各执行机构的强电控制回路。

2）电容柜。为了提高变流器整流效率，在发电机与整流器之间设计有电容补偿回路，提高发电机的功率因数。为了保证电网供电的质量，在逆变器与电网之间设计有电容滤波回路。

3）主控制柜。机组可靠运行的核心，主要完成数据采集及输入、输出信号处理；逻辑功能判断；对外围执行机构发出控制指令；与机舱柜、变桨柜通信，接收机舱和轮毂内变桨系统信号；与中央监控系统通信，传递信息。

4）变流柜。变流系统主要完成电流频率的变换。在双馈发电系统中，为双馈发电机励磁系统提供励磁电流；在永磁同步风力发电系统中，将发电机输出的非工频电流通过变流柜变成工频电流并入电网。

5）机舱控制柜。主要是采集机舱内各个传感器、限位开关的信号；采集并处理叶轮转速、发电机转速、风速、温度、振动等信号。

6）变桨控制器。实现风力发电机组的变桨控制，在额定功率以上通过控制叶片桨距角使输出的功率保持在额定状态，停机时，调整桨距角度，使风力发电机组处于安全状态下。

7）并网柜。实现并网的功能，保护断路器，分配系统电源的功能，同时与主控制柜保持通信。

三、机组运行原理

大型并网风力发电机组主要有定桨距机组、双馈式机组、永磁同步直驱式机组等多种类型的机组，最具有竞争力的结构形式是双馈式风力发电机组和永磁同步直驱风力发电机组。

1. 双馈型风力发电机组

风速时刻都在变化，而电网的频率必须保持一个几乎恒定的值（我国电网频率为50Hz）。最初风力发电机组大多以恒速恒频的方式实现并网发电。随着机组向大型化发展，发电机在很大风速范围内按最佳效率运行的重要优点越来越引起人们的重视。双馈风力发电机组是一种风轮叶片桨距角可以调节，同时采用双馈型发电机，发电机可以变速，并输出恒频恒压电能的机组。在低于额定风速时，它通过改变叶片桨距角使风力发电机组在最佳叶尖速比下运行，输出最大的功率；而在高风速时通过改变叶片桨距角使风力发电机组功率输出稳定在额定功率，如果超过发电机同步转速，转子也处于发电状态，通过变流器向电网馈电，所以称为双馈发电机组。目前双馈风力发电机组已成为大型并网风力发电机组的主力机型。

（1）双馈风力发电机组基本结构。双馈式风力发电机组从下到上由基础、塔筒、机舱、风力发电机几部分组成。在塔筒内底部，布置有变流柜、并网柜；在机舱和塔筒连接处布置有偏航系统；在机舱内部有低速轴与风力机相连，接着是齿轮箱、高速轴和双馈风力发电

图 1-16 双馈风力发电机组

机；另外在机舱内还布置有控制柜、液压站等装置；在机舱外上端尾部布置有测量风速、风向的传感器，见图 1-16。

（2）双馈风力发电机组工作原理。

1）变桨。变桨距风力发电机组与定桨距相比，在额定功率点以上可输出功率平稳。当功率在额定值以下时，控制器将叶片桨距角置于0°，不作变化，可认为等同于定桨距风力发电机组，发电机的功率根据叶片的气动性能随风速的变化而变化。当功率超过额定功率时，变桨距机构开始工作，调整叶片桨距角，将发电机的输出功率限制在额定值附近。

2）发电。随着并网型风力发电机组容量的增大，大型风力发电机组的单个叶片已重达数吨，操纵如此巨大的惯性体，并且响应速度要能跟上风速的变化是相当困难的。近年来设计的变桨距风力发电机组，除对桨叶进行桨距控制以外，还通过控制发电机转子电流来控制发电机转差率，使得发电机转速在一定范围内能够快速响应风速的变化，以吸收瞬变的风能，使输出的功率曲线更加平稳。

这种控制方式的风力发电机组多采用双馈发电机，双馈异步发电机在定、转子上均布有三相绕组，运行时，定子侧直接接入三相工频电网，而转子侧通过变频器接入所需低频电流。变流器有 AC—AC 变流器、AC—DC—AC 变流器和正弦波脉宽调制双向变流器三种。无论定子侧还是转子侧都有能量馈送，见图 1-17。

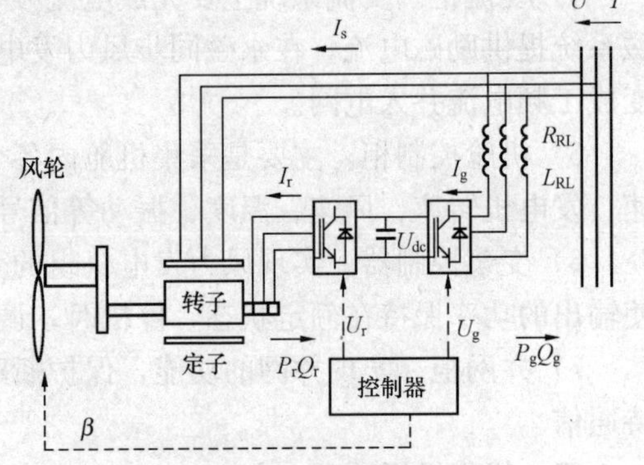

图 1-17 变速恒频双馈风力发电机组控制原理图

设系统工作时转子转速为 n，转子绕组通过变频器提供的励磁电流在转子绕组上产生的旋转磁场相对于转子的转速为 n_2。当发电机的转速随着风速的变化而变化时，主要利用变频器调节输入转子的励磁电流频率来改变转子磁场的旋转速度 n_1。

① 当转子转速低于同步转速时，$n_1=n+n_2$。

② 当转子转速高于同步转速时，$n_1=n-n_2$。

③ 当转子转速等于同步转速时，$n_2=0$，相当于直流励磁。

双馈发电机励磁可调节励磁电流的频率、幅值和相位。可通过转子侧的变频器来调节励磁电流的频率，保证在变速运行情况下发出恒频的交流电。也可通过改变励磁电流的幅值和相位，调节输出的有功功率和无功功率，其原理见图 1-18。当转子电流相位改变时，由转子电流产生的转子磁场位置会有一个空间位移，使得双馈发电机定子感应电动势矢量对于电网电压矢量的位置也发生变化，即功率角发生改变，使有功功率和无功功率得到调节。

电网侧变换器的控制目标是维持两个变流器之间的直流电容端电压的恒定；转子侧变换器控制目标是发电机定子端输出的有功功率能跟踪其参考值变化，并保持功率因数不变。

双馈发电机分为有电刷和无电刷两种，有电刷双馈发电机就是传统绕线式发电机，变流器通过滑环、电刷对定子进行馈电。但由于绕线式异步发电机有滑环、电刷存在，这种摩擦接触式结构不适合运行环境比较恶劣的风力发电装置。

无刷双馈发电机由2台绕线式异步发电机组成，其原理见图1-19，两转子的同轴连接省去了滑环和电刷。无刷双馈发电机可在转子转速变化的条件下，通过控制励磁机的励磁电流频率来确保发电机输出电频率保持50Hz不变。因此，无刷双馈发电机可实现变速恒频发电。无刷双馈发电机结构简单，坚固可靠，比较适合风力发电等运行环境比较恶劣的发电系统使用。若无刷双馈发电机运行在中速区和高速区，励磁机经变频器向电网输出能量。要利用这部分能量，变频器的整流应该是可控的。

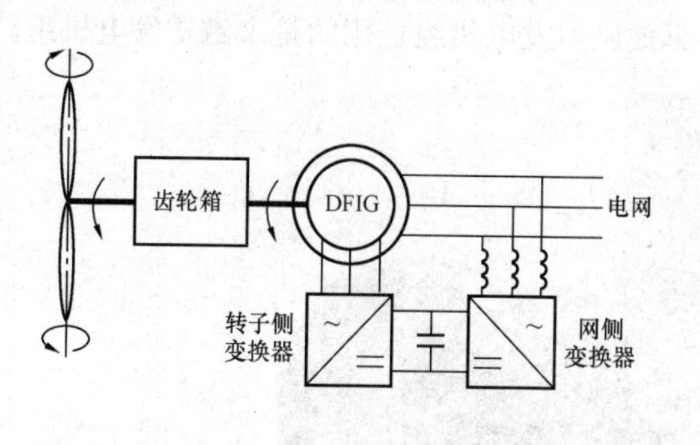

图1-18　双馈发电机原理

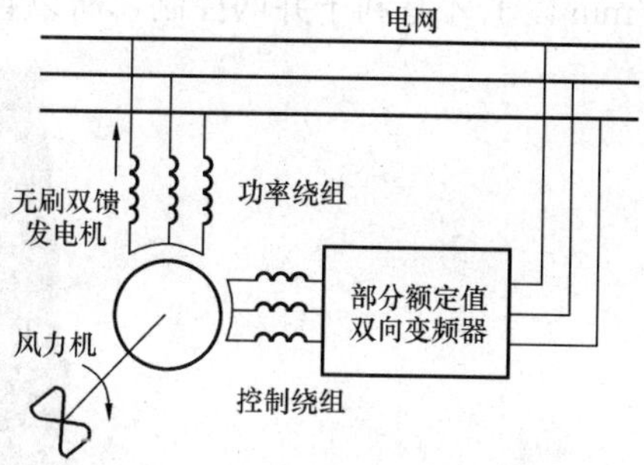

图1-19　无刷双馈发电机原理

3）偏航。双馈风力发电机组的偏航系统工作时分手动偏航、自动偏航和偏航解缆三种模式。

手动偏航是三种偏航方式中优先级最高的，主要用在调试过程和故障处理过程的偏航。通过显示屏上的组合按键可以顺时针和逆时针偏航。手动偏航可以通过按键停止或在转过180°后自动停止。

自动对风偏航与风向、风速有关。对FD型风机来说，安装有两个偏航方向记数传感器，当风向在1min内偏离8°或在2min内偏离16°时才会松开偏航刹车，延时0.2s，启动偏航电动机，执行自动对风偏航。在达到设定的偏航停止角度－2°时，延时0.5s，制动偏航刹车，停止偏航电动机。

当电缆扭曲圈数达到2圈且风速低于3m/s，或电缆扭曲圈数达到3圈时，表示风机向一个风向，要自动偏航解缆；风机安装有扭缆开关，该开关直接连接到安全链，当电缆扭曲的圈数达到4圈时，说明自动解缆失败，要触发安全链紧急停机。

（3）双馈风力发电机组的优缺点。

1）双馈风力发电机组的优点。允许发电机在同步转速上下30％转速范围内运行，简化了调整装置，减少了调速时的机械应力，同时使机组控制更加灵活、方便，提高了机组运行效率；需要变频控制的功率仅是发电机额定容量的一部分，使变频装置体积减小、成本降低、投资减少；可以实现有功、无功、功率的独立调节。

2）双馈风力发电机组的缺点。双馈风力发电机组必须使用齿轮箱，然而随着发电机组功率的提高，齿轮箱成本变得很高，且易出现故障，需要经常维护。同时齿轮箱也是风力发电机系统产生噪声的一个重要声源，低负荷运行时效率低。发电机转子绕组带有集电环、电刷，增加维护工作量和故障率。控制系统复杂。

2. 直驱式风力发电机组

随着风电机组单机容量的增大，双馈型风力发电机组系统中齿轮箱的高速传动部件故障问题日益突出，于是没有齿轮箱而将主轴与低速多级同步发电机直接连接的直驱式风力发电机组应运而生。

（1）组成结构。永磁同步直驱式风力发电机组在外观上除了机舱较短、直径较大外，与双馈式风力发电机组没有太大区别，主要由基础、塔筒、机舱、风轮等几部分组成，变桨系统和偏航系统也与双馈式风力发电机组相同，其主要区别是风轮直接与发电机相连，没有增速齿轮箱，见图 1-20。因风轮的转速通常在 12～120r/min 之间，感应式发电机转速要达到 1000r/min 以上才有利于并网控制，所以直驱式风力发电机组选用的是永磁式发电机组。

图 1-20　永磁直驱式风力发电机的组成

1—叶片；2—轮毂；3—变桨系统；4—发电机转子；5—发电机定子；6—偏航系统；7—测风系统；8—底板；9—塔架

（2）工作原理。永磁直驱风力发电机组的发电机轴直接连接到风轮上，风轮拖着发电机的转子以恒定转速 n_1 相对于定子沿逆时针方向旋转，见图 1-21；安放于定子铁芯槽内的导体与转子上的主磁极之间发生相对运动；根据电磁感应定律可知，相对于磁极运动（即切割

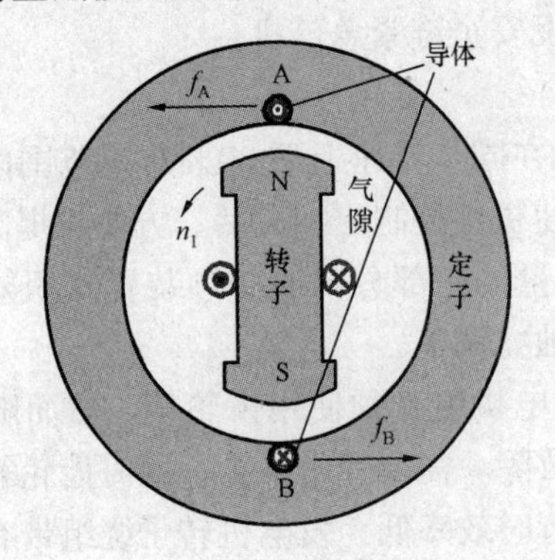

图 1-21　直驱同步发电机原理和实物

磁力线）的导体中将感应出电动势为

$$e = b_\delta l v,\ \mathrm{V} \tag{1-1}$$

导体感应电动势的方向可用右手定则判断。

如果发电机的转速为 n_1，单位为 r/min，即发电机转子每秒转了 $n_1/60$ 圈，则定子导体中感应电动势的频率为

$$f = \frac{pn_1}{60},\mathrm{Hz} \tag{1-2}$$

当发电机的极对数 p 与转速 n_1 一定时，发电机内感应电动势的频率 f 就是固定的数值。

由式（1-2）可知，由于直驱式发电机转速低，所以发电机磁极数很多，通常在 90 极以上，为了保证磁极数，发电机的直径和质量相比双馈式机组也大很多。

直驱式发电机根据定子产生磁场的原理不同分为永磁同步发电机和电励磁同步发电机。永磁同步发电机（PMSG）的转子由永久磁钢按一定对数组成，不用消耗电能励磁，但理论上有高温失磁的风险。根据磁通分布可以分为径向磁通、轴向磁通和横向磁通永磁发电机，其中径向磁通永磁发电机结构简单稳固，功率密度更高，在大功率直驱型风电系统中得到了较多应用。

电励磁同步发电机（EESC）通常在转子侧进行直流励磁。使用电励磁同步发电机与使用直驱式风力发电机相比，转子励磁电流可控，可以控制磁链在不同功率段获得最小损耗；而且不需要使用成本较高的永磁材料，也避免了永磁体失磁的风险。但是电励磁同步发电机需要为励磁绕组提供空间，会使发电机尺寸更大，转子绕组直流励磁需要滑环和电刷。

转子的转速随风速而改变，其交流电的频率也随之变化，经过大功率电力电子变流器，将频率不定的交流电整流成直流电，再逆变成与电网同频率的交流电输出，见图 1-22。

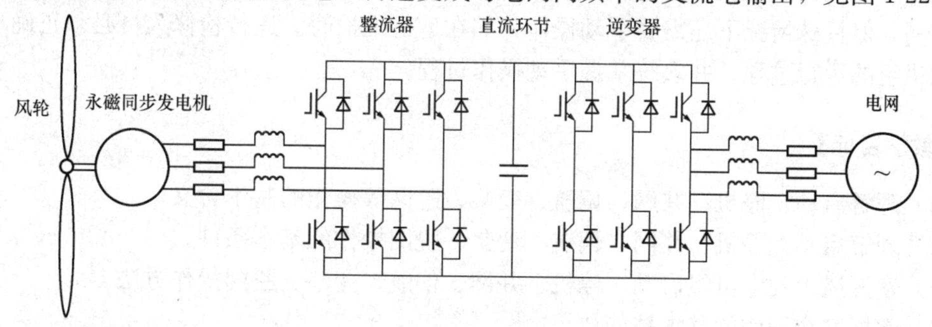

图 1-22　永磁同步风力发电机组并网原理

直驱式风力发电机组采用全功率变频器，没有运行转速下限的限制，而双馈式风力发电机组存在着运行转速的下限，所以从原理上来说直驱式机组的切入风速可以更低。但是，直驱式风力发电机组所使用的全功率变频器存在较高的功率损耗问题，由于全功率变频器的容量是双馈式风力发电机组中变频器的 3 倍左右，所以变频器的功率器件和冷却等设备所消耗功率也要大很多。

（3）发电机组的优缺点。直驱式风力发电机组是无齿轮箱的变桨距变速风力发电机组，风轮轴直接与低速发电机连接，主要有以下优点。

1）没有齿轮箱所带来的一系列缺点。如由齿轮箱引起的风电机组故障率高；齿轮箱的运行维护工作量大，易漏油污染；齿轮箱引起的系统噪声大、效率低、寿命短。

2）永磁发电机运行效率高，不从电网吸收无功功率，无需励磁绕组和直流电源，也不

需要滑环碳刷，结构简单且技术可靠性高，对电网运行影响小。

3）永磁发电机的励磁不可调，导致其感应电动势随转速和负载变化。采用可控 PWM 整流或不控整流后接 DC/DC 变换，可维持直流母线电压基本恒定，同时可控制发电机电磁转矩以调节风轮转速。

4）全功率变流器可以显著改善电能质量，减轻对低压电网的冲击，保障风力发电机组并网后的电网可靠性和安全性。与双馈型机组（变流器容量通常为 1/3 风电机组额定功率）相比，全功率变流器更容易实现低电压穿越等功能，更容易满足电网对风电并网日益严格的要求。

但直驱式风力发电机组也存在以下问题：

1）采用多级低速永磁同步发电机直径较大，随着机组设计容量的增大，发电机制造困难，制造成本高。

2）采用全容量逆变器装置，变流器设备投资大，增加控制系统成本。

3）永磁发电机存在定位转矩，给机组启动造成困难。

4）理论上永磁材料存在振动、冲击、高温情况下失磁的风险。

任务二　风力发电机组运行基本操作

【任务引领】

大型并网风力发电机组运行过程包含多种运行状态，尽管现代的风力发电机组自动化程度非常高，但特殊情况下还需要手动操作，如在运行维护时。运行检修人员必须正确理解风力发电机组的运行过程，并熟练掌握手动操作过程。

【教学目标】

(1) 理解启动、停机、并网、偏航、变桨、脱网等操作的基本含义。

(2) 理解启动、停机、并网、偏航、变桨、脱网操作的基本条件。

(3) 掌握风力发电机组启动、停机、并网、偏航、变桨、脱网操作方法。

(4) 掌握安全操作的基本技能。

【任务准备与实施建议】

(1) 通过查阅相关资料，了解风力发电机组运行的基本知识，熟悉大型风力发电场的运行规程，了解风力发电场运行检修员岗位的能力要求。

(2) 结合风力发电机组仿真设备，制订风力发电机组运行操作方案。

(3) 利用风力发电机组仿真设备模拟风力发电的运行操作。

【相关知识的学习】

一、风力发电机组运行的基本知识

风力发电场运行过程如下：

场外输电线路带电⟶场内升压站输变电设备投入运行⟶场内各集电线路送电⟶各

风力发电机组专用变压器上电运行⟶各风力发电机组发电前准备⟶风力发电机组系统正常⟶风速达到发电启动条件⟶各级风力发电机组启动⟶风力发电机组达到并网条件⟶风力发电机组并网运行。

风力发电机组从启动到停机有初始化、待机、启动、增速、并网、停机等状态。

(1) 初始化。初始化状态只在PLC掉电后发生。PLC系统重新启动，运行系统从初始化开始进行系统检查，如有故障，进入“停机”状态，如无故障，进入“待机”状态。

(2) 待机。待机是无故障时风力发电机组慢速运转无功率输出的状态。叶片在顺桨位置，叶轮自由空转。

(3) 启动。启动是从待机状态到风力发电机组运行状态。满足启动的条件是达到启动风速，风力发电机组无故障，叶轮处于可运转状态。操作启动按钮后，叶片被调整到预设的角度，风轮的转速达到1r/min，并持续一段时间，变桨系统使叶片的桨距角变到设定角度，该角度根据不同的风速而设定，叶轮转速将会增加，进入增速状态。

(4) 增速。增速状态是风力发电机组从启动到进入并网发电的过渡过程，叶轮的转速不断增加。达到某一转速（10.2r/min）后，风力发电机组并网，进入发电状态。

(5) 并网。指风力发电机组在发电状态运行。通过调整发电机输出、叶片桨距角和变桨系统，控制风力发电机组保持在较优的运行状态。当风速过高或过低时，机组进入待机或停机；当发生故障时，机组进入待机或停机；运行人员手动停机时，机组进入停机状态。

(6) 停机。停机分为正常停机、快速停机和紧急停机，机组根据不同情况选择不同的停机方式。停机时叶片被调整到顺桨位置，叶轮降速，叶轮速度降到4.5r/min时，变流器脱网，机组进入停机状态。

一旦发生故障，停机使风力发电机组进入安全运行状态，通过安全系统，叶轮的转速能很快降低。当停机过程结束后，机组进入停机状态，只有将故障消除后，才能退出停机状态。

二、风力发电机组运行的基本操作

风力发电机组运行操作可以通过机组控制柜上的控制面板进行手动操作，也可以在远程监控系统上操作。下面以FL1500系列风力发电机组为例介绍风力发电机组控制柜上的基本操作。图1-23所示为FL1500型风力发电机组的机舱控制柜。

(1) AC400V总开关。调试、维护或服务时，可以通过该开关断开AC400V线，由AC400V、AC230V或DC24V供电的装置将会停止供电。一般只有在控制器停止的状态下才可以断开AC400V线。

(2) 总开关蓄电池。调试、维护或服务时，可以用该开关断开蓄电池。只有在控制器停止的状态下才可以断开蓄电池。

(3) 轮毂通道允许（绿色灯）。当该灯亮时，表示风速低于10m/s，允许进入轮毂任意移动叶片位置。当该灯闪烁时，表示风速低于10m/s，允许进入轮毂，但是叶片必须处于顺桨位置。

(4) 轮毂通道不允许（红色灯）。当该灯亮时，表示风速超过10m/s，禁止进入轮毂。当该灯熄灭时，表示绿色灯轮毂通道允许。

(5) 自动模式（绿色灯）。当该灯亮时，表示机组处于自动模式；当该灯闪烁时，表示可以启动自动模式，按控制面板上的启动按钮，激活自动模式。

(6) 维护模式（黄色灯）。当该灯亮时，表示维护模式激活。只有在维护模式下，维护

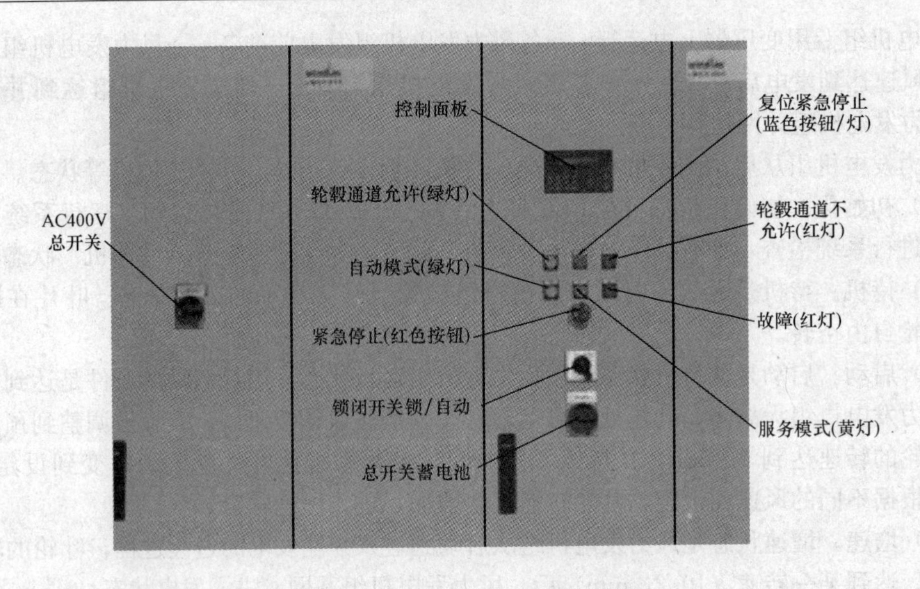

图 1-23　FL1500 系列机组机舱控制柜

人员才能对控制系统进行维护。

(7) 紧急停止（红色按钮）。在紧急情况下，按紧急按钮停止控制器运行。调试，维护或服务过程中也可以按紧急停止按钮，防止控制器意外启动。

(8) 故障（红色灯）。机组处于故障状态。

(9) 复位紧急停止（蓝色按钮/灯）。灯亮时表示紧急线路打开（一个或多个紧急按钮被按住）或/紧急继电器没有复位。

(10) 按键开关机上/远程。当打到机上位置时，不能远程操作，但可以远程查看。当开关处于远程位置时，可以远程操作。一般在塔架基础柜有“机上/远程”按键开关，在调试、维护或服务的过程中，该按键开关设置在机上模式，否则设置在远程模式。

(11) 锁闭开关锁闭/自动。当把开关打到“锁闭”状态时，风力发电机组的制动器始终是闭合的。当把开关打到“自动”状态时，制动器由 PLC 和安全链控制。

风力发电机组的手动操作是通过控制系统的控制面板进行的，图 1-24 所示为 FL1500 系列风力发电机组的机舱控制柜上的操作面板。操作面板主要由 LED 显示屏和操作按钮组成，可以通过按键实现不同功能的手动操作。如能够通过按红色“start”和“stop”按钮开始和停止；通过按红色“reset”按钮能够使故障手动复位；要进入维护模式，必须按红色“service”按钮。

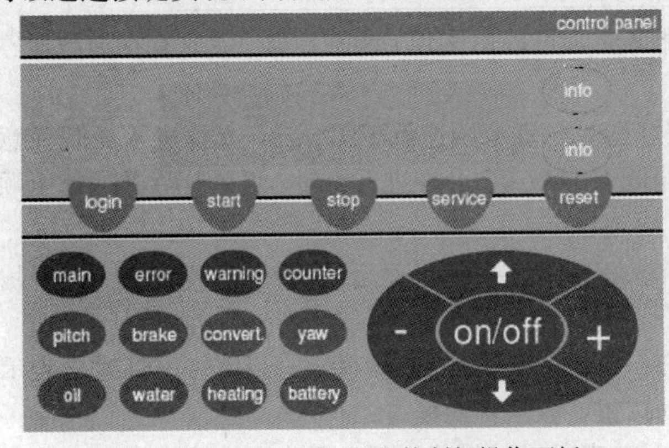

图 1-24　FL1500 系列机组控制柜操作面板

1. 启动和停机

风力发电机组的启动和停机有自动和手动两种方式。大型并网风电机组都能自动启动和停机。自动启动是指机组处于自然状态，当风速达到启动风速范围时，机组按计算机程序自动启动并入电网；自动停机是指机组处于自动状态，当风速超出正常运行范围时，机组按计算机程序自动与电网解列、停机。

(1) 风力发电机组的启动。自动启动比较简单，机组满足运行条件，把开关置于“远控”位置，机组会根据风力参数、机组参数和电网参数自动实现启动、加速、并网等动作。

机组的手动启动是在机组手动停机后进行的启动操作。当风速达到启动风速范围时，手动操作启动键或按钮，机组按计算机启动程序启动和并网。手动启动和停机有以下四种操作方式。

1) 主控室操作。在主控室操作计算机启动键或停机键。

2) 就地操作。断开遥控操作开关，在机组控制盘上操作启动或停止按钮，操作后再合上遥控开关。

3) 远程操作。在远程终端操作启动键或停机键。

4) 机舱上操作。在机舱的控制盘上操作启动键或停机键，但机舱上操作仅限于调试时使用。

(2) 风力发电机组停机操作。风力发电机组一般有远程监控系统自动停机和手动停机两种操作方式。根据停机时的情况又分为正常停机、手动停机、安全链停机和急停按钮停机。

1) 正常停机。不使用机械制动器。叶片以1°/s或2.6°/s的速度转回到顺桨位置，速度取决于发电机的状态和速度。当发电机断开与电网的连接时，变桨速度为2.6°/s；当发电机与电网连接时，变桨速度为1°/s。当发电机的速度低于1100r/min且功率小于30kW，或发电机的速度约为1000r/min时，发电机断开与电网的连接。

2) 手动停机。当风速超出正常运行范围时，手动操作停机键或按钮，机组按计算机停机程序与电网解列停机。凡经手动停机操作后，需再按“启动”按钮，才能使机组进入自启动状态。机组在故障停机和紧急停机后，如故障已经排除且具备启动的条件，重新启动前必须按“重置”或“复位”就地控制按钮，方能以正常启动操作方式进行启动。

3) 安全链停机。在安全链断开的情况下，不使用机械盘制动器，转子叶片以9°/s的速度转回到顺桨位置，发电机立即断开与电网的连接。

4) 急停按钮停机。在急停按钮按下时，使用机械制动器，转子叶片以9°/s的速度转回到顺桨位置，发电机立即断开与电网的连接。在急停按钮没有复位时，机组不能自动复位。

2. 风力发电机组软并网操作

不同的风力发电机组并网方式各不相同。

(1) 同步发电机并网。同步风力发电机组的并网过程如下：当机组启动后转速接近同步转速时，励磁调节器动作，向发电机供给励磁，并调节励磁电流使发电机的端电压接近电网电压。在发电机加速几乎达到同步速度时，发电机端电压的幅值将大致与电网电压相同，它们频率之间的很小差别将使发电机的端电压与电网电压之间的相位差在0°～360°的范围内缓慢地变化。当检测出断路器两侧的电位差为0或非常小时，断路器合闸并网。

(2) 异步发电机并网。异步风力发电机组的并网方式主要有直接并网、降压并网和晶闸管软并网。

1）直接并网。异步风力发电机组直接并网的条件有：①发电机转子的转向与旋转磁场的方向一致，即发电机的相序与电网的相序相同；②发电机的转速尽可能接近同步转速。第一个条件必须严格遵守，否则并网后，发电机将处于电磁制动状态，在接线时应调整好相序。第二个条件不是很严格，但并网时发电机的转速与同步转速之间的偏差越小，产生的冲击电流越小，衰减的时间越短。

当风速达到启动条件时风力发电机组启动，感应发电机加速到同步速度附近（98%～100%同步转速）时，合闸并网。由于发电机并网时本身无电压，故必将伴随一个过渡过程，过流 5～6 倍额定电流的冲击电流，这个时间很短，一般不到 1s 即可转入稳态。感应发电机并网时的转速虽然对过渡过程的时间有一定影响，但一般问题不大，所以对风力发电机组并网合闸时的转速要求不是非常严格，并网比较简单。

2）降压并网。风力发电机组与大电网并联时，合闸瞬间的冲击电流对发电机及大电网系统的安全运行不会有太大影响。但对小容量的电网系统，并联瞬间引起电压大幅度下跌，从而影响接在同一电网上的其他电气设备的正常运行，甚至会影响到小电网系统的稳定安全。为了抑制并网时的冲击电流，可以在感应发电机与三相电网之间串接电抗，使系统电压不致下跌过大，待并网过渡过程结束后再将电抗短接。

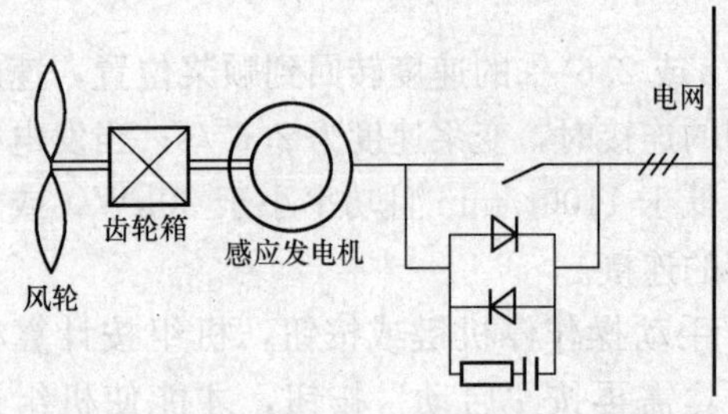

图 1-25 感应风力发电机软并网示意图

3）软并网。为了减少对电网的冲击，对于大型风力发电机组，目前比较先进的并网方法是采用双向晶闸管的软并网，见图 1-25。当风轮将发电机带到同步转速附近时，发电机输出端的断路器闭合，使发电机经一组双向晶闸管与电网连接，双向晶闸管触发角由 0°～180°逐渐增大。通过电流反馈对双向晶闸管导通角的控制，将并网时的冲击电流限制在 1.5～2 倍额定电流以内，从而得到一个比较平滑的并网过程。瞬态过程结束后，利用一组开关将双向晶闸管短接，结束风力发电机组的软并网过程。

（3）双馈发电机系统的并网运行。双馈发电机定子三相绕组直接与电网相连，转子绕组经交/交循环变流器连入电网。风轮启动后带动发电机至接近同步转速时，由循环变流器控制进行电压匹配、同步和相位控制，以便迅速并网，并网时基本上无电流冲击。风轮的转速可随风速及负荷变化及时做出相应的调整，以最佳叶尖速比运行，产生最大的电能输出。

（4）永磁直驱风力发电机组的并网运行。永磁直驱风力发电机组通过交流—直流—交流的电流变换进行并网，同步发电机工作频率与电网工作频率彼此独立，发电机转速变化，不会影响其输出的频率，所以并网时没有电流冲击，不会有高频电流流入电网。

3. 风力发电机组偏航操作

风力发电机组的偏航和变桨一般在自动模式下根据风速、风向变化由控制程序自动完成，在维护模式下可以进行手动偏航和变桨。

机舱的偏航是由电动偏航齿轮自动执行的。当风向改变时，风向标将风向信号发给偏航系统控制器，经过与风轮的方位进行比较后，发出指令给偏航电动机或液压马达，驱动小齿轮沿着与塔架顶部固定的大齿轮移动，经过偏航轴承使机舱转动，直到风轮对准风向后停止。

对于 FL1500 系列，在手动维护模式下，按下“yaw”按钮进入偏航菜单，通过表 1-1 所示功能按钮实现手动偏航操作。

表 1-1 FL1500 系列机组操作按钮

操作按钮	实现功能
on/off	自动偏航接通/自动偏航关闭
+	将机舱手动转到右侧（顺时针）
−	将机舱手动转到左侧（逆时针）
↑	改变与偏航菜单有关的显示测量值

4. 风力发电机组变桨操作

变桨距风力发电机组通过改变桨叶的桨距角来实现对机组的启停和功率的调节。

当风力发电机组启动时，桨叶转到最大迎风面，采用较大的正桨距角可以产生一个较大的启动力矩。停机时，经常使用 90°桨距角的“顺桨”位置，使桨叶产生阻力，便于机组刹车制动，见图 1-26。

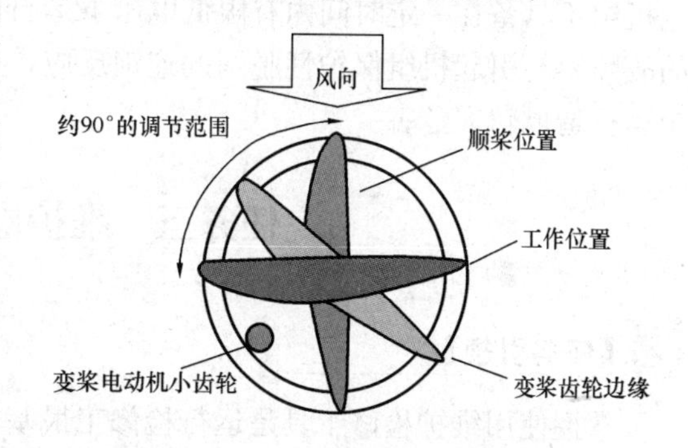

图 1-26 风力发电机组变桨距示意图

在额定风速以下时，对于变速风力发电机组，为了尽可能捕捉较多的风能，桨距角一直保持在最小位置，此时的空气动力载荷通常比在额定风速以上时小，因此也没有必要通过变桨距来调节载荷。但恒速风力发电机组的最佳桨距角随着风速的变化而变化，对于一些风力发电机组，在额定风速以下时，桨距角随风速仪或功率输出信号的变化而缓慢地改变角度。

当达到额定功率时，桨距角会随着风速逐渐增大，攻角会减小。攻角的减小将使升力和力矩减小，风力发电机组维持在额定功率运行。

当风速达到风力发电机组的切出风速时，风力机桨叶转为顺桨状态，风力发电机组切出电网。

偏航系统正常运行时应由控制系统根据风速和发电机的运行参数自动控制，在维护模式时可以进行手动操作。如对于 FL1500 系列，在手动维护模式下，按下 pitch 按钮进入偏航菜单，通过表 1-2 所示功能按钮实现手动偏航操作。

表 1-2 FL1500 系列机组偏航操作按钮

操作按钮	实现功能
on/off	变桨接通/关闭，等候直到叶片在顺桨位置
+	叶片向工作位置移动
−	叶片返回到顺桨位置
↑	改变与变桨菜单有关的显示测量值

5. 风力发电机组脱网

当风力发电机组外部条件不满足并网条件时，会与电网解列。通常情况下有正常解列、故障脱网和保护性脱网。正常解列是在风速降低到无法发电或手动停机时，发电机根据计算机控制程序自动与电网解列。故障脱网是指发电期间风力发电机组出现故障，如过载、保护安全链断开等的紧急停机。保护性脱网是指电网产生电压波动、矢量波动，为保护风力发电机组设备不被损坏而进行的保护性与电网解列。特别是电网电压降低时，由于以前的风力发电机组不具备在一定时间内有限低电压下运行的能力（也称为低电压穿越技术），个别设备的故障容易引起机组保护性脱网的连锁反应，造成大规模的风力发电机组脱网，对电网的安全运行造成较大危害。

任务三 维护检修工具的使用

【任务引领】

掌握使用维护检修工具是运行检修工最基本的技能，也是应首先掌握的技能。风力发电机组维护检修工具的使用是在学校内比较容易实施的任务，工具使用方法及使用技巧的掌握可穿插到以后的项目教学过程中。

【教学目标】

（1）认识风力发电机组各种维护检修工具。

（2）熟练使用维护检修工具。

【任务准备与实施建议】

（1）查阅维护检修工具的使用方法和使用注意事项。

（2）合理制订工具使用任务方案，由简单到复杂，任务实施过程中要认真组织，注意人员的安全和设备的安全。

【相关知识的学习】

一、万用表

万用表是一种多功能、多量程的测量仪表，一般万用表可测量直流电流、直流电压、交流电流、交流电压、电阻、电容量及半导体的一些参数等。万用表有指针式和数字式两种，见图 1-27。目前数字式测量仪表已成为主流。与模拟式仪表相比，数字式仪表灵敏度高，准确度高，显示清晰，过载能力强，便于携带，使用简单。下面以 VC9802 型数字万用表为例，简单介绍其使用方法和注意事项。

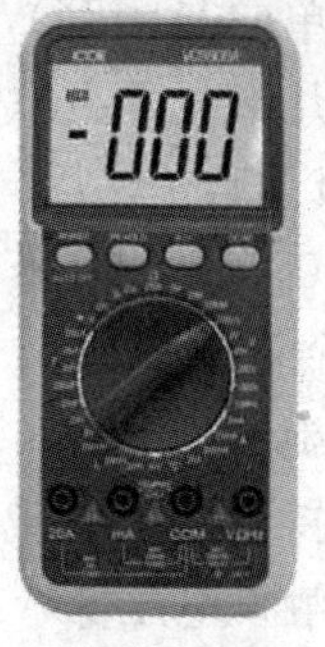

图 1-27 数字万用表与指针万用表

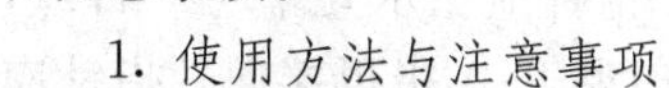
1. 使用方法与注意事项

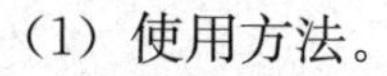
(1) 使用方法。

1）使用前，应认真阅读使用说明书，熟悉电源开关、量程开关、插孔、特殊插口的作用。

2）将电源开关置于 ON 位置。

3）交直流电压的测量。根据需要将量程开关拨至 DCV（直流）或 ACV（交流）的合适量程，红表笔插入 V/Ω 孔，黑表笔插入 COM 孔，并将表笔与被测线路并联，即显示读数。

4）交直流电流的测量。将量程开关拨至 DCA（直流）或 ACA（交流）的合适量程，红表笔插入 mA 孔（小于 200mA 时）或 10A 孔（大于 200mA 时），黑表笔插入 COM 孔，并将万用表串联在被测电路中即可。测量直流量时，数字万用表能自动显示极性。

5）电阻的测量。将量程开关拨至 Ω 的合适量程，红表笔插入 V/Ω 孔，黑表笔插入 COM 孔。如果被测电阻值超出所选择量程的最大值，万用表将显示“1”，这时应选择更高的量程。测量电阻时，红表笔为正极，黑表笔为负极，这与指针式万用表正好相反。在测量晶体管、电解电容器等有极性的元器件时，必须注意表笔的极性。

(2) 使用注意事项。

1）如果无法预先估计被测电压或电流的大小，则应先拨至最高量程挡测量一次，再视情况逐渐把量程减小到合适位置。测量完毕，应将量程开关拨到最高电压挡，并关闭电源。

2）满量程时，仪表仅在最高位显示数字“1”，其他位均消失，这时应选择更高的量程。

3）测量电压时，应将数字万用表与被测电路并联。测电流时应与被测电路串联，测直流量时不必考虑正、负极性。

4）当误用交流电压挡去测量直流电压，或者误用直流电压挡去测量交流电压时，显示屏将显示“000”，或低位上的数字出现跳动。

5）禁止在测量高电压（220V 以上）或大电流（0.5A 以上）时换量程，以防止产生电弧，烧毁开关触点。

6）当显示“BATT”或“LOW BAT”时，表示电池电压低于工作电压。

2. 用万用表检测晶闸管

晶闸管分单向晶闸管和双向晶闸管两种，都是三个电极。单向晶闸管有阴极（K）、阳极（A）、控制极（G）。双向晶闸管等效于两只单项晶闸管反向并联而成。即其中一只单向晶闸管阳极与另一只阴极相连，其引出端称T2极，其中一只单向晶闸管阴极与另一只阳极相连，其引出端称T2极，余下则为控制极（G）。

（1）单、双向晶闸管的判别。先任测两个极，若正、反测指针均不动（$R\times1$挡），可能是A、K或G、A极（对单向晶闸管），也可能是T2、T1或T2、G极（对双向晶闸管）。若其中有一次测量指示为几十～几百欧，则必为单向晶闸管。且红笔所接为K极，黑笔所接为G极，余下即为A极。若正、反向测指示均为几十～几百欧，则必为双向晶闸管。再将旋钮拨至$R\times1$或$R\times10$挡复测，其中必有一次阻值稍大，则稍大的一次红笔所接为G极，黑笔所接为T1极，余下为T2极。

（2）性能的差别。将旋钮拨至$R\times1$挡，对于1～6A单向晶闸管，红笔接K极，黑笔同时接通G、A极，在保持黑笔不脱离A极状态下断开G极，指针应指示几十～一百欧，此时晶闸管已被触发，且触发电压低（或触发电流小）。然后瞬时断开A极再接通，指针应退回∞位置，则表明晶闸管良好。

对于1～6A双向晶闸管，红笔接T1极，黑笔同时接G、T2极，在保证黑笔不脱离T2极的前提下断开G极，指针应指示为几十～一百多欧（视晶闸管电流大小、厂家不同而异）。然后将两笔对调，重复上述步骤测一次，指针指示比上一次稍大十几～几十欧，则表明晶闸管良好，且触发电压（或电流）小。

若保持接通A极或T2极时断开G极，指针立即退回∞位置，则说明晶闸管触发电流太大或损坏，可进一步测量。对于单向晶闸管，闭合开关K，灯应发亮，断开K灯仍不熄灭，否则说明晶闸管损坏。对于双向晶闸管，闭合开关K，灯应发亮，断开K，灯应不熄灭。然后将电池反接，重复上述步骤，均应是同一结果，才说明晶闸管正常。否则说明该器件已损坏。

3. 用万用表判断电容器质量

视电解电容器容量大小，通常选用万用表的$R\times10$、$R\times100$、$R\times1k$挡进行测试判断。红、黑表笔分别接电容器的负极（每次测试前，需将电容器放电），由表针的偏摆来判断电容器质量。若表针迅速向右摆，然后慢慢向左退回原位，一般来说电容器是好的。如果表针摆起后不再回转，说明电容器已经击穿。如果表针摆起后逐渐退回到某一位置停止，则说明电容器已经漏电。如果表针摆不起来，说明电容器电解质已经干涸而失去容量。

有些漏电的电容器，用上述方法不易准确判断出好坏。当电容器的耐压值大于万用表内电池电压值时，根据电解电容器正向充电时漏电电流小，反向充电时漏电电流大的特点，可采用$R\times10k$挡，对电容器进行反向充电，观察表针停留处是否稳定（即反向漏电电流是否恒定），由此判断电容器质量，准确度较高。黑表笔接电容器的负极，红表笔接电容器的正极，表针迅速摆起，然后逐渐退至某处停留不动，则说明电容器是好的；表针在某一位置停留不稳或停留后又逐渐慢慢向右移动，说明电容器已经漏电，不能继续使用。表针一般停留并稳定在50～200k刻度范围内。

二、绝缘电阻表

绝缘电阻表又称摇表或绝缘电阻测试仪，是一种简便、常用的测量高电阻的直读式仪表，可用来测量电路、电机绕组、电缆、电气设备等的绝缘电阻。

1. 使用注意事项

(1) 测量前先将绝缘电阻表进行一次开路和短路试验，检查绝缘电阻表是否正常。具体操作为将两连接线开路，摇动手柄指针应指在无穷大处，再把两连接线短接一下，指针应指在零处。

(2) 被测设备必须与其他电源断开，测量完毕一定要将被测设备充分放电（约需 2～3min），以保护设备及人身安全。

(3) 绝缘电阻表与被测设备之间应使用单股线分开单独连接，并保持线路表面清洁干燥，避免因线与线之间绝缘不良引起误差。

(4) 摇测时，将绝缘电阻表置于水平位置，摇把转动时其端钮间不许短路。摇测电容器、电缆时，必须在摇把转动的情况下才能将接线拆开，否则反充电将会损坏绝缘电阻表。

(5) 摇动手柄时，应由慢渐快，均匀加速到 120r/min，并注意防止触电。摇动过程中，当出现指针已指零时，不能再继续摇动，以防表内线圈发热损坏。为了防止被测设备表面泄漏电阻，使用绝缘电阻表时，应将被测设备的中间层（如电缆壳芯之间的内层绝缘物）接于保护环。

(6) 应视被测设备电压等级的不同选用合适的绝缘电阻测试仪。一般额定电压为 500V 以下的设备，选用 500V 或 1000V 的绝缘电阻表；额定电压为 500V 及以上的设备，选用 1000～2500V 的绝缘电阻表。

(7) 禁止在雷电天气或在邻近有带高压导体的设备处使用绝缘电阻表测量。如果用万用表来测量设备的绝缘电阻，那么测得的只是在低压下的绝缘电阻值，不能真正反映设备在高压条件下工作时的绝缘性能。绝缘电阻表与万用表的不同之处是本身带有电压较高的电源，一般由手摇直流发电机或晶体管变换器产生，电压为 500～5000V。因此，用绝缘电阻表测量绝缘电阻，能得到符合实际工作条件的绝缘电阻值。

2. 使用维护

(1) 测量前应先切断被测设备的电源，并将设备的导电部分与大地接通，进行充分放电，以保证安全。用绝缘电阻表测量过的电气设备，也要及时接地放电，方可进行再次测量。

(2) 测量前要先检查绝缘电阻表是否完好，即在绝缘电阻表未接上被测物之前，摇动手柄使发电机达到额定转速（120r/min），观察指针是否指在标尺的"∞"位置。将接线柱线（L）和地（E）短接，缓慢摇动手柄，观察指针是否指在标尺的"0"位。如指针不能指到该指的位置，表明绝缘电阻表有故障，应检修后再用。

(3) 必须正确接线。绝缘电阻表上一般有三个接线柱，分别标有 L（线路）、E（接地）和 G（屏蔽）。其中 L 接在被测物与大地绝缘的导体部分，E 接被测物的外壳或大地，G 接在被测物的屏蔽上或不需要测量的部分，接线柱 G 是用来屏蔽表面电流的。如测量电缆的绝缘电阻，由于绝缘材料表面存在漏电电流，将使测量结果不准，尤其是在湿度很大的场合及电缆绝缘表面不干净的情况下，测量误差会很大。为避免表面电流的影响，在被测物的表面加一个金属屏蔽环，与绝缘电阻表的"屏蔽"接线柱相连。这样，表面漏电流从发电机正极出发，经接线柱 G 流回发电机负极而构成回路。漏电流不再经过绝缘电阻表的测量机构，从根本上消除了表面漏电流的影响。

(4) 接线柱与被测设备间连接的导线不能用双股绝缘线或绞线，应该用单股线分开单独连接，避免因绞线绝缘不良而引起误差。为获得正确的测量结果，被测设备的表面应用干净的布或棉纱擦拭干净。

（5）摇动手柄应由慢渐快，若发现指针指零说明被测绝缘物可能发生了短路，这时不能继续摇动手柄，以防表内线圈发热损坏。手摇发电机要保持匀速，不可忽快忽慢而使指针不停地摆动，通常最适宜的速度是120r/min。

（6）测量具有大电容设备的绝缘电阻，读数后不能立即停止摇动绝缘电阻表，否则已被充电的电容器将对绝缘电阻表放电，有可能烧坏绝缘电阻表。应在读数后一方面降低手柄转速，另一方面拆去接地端线头。在绝缘电阻表停止转动和被测物充分放电以前，不能用手触及被试设备的导电部分。

（7）测量设备的绝缘电阻时，还应记下测量时的温度、湿度、被试物的有关状况等，以便对测量结果进行分析。

3. 选择

绝缘电阻表的选择，主要是选择它的电压及测量范围。高压电气设备绝缘电阻要求高，应选用电压高的绝缘电阻表进行测试；低压电气设备内部绝缘材料所能承受的电压不高，为保证设备安全，应选择电压低的绝缘电阻表。选择绝缘电阻表的原则是不使测量范围过多地超出被测绝缘电阻的数值，以免因刻度较粗而产生较大的读数误差。另外还要注意有些绝缘电阻表的起始刻度不是零，而是1MΩ或2MΩ，这种绝缘电阻表不宜测量处于潮湿环境中的低压电气设备的绝缘电阻。因为在这种环境中的设备绝缘电阻较小，有可能小于1MΩ，在仪表上读不到读数，容易误认为绝缘电阻为1MΩ或为零。

三、钳形电流表

钳形电流表携带方便，无需断开电源和线路即可直接测量运行中电气设备的工作电流，以便及时了解设备的工作状况。使用钳形电流表应注意以下问题：

（1）测量前应先估计被测电流的大小，选择合适量程。若无法估计，为防止损坏钳形电流表，应从最大量程开始测量，逐步变换挡位直至量程合适。改变量程时应将钳形电流表的钳口断开。

（2）为减小误差，测量时被测导线（单根）应尽量位于钳口的中央。

（3）测量时，钳形电流表的钳口应紧密接合，若指针抖动，可重新开闭一次钳口，如果抖动仍然存在，应仔细检查，注意清除钳口杂物、污垢，然后进行测量。

（4）测量小电流时，为使读数更准确，在条件允许时，可将被测载流导线绕数圈后放入钳口进行测量。此时被测导线实际电流值应等于仪表读数值除以放入钳口的导线圈数。

（5）测量结束，应将量程开关置于最高挡位，以防下次使用时疏忽，未选准量程进行测量而损坏仪表。

四、相位测试仪

风力发电机并网时，其相序应与电网的相序一致。相序检测仪就是用来检测电网和风力发电机相序的仪器。下面以FS9040型测试仪为例介绍相序测试仪的使用方法。

（1）500V以下电路相序测量。将显示仪的三个输入端A、B、C分别接入三相电源。若仪表红灯向右移动，说明被测相序为顺相；若仪表绿灯向左移动，说明被测相序为逆相。将其中两输入端互换，可以改变相位顺序。低压检测，接地插座可接地，也可不接地。见图1-28。

（2）用于 3kV 或以上电压电路测量。

1）先将仪表线两端分别插入仪表与绝缘管插孔（见图 1-29）。

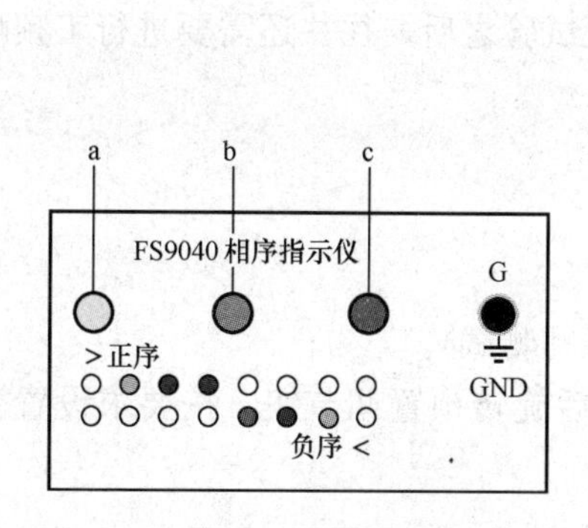

图 1-28 低压相序测量

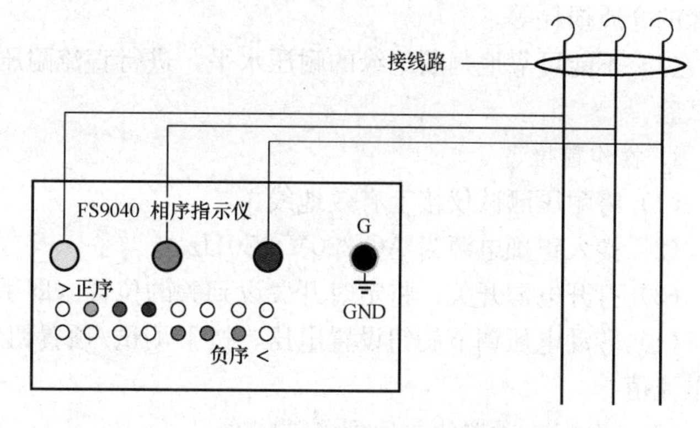

图 1-29 高压相序测量

2）在操作前用万用表检查仪表线是否连通，操作杆电阻是否良好，电阻约为 10～50MΩ，仪表与绝缘管一定要接触良好（接牢），仪表要良好接地（接牢）。检验相序时，三人操作，一人监护；在操作时，人体不得接触仪表及仪表线，并保持安全距离。仪表线不得与外壳（地）接触并保持安全距离。

除了上述 FS9040 相序测试仪，还有全数字型相序仪。Fluke9040 就是一款数字型旋转磁场指示仪，可通过 LCD 显示屏清晰指示 3 个相线以及相序旋转方向，以确定正确的连接，可快速确定相序，如图 1-30 所示。

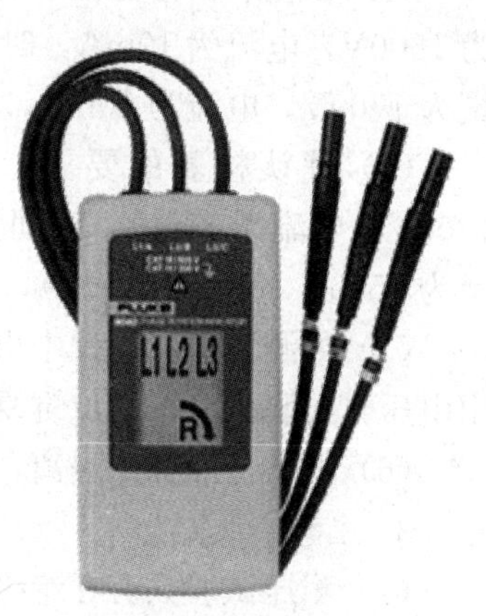

图 1-30 Fluke9040 相序测试仪

五、耐压测试仪

耐压试验是检测电气设备、电气装置、电气线路和电工安全用具等承受过电压能力的主要方法之一。如变压器耐压试验，是对所用绝缘材料绝缘强度的检验。当电力系统某部分出现不正常情况时，电网中常常产生比额定电压高出数倍的过电压，进行变压器耐压试验非常必要。耐压试验的目的是对所测设备施加较高的电压（略高于运行中可能遇到的过电压），以确定该设备是否具有足够的耐压强度。进行耐压试验时，绝缘物发生电击穿的电压，称为击穿电压；击穿时的电场强度，称为绝缘物的耐压强度。耐压测试分为工频交流耐压试验和直流耐压试验，各有不同的特点。

交流工频耐压试验的特点如下：

（1）试验电压高于被试设备实际运行中可能遇到的过电压，检验严格，能发现很多绝缘缺陷，特别是能够发现危险性较大的集中性缺陷。

（2）对绝缘的破坏性较大，通称破坏性试验。

（3）由于试验电流为电容电流，需要大容量的试验设备。

直流耐压试验的特点如下：

（1）基本不产生介质损失，对绝缘的破坏性小，通称非破坏性试验。

（2）只需要供给很小的泄漏电流，试验设备的容量较小，特别适用于大电容设备（如电缆、电容器等)。

(3) 在较低的电压下进行测试，能判断绝缘的内部缺陷，如测量绝缘电阻、泄漏电流和绝缘的介质损耗等。

(4) 不能可靠地判断绝缘的耐压水平，进行直流耐压试验之后，往往还需要进行工频耐压试验。

1. 操作前准备

(1) 将耐压测试仪接上有效地线。

(2) 接入正确电源为 AC 220V，50Hz。

(3) 打开电源开关，将定时开关设到关的位置（即手动测试）。

(4) 转动电压调节旋钮设置电压，按下测试/预置钮后旋转预置调节钮，按要求设置漏电电流值。

(5) 将测试/预置钮复原到测试状态。

2. 测试步骤

(1) 按下“启动”按钮，红色测试指示灯亮，电压指示表工作时，便可测试。

(2) 成品。将产品的电源线插头接触到黄色测试极，红色测试棒与产品外露金属部位保持 1～5s，仪器没有报警则表示测试产品合格。

(3) 在生产例行检验中的要求。对于输入电压为 100V 以上的灯具，测试电压交流出量为 1500V，电流为 10mA，时间为 1s；对于输入电压为 150V 以上的灯具，测试电压交流出量为 1700V，电流为 10mA，时间为 1s。

(4) 确认检验的要求。对于输入电压为 100V 以上的灯具，测试电压交流出量为 1200V，电流为 10mA，时间为 1min；对于输入电压为 150V 以上的灯具，测试电压交流出量为 1500V，电流为 10mA，时间为 1min。

(5) 如测试产品过程中出现不合格品，超漏指示灯亮且蜂鸣器报警，则设备自动切断输出电压，再测试应按复位键复位。

(6) 将不良品标识隔离，若发现异常应及时向技术人员反映。

3. 注意事项

(1) 耐压试验只有在绝缘电阻摇测合格后才能进行。

(2) 试验电压应按规定选取，不得超出规定值。

(3) 试验电流不应超过试验装置的允许电流。

(4) 为了保证人身安全，试验场地应设立防护围栏，防止作业人员偶然接近带电的高压装置，试验装置应有完善的保护接地措施。

(5) 有电容的设备、电缆等，试验前后应进行放电。

(6) 在每次试验后，应使调压器返回零位，最好有自动回零装置。

(7) 应特别注意安全。按下启动开关后测试棒不可接触到人身及其他导体，不使用时需关闭电压（按复位按键，使其处于非工作状态）。

(8) 搬运时需轻拿轻放，操作人员应戴绝缘手套，仪器和测试人员座位下要垫绝缘胶皮。

六、红外线测温仪

红外测温仪的使用注意事项如下：

（1）必须准确确定被测物体的发射率。

（2）避免周围高温物体的影响。

（3）对于透明材料，环境温度应低于被测物体温度。

（4）测温仪要垂直对准被测物体表面，在任何情况下，角度都不能超过 30°。

（5）不能应用于光亮的或抛光的金属表面的测温，不能透过玻璃进行测温。

（6）正确选择跟离系数，目标直径必须充满视场。

（7）如果红外测温仪突然处于环境温度差为 20℃或更高的情况下，测量数据将不准确，应在温度平衡后再取其测量的温度值。

七、其他测量仪表

在风力发电机组的运行维护测试中经常需要测量转速、时间和气压等参数。测量转速常用非接触式数字转速表，测量时间常用秒表，测量气压用气压计，见图 1-31。这些仪表使用简单，这里就不再详述。

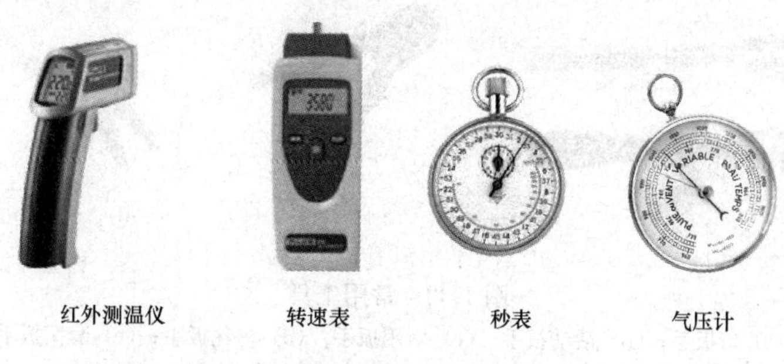

图 1-31　风力发电机组试验常用的测量仪表

八、工具的使用

1. 普通扳手

如图 1-32 所示，风力发电机组在运行检修中常用的工具有开口扳手、活动扳手、两用扳手、梅花扳手、套筒扳手、内六角扳手、棘轮扳手、压线钳、剥线钳、力矩扳手等手动工具和一些电动工具。

活动扳手开口宽度可在一定尺寸范围内进行调节，能用在不同规格的螺栓或螺母上，在登高作业时，一个扳手可以拧多种规格的螺栓，可减少携带工具的数量。但活动扳手头部较大，在较小的空间内不能使用，并且活动扳手的开口是活动的，不能用在紧固的螺栓上，易损坏螺栓和使人受伤。在装卸紧固螺栓时，应尽量使用开口扳手或梅花扳手。

梅花扳手两端具有带 6 角孔或 12 角孔的工作端，适用于工作空间狭小、不能使用普通扳手的场合。两用扳手一端与单头开口扳手相同，另一端与梅花扳手相同，两端拧转相同规格的螺栓或螺母。套筒扳手简称套筒，用于拧紧或卸松螺丝，包括多个带 6 角孔或 12 角孔的套筒，并配有手柄、接杆等多种附件，适用于拧转空间十分狭小或凹陷很深的螺栓或螺母。

内六角扳手专用于拧转内六角螺钉，型号按照六方形的对边尺寸确定，螺栓的尺寸有国家标准。

2. 扭矩扳手

在风力发电机组上，很多螺栓松紧程度有严格的规定，上紧时必须使用力矩扳手，如图

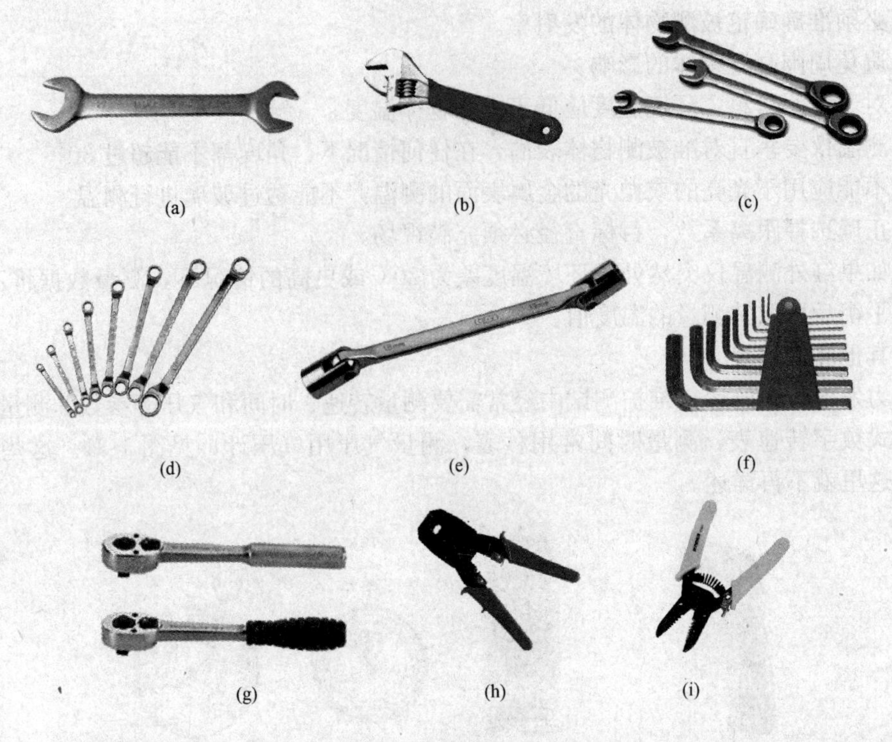

图 1-32 常用工具

(a) 开口扳手；(b) 活动扳手；(c) 两用扳手；(d) 梅花扳手；(e) 套筒扳手；(f) 内六角扳手；(g) 棘轮扳手；(h) 压线钳；(i) 剥线钳

1-33 所示。扭矩扳手分为信响扳手、指针扳手、数显扳手。拧转螺栓或螺母时，能显示出所施加的扭矩，或者当施加的扭矩到达规定值后，会发出光或声响信号。

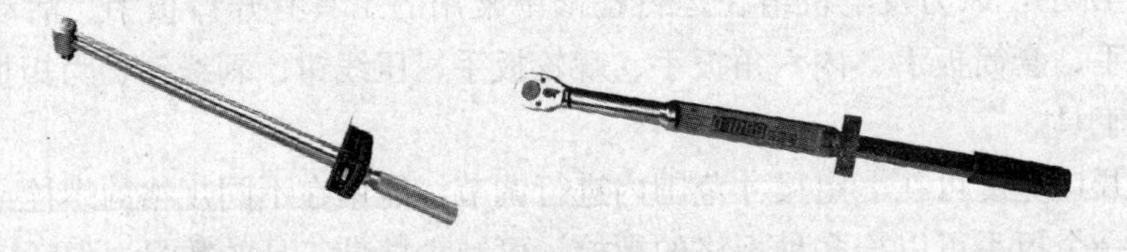

图 1-33 扭矩扳手

(1) 使用方法。

1) 根据工件所需扭矩值要求，确定预设扭矩值。

2) 预设扭矩值时，将扳手手柄上的锁定环下拉，同时转动手柄，调节标尺主刻度线和微分刻度线数值至所需扭矩值。调节好后，松开锁定环，手柄自动锁定。

3) 装好相应规格套筒，并套住紧固件，在手柄上缓慢用力。必须按标明的箭头方向施加外力。当拧紧到发出信号“咔嗒”声时表明已达到预设扭矩值，停止加力，一次作业完毕。

4) 使用大规格扭矩扳手时，可外加接长套杆以省力。

5) 如长期不用，调节标尺刻线退至扭矩最小数值处。

(2) 使用注意事项。

1）所选用扭矩扳手的开口尺寸必须与螺栓或螺母的尺寸相符。

2）为防止扳手损坏和滑脱，应使拉力作用在开口较厚的一边。

3）扭矩扳手是按人手的力量来设计的，遇到较紧的螺纹件时，不能用锤击打扳手；除套筒扳手外，其他扳手都不能套装加力杆，以防损坏扳手或螺纹连接件。

小　结

（1）风力发电机组可有多种分类方式，各类机组的结构组成和工作特点也有所不同。

（2）现代常见风力发电机组包括双馈风力发电机组和永磁直驱风力发电机组。

（3）风力发电机组从启动到停机有初始化、待机、启动、增速、并网、停机等几种状态。

（4）风电设备检修与维护工具包括检测仪表和检修维护工具。常用的检测仪表包括万用表、绝缘电阻表、钳形电流表、相位测试仪表、耐压测试装置和其他气压、温度、风速、风向等测试仪表，常用的维护工具包括各类普通扳手、扭矩扳手等。

复习思考

（1）风力发电机组有哪几种分类方式？可分为哪些类型？

（2）目前使用最广泛的并网风力发电机组有哪几种类型？它们有哪些异同点？

（3）大型并网风力发电机组哪些部件与提高风能利用率有关？其原理是什么？

（4）双馈风力发电机组和永磁直驱风力发电机组怎样保证与电网的同步？

（5）风力发电机组启动的条件是什么？

（6）风力发电机组在哪些情况下会停机？

（7）风力发电机组什么时候可以手动变桨距和偏航？

（8）大型并网风力发电机组是怎样实现并网的？

（9）万用表都有哪些功能？怎样去测量？

（10）钳形电流表在测量交流电流时要注意什么？

（11）进行耐压试验的目的是什么？

项目二 传动系统运行与维护

【项目描述】

传动系统是风力发电机组的重要组成系统之一，传动系统的运行与维护直接关系到风力发电机组运行及整个风电场的经济效益，以及风电场的安全运行。运行维护人员通过本项目的学习应掌握传动系统的基本组成，熟悉传动系统各部件的作用及结构，掌握风力发电机组传动系统运行维护方法。

本项目将完成以下四个工作任务：

任务一　风轮维护

任务二　齿轮箱维护

任务三　主轴、轴承、高速闸、联轴器的维护

任务四　发电机运行与维护

【学习目标】

(1) 了解风力发电机组风轮的功能及结构。

(2) 掌握叶片的种类、参数及所用材料。

(3) 了解叶片防雷基本知识。

(4) 掌握传动系统维护基本内容。

【本项目学习重点】

(1) 传动系统的基本结构。

(2) 传动系统维修基本内容。

(3) 传动系统常见故障。

【本项目学习难点】

(1) 叶片参数及常见故障处理。

(2) 传动系统安全操作基本技能及维修工具的使用。

任务一　风　轮　维　护

【任务引领】

风轮是风力发电机组传动系统的主要组成部分，了解风轮的功能及结构是对风力发电机组风轮运行检修的基础。风轮的维护是风力发电机组运行维护必不可少的内容，通过本任务的学习可使学生（员）对风轮的结构及工作过程有清晰的认识，并通过训练掌握风轮的维护

方法。

【教学目标】

(1) 了解风力发电机组风轮的功能及结构。

(2) 掌握风力发电机组叶片的种类及参数。

(3) 能正确处理叶片与轮毂常见故障。

(4) 熟悉叶片与轮毂的维护内容。

【任务准备与实施建议】

(1) 通过查阅相关资料，了解风轮的功能及结构。

(2) 到风电场熟悉风轮的工作特点和运行过程。

【相关知识的学习】

一、风轮的功能及结构

风轮是风力发电机组传动系统最重要的组成部分，也是风力发电机组区别于其他机械的最主要特征。风轮一般由1～2个或2个以上几何形状相同的叶片和一个轮毂组成，风轮的作用是将风的动能转换为机械能。轮毂是连接叶片与主轴的重要部件，叶片安装在轮毂上，构成收集风能的风轮。轮毂承受了风力作用在叶片上的推力、扭矩、弯矩及陀螺力矩，作用是将叶片固定在一起，并且承受叶片上传递的各种载荷，然后传递风轮的力和力矩到发电机转动轴上。风轮可以是铸造结构，也可以是焊接结构，风轮的结构如图2-1所示。

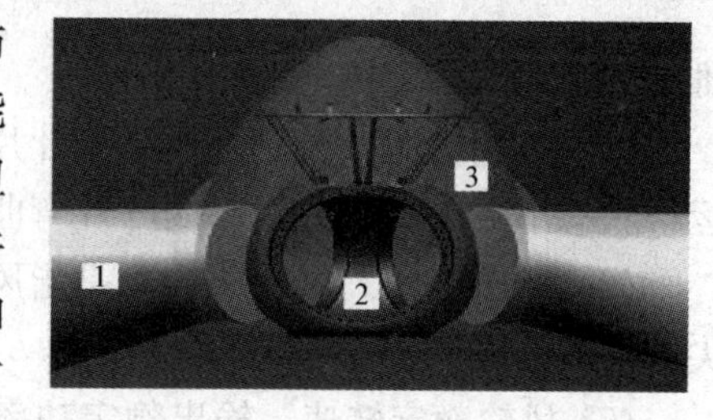

图2-1　风轮

1—叶片；2—轮毂；3—导流罩

风力发电机组的空气动力特性取决于风轮的几何形式，风轮的几何形式取决于叶片数、叶片的弦长、扭角、相对厚度分布及叶片所用翼型空气动力特性等。

风轮是风力发电机组最关键的部件，风轮的费用约占风力发电机组总造价的20%～30%，至少应具有20年的设计寿命。

风轮的几何参数如下：

(1) 叶片数。风轮叶片的数目由很多因素决定，包括空气动力效率、复杂度、成本、噪声、美学要求等。一般来说，叶片数越多，风能利用系数越大，风力机输出扭矩就越大，而且风力机的启动风速越低，但其风轮轮毂也就越复杂，制造成本也越大。从经济和安全角度，现代风力发电机组多采用三叶片的风轮，另外从美学角度上看，3叶片的风力发电机看上去较为平衡和美观，如图2-2所示。

(2) 风轮直径。风轮直径是指风轮在旋转平面上投影圆的直径。风轮直径的大小与风轮的功率直接相关，一般风轮直径越大，风轮的功率就越大。

(3) 风轮扫掠面积。风轮扫掠面积是指风轮在旋转平面上的投影面积。

(4) 风轮中心高度。风轮高度是指风轮旋转中心到基础平面的垂直距离。从理论上讲，风轮高度越高，风速就越大，但风轮高度越高，则塔架高度越高，这就使得塔架成本及安装

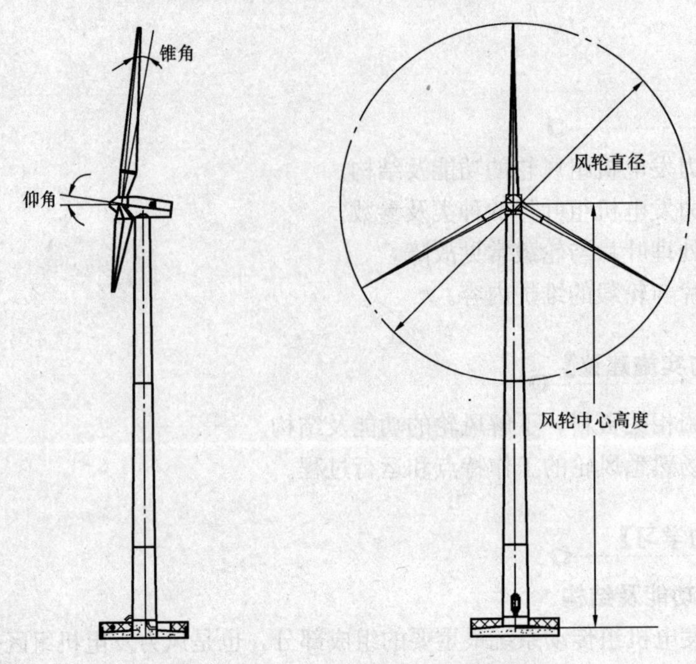

图 2-2 现代风力发电机组的风轮

难度和费用大幅度提高。

（5）风轮锥角。风轮锥角是指叶片相对于与旋转轴垂直平面的倾斜度。其作用是在风轮运行状态下减少离心力引起的叶片弯曲应力并防止叶尖与塔架碰撞。

（6）风轮仰角。风轮的仰角是指风轮的旋转轴线与水平面的夹角。仰角的作用是避免叶尖与塔架的碰撞。

（7）风轮额定转速。输出额定功率时风轮的转速。

（8）风轮最高转速。风力机处于正常状态下（空载和负载），风轮允许的最大转速。

（9）风轮实度。风轮叶片投影面积的总和与风轮扫掠面积的比值。

二、叶片的种类及参数

1. 叶片的种类

叶片设计时要求具有高效的接受风能的翼型、合理的安装角、科学的升阻比、叶尖速比和叶片扭角。由于叶片直接迎风获得风能，所以还要求叶片具有合理的结构、优质的材料和先进的工艺以使叶片可靠地承担风力、叶片自重、离心力等施加给叶片的各种弯矩、拉力，而且还要求叶片质量轻、结构强度高、疲劳强度高、运行安全可靠、易于安装、维修方便、制造容易、制造成本和使用成本低。另外叶片表面要光滑，以减少叶片转动时与空气的摩擦阻力。风力发电机组风轮叶片要承受较大的载荷，通常要考虑 50～70m/s 的极端风速。为提高叶片的强度和刚度，防止局部失稳，叶片大多采用主梁加气动外壳的结构形式。主梁承担大部分弯曲载荷，而外壳除满足气动性能外，也承担部分载荷。主梁常用 O 型、C 型、D 型和矩形等形式，叶片的构造如图 2-3 所示。

2. 叶片的参数

（1）叶片长度。叶片在风轮径向方向上的最大长度，即从叶片根部到叶尖的长度称为叶片长度。叶片长度决定叶片扫掠面积，即收集风能的能力，也决定了配套发电机组的功率。

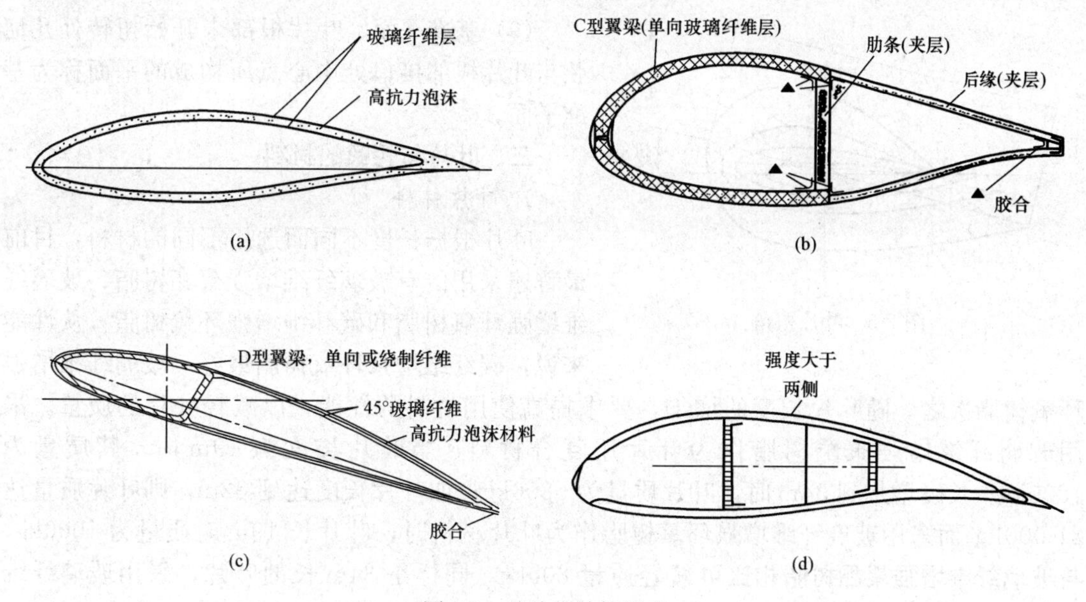

图 2-3　叶片的结构形式

(a) O 型梁结构；(b) C 型梁结构；(c) D 型梁结构；(d) 矩形梁结构

随着风机叶片设计技术的提高，风力发电机组不断向大功率、长叶片的方向发展。

(2) 叶片弦长。连接叶片前缘与后缘的直线长度称为叶片弦长。弦长最大处为叶片宽度，最小处在叶尖，弦长为零。叶片宽度沿叶片长度方向变化，是为了使叶片接受的风能平均分配到整个叶片上。叶片靠近根部宽、尖部窄，既可满足力学设计要求，又可减小离心力，同时还可满足空气动力学要求。

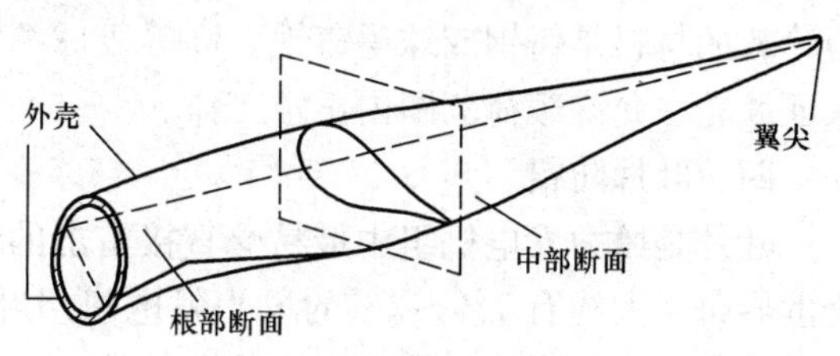

(3) 叶片厚度。叶片弦长垂直方向的最大厚度称为叶片厚度。它是一个变量，沿长度方向每一个截面都有不同的厚度。一般叶片的最大厚度在弦长的 30％处。

(4) 叶尖。水平轴和斜轴风力发电机的叶片距离风轮回转轴线的最远点称为叶尖。

(5) 叶片投影面积。叶片在风轮扫掠面积上的投影的面积称为叶片投影面积。

(6) 叶片翼型。翼型也称叶片剖面，是指用垂直于叶片长度方向的平面横切叶片而得到的截面形状，如图 2-4 所示。典型翼型是有弯度的扭曲型翼型，它的表面是一条弯曲的曲线，其空气动力特性较好，但加工工艺较复杂。

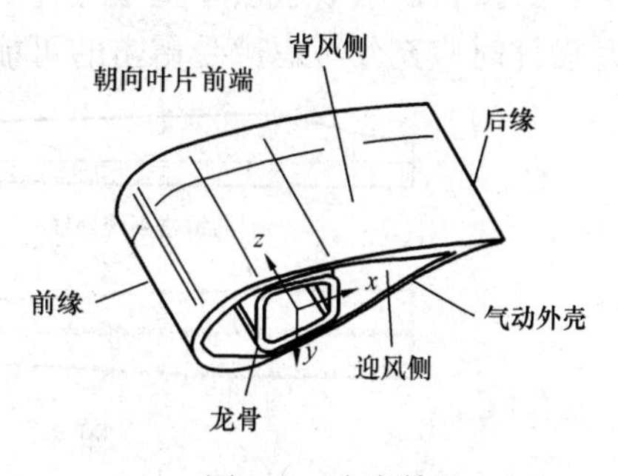

图 2-4　叶片翼型

(7) 叶片安装角。风轮旋转平面与翼弦的夹角 θ 称为叶片的安装角或节距角，叶片的安装角与风力机的启动扭矩有关。

(8) 叶片扭角。叶片尖部几何弦与根部几何弦夹角的绝对值称为叶片扭角，如图 2-5 所示。叶片扭角是叶片为改变空气动力特性设计的，同时具有预变形作用。

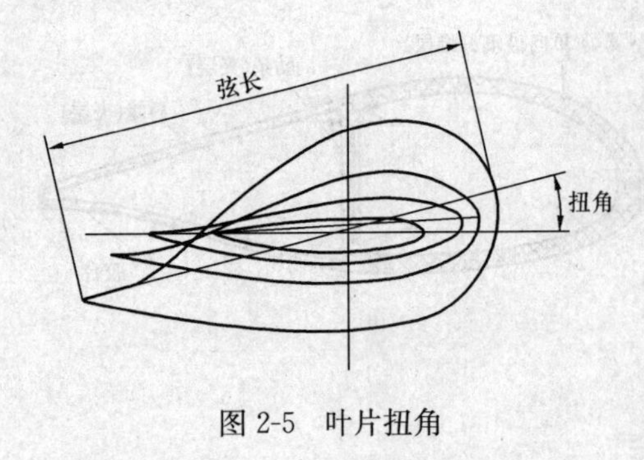

图 2-5 叶片扭角

(9) 基准平面。叶片根部未开始扭转处几何弦与叶片根部接口处中心点所构成的平面称为基准平面。

三、叶片与轮毂的材料

1. 叶片材料

叶片根据长度不同而选用不同的材料，目前最普遍采用的有玻璃纤维增强聚酯树脂、玻璃纤维增强环氧树脂和碳纤维增强环氧树脂。从性能来说，碳纤维增强环氧树脂最好，玻璃纤维增强环氧树脂次之。随叶片长度的增加，要求提高使用材料的性能，以减轻叶片的质量。采用玻璃纤维增强聚酯树脂作为叶片用复合材料，当叶片长度为 19m 时，其质量为 1800kg；长度增加到 34m 时，叶片质量为 5800kg；如叶片长度达到 52m，则叶片质量达 21 000kg。而采用玻璃纤维增强环氧树脂作为叶片材料时，叶片长 19m 时质量为 1000kg，与玻璃纤维增强聚酯树脂相比可减轻质量 800kg。同样是 34m 长的叶片，采用玻璃纤维增强环氧树脂时质量为 5200kg，而采用碳纤维增强环氧树脂时质量只有 3800kg。总之，叶片材料发展的趋势是采用碳纤维增强环氧树脂复合材料，特别是对大功率机组，要求必须采用碳纤维增强环氧树脂复合材料，玻璃纤维增强聚酯树脂只在叶片长度较小时采用。

2. 轮毂材料

目前，风力发电机组的轮毂是按照带有星型和球型相结合的铸造结构来设计、生产的，这种轮毂的结构实现了负荷的最佳分配，并且保证零部件质量轻以及外部尺寸紧凑。铸造结构轮毂的材料是铸钢或球墨铸铁。高等级球墨铸铁材料具有优良的机械性能和延展性，从而保证风轮在允许载荷范围内正常工作。

四、叶片防雷

叶片是风力发电机组中最易受直接雷击的部件，也是风力发电机组最昂贵的部件之一。全世界每年大约有 1%～2%的风力发电机组叶片遭受雷击，大部分雷击事故只损坏叶片的叶尖部分，少量雷击事故会损坏整个叶片。

叶片设计时应充分考虑遭受雷击的可能性，并采取相应的雷击保护措施，见图 2-6。

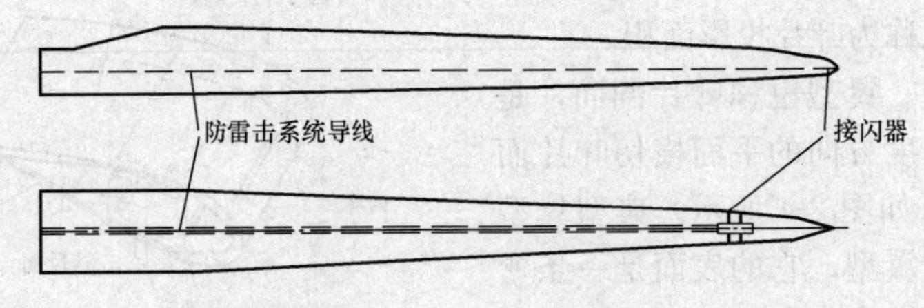

图 2-6 叶片防雷装置

五、叶片常见故障及处理措施

风力发电机组叶片的故障可从运行年限、运转声音、装机地点等方面着手分析、诊断。

1. 叶片预检

叶片预检是风力发电机组运转两年后，对叶片做整体检查，内容包括清洗叶片、检查叶片内固合状况等。清洗叶片可提高发电量，检查发现盐雾、油污、静电灰、飞虫污物等隐藏的事故隐患，以及是否有胶衣起层脱落现象。外固合检查主要是看外固合缝是否有开缝现象，是否出现麻面、砂眼，外观是否有污渍，背后是否有裂纹。内固合检查是指通过专用工具对叶片内主梁敲击，从声音中判断叶片与主梁是否有空鼓现象。叶片通过一段时间的运转自振后，内侧与主梁才会发生离合虚粘接现象，通过声音可判断故障。该现象在叶片制造过程中是不可预见的，即使出厂前通过 X 射线透视，也只有在叶片空中运转抖动后，虚粘接部位才能显现出来，而此时叶片的外固合还是完好无损的。

2. 叶片表面砂眼

叶片出现砂眼，是由于叶片没有了表面保护层引起的。叶片的胶衣层破损后，叶片被风沙抽磨，首先出现麻面。麻面是细小的砂眼，如果叶片有坚硬的胶衣保护，沙粒吹打到叶面时可以抵挡风沙的冲击力。砂眼对风力机叶片最大的影响是运转时使阻力增加，转速降低。砂眼生成后，叶面砂眼的演变速度会很快。如果此时是雨季，砂眼内存水，麻面处湿度增加，风力机避雷指数就会降低。若遇特殊气候，叶片可能会损坏。

3. 叶片自然开裂

运转 5 年后，叶片树脂胶衣已被风砂抽磨至最低固合力点。原始叶片的内粘合面积不均、受力点不均，风力机的每次弯曲、扭曲、自振，都可能造成叶片的内粘合缝处自然开裂。尤其是叶片的迎风面叶脊处，是受损最严重的部位，自然开裂率最高。如果巡视未发现开裂现象，风力发电机组继续运转，极有可能发生叶片折断，造成停机事故。

4. 叶片折断

风电场出现的叶片折断事故，多是由于风力发电机组振动造成的。当叶片在运行过程中出现裂纹时，如未及时发现，机组仍在运转，每次弯曲、扭曲、自振，裂纹将加深和延长，直至遇突发天气时横向折断，叶片报废。如能及时发现，采取阻断方案，阻止裂纹加深、延长，完全可以避免叶片折断事故的发生。

5. 叶片遇雷击

叶片遇雷击现象，除自身避雷电因素外，有较大可能是叶片内进水造成的。叶片进水有以下现象：

（1）叶片背迎风面通腔砂眼。当叶片迎风面通腔有砂眼后，在雨季叶片运转时，叶背砂眼会存留雨水，当迎风面通腔砂眼转至平行面时，雨水自然灌入叶片内，形成叶片内外导体，防雷指数自然会降低。

（2）叶尖进水。在设计上叶片与叶尖是允许有缝隙的，叶尖与叶片的连接处有一定的凹陷，槽内留有排水孔。在设计时厂家考虑到叶尖内可能存在存水现象，在叶尖有自身的排水孔，但实际运行中发现叶尖自身排水孔并不能完全将雨水排净，从而使叶尖进水。

（3）叶片软胎现象。该现象常常出现在柔性叶片上。由于柔性叶片使用耐冲击材料较薄，叶片胶衣脱落后，纤维布暴露于外界，风砂抽磨起毛后，遇雨水和阳光暴晒会很快风化，使雷雨天气叶片形成吸水状态，湿度自然增加，容易使接闪器失效，形成叶片洞穿雷击点。

总之，叶片上的表面组合材料是绝缘的，只有叶片内外湿度增加后才能形成导电体，叶片的绝缘性才会降低，才有可能遭雷击。

为防止叶片遇雷击，在叶片表面必须加保护衣——胶衣。胶衣以自身的坚硬度和高韧性保护叶片表面，还起到了整体固合作用。在叶片的粘合处，内粘是叶片的主体，外粘是靠胶衣的粘合来固定的。如果叶片粘合处的胶衣被风沙磨光，叶片会出现无光泽度、麻面、纤维布漏出、复合材料气泡破碎形成沙眼、叶片裂纹增宽、增长、加深等。砂眼向深处扩张，风力机运行时会出现阻力、杂声、哨声，同时雨季湿度增加，防雷指数降低。实践证明，很多叶片损伤都是因为叶片胶衣被磨光而产生的。

六、叶片与轮毂的维护

叶片和轮毂是传动系统的核心部件，每次巡视时都应对叶片和轮毂的工作情况进行仔细检查，发现问题及时汇报并记录现象、特征，以便维护。

叶片在运转过程中需要仔细倾听运行声音，正常时应为风吹过叶片的气流声。其他任何不正常的噪声，如周期性的异响、尖锐的空气噪声等都可能意味着叶片出现了问题，需要对叶片进行仔细检查，同时对传动系统的裂纹、损伤情况及清洁程度进行检查。

1. 叶片清洗

一般情况下，由于环境污染，叶片边缘常有由昆虫等引起的污染物。污染物不是特别多时，不必清洗，下雨时雨水会将污物洗去。在必须清洗叶片时，可以用专用清洗剂和专用工具来清洗。

2. 叶片的噪声

正常情况下，叶片转动至地面角度时，发出的应为“刷刷”声。如果出现“呼呼”声和哨声，说明叶片产生噪声，有可能是叶片表层或顶端有破损，一般由生产厂家技术人员进行修补。

叶片上极强的噪声可能是由于雷电损坏引起的。雷电损坏的叶片必须拆卸下来维修，叶片的修理必须由制造厂家进行，新的或修复后的叶片安装后必须与其他叶片保持动平衡。

3. 叶片的裂纹

叶片表面裂纹一般在风力机运行 2～3 年后就会出现。造成裂纹的原因是低温和机组自振。如果裂纹出现在叶片距根部 8～15m 处，风力机的每次自振、停车都会使裂纹加深、加长。裂纹在扩张的同时，空气中的污垢、风沙乘虚而入，使得裂纹加深、加宽，风沙和污垢实际上起到扩张裂纹的作用。

裂纹可导致叶片的开裂，横向裂纹可导致叶片断裂，严重威胁叶片的安全。叶片裂纹产生的位置一般都在视线的盲区，加之油渍、污垢、盐雾等的遮盖，从地面用望远镜很难发现。如果风力机运转时产生的杂声较大，应引起注意。

4. 风力发电机组叶尖的维护

风力发电机组的许多功能是靠叶尖来完成的，叶尖也是叶片整体的易损部位。机组运转时叶尖的抽磨力大于其他部位，因此成为叶片的薄弱部位。叶尖由双片合压组成，最边缘由胶衣树脂粘合为一体，最边缘近 4cm 的材质为实心。叶尖内空腔面积较小，风沙吹打时没有弹性，所以也是叶片中磨损最快的部位。叶片的易开裂周期是风力发电机运转 4～5 年后，原因是叶片边缘的固体材料磨损严重，双片组合的叶片保护能力、固合能力下降，使双片粘合处缝隙暴露在风沙中。解决风力机叶片开裂的措施是在风力机运转几年后做一次叶尖的加长、加厚保护，与原有叶片所磨损的质量基本吻合。

5. 轮毂的维护

对于刚性轮毂来说，其安装、使用和维护较简单，日常维护工作较少，只要在设计时充分考虑轮毂的防腐问题，基本上是免维护的；而柔性轮毂则不同，由于轮毂内部存在受力铰链和传动机构，其维护工作是必不可少的。维护时要注意受力铰链和传动机构的润滑、磨损及腐蚀情况，及时进行处理，以免影响机组的正常运行。

轮毂检查与维护时必须做好足够且正确的安全措施，方可在机舱外工作，并且保证机舱内人员时刻注意机组状态。

（1）进入轮毂前应检查轮毂外部防腐及裂纹情况。

（2）检查轮毂保险杠（安全护栏）是否固定可靠、轮毂盖板是否完好。

（3）检查入口支架固定螺栓是否紧固、是否生锈及缺少。

（4）进入轮毂后，检查轮毂内部防腐及裂纹情况。

（5）检查四通接头、管路接头、叶尖油管的固定是否牢固，是否有渗漏。

（6）检查叶片连接螺栓是否生锈，叶片盖板螺栓有无缺少、松动。

（7）检查叶尖液压缸是否存在渗漏，叶尖液压缸是否固定可靠。

（8）检查叶尖钢丝绳、防雷倒片等叶片内元器件固定是否牢固。

（9）如发现油路渗漏，应紧固相应的管接头，将存在的油污擦拭干净，并做好记录。

（10）紧固松动的螺栓。

轮毂内的外观检查要确认轮毂内有无漏雨、漏油，以及有无落下物和外观上的损坏和劣化。应确认轮毂外部紧固部件有无松动和生锈，以及叶片变桨轴承是否有润滑油漏油。

轮毂内部、外部的外观检查内容如下：

（1）落下物（螺栓、部件等）的确认。

（2）漏渍物（油水、润滑脂）的确认。

（3）轮毂整流罩安装螺栓的确认（有无生锈、松动）。

（4）轮毂罩密封纸有无劣化。

（5）油配管、电线的紧固状况的确认。

（6）油配管、电线有无损伤。

（7）生锈的确认。

（8）叶片角检测装置的外观确认。

（9）液压缸的外观确认（是否渗油）。

（10）变桨联杆结构的外观确认。

（11）联杆销C型挡圈。

（12）叶片角检测装置的紧固检查（是否松动）。

（13）叶片角检测装置连接器的检查（是否松动）。

七、定期维护

叶片和轮毂的定期维护项目包括：

（1）检查叶片的表面、根部和边缘有无损坏，以及装配区域有无裂缝。

（2）根据力矩表抽样紧固叶片10％～20％的螺栓。

（3）检查叶片初始安装角是否改变。

（4）检查叶片表面附翼有无损坏。

（5）检查接地系统是否正常。

（6）检查轮毂表面有无腐蚀。

（7）按力矩表10%～20%抽样紧固主轴法兰与轮毂装配螺栓。

（8）按设备生产厂家要求进行螺栓更换。

（9）检查变桨距系统有无异常情况。

任务二　齿 轮 箱 维 护

【任务引领】

在多数风力发电机组中，为满足发电机发电要求，必须通过齿轮箱齿轮副的作用来实现增速。通过本任务的学习，使学生（员）了解齿轮箱在风力发电机组传动系统中的作用；掌握齿轮箱结构、特点；熟练使用维护检修工具；牢记维护检修规程。

【教学目标】

（1）了解齿轮箱的作用。

（2）了解齿轮箱结构、特点及组成。

（3）掌握齿轮箱润滑系统的组成。

（4）掌握齿轮箱常见故障及处理措施。

（5）掌握维护、检修规程要领。

【任务准备与实施建议】

（1）通过查阅相关资料，了解齿轮箱结构、特点。

（2）到风电场熟悉齿轮箱润滑系统的组成。

【相关知识的学习】

一、齿轮箱

1. 齿轮箱的分类

风力发电机组齿轮箱的种类很多，按照传统类型可分为圆柱齿轮增速箱、行星增速箱及圆柱和行星增速箱组合而成的齿轮箱；按照传动的级数可分为单级和多级齿轮箱；按照转动的布置形式又可分为展开式、分流式、同轴式及混合式等。常用齿轮箱形式及其特点见表2-1。

表 2-1　齿轮箱的传动形式及其特点

传动形式	传动简图	特　点
圆柱齿轮传动		结构简单，减速器横向尺寸较小，两对齿轮浸入油中深度大致相同；但轴向尺寸和质量较大，且中间轴较长

续表

传动形式	传动简图	特　点
行星齿轮传动		与普通圆柱齿轮箱相比尺寸小，质量轻；但制造精度要求较高，结构复杂，在要求结构紧凑的传动中应用广泛
行星、圆柱齿轮混合传动系统		低速轴为行星传动，使功率分流，同时合理应用了内啮合，后两级为平行轴圆柱齿轮传动，可合理分配减速比，提高传动效率

2. 齿轮箱结构

齿轮箱一般由传动轴、齿轮副和箱体组成，见图 2-7。传动轴的作用就是将风轮的动能传递到齿轮机箱的齿轮副，再传递给发电机。增速箱的低速轴（俗称大轴）连接桨叶，高速轴连接发电机。齿轮副是齿轮箱的增速机构，由于风力发电机组增速齿轮箱使用条件的限制，要求体积小，质量轻，性能优良，运行可靠，故障率低。齿轮箱的箱体承受来自风轮的作用力和齿轮传动时产生的反作用力，并将力传递到主机架。

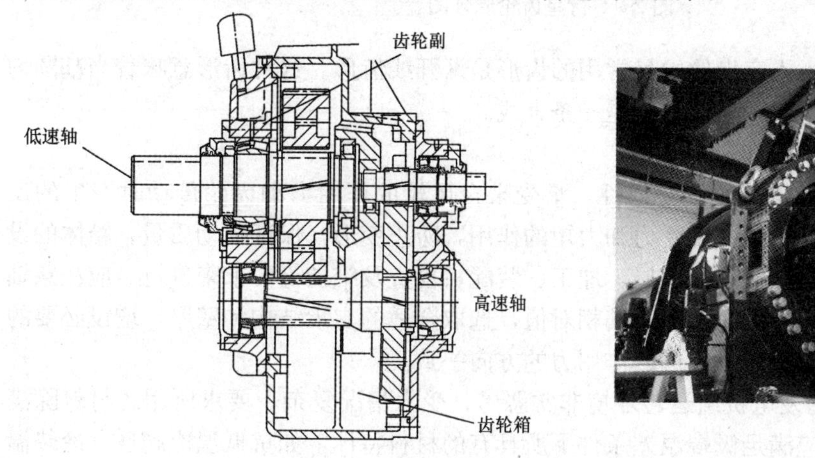

图 2-7　齿轮箱的结构

（1）直齿和斜齿圆柱齿轮。直齿和斜齿圆柱齿轮副由一对转轴相互平行的齿轮构成。直齿圆柱齿轮的齿与齿轮轴平行，而斜齿圆柱齿轮的齿与轴线呈一定角度。人字齿轮在每个齿轮上都有两排倾斜方向的斜齿。各种圆柱齿轮如图 2-8 所示。

（2）行星齿轮系。行星齿轮系是一个或多个行星轮绕着一个太阳轮公转，本身又自转的齿轮传动轮系。图 2-9 所示为行星齿轮原理图。

实际应用的风力发电机组主齿轮系中，最常见的形式是由行星齿轮系和平行轴轮系混合构成的。

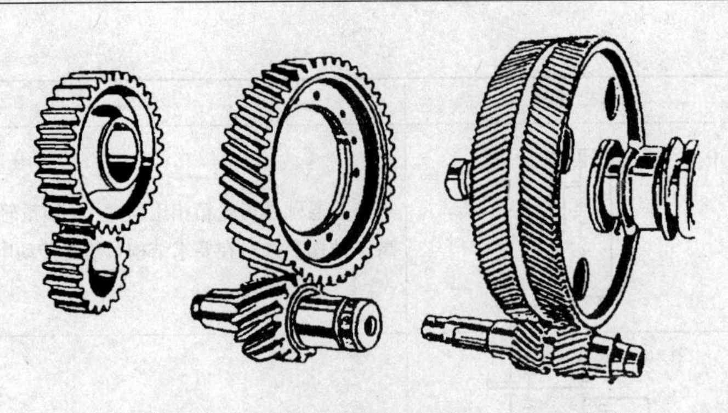

图 2-8 圆柱形齿轮

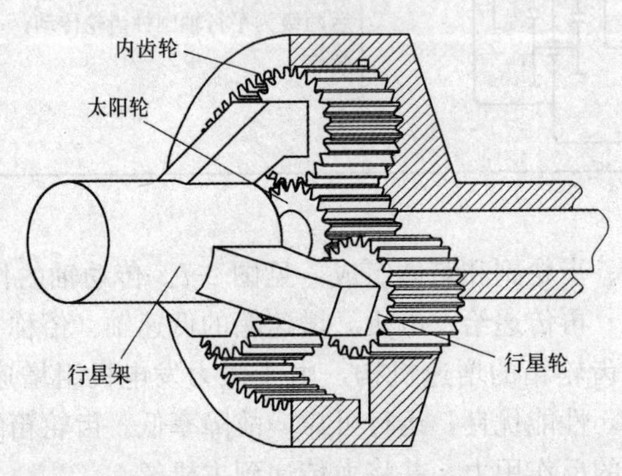

图 2-9 行星齿轮原理图

在直齿轮、斜齿轮、人字齿轮中最常用的齿形是渐开线齿形。这种齿形意味着当基圆匀速转动时，齿面产生匀速位移，接触线是一条直线。

3. 齿轮箱主要零部件

(1) 箱体。箱体是齿轮箱的重要部件，承受来自风轮的作用力和齿轮传动时产生的反力。箱体必须具有足够的刚性去承受力和力矩的作用，防止变形，保证传动质量。箱体的设计应按照风力发电机组动力传动的布局、加工、装配、检查及维护等要求来进行。应注意轴承支承和机座支承的不同方向的反力及其相对值，选取合适的支承结构和壁厚，增设必要的加强筋。筋的位置应与引起箱体变形的作用力的方向一致。

(2) 齿轮和轴。风力发电机组运转环境非常恶劣，受力情况复杂，要求所用的材料除满足机械强度条件外，还应满足极端温差条件下所具有的材料特性，如抗低温冷脆性、冷热温差影响下的尺寸稳定性等。对齿轮和轴类零件而言，由于其作用是传递动力，所以对选材和结构设计要求极为严格，一般情况下不推荐采用装配式拼装结构或焊接结构，齿轮毛坯只要在锻造条件允许的范围内，都采用轮辐轮缘整体锻件的形式。当齿轮顶圆直径在 2 倍轴径以下时，受齿轮与轴之间的连接所限，常制成轴齿轮的形式。为了提高承载能力，齿轮一般都采用优质合金钢制造。

(3) 滚动轴承。齿轮箱的支承中，大量应用滚动轴承，其特点是静摩擦力矩和动摩擦力矩都很小，即使载荷和速度在很宽范围内变化时也如此。滚动轴承的安装和使用都很方便，但是当轴的转速接近极限转速时，轴承的承载能力和寿命会急剧下降，高速工作时的噪声和振动比较大。齿轮传动时轴和轴承的变形引起齿轮和轴承内外圈轴线的偏斜，使轮齿上载荷分布不均匀，会降低传动件的承载能力。由于载荷不均匀性而使轮齿经常发生断齿的现象，在许多情况下是由于轴承的质量和其他因素，如剧烈的过载而引起的。选用轴承时，不仅要根据载荷的性质，还应根据部件的结构要求来确定。

（4）密封。齿轮箱轴伸出部位的密封一方面应能防止润滑油外泄，另一方面也能防止杂质进入箱体内。常用的密封分为非接触式密封和接触式密封两种。

1）非接触式密封。所有非接触式密封都不会产生磨损，使用时间长。

2）接触式密封。接触式密封使用的密封件应使密封可靠、耐久、摩擦阻力小、容易制造和装拆，应能随压力的升高而提高密封能力和有利于自动补偿磨损。

（5）齿轮箱的润滑、冷却。齿轮箱的润滑十分重要，良好的润滑能够对齿轮和轴承起到足够的保护作用。为此，必须高度重视齿轮箱的润滑问题，严格按照规范保持润滑系统长期处于最佳状态。齿轮箱常采用飞溅润滑或强制润滑，一般以强制润滑为多。

齿轮箱的润滑、冷却系统主要零部件包括齿轮油泵、压力开关、滤清器、油位开关、电阻式温度传感器、齿轮油加热器、风冷式集油散热器、空气过滤器等。

1）齿轮油泵。为齿轮箱的润滑、冷却系统提供足够的油源。根据齿轮箱的运行情况，由计算机控制切换齿轮油泵的运行方式。齿轮箱的运行分为部分和全负荷运行、空载、停机、齿轮油温低运行。

齿轮箱在部分或全负荷下运行时，齿轮油泵必须始终保持运行状态；在空载状态时，齿轮油泵必须定期投入运行以保证轴承和齿轮能得到充分的润滑；在停机状态且刹车处于抱闸状态时，齿轮油泵必须定期开启和关闭，确保当叶轮受到风冲击而使侧面有间隙的部件发生相对移动时，齿轮可得到润滑；在完全停机状态时，其运行方式为30s运行时间和30min停机时间，这个运行周期必须保证。如果润滑油的温度低于10℃，齿轮油泵开始工作，直到油温高于20℃；如果润滑油温度低于－20℃，齿轮油泵停止工作。

2）压力开关。紧跟在齿轮油泵出口管路后的用于安全监控循环润滑系统压力的开关。在运行过程中根据制造商设定的开关压力动作，不允许改变开关的压力设定值。

3）滤清器。滤清器串联在循环润滑油路系统中，确保持续过滤齿轮油。

4）油位开关。齿轮箱润滑油规定油位的监测，是依靠一个安装在保护管中的磁电位置开关来完成的，以免油槽内扰动引起开关的误动作。同时设定一个浮动开关点，使得齿轮油温度改变引起的齿轮油的黏度和体积波动不致使油位开关误动作。如果润滑油的油平面低于规定油位的高度，油位开关动作。

5）电阻式温度传感器。监测齿轮箱油槽内润滑油的温度。在齿轮箱高速轴所处位置的最低点，安装电阻式温度传感器。当润滑油的温度持续高于规定值时，计算机显示“Gear oil hot”，风机自动停机；当温度降到规定值并且风速低于规定值（例如20m/s）时，风机自动复位启动。

6）齿轮油加热器。当齿轮箱油槽内润滑油的温度低于规定值（如低于0℃）时，系统处理器发出指令，齿轮油加热器开始工作，润滑油被加热到规定值（如加热到10℃）后加热器停止加热。

7）风冷式集油散热器。为了冷却齿轮箱，必须保证机舱内有良好的空气流通，使齿轮箱产生的热可以通过空气的对流被带走。如果空气冷却不能使齿轮箱得到足够的冷却，在润滑油温度达到规定值（如60～70℃）时，必须通过一个安装在机舱外部的风冷式集油散热器来强制冷却润滑油。

4. 齿轮箱附件

风力发电机组齿轮箱除传动轴、齿轮箱体、齿轮副、轴承等部件外，还有一些保障齿轮箱正常运行的其他附件。

（1）转子锁。在齿轮箱的前端设有转子锁定装置，对系统进行检修时可以通过该装置锁定风轮，确保风力发电机组处于安全状态。

（2）加热器。当齿轮箱工作环境温度较低时，为确保齿轮箱内部的润滑油保持在一定的黏度范围，可使用加热器对齿轮箱润滑油进行加热。加热器的开与关是通过系统自动控制的。

（3）温度传感器。齿轮箱上设有温度传感器，控制系统可通过传感器对油温、高速端轴承温度进行实时监控，确保风机的安全。

（4）空气过滤器。齿轮箱上部设有一个空气过滤器，它可以保证齿轮箱内部的压力稳定，防止外部杂质进入齿轮箱内部。

（5）雷电保护装置。齿轮箱前端设有雷电保护装置（见图 2-10），其作用是将风轮上产生的电流传导到齿轮箱的机体上，通过连接在齿轮箱机体上的接地线将电流导入大地，保护风机。

（6）液位传感器。在齿轮箱的后端安装有液位传感器（见图 2-11）。通过液位传感器，控制系统可以对齿轮箱内部润滑油的油位进行实时监控，当油位低于系统设定值时，系统会自动发出报警提醒添加润滑油。在液位传感器旁还设有一个观察器，用来观察润滑的状态（如颜色、油位高度、油质情况等）。

图 2-10 齿轮箱防雷装置

图 2-11 齿轮箱液位传感器

5. 齿轮箱的工作特点

风力发电机组齿轮箱要承受无规律变向变载荷的风力作用，以及强阵风的冲击，常年经受酷暑、严寒等极端温差的影响。为了增加机组的制动能力，还要在齿轮箱的输入端或输出端设置刹车装置。一般在齿轮箱和发电机之间的联轴器上安装一个刹车装置，它配合空气动力制动对机组传动系统进行联合制动，其工作环境十分恶劣。机组多数安装在高山、荒野、海滩、海岛等风口处，所处环境交通不便。齿轮箱安装在塔顶的狭小空间内，一旦出现故障，修复非常困难，故对其可靠性和使用寿命都提出比一般机械高得多的要求。大量实践表明，在风力发电机组的传动链中，齿轮箱是最薄弱的环节，加强对齿轮箱的研究，重视对其进行维护保养的工作尤为重要。

二、齿轮箱润滑系统

图 2-12 所示为齿轮箱油润滑系统原理图，其功能及组成如下。

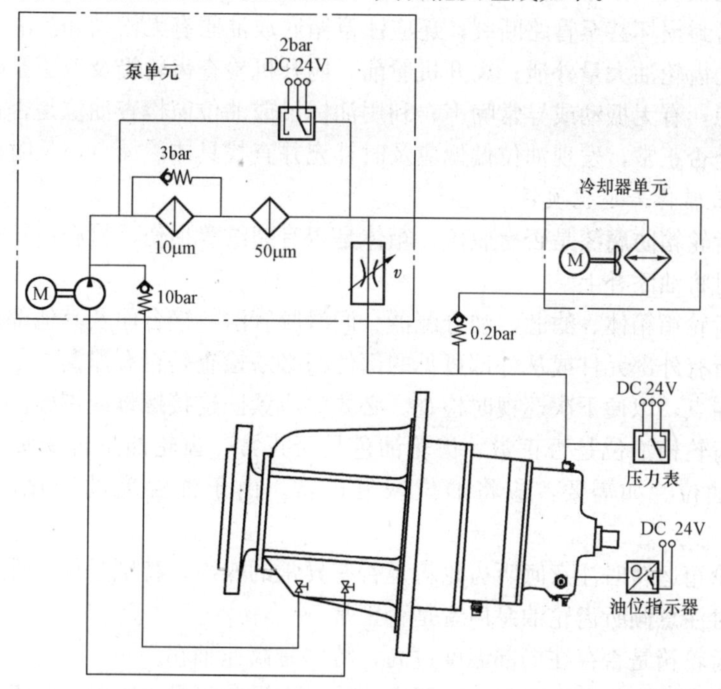

图 2-12 齿轮箱润滑系统原理图（1bar＝10^5Pa）

1．功能

齿轮箱油冷却与润滑系统的作用是使齿轮箱充分润滑、冷却齿轮箱润滑油油温、过滤润滑油中杂质。润滑可在齿之间形成油膜，减少齿的磨损；防止齿轮的氧化腐蚀；带走齿轮箱运行时产生的热量。

2．组成

齿轮箱润滑系统主要由齿轮油泵、3bar 安全阀、10bar 安全阀、滤芯（包括其上的旁通阀、污染发信器）、粗过滤器（50μm）、精过滤器（10μm）、60℃温控阀、热交换冷却器、油分配器（包括其上的数显压力继电器）、连接管路及齿轮组成。

三、齿轮箱的维护

近年来随着风力发电机组单机容量的不断增大，以及风力发电机组投入运行时间的逐渐累积，由齿轮箱故障或损坏引起的机组停运事件时有发生，由此带来的直接和间接损失也越来越大，维护人员投入维修的工作量也有上升趋势。这就促使越来越多的用户开始重视加强齿轮箱的日常保养和定期保养工作。

在风力发电机组中，齿轮箱的运行维护是风力发电机组维护的重点之一，维护水平不断得到提高，才能保证风力发电机组齿轮箱平稳运行。

1．齿轮箱的日常保养

风力发电机组齿轮箱的日常保养内容主要包括设备外观检查、噪声测试、润滑油位检查、油温、电气接线检查等。

具体工作任务包括：在风机运行期间，特别是持续大风天气时，在中控室注意观察油温、轴承温度；登机巡视风力发电机组时，应注意检查润滑管渗漏现象，外敷的润滑、冷却管路连接处有无松动；由于风力发电机组振动较大，如果外敷管路固定不良将导致管路磨损、管路接头密封损坏甚至管路断裂；还应注意箱底放油阀有无松动和渗漏，避免放油阀松动和渗漏导致的齿轮油大量外泄；离开机舱前，应开机检查齿轮箱及液压泵的运行状况，观察运转是否平稳，有无振动或异常噪声；利用油标尺或油位窗检查油位是否正常，借助玻璃油窗观察油色是否正常，发现油位偏低应及时补充并查找具体渗漏点，及时处理。

2. 齿轮箱日常保养巡视项目

(1) 检查齿轮箱防腐漆是否有脱落、箱体是否有裂纹等损伤，检查齿轮箱弹性支承是否有龟裂，需要时将油漆补上。

(2) 检查齿轮箱箱体、滤芯、油分配器、润滑胶管法兰接合面及其他部位是否存在齿轮油渗漏情况。所有外部元件或从外部可见的部件都必须检查是否有泄漏，如有泄漏应清理油迹并记录下渗漏点，以便下次巡视时检查。必要时应紧固连接螺母或螺栓。

(3) 检查齿轮箱油位是否正常、齿轮油色是否正常、齿轮油是否变质。在齿轮箱停止时，必须检查油位。如需要，应将油位恢复正常。由于油温度的变化，油位可能上下变动。

(4) 在齿轮箱运转时注意倾听齿轮箱是否有异常的噪声，特别是周期性的异常响声。在润滑系统运转时注意倾听齿轮油泵声音是否正常。

(5) 检查齿轮箱是否存在局部温度过高，特别是高速轴端。

(6) 检查齿轮箱附件是否正常。包括喷油管、润滑胶管是否正常，是否有渗漏，风冷散热器是否正常，齿轮油泵及电动机是否正常，各传感器是否正常，防雷碳刷是否正常（碳刷磨损到小于10mm时必须更换）。

(7) 检查为监测装置和齿轮油电动机提供电源的线路有无损坏，如必要应进行维护。

3. 齿轮箱定期保养维护

风力发电机组齿轮箱的定期保养维护内容主要包括：齿轮箱连接螺栓力矩的检查、齿轮啮合及齿面磨损情况的检查、传感器功能测试、润滑及散热系统功能检查、定期更换齿轮油滤清器、油样采集等。有条件时可借助有关工业检测设备对齿轮箱运行状态的振动及噪声等指标进行检测分析，以便更全面地掌握齿轮箱的工作状态。

4. 齿轮箱定期保养维护项目

由风力发电机组运行维护手册可知，不同厂家对齿轮箱定期保养维护项目的要求不同，下面从几个方面说明齿轮箱定期保养维护项目。

(1) 油品采样。不同机组对齿轮箱润滑油的采样周期要求也不同。一般要求每年采样1次，或者使用2年后采样1次。发现运行状态异常的齿轮箱根据需要随时采集油样。齿轮箱润滑油的使用年限一般为3～4年。由于齿轮箱的运行温度、年运行小时及峰值出力等运行情况不完全相同，在不同的运行环境下笼统地以时间为限作为齿轮箱润滑油更换的条件，不一定能够保证齿轮箱经济、安全地运行。这就要求运行人员平时注意收集整理机组的各项运行数据，对比分析油品化验结果的各项参数指标，找出更加符合电场运行特点的油品更换周期。

在油品采样时，考虑到样品份数的限制，一般选取运行状态较恶劣的机组（如故障较高、出力峰值较高、齿轮箱运行温度较高、滤清器更换较频繁的机组）作为采样对象。根据油品检验结果分析齿轮箱的工作状态是否正常，润滑油性能是否满足设备正常运行需要，并参照风力发电机组维护手册规定的润滑油更换周期，综合分析决定是否需要更换齿轮润滑油。

（2）润滑油更换。齿轮箱在投入运行前，应加注厂家规定的润滑油，润滑油第一次更换和其后更换的时间间隔，由风力发电机组实际运行工况决定。齿轮箱润滑油的维护和使用寿命受润滑油的实际运行环境影响。在润滑油使用过程中，分解产生的各种物质，可能会引起润滑油老化、变质，特别是在高温、高湿及高灰尘等条件下运行，将会进一步加速润滑油老化、变质，这都是影响润滑油使用寿命的重要因素，会对油的润滑能力产生很大的影响，降低润滑效果，从而影响齿轮箱的正常运行。

（3）换油频率。第一次齿轮油更换的时间和其后的时间间隔与运行状况有关，因此齿轮油的更换时间是无法精确预定的。齿轮箱润滑油的维护间隔和使用寿命与温度产生的老化变质程度和杂质的含量有关。另外，运行温度过高、空气湿度大，环境空气的侵蚀及高灰尘水平都是很重要的因素，对油的润滑能力都会产生巨大的影响。

为了安全运行，在齿轮箱首次投入运行经过生产厂家规定运行小时之后，必须对油的品质进行检测。新投入的风力发电机组，齿轮箱首次投入运行磨合 250h 后，要对润滑油进行采样并分析，根据分析结果可以判断齿轮箱是否存在缺陷，并采取相应措施及时进行处理，避免齿轮箱损坏较严重时才发现。润滑油最多使用 3 年后必须进行更换。如果运行过程中风机出现异常声音或发生飞车，齿轮油的采样分析可随时进行。

（4）齿轮油滤清器的维护。滤清器的维护主要是更换阻塞的过滤器芯。更换过滤器芯的时间间隔不固定，主要取决于过滤器芯的饱和程度。当滤清器进油口和出油口之间的压力差达到规定值时，说明过滤器芯已经处于饱和状态，再没有能力过滤齿轮油。滤清器上安装的压差传感器动作，向系统处理器发出信号，计算机显示“Gear oil filter”，表示过滤器芯需要更换，此时根据维护手册进行更换。

总之，在运行维护中，要做好详细的齿轮箱运行情况记录，及时清洁齿轮箱，加强日常巡视，发现问题及时处理，并要将记录存入该风力发电机组档案中，以便今后进行数据的对比分析。

四、齿轮箱常见故障及处理措施

齿轮箱的常见故障有齿轮损伤、轴承损坏、润滑油油位低、润滑油压力低、渗漏油、油温高、润滑油泵过载和断轴等。

1. 齿轮损伤

齿轮损坏的影响因素很多，包括选材、设计计算、加工、热处理、安装调试、润滑和使用维护等。常见的齿轮损坏有齿面疲劳、胶合和轮齿折断等。

（1）齿面疲劳。齿面疲劳是在过大的接触剪应力和交变应力作用下，齿轮表面或其表层下面产生疲劳裂纹并进一步扩展而造成的齿面损伤，其表现形式有早期点蚀、破坏性点蚀、齿面剥落和表面压碎等。特别是破坏性点蚀，常在齿轮啮合线部位出现，并且不断扩展，使齿面严重损伤，损坏加大，最终导致断齿失效。正确进行齿轮强度设计，选择好材质，并保证热处理质量，选择合适的精度配合，提高安装精度，改善润滑条件，是解决齿面疲劳的根本措施。

（2）胶合。胶合是相啮合齿面在啮合处的边界润滑膜受到破坏，导致接触齿面金属熔焊而撕落齿面上金属的现象。一般是由于润滑条件不好或干涉引起的，适当改善润滑条件并及时排除干涉起因，调整传动件的参数，清除局部载荷集中，可减轻或消除胶合现象。

（3）轮齿折断（断齿）。断齿常由细微裂纹逐步扩展而成，根据裂纹扩展的情况和断齿原因，断齿可分为过载折断（包括冲击折断）、疲劳折断以及随机断裂等。

1）过载折断。是由于作用在轮齿上的应力超过其极限应力，导致裂纹迅速扩展。常见的原因有突然冲击超载、轴承损坏、轴弯曲或较大硬物挤入啮合区等。断齿断口有呈放射状花样的裂纹扩展区，有时断口处有平整的塑性变形，断口处常可拼合。仔细检查可看到材质的缺陷，齿面精度很差，轮齿根部未做精细处理等。在设计中应采取必要的措施，充分考虑过载因素。安装时应防止箱体变形，防止硬质异物进入箱体内等。

2）疲劳折断。发生的根本原因是轮齿在过高的交变应力重复作用下，从危险截面（如齿根）的疲劳源开始产生疲劳裂纹并不断扩展，使齿轮剩余截面上的应力超过极限应力，造成瞬时折断。在疲劳折断的起始处，是贝状纹扩展的出发点并向外辐射。产生的原因是设计载荷估计不足、材料选用不当、齿轮精度过低、热处理裂纹、磨削烧伤、齿根应力集中等。在设计时应充分考虑传动的动载荷，优选齿轮参数，合理选择材料和齿轮精度，充分保证齿轮加工精度，消除应力集中等。

3）随机断裂。通常是材料缺陷、点蚀、剥落或其他应力集中造成的局部应力过大，或较大的硬质异物落入啮合区引起的。

2. 轴承损坏

轴承是齿轮箱中最重要的零件，其失效常会引起齿轮箱灾难性的破坏。轴承在运转过程中，轴承套圈与滚动体表面之间经受交变载荷的反复作用。由于安装、润滑、维护等方面的原因而产生点蚀、裂纹、表面剥落等缺陷，使轴承失效，从而使齿轮副和箱体产生损坏。据统计，在影响轴承失效的众多因素中，属于安装方面的原因占16%，属于污染方面的原因也占16%，而属于润滑和疲劳方面的原因各占34%。实践证明在使用中70%以上的轴承达不到预定寿命。因此，重视轴承的设计选型，充分保证润滑条件，按照规范进行安装调试，加强对轴承运转的监控是非常重要的。通常在齿轮箱上设置了轴承温度传感器，对轴承异常高温现象进行监控，同一箱体上不同轴承之间的温差一般不应超过15℃，随时检查润滑油的变化，发现异常应立即停机处理。

3. 润滑油油位低

（1）常见故障原因。润滑油油位低故障是由于齿轮箱或润滑管路出现渗漏，使润滑油低于油位下限，使浮子开关动作停机，或因为油位传感器电路故障。

（2）检修方法。风力发电机组发生该故障后，运行人员应及时到现场可靠地检查润滑油位，必要时测试传感器功能。不允许盲目地复位开机，避免润滑条件不良时损坏齿轮箱。若齿轮箱有明显泄漏点，开机后可能导致更多的齿轮油外泄。

在冬季低温工况下，油位开关可能会因齿轮油黏度太高而动作迟缓，产生误报故障。有些型号的风力发电机组在温度较低时将油位低信号调整为报警信号，而不是停机信号，这种情况也应认真对待，根据实际情况作出正确的判断，以免造成不必要的经济损失。解决办法是给齿轮箱安装加热装置，使齿轮箱油温在规定范围内。

4. 润滑油压力低

（1）常见故障原因。润滑油压力低故障是由于齿轮箱强制润滑系统工作压力低于正常值，导致压力开关动作；也可能是由油管或过滤器不通畅或油压传感器电路故障及油泵磨损严重导致的。

（2）处理方法。首先应排除油压传感器电路故障；若油泵严重磨损，必须更换新油泵；找出不通畅油管或过滤器进行清洗。

5. 齿轮箱油温高

齿轮箱油温最高不应超过80℃，不同轴承间的温差不得超过15℃。一般齿轮箱都设置有冷却器和加热器，当油温低于10℃时，加热器会自动对油池进行加热；当油温高于65℃时，油路会自动进入冷却器管路，经冷却降温后再进入润滑油路。油温高极易造成齿轮和轴承的损坏，必须高度重视。

齿轮箱油温度过高一般是因为风力发电机组长时间处于满发状态，润滑油因齿轮箱发热而温度上升超过正常值。测量发现机组满发运行状态时，机舱内的温度与外界环境温度最高可相差25℃左右。若温差过大，可能是温度传感器故障，也可能是油冷却系统的问题。

出现温度接近齿轮箱工作温度上限的现象时，应敞开塔架大门，增强通风，降低机舱温度，改善齿轮箱工作环境温度。若发生温度过高导致的停机，不应进行人工干预，应使机组自行循环散热至正常值后启动。有条件时应观察齿轮箱温度变化过程是否正常、连续，以判断温度传感器工作是否正常。若齿轮箱出现异常高温现象，则要仔细观察，判断发生故障的原因。首先要检查润滑油供应是否充分，特别是在各主要润滑点处，必须要有足够的油液润滑和冷却；其次要检查各传动零部件有无卡滞现象、检查机组的振动情况、传动连接是否松动等，以及油冷却系统工作是否正常。

若在一定时间内，齿轮箱温升较快，且连续出现油温过高的现象，应首先登机检查散热系统和润滑系统工作是否正常，温度传感器测量是否准确。然后进一步检查齿轮箱工作状况是否正常，尽可能找出明显发热的部位，初步判断损坏部位。必要时开启观察孔检查齿轮啮合情况或拆卸滤清器检查有无金属杂质，并采集油样，为设备损坏原因的分析判断搜集资料。

正常情况下很少发生润滑油温度过高的故障，若发生油温过高的现象，应引起运行人员的足够重视，在未找到温度异常原因之前，避免盲目开机而使故障范围扩大，造成不必要的经济损失。在风力发电机组的日常运行中，对齿轮箱运行温度的观察比较，对维护人员及时准确地掌握齿轮箱的运行状态有着较为重要的意义。若排除一切故障后，齿轮箱油温仍无法降下来，可采取以下措施：

（1）增加齿轮箱散热器的片数，加快齿轮油热交换速度。改装后可以使机组在正常满发状态下，齿轮箱油温度降低5℃左右，将齿轮箱的工作温度控制在一个较合理的范围之内，为齿轮箱的安全可靠运行创造良好的条件。

（2）改善机舱通风条件，加速气流的流动，降低齿轮箱运行环境温度。经过实际运行状态下的烟雾试验，机舱内的气体循环通路大致为：外界空气由发电机尾部的冷却风扇抽入，气流到达机舱中部制动盘罩上方时出现滞留现象，在制动盘罩上方形成一个高压区，然后气流向上行走，向机舱后部折返，通过机舱后部通风口排出。在齿轮箱周围的空气并没有形成明显的空气对流。

（3）采用制冷循环冷却系统。制冷循环冷却系统可以有效解决齿轮箱油温高的问题，因此现在很多风力发电机组本身就设计有制冷循环冷却系统。

6. 润滑油泵过载

润滑液压泵过载故障多出现在北方的冬季，由于风力发电机组长时间停机，齿轮箱加热元件不能完全加热润滑油品，造成润滑油因温度低黏度增加，当风力发电机组启动时，液压泵电动机过负荷。出现该类故障后应使风力发电机组处于待机状态，逐步加热润滑油至正常值后再启动风力发电机组，严禁强制启动风力发电机组，避免因润滑油黏度较大造成润滑不良，而损坏齿面或轴承、烧毁油泵电动机以及润滑系统的其他部件。

润滑油泵过载的另一常见原因是部分使用年限较长的机组，其油泵电动机输出轴油封老化，导致齿轮油进入接线端子盒，造成端子接触不良，三相电流不平衡，出现油泵过载故障。更严重的情况是润滑油会大量进入发电机绕组，破坏绕组气隙，造成油泵过载。出现上述情况后应更换油封，清洗接线端子盒及电机绕组，并加温干燥后重新恢复运行。

7. 断轴

断轴也是齿轮箱常见的重大故障。其原因是轴在制造过程中没有消除产生应力集中的因素，在过载或交变应力的作用下，超出了材料的疲劳极限。因此对轴上易产生应力集中的因素应高度重视，特别是在不同轴径过渡区要有圆滑的圆弧连接，光洁度要求较高，也不允许有切削刀具刃尖的痕迹。设计时，轴的强度应足够，轴上的键槽、花键等结构不能过分降低轴的强度。保证相关零件的刚度，防止轴的变形，也是提高轴可靠性的必要措施。

任务三 主轴、轴承、高速闸、联轴器的维护

【任务引领】

在风力发电机组中，主轴承担了支撑轮毂处传递来的各种负载的作用，并将扭矩传递给增速齿轮箱；轴承是用来承担转子的重量和旋转的不平衡力；联轴器是连接风力发电机组的主轴、齿轴箱、传动轴和发电机转子，并传递运动、动力及转矩；高速闸是高速轴上的刹车机构。通过本任务的学习使学生（员）了解主轴、轴承、高速闸、联轴器在风力发电机组传动系统中的作用；掌握高速闸的动作原理；熟练使用维护检修工具；牢记维护检修规程。

【教学目标】

（1）了解主轴、轴承、高速闸、联轴器的安装位置及功能特点。

（2）熟悉高速闸的动作原理。

（3）掌握主轴、轴承、高速闸、联轴器的维护内容。

（4）掌握主轴、轴承、高速闸、联轴器常见故障及处理措施。

（5）熟练使用维护检修工具。

（6）掌握维护、检修规程要领。

【任务准备与实施建议】

（1）通过查阅相关资料，了解主轴、轴承、高速闸、联轴器的结构、特点。

（2）到风电场熟悉高速闸、联轴器的安装位置。

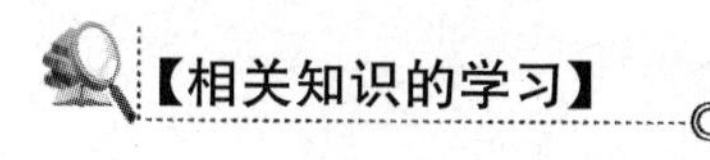

一、主轴的安装位置与安装结构

在风力发电机组中，主轴承担了支撑轮毂处传递过来的各种负载的作用，并将扭矩传递给增速齿轮箱，将轴向推力、气动弯矩传递给机舱、塔架。

主轴安装在风轮和齿轮箱之间，前端通过螺栓与轮毂刚性连接，后端与齿轮箱低速轴连接，承力大且复杂。受力形式主要有轴向力、径向力、弯矩、转矩和剪切力，风机每经历一次启动和停机，主轴所受的各种力都将经历一次循环，会产生循环疲劳。因此，主轴具有较高的综合机械性能。

根据受力情况主轴常被做成变截面结构。在主轴中心有一个轴心通孔，作为控制机构或电缆传输的通道，如图 2-13 所示。

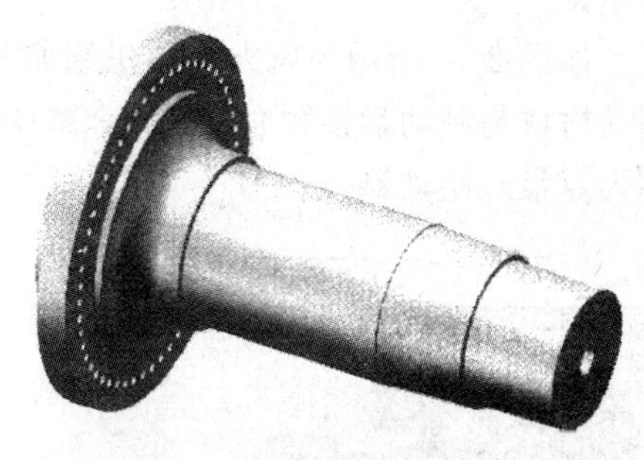

图 2-13　主轴

主轴的安装结构一般有两种，如图 2-14 所示。图 2-14（a）所示为挑臂梁结构，主轴由两个轴承架所支撑；图 2-14（b）所示为悬臂梁结构，主轴的一个支撑为轴承架，另一支撑为齿轮箱，也就是所谓三点式支撑。这种结构的优点是前支点为刚性支撑，后支点（齿轮箱）为弹性支撑，因此能够吸收来自叶片的突变负载。

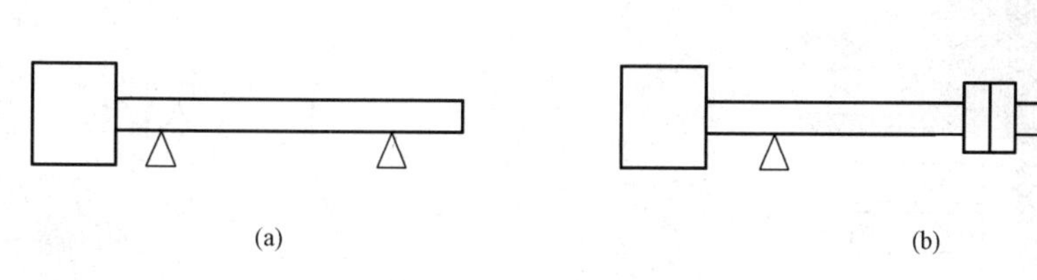

图 2-14　主轴的安装
（a）挑臂梁结构；（b）悬臂梁结构

二、主轴轴承的类型及特点

在风力发电机组中，主轴轴承通常选用双列调心滚子轴承作为固定支点直接安装在机架上，这种轴承装有双列球面滚子，滚子轴线倾斜于轴承的旋转轴线。其外圈滚道呈球面形，因此滚子可在外圈滚道内进行调心，以补偿轴的挠曲和同心误差。轴承的滚道型面与球面滚子型面非常匹配。双排球面滚子在具有三个固定挡边的内圈滚动，每排滚子均有一个黄铜实体保持架或钢制冲压保持架。通常在外圈上设有环形槽，其上有三个径向孔，用作润滑油通道，使轴承得到有效的润滑。轴承的套圈和滚子主要用铬钢制造并经淬火处理，具备足够的强度、高的硬度和良好的韧性和耐磨性。

主轴轴承由一个与风轮锁定装置整合为一体的专用轴承座来支撑，机组在进行调试、维护、检修时用锁紧螺栓将整个传动系统固定锁死，工作人员可以很安全地在舱内和轮毂内工作。轴承座采用球墨铸铁材料，具有很好的抗震性。润滑轴承的油脂通过迷宫室和 V 型环两重密封，保证油脂不会向外泄漏，使机舱清洁而不受污染。

主轴设置在机舱中央，旋转部由轴承支持，旋转轴承的外轮支架、内轮安装在主轴上，轴承要用润滑脂润滑。如图 2-15 所示。

三、高速闸

高速闸是高速轴上的机械刹车机构，常采用卡钳式，其制动由包含两个制动卡钳作为制动片的机械盘式制动器组成。该制动装置只有在第一级制动系统失效的情况下会被激活，与仍然有效的叶片变桨校准系统相结合，实现对转子的制动。盘式制动器的设计是基于“自动防故障”的原则，控制油压释放，弹簧激活制动。当转速超越上限发生飞车时，发电机自动脱离电网，桨叶打开实行软刹车，液压制动系统动作（刹车），使桨叶停止转动，调向系统将机舱整体偏转 90°侧风，对整个塔架实施保护。盘式制动器可起到附加安全系统的作用。

如图 2-16 所示为风力发电机组常用的钳盘式制动器外观。制动块压紧制动盘而制动。制动衬块与制动盘接触面很小，在盘中所占的中心角一般仅为 30°～50°。故该盘式制动器又称为点盘式制动器。

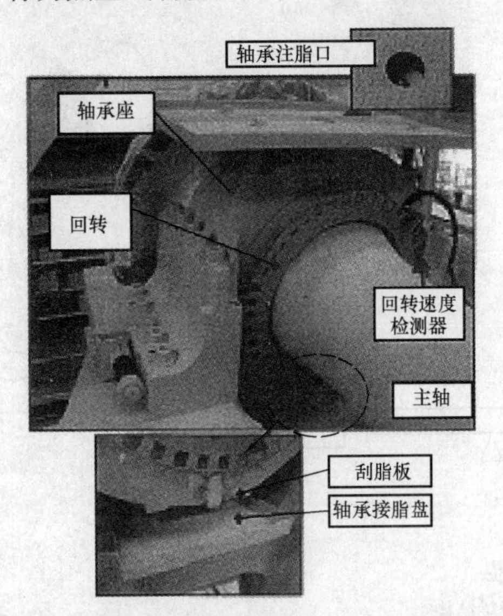

图 2-15 主轴与主轴轴承

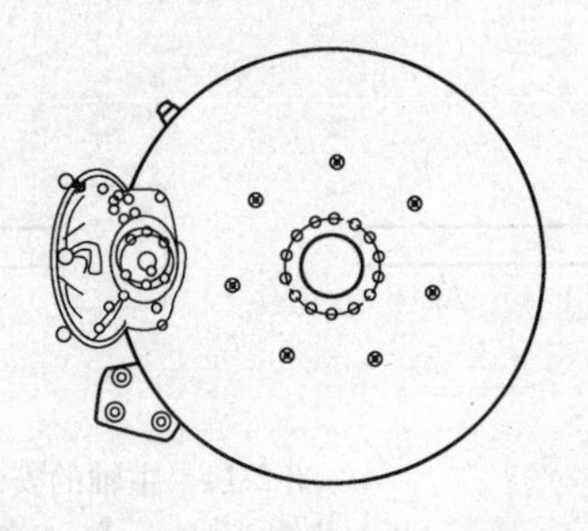
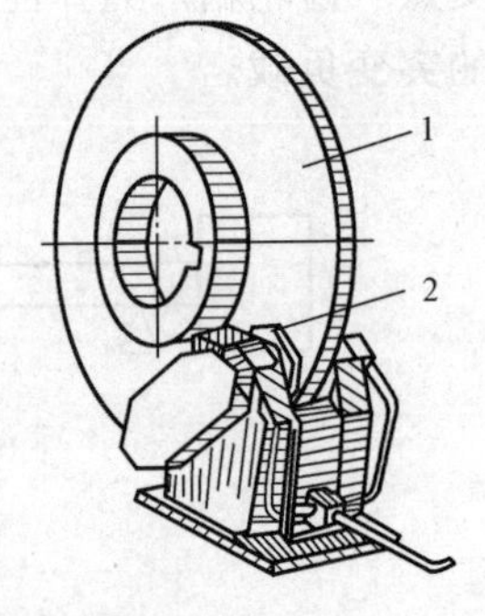

图 2-16 钳盘式制动器外观

1—制动盘；2—制动块

为了不使制动轴受到径向力和弯矩，钳盘式制动缸应成对布置。制动转矩较大时，可采用多对制动缸。为防止液压油高温变质，可在制动盘中间开通风沟并采取隔热措施。

四、联轴器的种类及结构

联轴器的作用是连接风力发电机组的主轴、齿轴箱、传动轴和发电机转子，并传递运动、动力及转矩。联轴器是一种通用元件，在风力发电机组中种类很多。根据联轴器中是否含有弹性元件，可将其分为刚性联轴器和弹性联轴器。刚性联轴器又根据是否具有补偿两轴位移和偏斜的能力分为刚性固定式和刚性可移动式两类。弹性联轴器利用联轴器中弹性零件的变形补偿两轴之间的位移和偏斜。

刚性联轴器常在对中性好的两轴连接中采用，而弹性联轴器则可在两轴对中性较差时提供连接。

风力发电机组中通常在低速轴端（主轴与齿轴箱低速轴连接处）选用刚性联轴器，一般多选用胀套式联轴器、柱销式联轴器等。在高速轴端（发电机与齿轮箱高速轴连接处）选用弹性联轴器（或万向联轴器），一般选用轮胎联轴器或十字节联轴器。

1. 刚性胀套联轴器

胀套联轴器结构如图 2-17 所示。它是靠拧紧高强度螺栓使包容面产生压力和摩擦力来传递负载的一种无键连接方式，可传递转矩、轴向力或两者的复合载荷，承载能力高，定心性好，装、拆或调整轴与毂的相对位置方便，可避免零件因键连接而削弱强度，提高了零件的疲劳强度和可靠性。

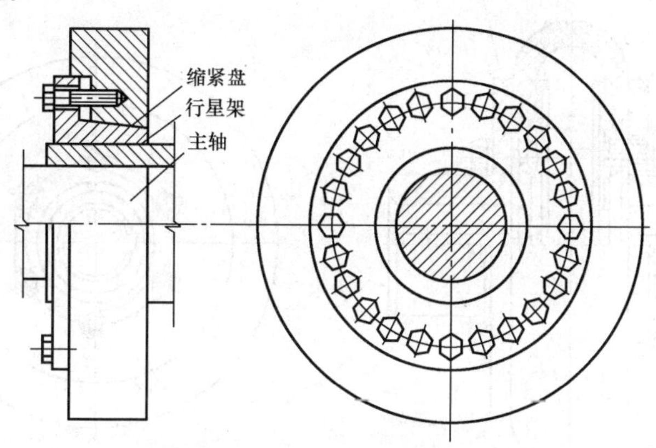

图 2-17 胀套式联轴器

胀套连接与一般过盈连接、无键连接相比，具有制造和安装简单、安装胀套的轴和孔的加工精度制造公差要求低等优点。安装胀套也无需加热、冷却或加压设备，只需将螺栓按规定的转矩拧紧即可，且调整方便，可以将轮毂在轴上很方便地调整到所需位置。有良好的互换性，拆卸方便。这是因为胀套能把较大配合间隙的轮毂连接起来，拆卸时将螺栓拧松，即可拆开被连接件。胀套连接可以承受重负荷，胀套结构可制成多种式样，一个不够还可多个串连使用。胀套的连接件没有相对运动，工作中不会磨损，使用寿命长，强度高。胀套在胀紧后，接触面紧密贴合不易锈蚀。胀套在超载时，可以保护设备不受损坏。

2. 万向联轴器

万向联轴器是一类允许两轴间具有较大角位移的联轴器，适用于有大角位移的两轴之间的连接，一般两轴的轴间角最大可达 35°～45°，而且在运转过程中可以随时改变两轴的轴间角。

在风力发电机组中，万向联轴器也得到广泛的应用。如图 2-18 所示的十字轴式万向联轴器，主、从动轴的叉形件（轴叉）1、3 与中间的十字轴 2 分别以铰链连接，当两轴有角位移时轴叉 1、3 绕各自固定轴线回转，而十字轴则做空间运动。

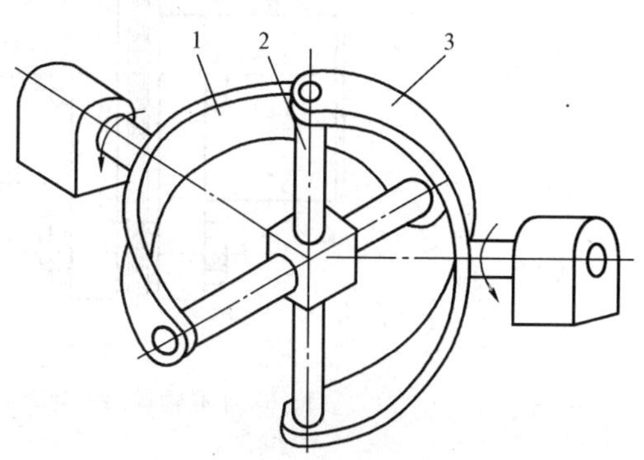

图 2-18 十字轴式万向联轴器结构简图

1—主动轴叉形件；2—十字轴；3—从动轴叉形件

3. 轮胎式联轴器

图 2-19 所示为轮胎式联轴器的一种结构，外形呈轮胎状的橡胶元件 2 与金属板硫化黏结

在一起，装配时用螺栓直接与两个半联轴器 1、3 连接。采用压板、螺栓固定连接时，橡胶元件与压板接触压紧部分的厚度稍大一些，以补偿压紧时的压缩变形，同时应保持较大的过渡圆角半径，以提高疲劳强度。轮胎式联轴器的优点是具有很高的柔度，阻尼大，结构简单，装配容易。轮胎式联轴器的缺点是随着扭转角的增加，在两轴上会产生相当大的附加轴向力，同时也会引起轴向收缩而产生较大的轴向拉力。为了消除或减轻这种附加轴向力对轴承寿命的影响，安装时宜保持一定量的轴向预压缩变形。

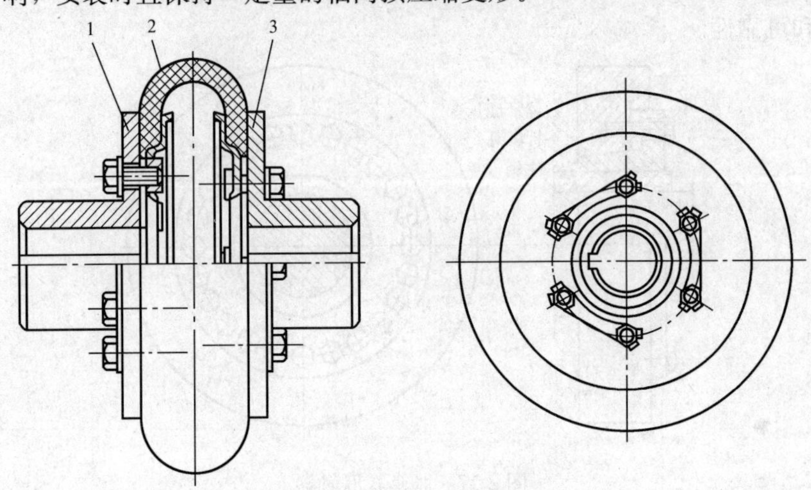

图 2-19　轮胎式联轴器

4. 膜片联轴器

膜片联轴器采用一种厚度很薄的弹簧片，制成各种形状，用螺栓分别与主、从动轴上的两半联轴器连接。图 2-20 所示为一种膜片联轴器的结构，其弹性元件为若干多边环形的膜片，在膜片的圆周上有若干螺栓孔。为了获得相对位移，常采用中间轴，其两端各有一组膜片组成两个膜片联轴器，分别与主、从动轴连接。

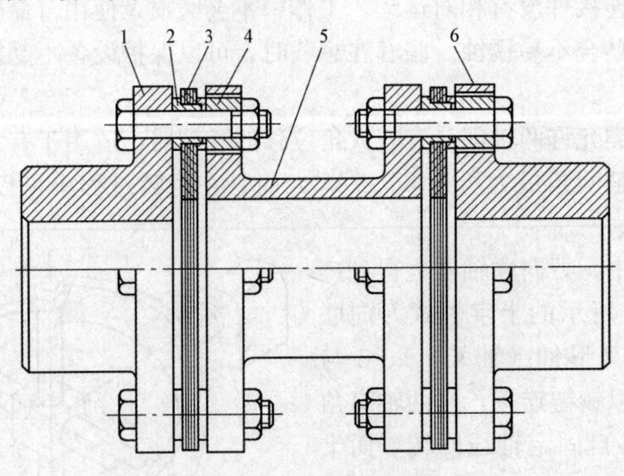

图 2-20　膜片联轴器

1、6—半联轴器；2—衬套；3—膜片；4—垫圈；5—中间轴

5. 连杆联轴器

图 2-21 所示为连杆联轴器，也是一种挠性联轴器。每个连接面由 5 个连杆组成，连杆

一端连接被连接轴，另一端连接中间体。可以对被连接轴轴向、径向、角向误差进行补偿。连杆联轴器设有滑动保护套（见图 2-22），用于过载保护。滑动保护套由特殊合金材料制成，能在风机过载时发生打滑从而保护电动机轴不被破坏。在保护套的表面涂有不同的涂层，保护套与轴之间的摩擦力始终是保护套与轴套之间摩擦力的 2 倍，从而保证滑动只会发生在保护套与轴套之间。当转矩从峰值回到额定转矩以下时，滑动保护套与轴套之间继续传递转矩，无需专人维护。

图 2-21 连杆联轴器

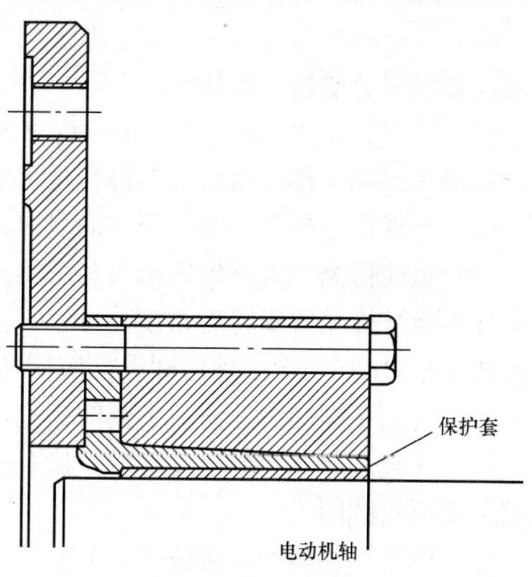

图 2-22 滑动保护套

五、主轴、轴承、高速闸、联轴器的维护

1. 主轴的维护

主轴定期维护项目如下：

（1）检查主轴部件有无破损、磨损、腐蚀，螺栓有无松动、裂纹等现象。

（2）检查主轴有无异常声音。

（3）检查轴封有无泄漏，轴承两端轴封润滑情况。

（4）按力矩表 100%紧固主轴螺栓、轴套和机座螺栓。

（5）检查转轴（前端和后端）罩盖。

（6）检查主轴润滑系统有无异常并按要求进行注油。

（7）检查注油罐油位是否正常。

（8）检查主轴与齿轮箱的连接情况。

（9）检查主轴速度传感器的功能。

2. 主轴承的维护

（1）清空油脂集收盘，检查外观有无油脂溢出，恰当处理溢出的油脂。

（2）自动注油系统给主轴轴承加油脂，主轴轴承注油系统的油缸内装满油脂，并观察耗油量；如果耗油量不同，检查油泵；如果耗油量太少，检查是否能看见压力阀上的红色指针，如果看得见，证明注油系统被阻塞。

（3）油管及接头检查，检查油管在机架上的固定是否牢靠；检查油管接头处是否卡住。

（4）检查轴承座与基架的连接螺栓。

3. 高速闸的维护

(1) 检查刹车盘表面是否有裂纹、划痕和碎片；表面的防腐涂层是否有脱落现象，如果有，按说明书及时补上。

(2) 检查刹车盘上表面清洁度，是否有油脂或油；如果刹车盘上有油脂或油，应更换刹车片（有机垫片）或用合适的刹车专用清洁剂（熔结垫片）清理，并找出油污染的原因且消除；清除刹车盘上有颗粒状突出的金属点。

(3) 检查刹车片表面和厚度。取下刹车片并检查刹车片表面和厚度，厚度不能小于最小厚度，否则需要更换刹车片。

(4) 检查刹车片与刹车盘的间隙，在检测间隙之前，应确保高速闸已经工作过5～10次。从垫片到刹车盘间的距离应符合规定值，否则需要调整间隙。

(5) 外观检查刹车卡钳是否有油泄漏，若有应检查密封系统，并清除流出的润滑剂。

(6) 螺栓检测。检查齿轮箱与刹车器的连接螺栓及高速闸本体上的螺栓；检测过程中如果螺母不能被旋转或旋转的角度小于20°，说明预紧力仍在限度以内。如果螺母能被旋转，且旋转角超过20°，则必须把螺母彻底松开，并用力矩扳手以规定的力矩重新拧紧。每检查完一个，用笔在螺栓头处做一个圆圈标记，将所有螺栓都检查一遍。

(7) 检查过滤器，取出过滤网，检查过滤网上的网孔是否堵塞，如有堵塞现象应清洗滤网或更换新的滤网。

(8) 检查传感器的连接情况。如有松动，按照说明重新安装。

4. 联轴器的维护

联轴器的维修保养周期应与整机的检修周期保持一致，但至少应6个月保养1次。此外，还需要进行定期维护。

定期维护项目如下：

(1) 检查联轴器的运行情况及轴向窜动情况，如果在一个方向上运行位移大于厂家规定数值，应更新或修理联轴器。

(2) 检查联轴器的螺栓，并用工具锁紧。

(3) 检查联轴器润滑表，并给润滑部件注油。

(4) 检查联轴器橡胶缓冲部件有无老化或损坏。

(5) 按厂家要求检查联轴器同心度。

(6) 检查联轴器刚性情况，检查涂层上是否有裂纹，圆盘是否有变形及断裂现象。

(7) 联轴器同轴度检测。为保证联轴器的使用寿命，必须每年进行2次同轴度检测。同轴度检测设备一般为激光对中仪。在检测过程中轴的平行度误差必须在规定值内，否则必须重新进行调整。可通过调整发电机的位置来控制同轴度。

任务四 发电机运行与维护

【任务引领】

发电机是将风轮的机械能转换成电能的机械设备。通过本任务的学习使学生（员）了解发电机的基本结构和工作原理；掌握发电机常见故障及处理措施；熟练使用维护检修工具；

牢记维护检修规程。

【教学目标】

（1）了解发电机的基本结构和工作原理。

（2）掌握发电机的几种结构和运行原理。

（3）熟悉发电机通风系统的组成和工作过程。

（4）掌握发电机常见故障及处理措施。

（5）掌握维护要领。

【任务准备与实施建议】

（1）通过查阅相关资料，了解发电机的基本结构和工作原理。

（2）到风电场熟悉发电机通风系统的组成。

【相关知识的学习】

一、发电机的日常维护

发电机的维护量较小，日常维护项目如下：

（1）检查发电机电缆有无损坏、破裂和绝缘老化，系统有无漏水、缺水等情况。

（2）检查冷却风扇、排风管道（空冷发电机）和外壳冷却散热系统。

（3）检查水冷却系统（水冷发电机），并按厂家规定时间更换水及冷却剂。在气温达到−30℃以下地区，加防冻剂。

（4）紧固电缆接线端子，按厂家规定力矩标准执行。

（5）直观检查发电机消声装置。

（6）轴承注油、检查油质。注油型号和用量按相关标准执行。

（7）检查空气过滤器，每年检查并清洗一次。

（8）定期检查发电机绝缘、直流电阻等有关电气参数。

（9）按力矩表100%紧固螺栓。

（10）检查发电机轴偏差，按有关标准进行调整。

二、发电机常见故障及处理

发电机常见的故障有绝缘电阻低，振动噪声大，轴承过热失效，以及绕组断路、短路接地等。

1. 绝缘电阻低

绝缘电阻低的主要原因是发电机温度过高、机械性能损伤、潮湿、灰尘、导电微粒或其他污染物污染侵蚀发电机绕组等。

2. 振动、噪声大

振动、噪声大的主要原因是转子系统动不平衡，转子笼条有断裂、开焊、假焊、缩孔，轴径不圆、轴变形、弯曲，齿轮箱与发电机系统轴线未校准，安装不紧固，基础不好或有共振，转子与定子摩擦等。

3. 轴承过热、失效

轴承过热、失效的主要原因是润滑油使用不合适、润滑脂过多或过少、润滑脂失效、轴承内有异物、轴承磨损、轴弯曲、轴变形、轴承套不圆或变形、发电机底脚平面与相应的安装基础支撑平面不是自然完全接触、发电机承受额外轴向力和径向力、齿轮箱与发电机的系统轴线未对准、轴的热膨胀不能释放，以及轴承跑外圈、轴承跑内圈等。

4. 绕组断路、短路接地

绕组断路、短路接地的主要原因是绕组机械性拉断或损伤、绕组极间连接线焊接不良、电缆绝缘破损、接线头脱落、匝间短路、潮湿、灰尘、导电颗粒或其他污染物污染、绕组被侵蚀、绕组相序反、绕组长时间过载导致发电机过热、绕组绝缘老化开裂、其他电气元器件短路、过电压过电流引起的绕组局部绝缘损坏、短路、雷击损坏等。

以上发电机常见故障会影响风力发电机组的正常运行，因此在安装、调试及正常运行维护中，运行维护人员一旦发现问题就应该按维护手册要求及时维修，以确保风力发电机组安全、稳定运行。

三、某1500型发电机运行维护

该发电机采用双馈感应发电机形式，发电机的定子直接连接三相电源，转子与变频器相连。包括两个受控的隔离门及双极晶体管（IGBT）桥，用一个直流电压连接。

发电机的转速范围为1000～2000r/min，同步转速为1500r/min。电压频率和转子电流与转速差（实际与同步发电机的转速）相对应。该差值称为转差率，通常以同步转速百分比的形式给出。定子电压等于电网电压，转子电压与转差频率成正比，取决于定子和转子的匝数比。当发电机以同步转速转动时，转差率为零，则转子的电压为零。

1. 发电机参数

发电机参数见表2-2。

表2-2 发电机参数

额定输出	1810r/min时为1520kW
级数	4级
速度范围	1000～2000r/min
功率因数	从 $\cos\varphi=0.9$ 电感型到 $\cos\varphi=0.9$ 电容型
定子电压	AC 690V（1±10%）
最高定子电流	1300A（转子短接）
定子连接	D
转子连接	Y
最高转子电流	470A
频率	50Hz
效率	97%（在功率变频器模式、1810r/min转速、额定电压、没有辅助设备的情况下）
户外的气候	腐蚀、含盐的气候，流沙
相对湿度	5%～95%（+40℃）
冷却方式	水冷，冷却水的凝结点为－30℃
水压	≤5bar（1bar=10^5Pa）

续表

人口水温度	≤+50℃
最大发电机损耗	≤45kW
水流通过速度	约 60L/min
保护等级	≥IP54
周围条件	(−30℃) −15～+45℃

2. 发电机的基本维护

发电机的日常维护量较小，主要包括发电机前后轴承油脂的定期加注、日常巡视时发电机清洁及运行声音的检查。

每次巡视时都应仔细倾听发电机运行声音是否正常。如有异常声音尤其是周期性的响声必须记录并及时反馈处理。

每次巡视时应检查发电机接地线、检查发电机弹性支承橡胶元件是否有老化、龟裂等。

(1) 表面涂层维护。表层涂层的厚度应符合要求，涂漆时要进行打砂清理，环境温度和相对湿度应符合要求。

(2) 发电机水冷系统维护。为持续保证冷却水的理想冷却效果，一般在一定的时间间隔后应清理冷却管道。

1) 对开式冷却循环的机器一般在 1 年后清洗。

2) 对封闭冷却循环的机器一般在 5 年后清洗。

3) 长时间停车时（大于 1 个月），建议把冷却管道完全放空并用一种防腐材料冲洗或填充。

4) 如果冷却管道产生不允许的杂质，则用锅垢和水垢溶解器进行清洗。化学清洗只允许受过相应训练的人员来进行。所用锅垢溶解器的型号由结垢（积垢沉淀）和在冷却循环中与溶剂接触能分离出的材料组成成分决定。机器要完全放空并冷却到至少 40℃。容器的大小必须考虑冷却管道的容量，作用时间要根据要溶解积垢的量和成分来确定。

5) 密封性检查。如果发现管路漏水，应立即关闭所有管路阀门，修补间隙，通过加压容器旁的异径管接头补充冷却水，清理漏出的水。

(3) 电气连接及空载运转。发电机的电力线路、控制线路、保护及接地应按规范操作。在电源线与发电机连接前应测量发电机绕组的绝缘电阻，以确认发电机机械已连接。把发电机当作电动机空运转 1～2h，调整好发电机的转向与相序的关系（双速发电机两个转速的转向相序必须正确），注意发电机有无异声，运转是否自如，是否有部件碰擦，是否有意外短路或接地，检查发电机轴承发热是否正常，振动是否良好，注意三相空载电流是否平衡，与制造厂提供的数值是否吻合。确认发电机空载运转无异常后才能把发电机与齿轮箱机械连接起来，投入发电机工况运行；在发电机工况运行时，应特别注意发电机不能长时间过载，以免绕组过热而损坏。

(4) 保护整定值。为保证发电机长期、安全、可靠地运行，必须对发电机设置有关的保护，如过电压保护、过电流保护、过热保护等。过电压保护、过电流保护的整定值，可依据保护元件的不同而作相应的设定。

（5）绝缘电阻。发电机绕组的绝缘电阻定义为绝缘对于直流电压的电阻，该电压导致产生通过绝缘体及表面的泄漏电流。绕组的绝缘电阻提供了绕组的吸潮情况及表面灰尘积聚程度的信息，即使绝缘电阻值没有达到最低值，也要采取措施干燥或清洁发电机。测量绝缘电阻是把一个直流电压加在绕组被测部分与接地的机壳之间，在施加电压 1min 后读取其电阻值，绕组其他未测量部分或双速发电机的另一套绕组和测温元件等均应接地。测量结束后必须把被测部分绕组接地放电。

（6）发电机拆装。一般情况下，不需要拆开发电机进行维护保养，如无特殊原因，不需要将转子抽离定子；若必须抽转子，则在抽、塞转子过程中必须注意不要碰伤定子绕组；若要更换轴承，只需拉下联轴器、拆开端盖、轴承盖和轴承套等；重新装配后的发电机同样也应在空载状态下运转 1～2h，再投入带负载运行。

（7）轴承维护。滚动轴承是有一定寿命的，是可以更换的标准件。可以根据制造商提供的轴承维护铭牌、发电机外形图或其他资料上提供的轴承型号和润滑脂牌号，以及润滑脂加脂量和换脂、加脂时间进行轴承的更换和维护。特别要注意环境温度对润滑脂润滑性能的影响，对于冬季严寒的地区，冬季使用的润滑脂与夏季不同，应特别注意。

（8）发电机的通风、冷却。风力发电机组使用的发电机一般为全封闭式发电机，其散热条件比启动式发电机差很多，因此在设计机舱时必须考虑冷却通风系统的合理性。冷却空气要进得来，热空气要出得去，发电机表面积灰必须及时清除。

（9）发电机与齿轮箱主轴对心。发电机和齿轮箱在各自装配完毕并用联轴器连接好后，必须调整发电机和齿轮箱主轴的同心度，这是关系到风机能否正常运行的重要步骤。

首先应用激光对中仪对两轴的上下、左右偏差进行调节，使位置偏差保持在 0.2mm 之内，即可完成初步调心工作。其次，如果偏差太大，多次调节都无法达到偏差范围之内，应采取以下措施处理：

1）如果左右偏差太大，可以松开所有发电机减震器的螺栓，使发电机左右位移，达到调整效果。

2）如果上下偏差太大，可采取增加垫片或减薄垫片的措施达到目的。

轴心在装配时对中之后，现场装配时仍要进行一次对中，以后维护时每隔半年应检查一次，以保证风力发电机组的运行和寿命。

轴线对准所加的垫片，应尽可能用数量少的厚垫片，组成厚度为 1.5mm 以上的多张垫片应改用等厚度的单张垫片代替。发电机对中心时必须用百分表，应注意尽管弹性联轴器允许相当数量的轴线不准度，但是即使只有千分之几毫米的失调也可能将巨大的振动引入系统之中。为了获得最长轴承寿命及最小振动，应尽量调整对准机组的中心，并核对热状态下的对准情况。

小 结

（1）风力发电机组传动系统基本组成。风力发电机组的传动系统一般包括风轮、主轴、齿轮箱、联轴器、机械刹车、发电机等。

（2）风轮是风力发电机组传动系统最重要的组成部分，也是风力发电机区别于其他机械的最主要特征。风轮一般由 1～2 个或 2 个以上几何形状相同的叶片和 1 个轮毂组成，风轮的作用是将风的动能转换为机械能。

（3）风轮的几何参数。包括叶片数、风轮直径、风轮扫掠面积、风轮高度、风轮锥角、风轮仰角、风轮额定转速、风轮最高转速、风轮实度。

（4）叶片及轮毂用的材料。叶片根据长度不同而选用不同的材料，目前最普遍采用的有玻璃纤维增强聚酯树脂、玻璃纤维增强环氧树脂和碳纤维增强环氧树脂；铸造结构轮毂的材料是铸钢或球墨铸铁。

（5）雷击造成叶片损坏的机理。一方面雷电击中叶片叶尖后，释放大量能量，使叶尖结构内部的温度急骤升高，引起气体高温膨胀，压力上升，造成叶尖结构爆裂破坏，严重时使整个叶片开裂；另一方面雷击造成的巨大声波，对叶片结构造成冲击破坏。

（6）叶片常见故障及处理措施。

（7）叶片与轮毂的维护内容。

（8）1500 型风力发电机组风轮维护。

（9）风轮轮毂的结构是由三个因素决定的，其形状为星形结构和球形结构。

（10）齿轮箱。风力发电机组中的齿轮箱是一个重要的机械部件，其主要作用是将风轮的转速增加到发电机要求的转速。风轮的转速较低，在多数风力发电机组中，达不到发电机发电的要求，必须通过齿轮箱齿轮副的作用来实现增速，故也将齿轮箱称为增速箱。

（11）齿轮箱类型。风力发电机组齿轮箱的种类很多，按照传统类型可分为圆柱齿轮增速箱、行星增速箱及复合齿轮箱；按照传动的级数可分为单级和多级齿轮箱；按照转动的布置形式又可分为展开式、分流式、同轴式及混合式等。

（12）齿轮箱主要零部件及附件。

（13）齿轮箱的工作特点。风力发电机组齿轮箱要承受无规律的变向变载荷的风力作用，以及强阵风的冲击，常年经受酷暑、严寒和极端温差的影响。

（14）齿轮箱油润滑系统的功能及组成。

（15）齿轮箱日常及定期保养项目。

（16）齿轮箱常见故障及处理措施。

（17）主轴的作用。在风力发电机组中，主轴承担了支撑轮毂处传递过来的各种负载的作用并将扭矩传递给增速齿轮箱，将轴向推力、气动弯矩传递给机舱、塔架。

（18）主轴承的类型。在风力发电机组中，主轴承通常选用双列调心滚子轴承作为固定支点直接安装在机架上，这种轴承装有双列球面滚子，滚子轴线倾斜于轴承的旋转轴线。

（19）高速闸是高速轴上的机械刹车机构，常采用卡钳式，其制动由包含两个制动卡钳作为制动片的机械盘式制动器组成。

（20）联轴器的作用是连接风力发电机组的主轴、齿轴箱、传动轴和发电机转子，并传递运动、动力及转矩。

（21）联轴器的类型。联轴器是一种通用元件，在风力发电机组中种类很多，常采用刚性联轴器、弹性联轴器（或万向联轴器 ）两种类型。

（22）发电机的功能及种类。

（23）风力发电机组传动系统维护项目。

（24）风力发电机组传动系统常见故障。叶片常见故障、齿轮箱常见故障、发电机常见故障。

(25) 1500 型风力发电机组传动系统维护项目。

复习思考

(1) 风力发电机组传动系统主要包括哪些部件?

(2) 风轮的作用是什么?

(3) 什么是风轮直径、风轮扫掠面积、风轮高度、风轮额定转速、风轮最高转速?

(4) 目前叶片最普遍采用的材料是什么?

(5) 简述雷击造成叶片损坏的机理。

(6) 叶片常见故障有哪些? 如何处理?

(7) 叶片与轮毂的维护内容有哪些?

(8) 齿轮箱的作用是什么?

(9) 齿轮箱主要零部件及附件有哪些?

(10) 简述齿轮箱油润滑系统的功能及组成。

(11) 齿轮箱常见故障有哪些? 如何处理?

(12) 齿轮箱的作用是什么? 齿轮箱有哪些工作特点?

(13) 主轴的作用是什么?

(14) 联轴器的作用是什么?

(15) 发电机有哪几种类型? 风力发电用的发电机有哪几种类型?

(16) 发电机常见故障有哪些?

(17) 1500 型风力发电机组传动系统维护项目有哪些?

项目三　偏航系统运行与维护

【项目描述】

偏航对水平轴或近似水平轴风力发电机组来说，是指风轮轴绕垂直轴的旋转运动。偏航系统是水平轴发电机组的重要组成部分，是风力发电机组特有的伺服系统。

本项目将完成以下三个工作任务：

任务一　偏航系统的认知

任务二　偏航系统的维护

任务三　偏航系统常见故障的检查及处理

【学习目标描述】

（1）了解偏航系统的基本结构。

（2）理解偏航系统的基本功能。

（3）理解和掌握偏航控制系统的运行原理。

（4）熟练掌握偏航驱动运行维护操作。

（5）熟练掌握偏航系统零部件的维护。

（6）了解偏航系统的技术要求。

（7）熟练掌握偏航系统常见故障及检查处理方法。

【本项目学习重点】

（1）能够系统地了解偏航系统各组成部分及其作用。

（2）了解偏航系统工作原理，能读懂偏航电机电气原理图。

（3）掌握偏航系统的维护内容。

（4）熟悉偏航系统控制过程和控制逻辑。

【本项目学习难点】

（1）偏航系统工作原理及各组成部分的作用。

（2）偏航系统维护内容及故障处理。

（3）偏航系统控制过程和控制逻辑。

任务一　偏航系统的认知

【任务引领】

偏航系统的存在使风力发电机能够运转平稳可靠，从而高效地利用风能，进一步降低发电成本，并且有效地保护风力发电机组。因此，偏航控制系统是风力发电机组电控系统的重要组成部分。

【教学目标】

(1) 了解偏航系统结构组成和各组成部分的功能特点。
(2) 了解偏航系统基本功能。
(3) 掌握偏航系统动作过程及运行原理。
(4) 了解某系列风力发电机组偏航系统运行过程。

【任务准备与实施建议】

(1) 通过查阅相关资料，熟悉偏航系统的工作原理。
(2) 通过风电场实习，了解风力发电机组运行过程。
(3) 掌握偏航系统各组成部分的功能特点。

【相关知识的学习】

一、偏航系统功能特点

(1) 正常运行时自动对风。当机头方向与风向夹角超过设定角度时，控制系统发出向左或者向右调向的指令，机舱开始对风，直至达到允许的角度范围内，自动停止偏航。

风力发电机组连续地检测风向角度变化，并连续计算单位时间内平均风向，风力发电机组根据平均风向判断是否需要偏航，防止在风扰动下的频繁偏航。

(2) 扭揽时自动解缆。在实际运行过程中，风力发电机组会出现同一方向的偏航角度过大，这样会造成电缆扭缆，因此在控制系统中设定了偏航系统小风自动解缆及强制解缆动作。当机舱向同一方向累计偏转达到 2～3 圈，若此时风速小于机组切入风速且无功率输出，则系统控制停机，开始解缆，使机舱反方向偏转 2～3 圈；若此时机组有功率输出，则暂不自动解缆，直到机组向同一方向偏转达到 3 圈时，系统控制停机，开始解缆；若机组出现故障自动解缆未成功，在扭缆达到 4 圈时，扭缆机械开关动作，此时报告扭缆故障，机组自动停机，等待人工解缆操作。

(3) 失速保护。当有特大强风发生时，机组自动停机，释放叶尖阻尼板，桨距调到最大，偏航 90°背风，以达到保护风轮免受损坏的目的。

二、偏航系统的技术要求

1. 环境条件

在进行偏航系统的设计时，必须考虑的环境条件如下：

(1) 温度。
(2) 湿度。
(3) 阳光辐射。
(4) 雨、冰雹、雪和冰。
(5) 化学活性物质。
(6) 机械活动微粒。
(7) 盐雾。

(8) 近海环境需要考虑附加特殊条件。

2. 电缆

为保证机组悬垂的电缆不至于产生过度的扭绞而使电缆断裂失效，必须使电缆有足够的悬垂量，在设计上要采用冗余设计。电缆悬垂量的多少是根据电缆所允许的扭转角度确定的。

3. 阻尼

为避免风力发电机组在偏航过程中产生过大的振动而造成整机的共振，偏航系统在机组偏航时必须具有合适的阻尼力矩。阻尼力矩的大小要根据机舱和风轮质量总和的惯性力矩来确定。其基本的确定原则为确保风力发电机组在偏航时应动作平稳顺畅，不产生振动。只有在阻尼力矩的作用下，机组的风轮才能够定位准确，充分利用风能进行发电。

4. 解缆扭缆保护

解缆和扭缆保护是风力发电机组偏航系统所必须具有的主要功能。偏航系统的偏航动作会导致机舱和塔架之间的连接电缆发生扭绞，所以在偏航系统中应设置与方向有关的计数装置或类似的程序对电缆的扭绞程度进行检测。一般对于主动偏航系统来说，检测装置或类似的程序应在电缆达到规定的扭绞角度之前发解缆信号；对于被动偏航系统检测装置或类似的程序，应在电缆达到危险的扭绞角度之前禁止机舱继续同向旋转，并进行人工解缆。偏航系统的解缆一般分为初级解缆和终极解缆。初级解缆是在一定的条件下进行的，一般与偏航圈数和风速相关。扭缆保护装置是风力发电机组偏航系统必须具有的装置，这个装置的控制逻辑应具有最高级别的权限，一旦装置被触发，则风力发电机组必须紧急停机。

5. 偏航转速

对于并网型风力发电机组的运行状态来说，风轮轴和叶片轴在机组正常运行时不可避免地会产生陀螺力矩，该力矩过大将对风力发电机组的寿命和安全造成影响。为减少该力矩对风力发电机组的影响，偏航系统的偏航转速应根据风力发电机组功率的大小通过偏航系统力学分析来确定。根据实际生产和目前国内已安装机型的实际状况，偏航系统的偏航转速的推荐值见表 3-1。

表 3-1　偏航转速推荐值

风力发电机组功率（kW）	100～200	250～350	500～700	800～1000	1200～1500
偏航转速（r/min）	≤0.3	≤0.18	≤0.1	≤0.092	≤0.085

6. 偏航液压系统

并网型风力发电机组的偏航系统一般都设有液压装置，液压装置的作用是拖动偏航制动器松开或锁紧。一般液压管路应采用无缝钢管制成，柔性管路连接部分应采用合适的高压软管。连接管路连接组件应通过试验保证偏航系统所要求的密封并承受工作中出现的动载荷。

7. 偏航制动器

采用齿轮驱动的偏航系统时，为避免振荡的风向变化，引起偏航轮齿产生交变载荷，应采用偏航制动器（或称偏航阻尼器）来吸收微小自由偏转振荡，防止偏航齿轮的交变应力引起轮齿过早损伤。对于由风向冲击叶片或风轮产生偏航力矩的装置，应经试验证实其有效性。

8. 偏航计数器

偏航系统中都设有偏航计数器，作用是记录偏航系统所运转的圈数。当偏航系统的偏航圈数达到计数器的设定条件时，则触发自动解缆动作，机组进行自动解缆并复位。计数器的设定条件是根据机组悬垂部分电缆的允许扭转角度确定的，其原则是要小于电缆所允许扭转的角度。

9. 润滑

偏航系统必须设置润滑装置，以保证驱动齿轮和偏航齿圈的润滑。目前国内机组的偏航系统一般都采用润滑脂和润滑油相结合的润滑方式，需定期更换润滑油和润滑脂。

10. 密封

偏航系统必须采取密封措施，以保证系统内的清洁和相邻部件之间的运动不会产生有害的影响。

11. 表面防腐处理

偏航系统各组成部件的表面处理必须适应风力发电机组的工作环境。风力发电机组比较典型的工作环境除风况之外，其他环境（气候）条件如热、光、腐蚀、机械、电或其他物理作用应加以考虑。

三、偏航系统的组成

偏航系统一般由偏航轴承、偏航驱动装置、偏航制动器、偏航计数器、扭缆保护装置、偏航液压回路等部分组成，如图 3-1 所示，其实物见图 3-2。

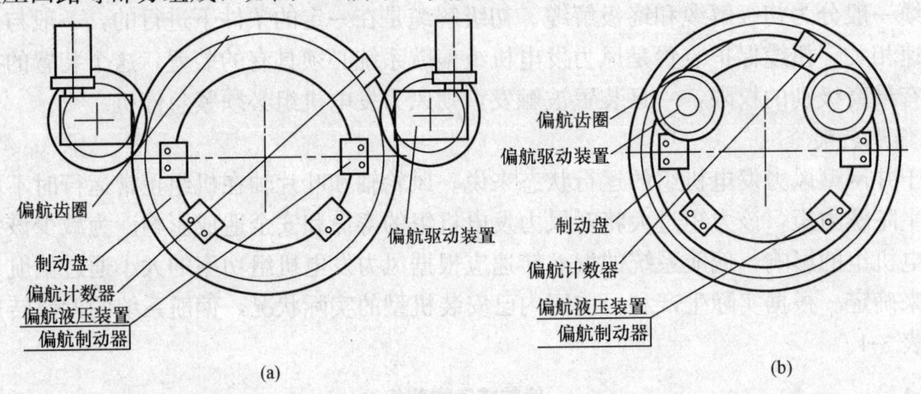

图 3-1 偏航系统结构简图

（a）外齿驱动形式的偏航系统；（b）内齿驱动形式的偏航系统

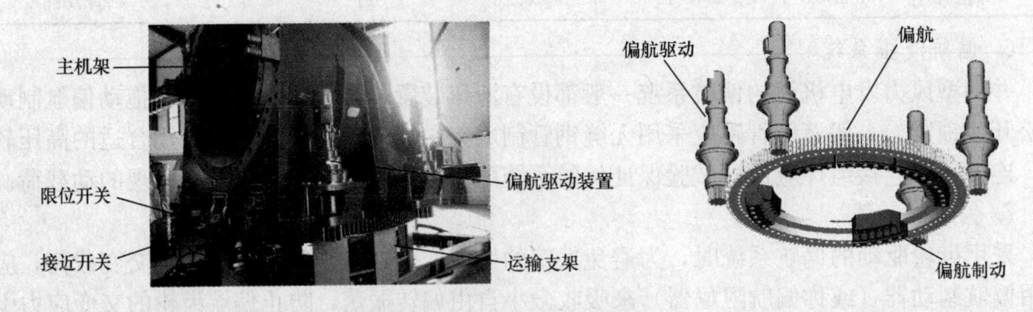

图 3-2 偏航系统基本结构

1. 偏航轴承

偏航轴承的轴承内外圈分别与机组的机舱和塔体用螺栓连接。轮齿可采用内齿或外齿形式，有的具备自锁功能，有的设置强制制动，但都应设置阻尼满足机舱转动时平稳不发生振动的要求。外齿形式是轮齿位于偏航轴承的外圈上，加工相对比较简单；内齿形式是轮齿位于偏航轴承的内圈上，啮合受力效果较好，结构紧凑（见图 3-3）。具体采用内齿形式或外齿形式应根据机组的具体结构和总体布置进行选择。

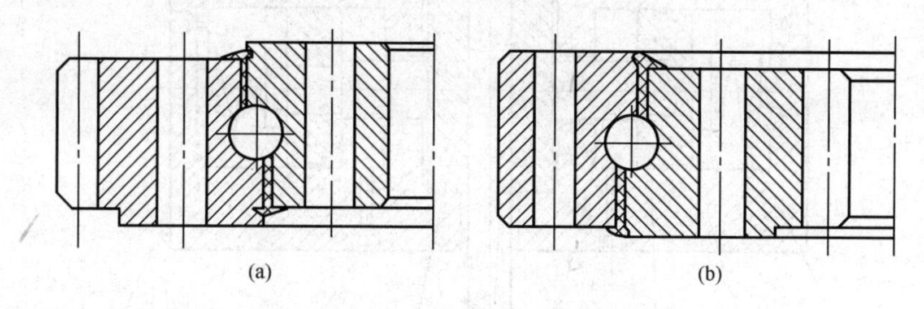

图 3-3 偏航齿圈结构简图
（a）外齿形式；（b）内齿形式

2. 驱动装置

驱动装置是偏航系统对风、解缆的执行机构，驱动机舱围绕塔筒轴线旋转。一般由偏航电动机、偏航减速器、传动齿轮、轮齿间隙调整机构等组成。

偏航驱动装置要求启动平稳，转速均匀无振动现象。驱动装置的减速器一般可采用行星减速器或蜗轮蜗杆与行星减速器串联；传动齿轮一般采用渐开线圆柱齿轮。驱动装置的结构简图如图 3-4 所示。

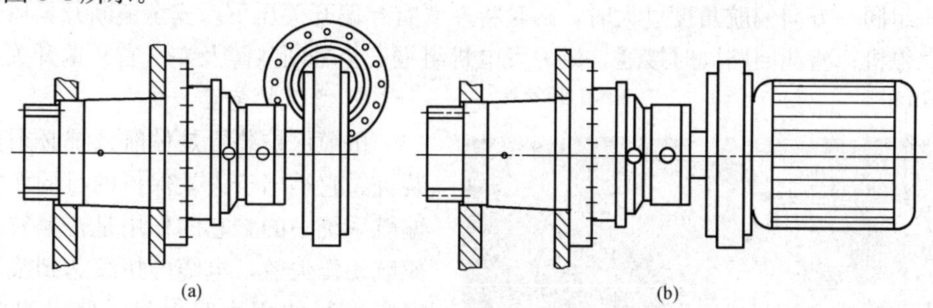

图 3-4 驱动装置结构简图
（a）驱动电动机偏置安装；（b）驱动电动机直接安装

3. 偏航制动器

偏航制动器是偏航系统的重要组成部分，由制动盘和偏航制动器组成。制动盘固定在塔架上，偏航制动器固定在机舱座上。偏航制动器一般采用液压驱动的钳盘式制动器。

在偏航系统中，制动器可采用常闭式和常开式两种结构形式。常闭式制动器是在有动力的条件下处于松开状态，常开式制动器则是处于锁紧状态。两种形式相比较并考虑失效保护，一般采用常闭式制动器。制动盘通常位于塔架或塔架与机舱的适配器上，一般为环状，制动盘的材质应具有足够的强度和韧性，制动盘的连接、固定必须可靠牢固。

制动钳由制动钳体和制动衬块组成，见图 3-5。制动钳体一般采用高强度螺栓连接，用经过计算的足够力矩固定于机舱的机架上。制动衬块应由专用的摩擦材料制成，一般推荐用铜基或铁基粉末冶金材料制成，铜基粉末冶金材料多用于湿式制动器，而铁基粉末冶金材料多用于干式制动器。一般每台风机的偏航制动器都备有 2 个可以更换的制动衬块。

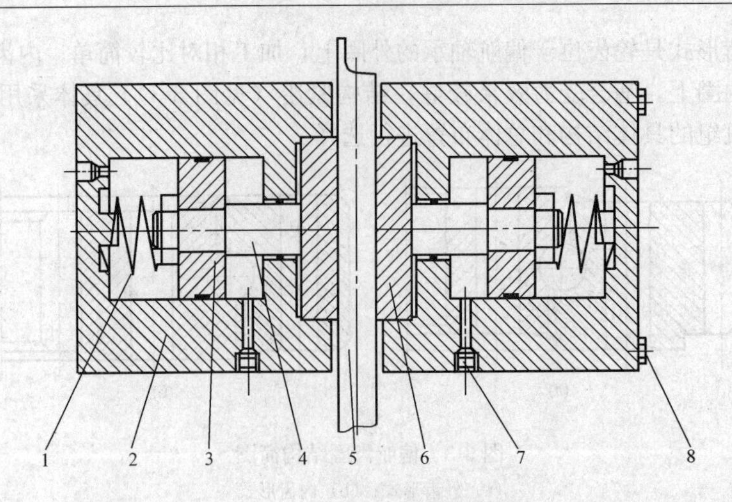

图 3-5 偏航制动器结构简图

1—弹簧；2—制动钳体；3—活塞；4—活塞杆；5—制动盘；6—制动衬块；7—接头；8—螺栓

4. 偏航计数器

偏航计数器拥有一个齿数为 10 的小齿轮与偏航轴承的外齿相互啮合，见图 3-6，通过一套传动机构将小齿轮的转动传递到凸轮上。偏航计数器拥有左、右偏开关各一个，每个开关内拥有动断、动合触点各一个。其中动断触点串联进安全链，动合触点接入检测回路。当风力发电机组同一方向偏航角度过大时，凸轮将左（右）偏开关压下，安全链断开，风力发电机组紧急停机；检测回路同时接通，风力发电机组报安全链断故障及左（右）偏开关动作。

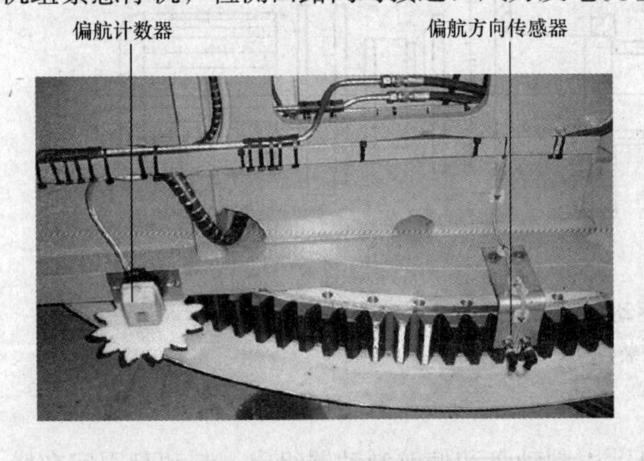

图 3-6 偏航计数器

5. 缆保护装置

扭缆保护装置是偏航系统必须具有的装置，它是出于失效保护的目的而安装在偏航系统中的。它的作用是在偏航系统的偏航动作失效，电缆的扭绞达到威胁机组安全运行的程度时触发，使机组紧急停机。一般情况下，该装置是独立于控制系统的，一旦该装置被触发，则机组必须紧急停机。扭缆保护装置一般由控制开关和触点机构组成，控制开关一般安装于机组塔架内壁的支架上，触点机构一般安装于机组悬垂部分的电缆上。当机组悬垂部分的电缆扭绞到一定程度后，触点机构被提升或被松开而触发控制开关。

6. 偏航系统润滑装置

自动润滑系统通过油脂润滑泵定时、定量地将润滑脂连续地输送到偏航轴承内部及偏航齿轮面，起到连续自动润滑的效果，避免了手动润滑的间隔性及润滑油的不均匀性。

大型风力发电机组的偏航系统一般采取的结构如图 3-7 所示。风力发电机组的机舱安装在回转支撑上，而回转支撑的内齿环与风力发电机组塔架用螺栓紧固相连，外齿环与机舱固定。调向是通过 2 台与调向内齿环相啮合的调向减速器驱动的。在机舱底板上装有盘式刹车装置，以塔架顶部法兰为刹车盘。

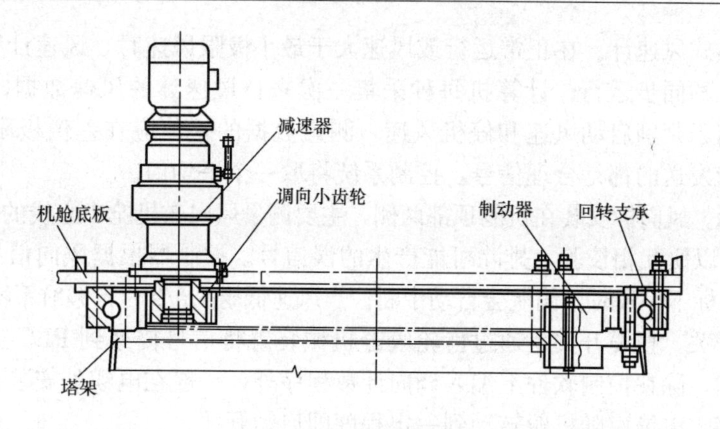

图 3-7　偏航系统结构

四、偏航系统工作原理

偏航系统是一个随动系统，风向仪将采集的信号传送给机舱柜 PLC 的 I/O 板，计算 10min 平均风向，与偏航角度绝对值编码器比较，输出指令驱动偏航电动机（带失电制动），将机头朝正对风的方向调整，并记录当前调整的角度，调整完毕电动机停转并启动偏航制动。风力发电机组执行自动解缆动作及其他人为偏航指令时，也会执行偏航动作。

偏航过程中风向标检测机舱与风向的偏差角度，偏航接近开关计数偏航齿数。满足停止偏航条件或人为停止偏航后，偏航电动机失电，电磁刹车执行刹车锁定偏航传动，偏航闸进油刹车，风力发电机组停止偏航。

偏航系统启停过程中偏航角度及风向角度的变化会实时显示在控制面板及中央监控软件界面上。

正确处理风力发电机组运行过程中对偏航状态的需求，是偏航控制系统的关键。一般可把偏航控制系统分为手动偏航、自动对风偏航及解缆偏航。

(1) 手动偏航。手动偏航需要人为干涉，主要应用在系统调试、检修时。在控制系统硬件电路中有相对独立的电路。在手动偏航执行时，偏航闸一般需要完全释放，在偏航过程中，系统故障信息会影响手动偏航程序的执行，以保护在人为干涉偏航下系统的安全。

(2) 自动对风偏航。在自动对风偏航过程中，偏航系统是完全由程序自动控制的，一般偏航液压闸未完全释放，会保持一定的压力。偏航状态随风向的变化而变化。

(3) 解缆偏航。当电缆缠绕角度大于电缆缠绕安全角度时，解缆偏航程序执行。在解缆过程中，偏航液压闸一般都在完全释放状态，自动偏航角度一般设在 360°（根据具体情况设定）。

风力发电机组在偏航时，驱动电动机得到主控命令进行正方向或反方向旋转。在旋转过程中，偏航角度、方向信息实时由偏航角度、方向传感器进行采集，将信息回馈到主控系统中，主控得到这些信息后，加以计算并与风向进行比较，当机舱方向在合理的风向偏差范围内时，偏航系统将停止偏航。

偏航控制系统框图如图 3-8 所示。

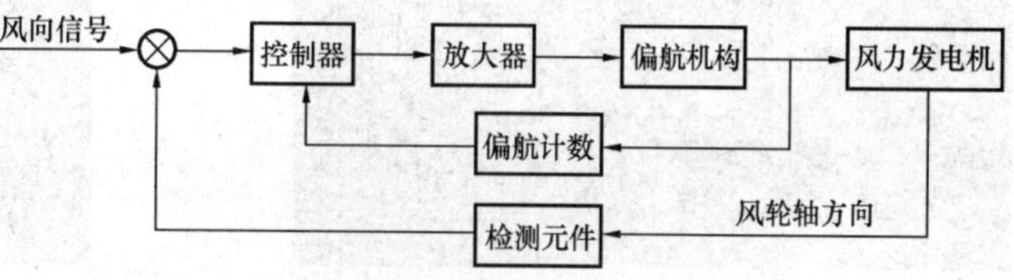

图 3-8　偏航控制系统

1. 偏航控制系统各机构的动作原理

(1) 风速计。风力发电机组

应有两个可加热式风速计。在正常运行或风速大于最小极限风速时，风速计程序连续检查和监视所有风速计的同步运行。计算机每秒采集一次来自风速计的风速数据，每 10min 计算一次平均值，用于判别启动风速和停机风速。测量数据的差值应在差值极限 1.5m/s 以内。如果所有风速计发送的都是合理信号，控制系统将取一个平均值。

(2) 风向标。风向标安装在机舱顶部两侧，主要测量风向与机舱中心线的偏差角。一般采用2个风向标，以便互相校验，排除可能产生的误信号。控制器根据风向信号，启动偏航系统。当2个风向标不一致时，偏航会自动中断。当风速低于3m/s时，偏航系统不会启动。

(3) 扭揽开关。扭缆开关是通过齿轮咬合机械装置将信号传递到 PLC 进行处理和发出指令进行工作的。除在控制软件上编入调向计数程序外，一般在电缆处安装行程开关，其触点与电缆束连接，电缆束随机舱转动到一定程度即启动开关。

以国内某厂生产的 1.5MW 风力发电机组为例，当机身在同一方向已旋转 2r（720°），且不处在工作区域（即 10min 平均风速低于切入风速）时，系统进入解缆程序。解缆过程中，当风力发电机组回到工作区域（即 10min 平均风速高于切入风速）时，系统停止解缆程序，进入发电程序。但当机身在同一方向已旋转 2.5r（900°）时，偏航限位动作扭缆保护，系统强行进入解缆程序，系统停止全部工作，直至解缆完成。当风速超过 25m/s 时，自动解缆停止。自动解除电缆缠绕可以通过人工调向来检验是否正常。当调向停止触点由动断进入动合状态时，风力发电机组自动解除电缆缠绕，此时发电机应不处于维修状态，因此自动调向功能在维修状态时无法使用。

(4) 偏航编码器。偏航编码器是一个绝对值编码器，可以准确记录偏航位置。绝对编码器由机械位置决定每个位置的唯一性，无需记忆和找参考点，也不用一直计数，需要知道位置时就去读取。编码器的抗干扰特性、数据的可靠性大大提高。

(5) 偏航接近开关。偏航接近开关通过检测偏航时经过它的偏航轴承外齿数量，传送至控制器转换成偏航角度值的变化。

(6) 偏航轴承及偏航刹车。偏航轴承外齿圈与偏航刹车盘固定，并通过螺栓安装在塔架顶端，内齿圈通过螺栓与机舱底板固定在一起。偏航闸也固定在底座上，通过其两侧闸片夹紧刹车盘（见图 3-9），将机舱位置锁定。

(7) 偏航机构。偏航电动机主回路由偏航断路器、偏航接触器、热继电器及连接电缆组成。其主回路是一个正反转控制回路，电控系统通过分别接通左右偏航接触器实现风力发电机组的左右偏航动作。

当偏航电动机得电后，其电磁刹车释放，电动机转动，偏航减速器将电动机的转动减速并将动作和扭矩传递给偏航小齿轮，通过偏航小齿轮（见图3-10）与偏航轴承外齿圈的啮

图 3-9 偏航刹车闸

图 3-10 偏航小齿轮

合，实现机舱的偏航动作。

在偏航系统中驱动机构一般都是由电动机加减速机构成的，电动机是偏航的动力来源，减速机是将电动机输出的高速转变成低速的机构。一般的偏航系统中偏航刹车部分一般由两部分组成，一部分是安装在驱动电动机后端的电动机电磁制动器，另一部分是安装在偏航轴承附近的液压偏航。

以国内某厂生产的1.5MW风力发电机组为例，该机组偏航机构是由偏航电动机、偏航减速器（见图3-11）、机舱位置传感器、偏航加脂器（见图3-12）、毛毡齿润滑器、偏航轴承、偏航刹车闸、偏航刹车盘和3台电动机驱动的齿轮传动机构组成的。

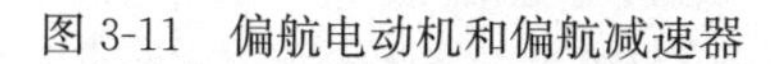

图3-11　偏航电动机和偏航减速器

图3-12　偏航加脂器

带有外齿的偏航轴承用螺栓连接在塔筒顶部，外环与机舱座连接，内环与塔架法兰连接。偏航轴承采用四点接触球转盘轴承结构。

偏航电动机是多极电动机，电压等级为400V，内部绕组接线为星形。电动机的轴末端装有一个电磁刹车装置，用于在偏航停止时使电动机锁定，从而将偏航传动锁定。附加的电磁刹车手动释放装置，在需要时可将手柄抬起刹车释放。

偏航刹车闸为液压盘式，由液压系统提供约140～160bar（$1bar=10^5Pa$）压力，使刹车片紧压在刹车盘上，提供足够的制动力。偏航时，液压释放但保持24bar的余压，偏航过程中始终保持一定的阻尼力矩，大大减少风机在偏航过程中的冲击载荷。

偏航刹车盘是一个固定在偏航轴承上的圆环。偏航减速器为一个行星传动的齿轮箱，将偏航电动机发出的高转速低扭矩动能转化成低转速高扭矩动能。凸轮计数器内是一个10kΩ的环形电阻，风机通过电阻的变化，确定风机的偏航角度并计算偏航的速度。

偏航加脂器负责给偏航轴承润滑加脂，毛毡齿润滑器负责给偏航齿润滑。

2. 指令形式及优先级

风力发电机组偏航系统可在多种指令形式下执行偏航动作。除上文提到的自动对风、自动解缆外，还有自动偏航侧风、控制面板手动偏航（键盘偏航）、机舱左右偏航开关偏航、中控远程偏航、中控偏航锁定等指令形式。

为了避免手动偏航导致的风力发电机组扭缆，可设定手动偏航（键盘偏航、中控远程偏航）的最长偏航时间，超过设定时间则风力发电机组自动停止偏航。

通过机舱左右偏航开关偏航时，应有人值守，防止风力发电机组持续偏航造成左右偏开关被压下，安全链断开。

各偏航指令优先级从高到低排列如下：机舱左右偏航开关偏航、控制面板键盘偏航、中控远程偏航、侧风、解缆、自动对风。

3. 偏航驱动电气控制原理

图 3-13 所示为常见偏航电动机的主回路电气原理图。

其中，QF8.3 为偏航电动机断路器，13、14 为辅助触点；K15.3、K15.5 分别为左、右偏航接触器，其线圈由专门的模块控制供电，动断辅助触点分别串联在对方线圈供电电路上；FR8.3、FR8.5 为偏航电动机热继电器，95、96 为辅助触点；偏航电动机左侧为电磁刹车机构整流桥电路。所有辅助触点均串联接入偏航过载检测回路中，用以检测在偏航过程中是否发生过载现象。

动力电缆经过 QF8.3 后，分别连接左右偏航接触器端子，两接触器电动机侧端子使用

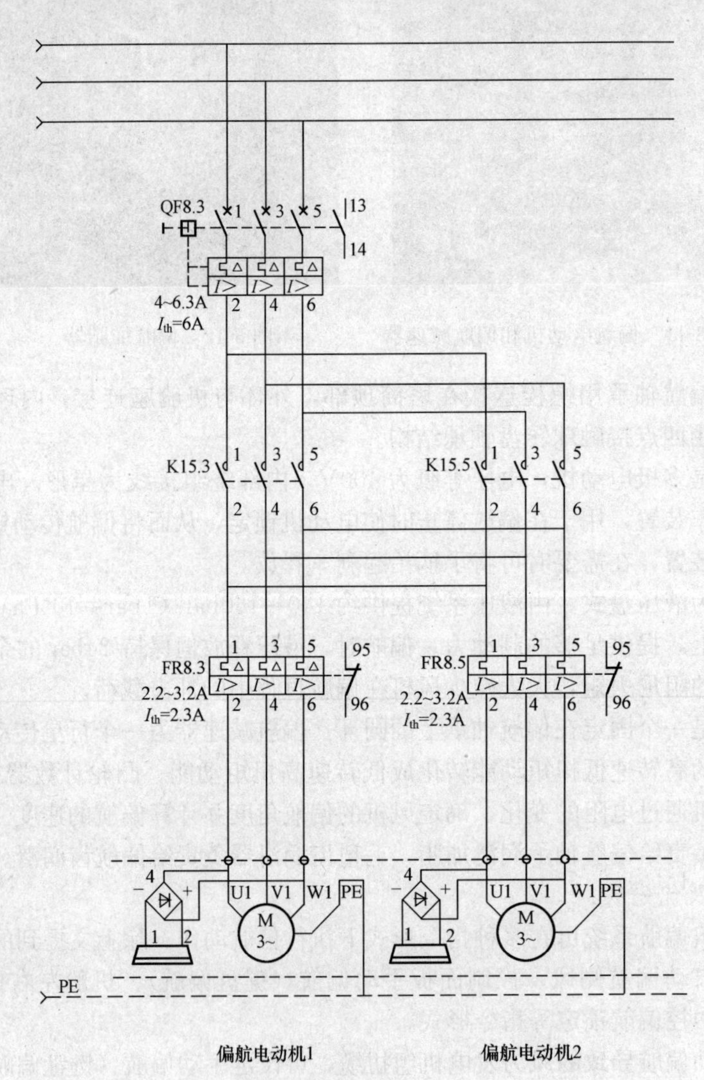

图 3-13 偏航电动机主回路电气原理图

导线对应连接。注意两接触器母线侧三相接线相序不同，电动机侧接线相序相同，以实现不同接触器吸合时偏航电动机转向不同。

当机舱需要向左偏航时，控制模块向 K15.3 线圈供电，主触点动作闭合，偏航电动机得电开始动作，机舱偏航；同时 K15.3 辅助触点断开，使得 K15.5 在任何情况下均不能吸合主触点，避免发生三相短路。

机舱右偏航与上述原理相同。

任务二　偏航系统的维护

【任务引领】

偏航系统是风力发电机组的重要组成部分，也是故障的高发区。做好偏航系统定期维护保养，是保证机组高效利用风能、维持机组安全稳定运行的前提条件。

【教学目标】

（1）熟练掌握偏航驱动装置的日常检查项目与维护保养内容。

（2）熟练掌握偏航系统零部件的维护。

（3）熟练使用维护用检修工器具。

（4）清楚安全操作规程。

【任务准备与实施建议】

（1）具备偏航系统维护检修方面的相关知识。

（2）熟悉偏航系统主要设备和传感器的结构、工作原理。

（3）熟练使用常用的维护检修用工器具。

（4）清楚操作安全规程和注意事项。

（5）制订检修方案，讨论是否可行。

（6）根据异常现象分析产生的可能原因，确定故障点。

【相关知识的学习】

一、机组投运前检查项目

（1）检查两偏航电动机动作方向的一致性。

（2）检查机舱内控制盘面上的偏航键执行功能及偏航动作与偏航键指示方向的一致性。

（3）检查地面控制器面板上的偏航键执行功能及偏航动作与偏航键指示方向的一致性。

（4）风向标指示偏航方向时，机舱的偏航动作正确性。

（5）测试偏航计数器解缆功能，检查偏航计数器解缆位置的设定（见图 3-14）。

（6）检查偏航刹车的功能及偏航刹车体内的压力及余压。

（7）采用压熔丝法检查两偏航减速器的齿侧隙（0.3～0.6mm）及其方向的一致性。

（8）测试偏航过程中的噪声。

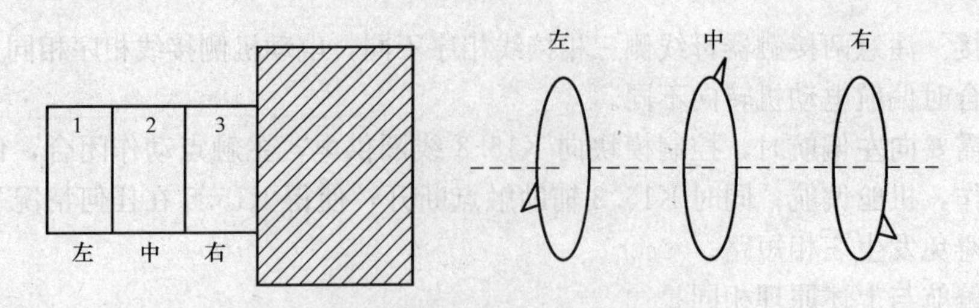

图 3-14　偏航计数器解缆位置设定

二、偏航驱动装置的日常检查与维护保养

1. 应进行的检查

(1) 每月检查油位，如有必要，补充规定型号的油到正常油位。

(2) 运行一定时间后，需用清洗剂清洗后，更换机油。

(3) 每月检查以确保没有噪声和漏油现象。

(4) 检查偏航驱动与机架的连接螺栓，保证其紧固力矩为规定值。

(5) 检查齿轮副的啮合间隙。

(6) 检查制动器的额定压力是否正常，最大工作压力是否为机组的设计值。

(7) 检查制动器压力释放、制动的有效性。

(8) 检查偏航时偏航制动器的阻尼压力是否正常。

2. 维护和保养

(1) 每月检查摩擦片的磨损情况，检查摩擦片是否有裂缝存在。

(2) 当摩擦片最低点的厚度不足 2mm 时，必须更换。

(3) 每月检查制动器壳体和机架连接螺栓的紧固力矩，确保其为机组的规定值。

(4) 检查制动器的工作压力是否在正常的工作压力范围之内。

(5) 每月对液压回路进行检查，确保液压油路无泄漏。

(6) 每月检查制动盘和摩擦片的清洁度及有无机油和润滑油，以防制动失效。

(7) 每月或每 500h，应向齿轮副喷洒润滑油，保证齿轮副润滑正常。

(8) 每 2 个月或每 1000h，检查齿面的腐蚀情况，轴承是否需要加注润滑脂，如需要，加注规定型号的润滑脂。

(9) 每 3 个月或每 1500h，检查轴承是否需要加注润滑脂，如需要，加注规定型号的润滑脂。检查齿面是否有非正常的磨损和裂纹。

(10) 每 6 个月或每 3000h，检查偏航轴承连接螺栓的紧固力矩，确保紧固力矩为机组设计文件的规定值，全面检查齿轮副的啮合侧隙是否在允许的范围之内。

三、偏航系统零部件的维护

1. 偏航制动器

(1) 需要注意的问题。

1) 液压制动器的额定工作压力。

2) 每月检查摩擦片的磨损情况和裂纹。

(2) 必须进行的检查。

1) 检查制动器壳体和制动摩擦片的磨损情况，如有必要，进行更换。

2) 清洁制动器摩擦片。

3）检查是否有漏油现象。

4）当摩擦片的最小厚度不足2mm时，必须进行更换。

5）检查制动器连接螺栓的紧固力矩是否正确。

2. 偏航轴承

偏航轴承承载机舱自重及偏航载荷，良好的维护和保养十分必要，其日常维护主要是滚道润滑油脂加注及偏航齿面润滑保养。

(1) 偏航轴承内圈或外圈上均布有数个注油嘴，定期使用油枪加注规定型号的润滑脂进行润滑，加注时应将旧油脂从排油口挤出。

(2) 偏航齿面应定期使用规定的喷剂喷涂或使用润滑脂均匀涂抹，长时间停止运行的机组，必须对齿面做好保养措施。

(3) 近年新设计和生产的机组一般加入了自动润滑系统，由润滑泵、油分配器、润滑小齿轮、润滑管路线等组成，用于偏航轴承滚道及齿面的自动定期润滑，从而代替人工润滑。

(4) 检查轮齿齿面的磨损情况。

(5) 检查啮合齿轮副的侧隙是否正常。

(6) 检查是否有非正常的噪声。

(7) 检查连接螺栓的紧固力矩是否正确。

(8) 密封带和密封系统至少每12个月检查一次。正常的操作中，密封带必须保持没有灰尘。当清洗部件时，应避免清洁剂接触到密封带或进入滚道系统。若发现密封带有任何损坏，必须通知制造企业。避免任何溶剂接触到密封带或进入滚道内，不要在密封带上涂漆。每年检查一次轨道系统磨损现象，对磨损进行测量。当磨损达到极限值时，通知制造企业处理。

3. 偏航电动机

(1) 每次例行检查，均应使用纱布、汽油对偏航电动机进行仔细清洁，便于检查漏油、防腐脱落情况。

(2) 检查偏航电动机电缆线有无破损、烧损现象，如有应立即更换并进一步测量偏航电动机绕组绝缘。

(3) 机舱内手动偏航检查偏航电动机运行时有无不正常的机械和电气噪声，如有则必须立即对偏航电动机做认真检查。

4. 偏航减速器

(1) 每次例行检查，均应使用纱布、汽油对偏航减速器进行仔细清洁，便于检查漏油、防腐脱落情况。

(2) 每次检查均应通过偏航减速器油窗检查偏航减速器油位，如低于油窗指示刻度，应立即加注规定的润滑油剂。

(3) 应定期检查偏航减速器内润滑油油色、油质、杂质，发现油色变色严重或存在大量杂质时应彻底更换润滑油。

(4) 偏航时应注意偏航减速器有无不正常的机械声音，如有应立即对偏航减速器进行检查。

(5) 偏航减速器表面防腐如有脱落应立即进行防腐处理。

(6) 定期使用经过校准的工具按照规定的力矩值对偏航减速器与机舱底座连接螺栓进行紧固。

5. 偏航齿面

(1) 偏航齿轮表面定期使用规定的润滑剂均匀喷涂，防止发生生锈及磨损。

(2) 检查中发现齿轮面存在裂纹及破损应立即进行记录，并视情况进行更换等处理。

6. 传感器

(1) 风传感器。风传感器包括风速仪和风向标。安装后，一般不需要对其进行特别的维护，可在日常巡视中检查如下项目。

1) 检查避雷针支架是否牢固。

2) 检查风速仪及风向标固定是否可靠。

3) 观察风速仪风杯及风向标风标转动是否顺畅。

4) 检查接线是否牢固、规范。

5) 检查风向标标记点是否正对机头方向。

另外，可根据风力发电机组运行状态或故障判断风传感器是否需要检查。

1) 机组机头正常运行方向明显与主风向有偏差，可检查风向标标记点是否正对机头；一般情况下，该现象可引起风速大、功率小等故障。

2) 机组运行中检测风速明显低于周围机组或数据明显异常，可查看风向标风杯是否卡住或风向标是否损坏。一般情况下，该现象会导致风速大、功率小故障。

3) 机组报告风速仪故障或风向标故障时，应对风传感器进行检查。

(2) 偏航接近开关。

1) 偏航接近开关维护量极小，基本不需要进行维护。一般日常巡视中可检查固定支架是否牢固、检测距离是否符合要求。

2) 两个接近开关的信号变化是同步的，并且其开关状态可以在机组监控界面查看。如果偏航接近开关损坏，则机组偏航时会报告偏航接近开关故障或偏航停止等类似故障。维护人员可通过控制界面的开关量状态或故障判断接近开关运行状态，从而进行维修。

(3) 偏航计数器。

1) 偏航计数器作为记录偏航圈数或检测机舱扭缆的传感器，其调整值必须准确，否则将会出现圈数记录不准、扭缆检测错误等故障。

2) 当机舱发生扭缆停机后，应拆卸下偏航计数器，同时手动执行解缆操作直至顺缆。拆卸开计数器顶盖，通过旋转小齿轮来调整凸轮到中间位置或通过凸轮上的调整螺丝调整到正确位置后，重新安装偏航计数器，最后在控制系统中将偏航角度清零即可。

任务三　偏航系统常见故障的检查及处理

【任务引领】

偏航系统能否正常工作直接影响风力发电机组对风能的利用能力；及时有效地处理偏航系统出现的故障，可以提高风电场的发电能力，增加经济效益。

【教学目标】

(1) 了解偏航系统常见故障。

（2）掌握故障分析方法和处理措施。

【任务准备与实施建议】

（1）清楚安全操作规程和安全注意事项。

（2）熟练掌握风力发电机组偏航系统故障处理所用的工器具。

（3）具备风力发电机组偏航系统故障处理的相关知识。

（4）认真记录偏航系统调试中出现的故障，并进行正确分析，查找故障点，选择处理办法。

（5）故障处理结束后运行机组，观察有无异常。

【相关知识的学习】

1. 齿圈齿面磨损原因

（1）齿轮副的长期啮合运转。

（2）相互啮合的齿轮副齿侧间隙中渗入杂质。

（3）润滑油或润滑脂严重缺失使齿轮副处于干摩擦状态。

处理方法：检查是否有漏油现象，加注规定型号的润滑脂，加规定型号的润滑油；清除齿间杂质。

2. 液压管路渗漏原因

（1）管路接头松动或损坏。

（2）密封件损坏。

处理方法：紧固管路，更换密封件。

3. 偏航压力不稳原因

（1）液压管路出现渗漏。

（2）液压系统的保压蓄能装置出现故障。

（3）液压系统元器件损坏。

处理方法：排除液压管路渗透漏；排除液压蓄能器故障；更换损坏的液压元器件。

4. 异常噪声原因

（1）润滑油或润滑脂严重缺失。

（2）偏航阻尼力矩过大。

（3）齿轮副轮齿损坏。

（4）偏航驱动装置中油位过低。

处理方法：更换齿轮，调整齿侧间隙；紧固制动器、偏航驱动、偏航轴承的连接螺栓；加注润滑油脂。

5. 偏航定位不准确原因

（1）风向标信号不准确。

（2）偏航系统的阻尼力矩过大或过小。

（3）偏航制动力矩达不到机组的设计值。

（4）偏航系统的偏航齿圈与偏航驱动装置齿轮之间的齿侧间隙过大。

处理方法：校正调准风向标信号；偏航阻尼力矩调到额定值；偏航制动力矩调到额定

值；调整齿轮副的齿侧间隙。

6. 偏航计数器故障原因

(1) 连接螺栓松动。

(2) 异物侵入。

(3) 连接电缆损坏。

(4) 磨损。

处理方法：紧固松动的连接螺栓；清除异物；更换连接电缆。

7. 偏航电动机运行中烧毁

一般偏航电动机烧毁，机组会报告偏航电动机过载故障。现场可检查偏航断路器、对应的偏航热继电器其中一个应跳开。确定偏航电动机主回路确无电压后，可在热继电器电动机侧端子上使用绝缘电阻表等电阻测量设备测量该电动机绕组间绝缘、绕组对地绝缘数值，应远低于规定值。

此时需要更换偏航电动机。更换偏航电动机时应仔细查找偏航电动机烧毁的原因，并进行处理，避免更换电动机后再次烧毁。

8. 偏航减速器齿轮结构损坏卡死

可卸下偏航电动机散热风扇保护罩，手动抬起电磁刹车机构，旋转散热风扇，判断偏航齿轮减速器有无卡死现象。如有应进行更换。

9. 啮合间距的调整

偏航减速器通过高强度螺栓固定在机舱底座上，其输出轴圆心与固定螺栓孔圆心并不重合，两个圆心之间的距离称为偏心距。

该偏心距可以用来调整偏航大小齿轮之间的啮合间隙。一般偏航减速器固定螺栓法兰面上标示有偏心距调整箭头，可根据调整箭头调整偏心距。

更换偏航减速器后，应重新测量啮合间隙，如不符合机组技术要求，可通过旋转偏航减速器法兰面重新安装螺栓进行调整。

10. 偏航电动机电磁刹车整流桥烧毁

该故障会导致机组偏航时，电磁刹车机构保持刹车状态不动作，轻则导致偏航过载故障，重则使偏航电动机烧毁。

维护人员可在机舱内使用手动偏航开关进行短时偏航，注意偏航电动机启动瞬间偏航刹车机构有无吸合声音，如无声音则立即停止偏航，检查整流桥有无烧痕，或通过手柄抬起电磁刹车机构，同时执行偏航，测量其输出端有无直流电压。如果没有直流电压输出或者输出值达不到要求，可以更换整流桥。

小结

(1) 不同类型的风力发电机组，采用的偏航装置也是不同的，包括尾舵对风、风轮对风、伺服电动机或调向电动机调向等。

(2) 偏航系统的组成包括偏航轴承、驱动装置、偏航制动机构、偏航计数器、扭缆保护装置、液压控制回路等。

(3) 偏航系统基本功能有偏航对风、解缆顺缆、风轮保护等。

（4）偏航系统定期检查维护项目有油位、螺栓紧固力矩、摩擦片磨损、制动盘清洁度、噪声、液压回路运行状态等。

（5）偏航系统零部件日常检查与维护项目。

（6）偏航轴承日常维护内容及要求。

（7）风传感器日常巡视检查及维护项目。

（8）偏航系统常见故障及处理方法。

（9）偏航系统控制过程和控制逻辑。

复习思考

（1）偏航系统在风力发电机组中有什么作用？由哪几部分组成？试述各部分的结构及运行原理。

（2）偏航系统中有哪些传感器？它们的原理和作用是什么？

（3）试写出偏航控制系统整体动作过程（包括风信息检测、偏航电气控制）。

（4）偏航系统如何实现正反转控制？

（5）偏航系统日常巡视检查项目有哪些？

（6）偏航系统投运检查项目有哪些？

（7）偏航压力不稳、偏航定位不准及偏航计数器故障表现及处理方法有哪些？

（8）偏航液压制动器工作压力低及有非正常的噪声的故障表现及处理方法有哪些？

（9）偏航系统每月定期检查和长期检查维护各有哪些项目及要求？

项目四　变桨系统运行与维护

【项目描述】

变桨控制系统有四个主要任务：

(1) 当风向发生变化时，通过变桨驱动电动机带动变桨轴承转动，从而改变叶片对风向的迎角，使叶片保持最佳迎风状态，由此控制叶片的升力，以达到控制作用在叶片上的扭矩和功率的目的。

(2) 当安全链被打开时，使用转子作为空气动力制动装置把叶片转回到原来位置（安全运行），如果一个驱动器发生故障，另两个驱动器可以安全地使风力发电机组停机。

(3) 调整叶片角以规定的最低风速从风中获得适当的电力。

(4) 通过衰减风转交互作用引起的振动使风力发电机组上的机械载荷极小化。

本项目将完成以下三个工作任务：

任务一　变桨系统的认知

任务二　变桨系统运行与维护

任务三　变桨系统常见故障的检查及处理

【学习目标描述】

(1) 了解变桨系统的基本结构。

(2) 了解电动变桨与液压变桨的优缺点。

(3) 理解变桨系统的基本功能与特点。

(4) 理解和掌握变桨控制系统的运行原理。

(5) 理解几种典型变桨控制系统的工作原理。

(6) 了解变桨系统执行机构与驱动装置的基本结构。

(7) 熟练掌握变桨系统常见故障及检查处理方法。

【本项目学习重点】

(1) 能够系统地了解变桨系统的工作原理及主要作用。

(2) 掌握变桨系统常见故障及处理方法。

【本项目学习难点】

(1) 变桨系统的工作原理及作用。

(2) 能够读懂变桨系统原理图，并正确绘制。

任务一　变桨系统的认知

【任务引领】

大型风力发电机组根据结构一般可分为定桨距型风力发电机组和变桨距型风力发电机组两种类型。定桨距风力发电机组将叶片固定在轮毂上，但只在风速选定的范围内效率较高。变桨距风力发电机组通过叶片沿其纵向轴心转动来调节功率。在低风速时，叶片可以转动到合适位置来保证叶轮具有最大启动力矩，从而使得发电机能够在更低风速下开始发电，无需连接电动机使用。变桨距系统可以在一定时间内，保持发电机的适当转速，确保平缓并网发电。对因温度和海拔高度的变化而引起的空气密度的变化有很好的适用性。变桨系统的实物见图 4-1。

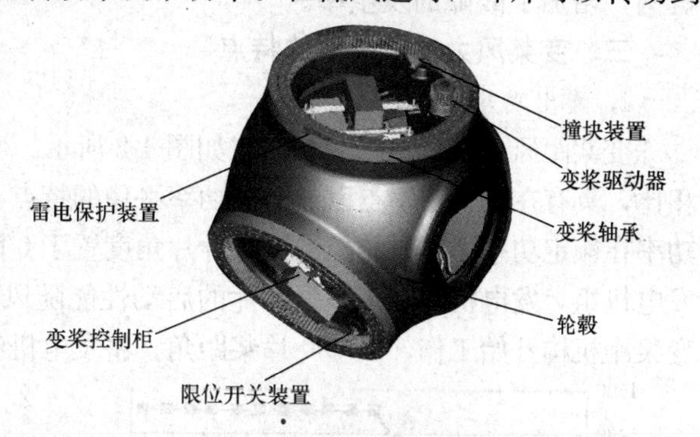

图 4-1　变桨系统实物

【教学目标】

（1）了解风力发电机组的四种控制方式。

（2）了解电动变桨与液压变桨的优缺点。

（3）初步了解变桨系统的动作过程。

（4）熟悉变桨系统的特点。

（5）掌握超级电容作为备用电源的优缺点。

【任务准备与实施建议】

（1）通过查阅相关资料，熟悉风力发电机组的几种控制方式。

（2）通过视频录像或去风电场认识实习，清楚变桨系统的动作过程。

【相关知识的学习】

一、风力发电机组四种控制方式

1. 定速定桨距控制（fixed speed stall regulated）

发电机直接连到恒定频率的电网，在发电时不进行空气动力学控制。

2. 定速变桨距控制（fixed speed pitch regulated）

发电机直接连到恒定频率的电网，在大风时桨距控制用于调节功率。

3. 变速定桨距控制（variable speed stall regulated）

变频器将发电机和电网去耦（decouples），允许转子速度通过控制发电机的反力矩改变。在大风时，减慢转子转速直到空气动力学失速限制功率达到期望的水平。

4. 变速变桨距控制（variable speed pitch regulated）

变频器将发电机和电网去耦（decouples），允许通过控制发电机的反力矩改变转子转速。

在大风天气保持力矩，桨距控制用于调节功率。

二、变桨风力发电机组的定义

变桨距风力发电机组是指整个叶片绕叶片中心旋转，使叶片攻角在一定范围（一般为0°～90°）内变化，同时调节输出功率不超出设计值。在机组出现故障，需要紧急停机时，一般使机组顺桨，这样机组结构受力小，可以保证机组运行的可靠性。变桨距叶片一般叶宽小、叶片轻、机头质量小、不需很大的刹车，启动性能好，在低空气密度地区仍可达到额定功率，在额定风速之后，输出功率可保持稳定，保证较高的发电量。但由于增加了一套变桨机构，增加了故障的发生率。

三、变桨风力发电机组的特点

1. 输出功率特性

变桨距风力发电机组功率曲线如图 4-2 所示。变桨距风力发电机组与定桨距风力发电机组相比，具有在额定功率点以上输出功率平稳的特点，功率调节不完全依靠叶片的气动性能。当功率在额定功率以下时，控制器将叶片角度置于 0°附近，不做变化，可认为等同于定桨距风力发电机组，发电机的功率根据叶片的启动性能随风速的变化而变化。当功率超出额定功率时，变桨距机构开始工作，调节叶片桨距角，将发电机的输出功率限制在额定值附近。

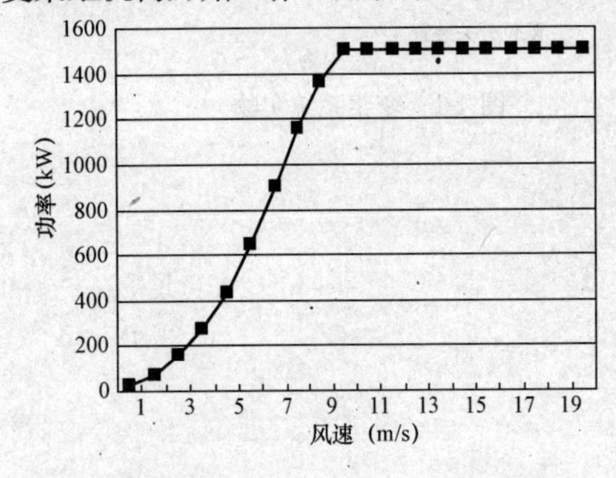

图 4-2　变桨距风力发电机组功率曲线

2. 风能利用系数

与定桨距风力发电机组相比，在相同的额定功率点，额定风速更低。对于定桨距风力发电机组，一般在低风速段的风能利用系数较高，过了额定点后，桨叶开始失速，风速升高，功率反而有所下降。对于变桨距风力发电机组，由于桨距角可以调节，即使风速超过额定点后，仍具有较高的功率系数。

3. 高风速段的额定功率

变桨距风力发电机组的桨距角是根据发电机输出功率的反馈信号来控制的，不受气流密度变化的影响。因此，无论是由于温度变化还是海拔引起空气密度变化，变桨系统都能通过调整叶片角度，获得额定功率输出。相比功率输出完全依靠桨叶气动性能的定桨距风力发电机组来说，具有明显的优越性。

4. 气动性能与制动性能

变桨距风力发电机组在低风速时，桨叶可以转到合适的角度，使风轮具有最大的启动力矩，从而使其比定桨距风力发电机组更容易启动。

当风力发电机组需要脱离电网时，变桨系统可以先转动叶片使之减小功率，在发电机与电网断开前，功率减小至 0。这就意味着当发电机与电网脱开时，没有转矩作用于风力发电机组，避免了使用定桨距机组每次脱网时所要经历的突甩负载的过程。

变桨系统的所有部件都安装在轮毂上。风力发电机组正常运行时所有部件都随轮毂以一定的速度旋转。叶片（根部）通过变桨轴承与轮毂相连，每个叶片都要有相对独立的电控同步的变桨驱动系统。变桨驱动系统通过一个小齿轮与变桨轴承内齿啮合联动。

风力发电机组正常运行期间，当风速超过机组额定风速时（风速为 12～25m/s），为控制功率输出变桨角度限定在0°～30°（变桨角度根据风速的变化进行自动调整），通过控制叶片的角度使风轮的转速保持恒定。任何情况引起的停机都会使叶片顺桨到90°位置（执行紧急顺桨命令时叶片会顺桨到91°限位位置）。

变桨系统有时需要由备用电池供电进行变桨操作（比如变桨系统的主电源供电失效后），因此变桨系统必须配备备用电池以确保机组发生严重故障或重大事故的情况下可以安全停机（叶片顺桨到91°限位位置）。此外还需要一个冗余限位开关（用于95°限位），在主限位开关（用于91°限位）失效时确保变桨电机的安全制动。

由于机组故障或其他原因而导致备用电源长期没有使用时，机组主控就需要检查备用电池的状态和备用电池供电变桨操作功能是否正常。

也有一些机型每个叶片的变桨控制柜，都配备一套由4个超级电容串联组成的备用电源，超级电容储备的能量，在保证变桨控制柜内部电路正常工作的前提下，足以使叶片以7°/s的速率，从0°顺桨到90°。当电网电压掉电时，备用电源直接给变桨控制系统供电，仍可保证整套变桨电控系统正常工作。相比密封铅酸蓄电池作为备用电源的变桨系统，采用超级电容的变桨控制系统具有下列优点：

（1）充电时间短。

（2）交流变直流的整流模块同时作为充电器，无须再单独配置充放电管理电路。

（3）超级电容随使用年限的增加，容量减到非常小。

（4）寿命长。

（5）无需维护。

（6）体积小，质量轻等。

（7）充电时产生的热量少。

任务二 变桨系统运行与维护

【任务引领】

当今大部分风力发电机组采用了变桨距技术，变桨距控制与变频技术配合，提高了发电机的发电效率和电能质量，使机组在各种工况下都能够获得最佳的性能，减少风力对机组的冲击，与变频控制一起构成了兆瓦级变速恒频风力发电机组的核心技术。

【教学目标】

（1）掌握变桨距调节的工作原理。

（2）了解几种典型变桨系统的特点。

（3）熟悉变桨距系统的组成及各部件的工作原理。

（4）了解变桨系统各部件的安装位置。

（5）掌握变桨系统的维护内容。

【任务准备与实施建议】

（1）熟悉风力发电机组的变桨距调节工作原理。

(2) 熟悉电动变桨、液压变桨的特点。

(3) 熟悉变桨距系统的组成部分，正确识别各部件。

(4) 熟悉各部件动作原理及维护内容。

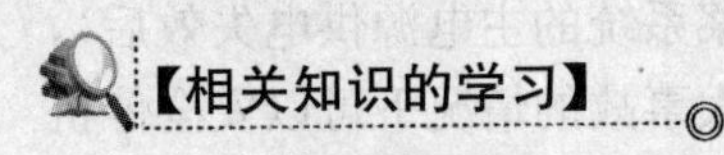
【相关知识的学习】

一、变桨距机构

(一) 变桨距调节的工作原理

变桨距控制是通过叶片和轮毂之间的轴承机构，借助控制技术和动力系统转动叶片，来减小迎风角，由此减小翼型的升力，以达到减小作用在风轮叶片上的扭矩和功率的目的。一般变桨距范围从启动角度 0°～90°顺桨，叶片类似飞机的垂直尾翼。

变桨距调节时叶片迎风角相对气流是连续变化的，可以根据风速的大小调节气流对叶片的攻角。当风力发电机组启动及风速低于额定转速时，桨距角处于可获取最大推力的位置，有较低的切入风速。当风速超过额定风速时，叶片向小迎风角方向变化，从而使获取的风能减少，这样就保证了叶轮输出功率不超过发电机的额定功率，风轮速度降低使发电机组输出功率可以稳定在额定功率上。当出现超过切出风速的强风时，在紧急停机或有故障时，可以使叶片迅速处于 90°迎风角的顺桨位置，使风轮迅速进行空气动力制动而减速，这样既减小负载对风力发电机组的冲击，又延长了风力发电机组的使用寿命，并有效地降低了噪声，避免了大风对风力发电机组的破坏性损害。

每个变桨驱动系统都配有一个绝对值编码器安装在电动机的非驱动端（电动机尾部），还配有一个冗余的绝对值编码器安装在叶片根部变桨轴承内齿旁，编码器通过一个小齿轮与变桨轴承内齿啮合联动记录变桨角度。风机主控接收所有编码器的信号，而变桨系统只应用电动机尾部编码器的信号，只有当电动机尾部编码器失效时，风机主控才会控制变桨系统应用冗余编码器的信号。

单纯从调速和限制功率方面考虑，需要叶片典型的变桨距角度从 0°开始，这时叶尖弦线在旋转平面内或很接近旋转平面，到大约 35°时结束。但是，为了有效地实现气动刹车，叶片必须变桨距角到 90°完全顺桨，这时叶尖弦线平行于风轮旋转轴线，使叶片边缘指向风速的方向。变桨距风力发电机在不同风速条件下的变桨距角度见表 4-1。由表 4-1 所列数据可知，通过改变桨距角，在风速大幅度增加的情况下，风轮转速被有效地控制在额定转速以下。

表 4-1　变桨距风力发电机组在不同风速下的变桨距角度

风速（m/s）	6	8	10	12	14	16	18	20	22	24	26
风轮转速（r/min）	5	8	17	19	22	25	28	21	23	25	27
变桨角度（°）	0	0	10	10	10	10	10	20	20	20	20

注　表中风力发电机组的最大切出风速为 28m/s。

变桨距控制风轮的优点是：启动性能好；刹车机构简单，叶片顺桨后风轮转速可以逐渐下降，停机安全；叶根承受的静、动载荷小，改善了整机和叶片的受力情况；额定功率点以前的功率输出饱满；额定功率点以上的输出平稳，且在额定功率点以上具有较高的风能利用系数。其不足之处是：增加了变桨距装置，使轮毂结构变得相对复杂；变桨距控制系统复杂，可靠性设计要求高；维护费用较高。

（二）变桨距系统的组成

变桨距系统由变桨距机构和变桨距控制系统两部分组成。变桨控制系统是一套用PLC作为控制器的控制系统，可实现集中远程控制的变桨距风力发电机的组成如图4-3所示。变桨距机构是由驱动装置、执行装置两部分组成的，主要包括利用编码器构成位置闭环的伺服驱动系统和通过减速齿轮转动桨叶的伺服电动机系统及备用电源等。

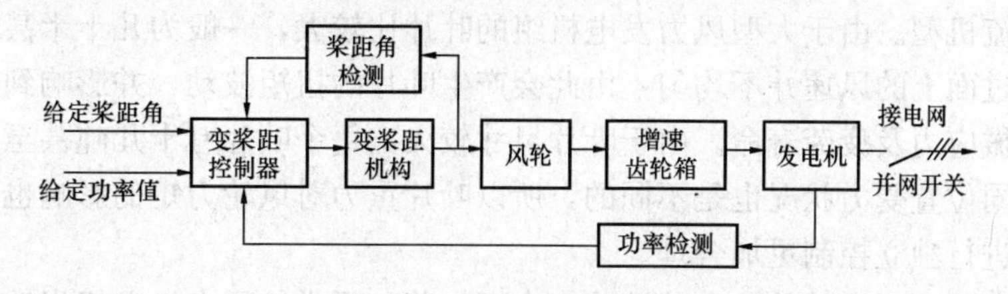

图4-3　变桨距风力发电机的组成

变桨距控制系统是一个微型计算机系统，它将桨距角检测和功率检测得到的数据，与微处理器中给定的桨距角变化数学模型进行比较，把差值作为控制信号用于驱动变桨距机构进行变桨操作。它也是一个闭环的跟踪系统，控制理论上又称为伺服系统。一般习惯上桨距角检测和功率检测也归入变桨距控制器，因为它们都是电子控制设备。

变桨系统中主要机械部分包括轮毂，变桨轴承，减速机、雷电保护装置、玻璃钢轮毂罩，电气部分包括滑环单元、独立的变桨电动机、极限工作位置的保护开关、编码器、减速机、制动器、电磁接近感应传感器、变桨控制柜。

滑环单元用来给变桨提供电源、从站PLC通信，以及一些保护措施。

变桨控制柜内部主要有变桨变频器、刹车断路器、主电源开关、外接AC230V电源插头、柜内加热系统、一部分DC24V控制继电器等。

二、典型变桨距系统

（一）单电动机共同驱动变桨距系统

早期的变桨距风力发电机组采用3个桨叶统一控制的方式，即3个桨叶的变换角度是一致的，对所有桨叶采用一个伺服电动机进行调节控制，如图4-4所示。电动变桨距装置包

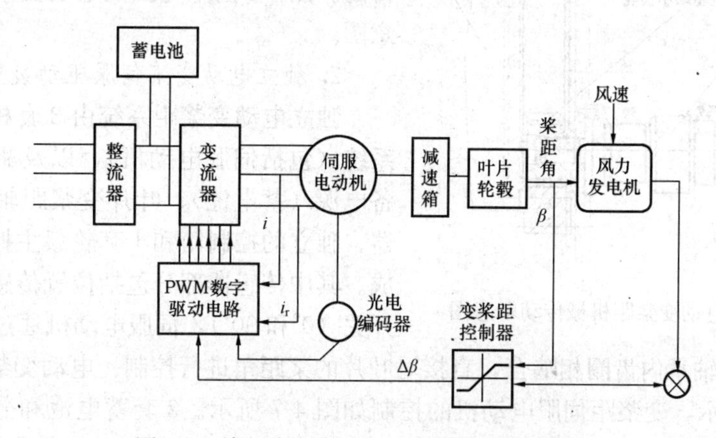

图4-4　单电动机共同驱动变桨距系统示意图

括变桨距伺服电动机、伺服驱动器、独立的控制系统、蓄电池、减速箱、齿轮、传感器部分等。其中传感器部分包括位置传感器和0°与90°两个限位开关。伺服电动机通过减速器上的主动伞齿轮与桨叶轮毂内伞齿圈相啮合，直接对叶片的桨距角进行控制。位置传感器采集叶片桨距角的变化与电动机形成闭环负反馈控制。在系统出现故障、控制电源断电时，变桨距控制电动机由UPS供电，将桨叶调节为顺桨位置。

（二）独立电动机驱动变桨距系统

随着技术的不断进步，风力发电机组朝着大型化方向发展。兆瓦级风力发电机组已经成为市场上的主流机型。由于大型风力发电机组的叶片比较大，一般为几十米甚至近百米，所以整个风轮扫过面上的风速并不均匀，由此会产生叶片的扭矩波动，并影响到风力发电机组传动机构的机械应力及疲劳寿命。由于叶片尺寸较大，每个叶片有十几吨甚至几十吨重，叶片在运行的不同位置受力状况也是不同的，所以叶片重力对风轮力矩的影响也不能忽略。显然对3个叶片进行独立控制更加合理。

电动独立变桨距系统就是3个桨叶独立实现变桨，提供给风力发电机组功率输出和足够的刹车制动能力，可以避免过载对风力发电机组的破坏。3个独立变桨距装置同时损坏的概率为零，也就满足了“失效—保护”的设计要求。独立电动机驱动变桨距系统通过独立的变桨控制，可以大大减小叶片载荷的波动及转矩的波动，从而减小传动机构和齿轮箱的疲劳程度以及塔架的振动，而输出功率能基本恒定在额定功率附近。下面分别从机械和伺服驱动两个部分介绍电动变桨距系统。

1. 独立电动变桨机械装置

电动变桨距系统3个桨叶分别带有独立的电动机驱动系统，机械部分包括变桨距轴承、减速机和传动齿轮等。减速机固定在轮毂上；变桨距轴承的内环，端面上法兰内边为齿圈，变桨距轴承的内圈法兰上安装叶片，齿圈与减速机上的齿轮相啮合；变桨距轴承的外圈固定在轮毂上，当电动机驱动变桨距系统通电后，电动机带动减速机的输出轴小齿轮旋转，从而带动变桨距轴承的内圈与叶片一起旋转，实现改变桨距角的目的。图4-5所示为独立电动变桨距机械传动示意图。

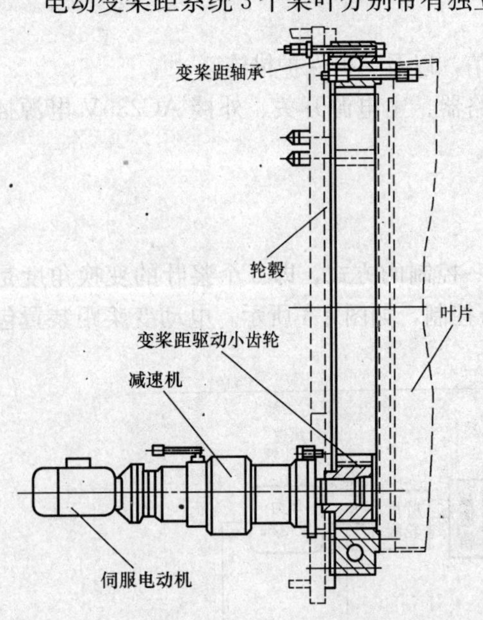

图4-5　独立电动变桨距机械传动示意图

2. 独立电动变桨伺服驱动装置

独立电动变桨距系统由3套相同的交流伺服系统（包括伺服电动机），以及驱动减速箱、后备电源（蓄电池）、叶片变桨距轴承齿轮、传感器、独立的控制箱和1套轮毂主控系统等部分构成。其中传感器部分包括位置传感器和2个限位开关（0°和90°），伺服电动机通过减速器上的主动齿轮与变桨距轴承内齿圈相啮合，直接对叶片的桨距角进行控制。电动变桨距伺服系统的结构如图4-6所示，变桨距伺服电动机的控制如图4-7所示。3套蓄电池和分控制箱以及伺服电动机和减速机固定在轮毂内，每支桨叶1套，总电气控制箱放置在轮毂和机舱连接处，整个系统的通信总线和电缆靠集电环与机舱的主控制器连接。集电环和电刷必须按规定期限进行保养和检修，以保证可靠工作。

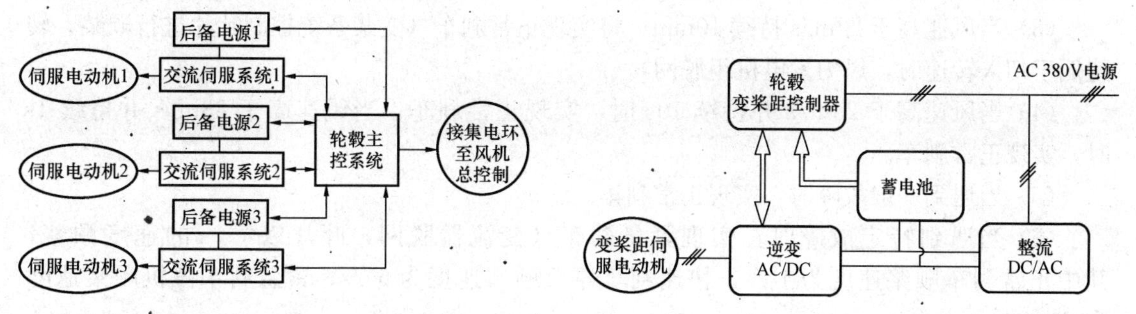

图 4-6　电动独立变桨距伺服系统的结构　　图 4-7　变桨距伺服电动机的控制

空气动力学制动装置的特点是制动刹车单独由变桨距控制，桨叶充分发挥刹车的作用。即使一个桨叶刹车制动失败，其他两个叶片仍可以安全结束刹车过程，提高了整个系统的安全性。制动系统还装备了备用电源，在故障或维修时可保证快速准确地顺桨停机。

（三）液压驱动变桨距系统

1. 液压变桨距原理

液压变桨距驱动系统是以液压泵站作为动力源，用它产生的液压油通过液压阀的控制，推动液压缸内的活塞杆往复动作，进而驱动叶片转动。

液压变桨距机构的原理框图如 4-8 所示。液压变桨机构的核心技术是电液比例控制技术。

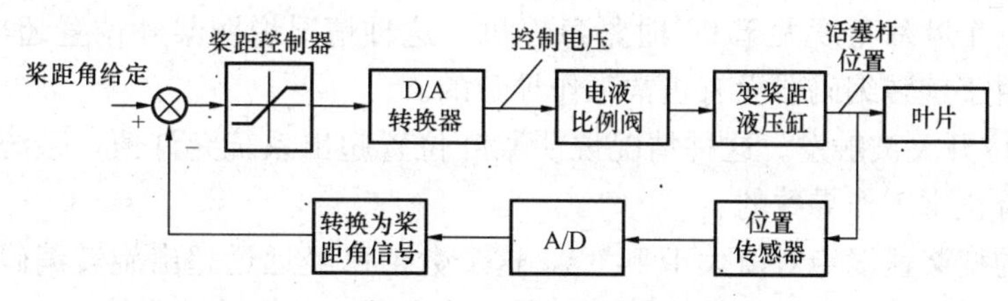

图 4-8　液压变桨距机构的原理框图

2. 独立液压变桨距系统

独立液压变桨系统是由 3 个液压缸分别驱动 3 个叶片改变桨距角，其特点与独立电动机变桨距系统相同，也需要 3 套独立的驱动装置、执行装置和控制系统。

三、变桨电控系统安全保护

主控通过变桨系统获取变桨系统运行过程中出现的故障。变桨系统故障诊断包括：温度，电容电压不平衡，变桨位置比较，旋转编码器，变桨位置传感器，变桨限位开关，变桨速度超限等故障。这些故障通过主控程序的分析给出不同的停机指令，有些故障可以在条件满足之后重新自动复位重启，但有些故障需要经过维护人员处理后手动复位才能重新运行。

主控 PLC 针对运行工况的变桨保护具体运行过程如下：

（1）当风速持续 10min（可设置）超过 3m/s，风力发电机组将自动启动。叶轮转速大于 9r/min 时并入电网。

(2) 随着风速的增加，发电机的出力相应增加，当风速大于12m/s时，达到额定出力，超出额定风速，机组进行恒功率控制。

(3) 当风速高于22m/s持续10min，将实现正常刹车（变桨系统控制叶片进行顺桨，转速低于切入转速时，风力发电机组脱网）。

(4) 当风速高于28m/s并持续10s时，实现正常刹车；当风速高于33m/s并持续1s时，实现正常刹车。

(5) 当遇到一般故障时，实现正常刹车。

(6) 当遇到特定故障时，实现紧急刹车（变流器脱网，叶片以7°/s的速度顺桨，其中正常刹车顺桨速度为4°/s，快速刹车停机顺桨速度为6°/s，紧急刹车停机顺桨速度为7°/s）。

变桨程序中的安全检测和执行，主要是在出现灾难性故障的情况下进行的。例如作为检测桨距角位置测量的旋转编码器出现故障或传递给主控的数据有错误，则主控系统和变桨变流器就不能得到桨片实时的位置或变桨速度信息，相当于桨叶处于失控状态，很容易导致机组出现重大事故。因此，对旋转编码器的正常判断通过0°接近开关、90°限位开关等多种故障数据进行判断。

运行中急停条件主要包括以下几项：

(1) 当出现任意2个叶片角度相差35°时紧急停机。这种情况主要是限制各个叶片的变桨速率维持相近，不能差别过大。

(2) 任意一个叶片角度小于−2°时紧急停机。这种情况说明桨叶位置超出系统允许值，系统认为这是由于旋转编码器没有正常工作导致的。

(3) 任意一个叶片角度大于90°时紧急停机。这种情况说明桨叶位置超出系统允许值，系统认为这是由于旋转编码器没有正常工作导致的。

(4) 90°限位开关被触发。这种情况说明桨叶位置超出系统允许值，系统认为这是由于旋转编码器没有正常工作导致的。

(5) 计算的变桨速度绝对值大于14°/s，这个数值已经远远超出旋转编码器真实的可能报出的值，说明是变桨程序得到的旋转编码器数值有误，可能被干扰等。

(6) 桨片位置大于6.5°时触发0°接近开关。0°接近开关正常情况下只在桨叶处于0°～5°时被触发，表明桨叶处于该范围内。出现该故障说明实际的叶片位置与旋转编码器的位置相悖，可能是旋转编码器信号故障，或者接近开关故障。

(7) 桨片位置小于3.5°时未触发0°接近开关，3.5°处于接近开关触发的范围，但没有报警。出现该故障说明实际的叶片位置与旋转编码器的位置相悖，可能是旋转编码器信号故障，或接近开关故障。

(8) 变频器故障会导致变桨距功能不可使用和控制。

(9) 任何旋转编码器的故障将会使变桨位置信息、变桨速度不可正确获取。

(10) 主控PLC向变桨发出紧急停机的请求。

(11) 变桨BC3150模块损坏或内部程序丢失也会执行紧急停机。

当出现上述紧急停机条件后，变桨程序执行紧急停机命令，桨叶以7°/s顺桨停机，并且报变桨内部故障。当变桨系统出现故障时，来自变桨安全链的信号消失，使安全链断开，保证叶片及机组的安全。

四、变桨系统各部件组成、安装位置及维护

（一）变桨轴承

变桨轴承和驱动装置见图 4-9。

1. 安装位置

变桨轴承安装在轮毂上，通过外圈螺栓紧固。其内齿圈与变桨驱动装置啮合运动，并与叶片连接。

2. 工作原理

当风向发生变化时，通过变桨驱动电动机带动变桨轴承转动，从而改变叶片对风向的迎角，使叶片保持最佳迎风状态，由此控制叶片的升力，以达到控制作用在叶片上的扭矩和功率的目的。

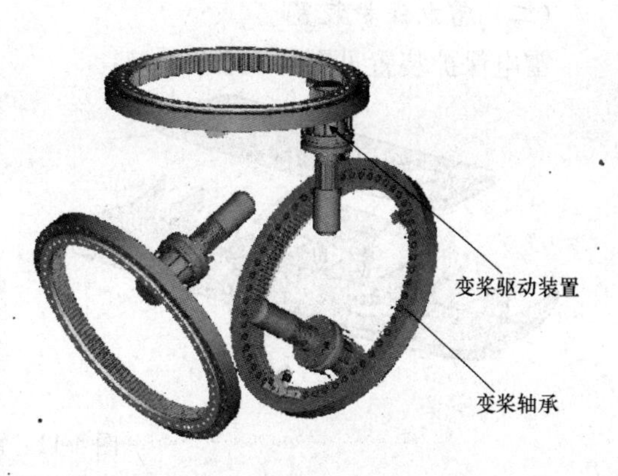

图 4-9 变桨轴承和驱动装置

3. 变桨轴承的剖面

变桨轴承的剖面见图 4-10。

从剖面图可以看出，变桨轴承采用深沟球轴承。深沟球轴承主要承受纯径向载荷，也可承受轴向载荷。承受纯径向载荷时，接触角为零。

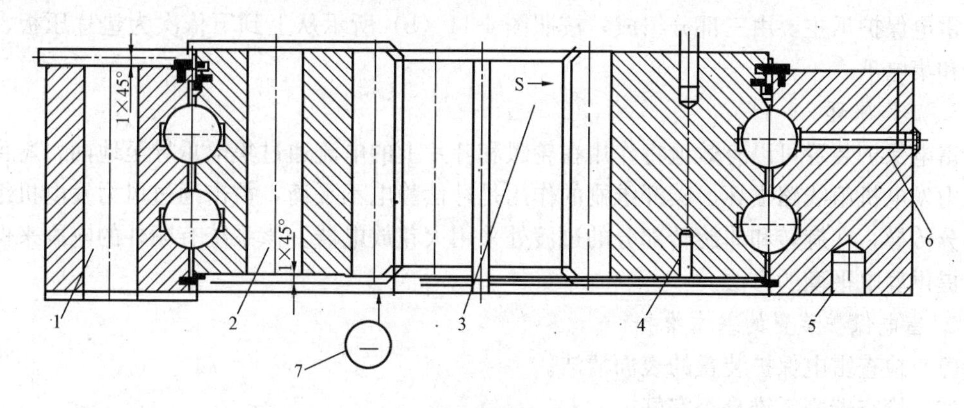

图 4-10 变桨轴承的剖面图

位置 1：变桨轴承外圈螺栓孔，与轮毂连接。

位置 2：变桨轴承内圈螺栓孔，与叶片连接。

位置 3：S 标记，轴承淬硬轨迹的始末点，该区域轴承承受力较弱，应避免进入工作区。

位置 4：位置工艺孔。

位置 5：定位销孔，用来定位变桨轴承和轮毂。

位置 6：进油孔，在该孔打入润滑油，起到润滑轴承作用。

位置 7：最小滚动圆直径的标记（啮合圆）。

4. 变桨轴承的基本维护

（1）检查变桨轴承表面清洁度。

（2）检查变桨轴承表面防腐涂层。

（3）检查变桨轴承齿面情况。

（4）变桨轴承螺栓的紧固。

（5）变桨轴承润滑。

（二）雷电保护装置

雷电保护装置见图 4-11。

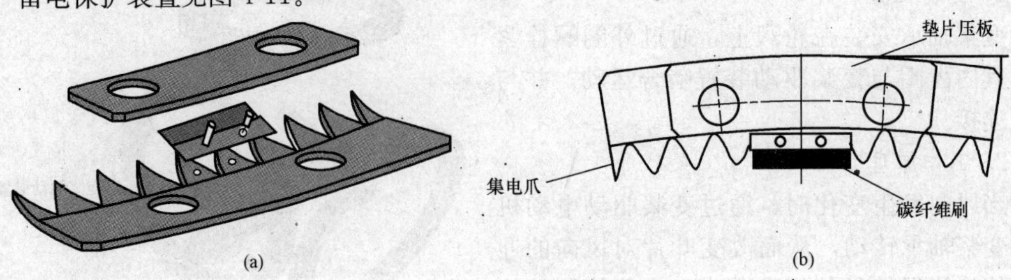

图 4-11 雷电保护装置

（a）安装顺序；（b）结构

1. 安装位置

雷电保护装置在变桨装置中的具体位置见图 4-11（a），在大齿圈下方偏左一个螺栓孔装第一个保护爪，然后隔 120°安装另外两个雷电保护爪。

2. 组成部件

雷电保护爪主要由三部分组成，按照图 4-11（b）所示从上到下依次为垫片压板、碳纤维刷和集电爪。

3. 工作原理

雷电保护装置可以有效地将作用在轮毂和叶片上的电流通过集电爪导至地面，避免雷击使风力发电机组线路损坏。碳纤维刷的作用是补偿静电不平衡，雷击通过风力发电机组的金属部分传导，在旋转和非旋转部分的过渡处采用火花放电器。该系统有额外的电刷来保护轴承和提供静电平衡的方法。

4. 雷电保护装置的基本维护

（1）检查雷电保护装置的表面清洁。

（2）检查碳刷纤维是否完好。

（3）检查雷电保护装置螺栓是否紧固。

（三）变桨驱动装置

变桨驱动装置实物见图 4-12，平面图见 4-13。

图 4-12 变桨驱动装置

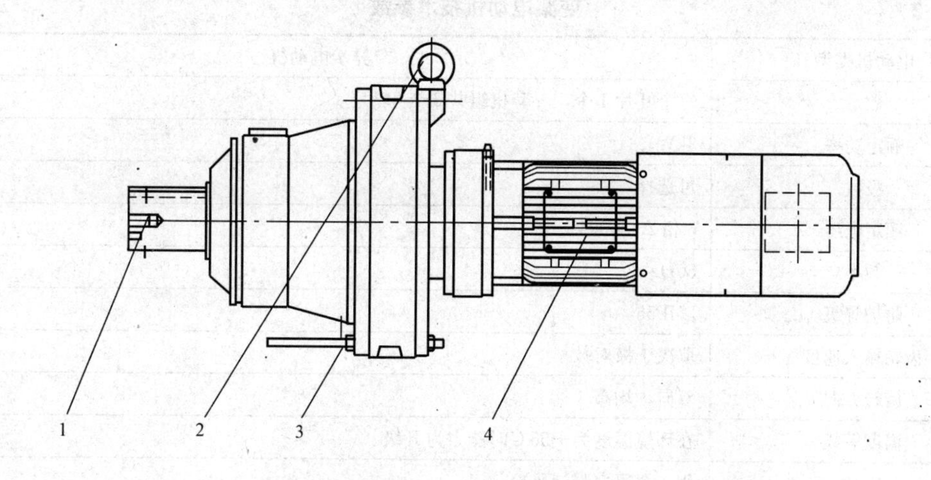

图 4-13　变桨驱动装置平面图

1. 安装位置

变桨驱动装置通过螺柱与轮毂配合连接。变桨齿轮箱前的小齿轮与变桨轴承内圈啮合，并保证啮合间隙应为 0.2～0.3mm。间隙由加工精度保证，无法调整。

2. 组成部件

变桨驱动装置由变桨电动机和变桨齿轮箱两部分组成。

3. 工作原理

变桨齿轮箱必须为小型并且具有高过载能力。齿轮箱不能自锁定以便小齿轮驱动。为了调整变桨，叶片可以旋转到参考位置（顺桨位置），在该位置叶片以大约两倍的额定扭矩瞬间压下止挡。这在一天的运行中可以发生多次。通过短时间使变频器和电动机过载来达到要求的扭矩。齿轮箱和电动机是直联型。变桨电动机是含有位置反馈和电热调节器的伺服电动机，由变频器连接到直流母线供给电流。

位置 1：压板用螺纹孔，用于安装小齿轮压板。

位置 2：驱动器吊环，用于起吊安装变桨驱动器。

位置 3：螺柱，与轮毂连接用。

位置 4：电动机接线盒。

4. 变桨驱动装置的基本维护

（1）检查变桨驱动装置的表面清洁度。

（2）检查变桨驱动装置的表面防腐层。

（3）检查变桨电动机是否过热、是否有异常噪声等。

（4）检查变桨齿轮箱润滑油。

（5）检查变桨驱动装置螺栓紧固。

5. 变桨电动机技术参数

变桨电动机技术参数见表 4-2。

表 4-2 变桨电动机技术参数

电动机类型	异步电动机
数量	每个叶片 1 个，一套机组共 3 个
额定功率	3kW
极数	可选择
额定电压	3 相 AC 400V
频率	50Hz
防护等级	≥IP55
齿轮输入速度	取决于极对数
旋转方向	双向，均布
温度等级	在环境温度为＋55℃时能力为 F 级
冷却	用一个风扇强制风冷
温度检测	一个内置在定子绕组中的 PT100
工作模式	电动机适合变频器操作，增加 du/dt 值，增加铁芯损耗，增加电压峰值
电动机连接	单传动，闭合环路
工作时间	100%，当制动器有飞轮时，电动机必须持续保持叶片在工作位置
动态工作（相对齿轮输出）	最大加速度为 1251r/（min · s）
扭矩限制	最大扭矩限制到 65N · m
电缆长度	≥3.0m
使用寿命	≥20 年，6000h/年，70%静态和 30%动态位置控制，采用脉动负荷

（四）顺桨接近撞块和变桨限位撞块

顺桨接近撞块和变桨限位撞块见图 4-14 和图 4-15。

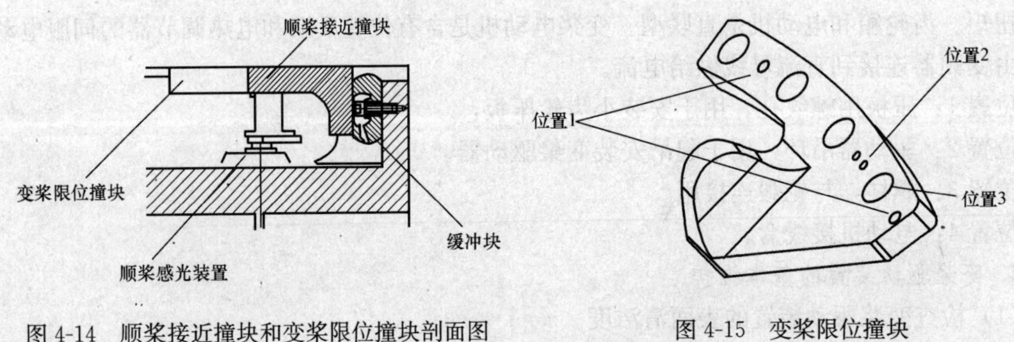

图 4-14 顺桨接近撞块和变桨限位撞块剖面图　　图 4-15 变桨限位撞块

1. 安装位置

变桨限位撞块安装在变桨轴承内圈内侧，与缓冲块配合使用。

2. 工作原理

当叶片变桨趋于最大角度时，变桨限位撞块会运行到缓冲块上起到变桨缓冲作用，以保护变桨系统，保证系统正常运行。

位置 1：变桨限位撞块与变桨轴承连接时定位导向螺钉孔。

位置 2：顺桨接近撞块安装螺栓孔，与变桨限位撞块连接。

位置 3：变桨限位撞块安装螺栓孔，与变桨轴承连接。

3. 安装位置

顺桨接近撞块安装在变桨限位撞块上，与顺桨感光装置配合使用。

4. 工作原理

当叶片变桨趋于顺桨位置时，顺桨接近撞块会运行到顺桨感光装置上方，感光装置接受信号后传递给变桨系统，提示叶片已经处于顺桨位置。

5. 基本维护

(1) 检查顺桨感光装置的清洁度，以保证能够正常接受感光信号。

(2) 检查易损件缓冲块，做到及时更换。

(3) 检查各撞块螺栓的紧固。

(五) 变桨限位撞块和限位接近开关

变桨限位撞块和限位接近开关见图 4-16。

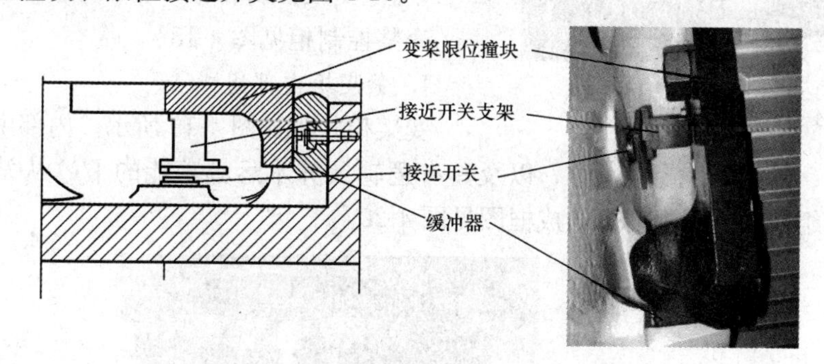

图 4-16　变桨限位撞块和限位接近开关

1. 安装位置

变桨限位撞块安装在内圈内侧两个对应的螺栓孔上。

2. 工作原理

当变桨轴承趋于极限工作位置时，变桨限位撞块运行到限位开关上方，与限位接近开关撞杆作用。撞杆安装在限位接近开关上，当其受到撞击后，限位接近开关会把信号通过电缆传递给变频柜，提示变桨轴承已经处于极限工作位置。

3. 限位开关的基本维护

(1) 检查开关灵敏度，是否有松动。

(2) 检查限位接近开关接线是否正常，手动刹车测试。

(3) 检查螺栓紧固。

(六) 变频柜和电池柜

变频柜和电池柜见图 4-17。

1. 安装位置

变频柜和电池柜安装在柜子支架上，柜子支架安装在轮毂上。

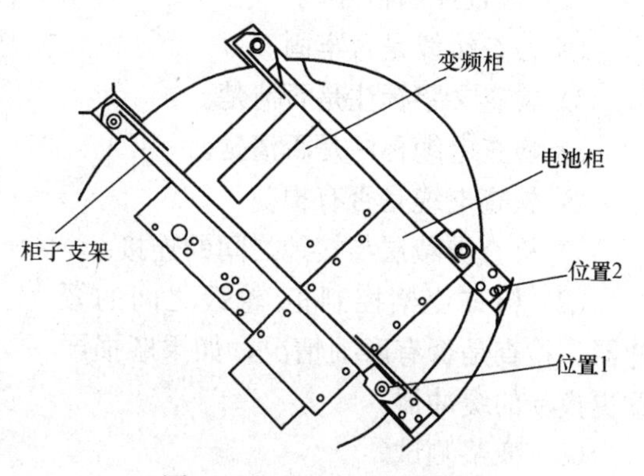

图 4-17　电池柜和变频柜

2. 工作原理

安装电池柜系统的目的是保证变桨系统在外部电源中断时可以安全操作。电池柜是通过二极管连接到变频器共用的直流母线供电装置，在外部电源中断时电池供应电力保证变桨系统的安全工作。每个变频器都有一个制动断路器在制动状态时避免过高电压。变频器留有与 PLC 的通信接口。

图 4-18 变桨控制柜

位置 1：柜子支架安装螺纹孔。

位置 2：连接板安装螺纹孔。

3. 变频柜和电池柜基本维护

(1) 变桨控制柜/轮毂之间缓冲器是否有磨损。

(2) 变桨控制柜内接线是否有松动。

(3) 柜子支架及柜子的螺栓紧固。

(七) 变桨控制柜

变桨控制柜见图 4-18。

1. 变桨柜内部组成

变桨柜外观如图 4-19 所示。内部由主开关、备用电源充电器、变流器、超级电容，以及具有逻辑及算术运算功能的 I/O 从站、控制继电器及连接器等组成，变桨柜内部组成框图见图 4-20。

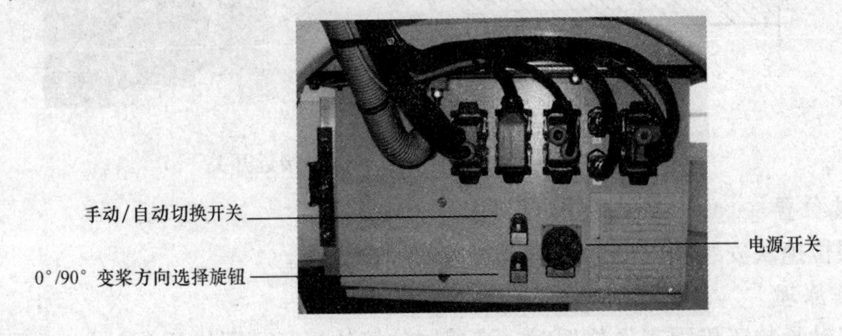

图 4-19 变桨柜外观图

2. 变桨控制柜检查与维护

(1) 检查控制柜外观。

1) 检查接线是否牢固。

2) 检查文字标注是否清楚。

3) 检查电缆标注是否清楚。

4) 检查电缆是否有损。

5) 检查屏蔽层与接地之间的连接。

(2) 检查变桨控制柜/轮毂之间的缓冲器。检查是否有磨损情况，如果磨损严重更换新的缓冲器。

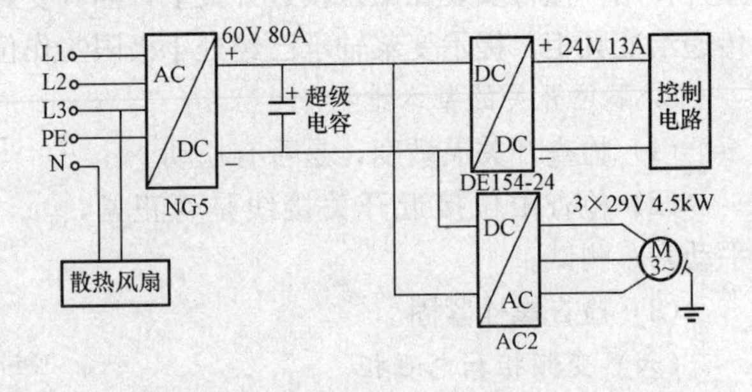

图 4-20 变桨柜内部组成

(3) 变桨测试。

1) 利用手动操作箱启动变桨，检查变桨的配合位置。

2）测试工作位置开关，利用手动操作箱将一个叶片从工作位置转开。

（4）变桨控制螺栓紧固。检查变桨控制支架连接螺栓和所有附件连接螺栓是否紧固，检查变桨控制柜内接线端子是否紧固。

（5）检查备用电源。

1）用电池驱动变桨机构。如果一个电池出现问题，整个电池组都需要更换。

2）用比例装置检测电池。用电池驱动比例装置，如果一个变桨驱动的速度异常，即使比例装置未运行，仍需测量电池的电压。

（6）检查限位开关。

1）开关灵敏度检查。

2）手动刹车测试。

3）安全链启动紧急刹车测试。

（7）检查轮毂转速传感器。

1）检查轮毂转速传感器固定是否牢固，如果松动应立即紧固。

2）检查导线是否磨损。如果轻微磨损，找出磨损原因，在导线磨损处用绝缘胶带或用绝缘热胶管处理；如果磨损严重，找出磨损原因并立即更换导线。

3）检查轮毂转速传感器与轮毂间隙，如果不在标准间隙内应立即调整。

任务三　变桨系统常见故障的检查及处理

【任务引领】

变桨系统能否正常工作直接影响机组的功率输出，及时有效地处理变桨系统出现的故障，可以提高风电场的发电能力，增加经济效益。

【教学目标】

（1）了解变桨系统常见故障。

（2）掌握故障分析方法和处理措施。

【任务准备与实施建议】

（1）清楚安全操作规程和安全注意事项。

（2）熟练掌握风力发电机组变桨系统故障处理所用的工器具。

（3）具备风力发电机组变桨系统故障处理的相关知识。

（4）认真记录变桨系统出现的故障，并进行正确分析，查找故障点，选择处理办法。

（5）故障处理结束后，运行机组，观察有无异常。

【相关知识的学习】

一、变桨控制系统常见故障原因及处理方法

1. 变桨角度有差异

包括叶片 1 变桨角度有差异、叶片 2 变桨角度有差异、叶片 3 变桨角度有差异。

产生原因：变桨电动机上的旋转编码器（A 编码器）得到的叶片角度与叶片角度计数器（B 编码器）得到的叶片角度做对比，两者不能相差太大，否则将报错。

处理方法：

（1）由于 B 编码器为机械凸轮结构，与叶片的变桨齿轮啮合，精度不高且会不断磨损，在有大晃动时可能产生较大偏差，因此先复位，排除故障的偶然因素。

（2）如果反复报该故障，进轮毂检查 A、B 编码器。检查步骤为先看编码器接线与插头，若插头松动，拧紧后可手动变桨观察编码器数值的变化是否一致，若有数值不变或无规律变化，检查是否有断线的情况。编码器接线机械强度相对低，轮毂旋转时，在离心力的作用下，有可能与插针松脱，或者线芯在半断半合的状态。这时虽然可复位，但转速较高时，松动达到一定程度就失去信号。因此可用手摇动线和插头，若发现在晃动中显示数值在跳变，可拔下插头用万用表测通断，有不通和时通时断的应处理，可重做插针或接线，如不好处理直接更换新线。排除上述两类故障说明编码器本体可能损坏，应更换。由于 B 编码器的凸轮结构脆弱，多次发生凸轮打碎，因此也应检查凸轮。

2. 叶片没有到达限位开关动作设定值

产生原因：叶片设定在 91°触发限位开关，若触发时角度与 91°有一定偏差会报该故障。

处理方法：检查叶片实际位置。限位开关长时间运行后会松动，导致撞限位时的角度偏大。此时需要一人进入叶片，一人在中控器上微调叶片角度，观察到达限位的角度，然后参考该角度将限位开关位置重新调整至刚好能触发，在中控器上将角度清回 91°。限位开关由螺栓拧紧固定在轮毂上，调整时需要 2 把小活扳手或者 8mm 叉扳。

3. 某个桨叶 91°或 95°触发

有时为误触发，复位即可；如果无法复位，应进入轮毂检查，可能有垃圾卡位限位开关，造成限位开关提前触发，或 91°限位开关接线或者本身损坏失效，导致 95°限位开关触发。

具体包括叶片 1 限位开关动作、叶片 2 限位开关动作、叶片 3 限位开关动作。

产生原因：叶片到达 91°触发限位开关，但复位时叶片无法动作或脱离限位开关。

处理方法：首先手动变桨将桨叶脱离后尝试复位；若叶片没有动作，有可能的原因如下：

（1）机舱柜的手动变桨信号无法传给中控器；可在机舱柜中将线路短接后手动变桨。

（2）检查轴控柜内开关是否有可能因过流跳开，若有应合上开关后将桨叶调至 90°即可复位。

（3）轴控箱内控制桨叶变桨的接触器损坏，检查如损坏应更换，同时检查其他电器元件是否有损坏。

4. 变桨电动机温度高

包括变桨电动机 1 温度高、变桨电动机 2 温度高、变桨电动机 3 温度高、变桨电动机 1 电流超过最大值、变桨电动机 2 电流超过最大值、变桨电动机 3 电流超过最大值。

产生原因：温度过高多数由于线圈发热引起，有可能是电动机内部短路或外载负荷太大所致；过流也可能引起温度升高。

处理方法：先检查可能引起故障的外部原因，如变桨齿轮箱卡涩、变桨齿轮夹有异物等；再检查因电气回路导致的原因，常见的有变桨电动机的电器刹车未打开，可检查电气刹车回路有无断线、接触器有无卡涩等。排除了外部故障再检查电动机内部是否绝缘老化或被破坏导致短路。

5. 变桨控制通信故障

产生原因：轮毂控制器与主控器之间的通信中断，在轮毂中控柜的中控器无故障的前提下，主要故障范围是信号线。从机舱柜到滑环，由滑环进入轮毂的回路出现干扰、断线、航空插头损坏、滑环接触不良、通信模块损坏等。

处理方法：用万用表测量中控器进线端电压为230V左右，出线端电压为24V左右，说明中控器无故障。继续检查，将机舱柜侧轮毂通信线拔出，红白线、绿白线，将红白线接地，轮毂侧万用表一支表笔接地，如有电阻说明导通，无断路；有断路则启用备用线，若故障依然存在，继续检查滑环。齿轮箱漏油严重时造成滑环内进油，油附着在滑环与插针之间形成油膜，起绝缘作用，导致变桨通信信号时断时续，冬季油变黏着，变桨通信故障更为常见。一般清洗滑环后故障可消除，但该方法治标不治本，从根源上解决的方法是解决齿轮箱漏油问题。滑环造成的变桨通信还可能由插针损坏、固定不稳等原因引起，若滑环没有问题，需将轮毂端接线脱开与滑环端进线进行校线，校线的目的是检查线路有无接错、短接、破皮、接地等现象。滑环座应随主轴一起旋转，里面的线容易与滑环座摩擦导致破皮接地，也会引起变桨故障。

6. 变桨错误

产生原因：变桨控制器内部发出的故障，变桨控制器OK信号中断，可能是变桨控制器故障，或者信号输出有问题。

处理方法：该故障一般与其他变桨故障一起发生，当中控器故障无法控制变桨时，可进入轮毂检查中控器是否损坏。一般中控器故障，会导致无法手动变桨，若可以手动变桨，则检查信号输出的线路是否有虚接、断线等，前面提到的滑环问题也能引起此故障。

7. 变桨失效

产生原因：当风轮转动时，机舱柜控制器要根据转速调整变桨位置使风轮按定值转动，若该传输错误或延迟300ms不能给变桨控制器传达动作指令，则为避免超速会报错停机。

处理方法：机舱柜控制器的信号无法传给变桨控制器主要由信号故障引起，影响该信号的主要是信号线和滑环。应检查信号端子有无电压，有电压则控制器将变桨信号发出，继续检查机舱柜到滑环部分；若无故障继续检查滑环，再检查滑环到轮毂，分段检查逐步排查故障。

8. 变桨电动机转速高

包括变桨电动机1转速高、变桨电动机2转速高、变桨电动机3转速高。

产生原因：检测到的变桨转速超过31°/s，大多数由旋转编码器故障引起。

处理方法：可参照检查变桨编码器不同步的故障处理方法，编码器无故障则转向检查信号传输问题。

二、变桨机械部分常见故障原因及处理方法

变桨机械部分的故障主要集中在减速齿轮箱上，保养不到位加上质量问题，使减速齿轮箱有可能损坏，在有卡涩转动不畅的情况下会导致变桨电动机过流并且温度升高。因此，有电动机过流和温度高的情况频发时，应检查减速齿轮箱。

轮毂内有对叶片轴承和变桨齿轮面润滑的自动润滑站，当缺少润滑油脂或油管堵塞时，叶片轴承和齿面得不到润滑，长时间运行必然造成永久损伤。变桨齿轮与B编码器的铝制凸轮没有润滑，长时间摩擦，铝制凸轮容易磨损，重则磨坏凸轮，造成编码器不同步致使机组故障停机。需要重视润滑环节，长时间的小问题积累，会导致机械部件不可挽回的损坏。

三、蓄电池部分常见故障及处理方法

1. 变桨电池充电器故障

产生原因：轮毂充电器不充电，充电器已经损坏，或由于电网电压高导致无法充电。

处理方法：观察停机代码，一般轮毂充电器不工作引起三面蓄电池电压降低，将会一起报叶片1蓄电池电压故障、叶片2蓄电池电压故障、叶片3蓄电池电压故障。

检查充电器，测量有无230V交流输入，有则说明输入电源没问题；再测量有无230V左右直流输出和24V直流输出，有输入无输出则可更换，若由于电网电压短时间过高引起，则电压恢复后即可复位。

2. 蓄电池电压故障（单独报错）

产生原因：若只是单面蓄电池电压故障，则不是由轮毂充电器不充电导致的，可能由于蓄电池损坏、充电回路故障等引起。

处理方法：按下轮毂主控柜的充电实验按钮，3面轮流试充电，此时测量吸合电流接触器的出线端有无230V直流电源，再顺充电回路依次检查各电气元件的好坏。检查时留意有无接触不良等情况，确定充电回路无异常，则检查是否由于蓄电池故障导致不能充电。打开蓄电池柜，蓄电池由共3组、每组6个蓄电池串联组成，单个蓄电池额定电压为12V。先分别测量每组两端的电压，若有不正常电压，则逐个测量蓄电池，直到确定故障蓄电池位置并更换，再充电数小时（具体充电时间根据更换的数量和温度等外部因素决定），一般充电12h即可。若不连续充电直接运行，则新蓄电池没有彻底激活，寿命大打折扣，很快会再次损坏，还可能导致其他蓄电池损坏。

四、变桨系统飞车的原因分析及预防

能导致叶片飞车的原因有以下3种：

（1）蓄电池的原因。由变桨系统构成可知，在风力发电机组因突发故障停机时，是完全依靠轮毂中的蓄电池来进行收桨的。因此轮毂中的蓄电池储能不足或电池失电导致故障时，不能及时回桨，而会引发飞车。蓄电池故障主要有两方面的影响：由于蓄电池前端的轮毂充电器损坏，导致蓄电池无法充电，直至亏损；由于蓄电自身的质量问题，如果1组中有1～2块蓄电池故障，电池整体电压测量仍属于正常范围，但电池单体电压测量后已非正常区间，这种蓄电池在出现故障后已不能提供正常电拖动力，最终可能引发飞车事故。

（2）信号滑环的原因。该类风力发电机组绝大多数变桨通信故障都由滑环接触不良引起。齿轮箱漏油严重时造成滑环内进油，油附着在滑环与插针之间形成油膜，起绝缘作用，导致变桨通信信号时断时续，致使主控柜控制单元无法接受和反馈处理超速信号，导致变桨系统无法停止，直至飞车；由于滑环的内部构造原因，会出现滑环磁道与探针接触不良等现象，也会引发信号的中断和延时，不排除探针会受力变形。

（3）超速模块的原因。超速模块的主要作用是监控主轴及齿轮箱低速轴和叶片是否超速。该模块同时监测轴系的三个转速测点，以三取二逻辑方式，对轴系超速状态进行判断。三取二超速保护动作有独立的信号输出，可直接驱动设备动作。具有两通道配合可完成轴旋转方向和旋转速度的测量。使用有一定齿距要求的齿盘产生两个有相位偏移的信号，A通

道监测信号间的相位偏移得到旋转方向，B通道监测信号周期时间得到旋转速度。当该模块软件失效或信号感知出现问题，会导致在超速时，机组主控不能判断故障及时停机，而引发导致飞车。

预防变桨系统飞车事故的方法有：定期检查蓄电池单体电池电压，定期做蓄电池充放电试验，并将蓄电池检测时间控制在合理区间；运行过程中密切注意电网供电质量，尽量减少大电压对轮毂充电器及UPS的冲击，尽可能避免不必要的元器件的损坏；彻底根除齿轮箱漏油的弊病，定期开展滑环的清洗工作，保证滑环的正常工作；有针对性地测试超速模块的功能，避免该模块软故障的形成。

小　结

（1）不同类型的风力发电机组，采用的变桨装置也是不同的，包括液压、电动变桨等。
（2）变桨系统由变桨距机构和变桨距控制系统组成。
（3）变桨系统的4点主要作用。
（4）变桨系统检查与维护项目及要求。
（5）变桨系统控制过程和控制逻辑。
（6）几种典型的变桨系统的结构及工作特点。
（7）变桨系统各部件工作原理。
（8）变桨系统常见故障及处理方法。
（9）备用电源超级电容的优缺点。

复习思考

（1）简述变桨风力发电机组的特点。
（2）简述风力发电机组变桨动作过程。
（3）试分析变桨系统主要部件及其变桨功能。
（4）超级电容有什么优缺点？
（5）画出变桨过程控制方框图，并分析变桨工作原理。
（6）简述典型变桨距系统的类型及工作特点。
（7）风力发电机组有几种控制方式？
（8）变桨控制通信故障的原因及处理方法有哪些？

项目五 液压系统运行与维护

【项目描述】

液压系统的主要功能是为变桨距控制装置、安全桨距控制装置、偏航驱动和制动装置、停机制动装置提供液压驱动力。在定桨距风力发电机组中，液压系统的主要任务是执行风力发电机组的气动刹车、机械刹车以及偏航驱动和制动；在变桨距风力发电机组中，液压系统主要用于控制变距机构、机械制动和偏航驱动与制动，控制变桨距机构以实现风力发电机组的转速控制、功率控制。液压系统的组成见表5-1。

表5-1 液压系统的组成

组成部分		功能作用
原动机	电动机 发动机	向液压系统提供机械能
液压泵	齿轮泵 叶片泵 柱塞泵	把原动机提供的机械能转变成油液的压力能，输出高压油液
执行元件	液压缸 液压马达 摆动马达	把油液的压力能转变成机械能去驱动负载做功，实现往复直线运动，连续转动或摆动
控制阀	压力控制阀 流量控制阀 方向控制阀	控制从液压泵到执行元件的油液的压力、流量和流动方向，从而控制执行元件的力、速度和方向
液压辅件	油箱	盛放液压油，向液压泵供应液压油，回收来自执行元件的完成了能量传递任务之后的低压油液
	管路	输送油液
	过滤器	滤除油液中的杂质，保持系统正常工作所需的油液清洁度
	密封	在固定连接或运动连接处防止油液泄漏，以保证工作压力的建立
	蓄能器	储存高压油液，并在需要时释放
	热交换器	控制油液温度
液压油		是传递能量的工作介质，也起润滑和冷却作用

本项目将完成以下六个工作任务：

任务一 动力元件的认知与维护

任务二 控制元件的认知与维护

任务三 执行元件的认知与维护

任务四 辅助元件的认知与维护

任务五 液压回路的认知与维护

任务六 液压系统的运行与维护

【学习目标描述】

（1）了解液压系统的工作原理和结构组成。

（2）认识液压系统的图形符号。

（3）熟悉液压元件及其作用。

（4）学会识读液压系统图的基本方法。

（5）初步了解风力发电机组液压系统。

【本项目学习重点】

（1）能够系统地了解液压系统各元器件的作用，能够识别液压系统各种回路。

（2）了解液压系统工作原理，能读懂液压系统工作原理图。

【本项目学习难点】

（1）液压系统各元器件的原理及作用。

（2）识读液压系统原理图，正确绘制液压系统原理图。

任务一 动力元件的认知与维护

【任务引领】

液压系统的动力原件是液压泵。液压泵是能量转换装置，能将原动机提供的机械能转换为液压能，是液压系统中的液压能源，是组成液压系统的心脏。液压泵的作用是向液压系统输送足够量的压力油，从而推动执行元件对外做功。

【教学目标】

（1）了解液压泵的工作原理。

（2）掌握风力发电机组常用齿轮泵的工作原理及其结构。

（3）了解液压泵的性能参数。

（4）了解齿轮泵的困油现象及解决办法。

【任务准备与实施建议】

（1）了解齿轮泵的结构和工作原理。

（2）拆装齿轮泵，认识各部件名称及作用。

（3）分析齿轮泵常见故障，并进行正确处理。

【相关知识的学习】

液压泵的分类方式有多种。按其结构不同，液压泵可分为齿轮泵、叶片泵、柱塞泵和螺

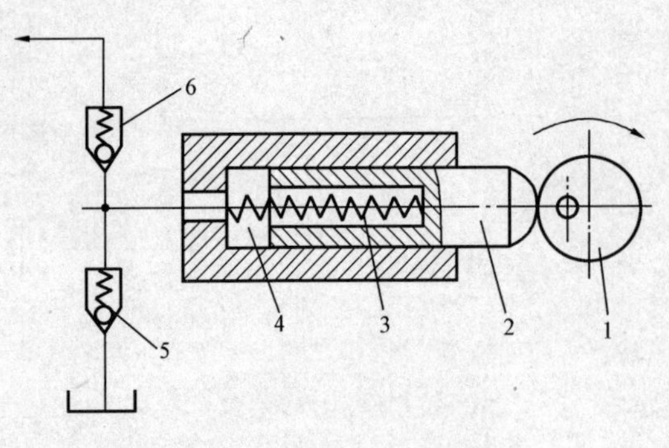

图 5-1 容积泵的工作原理

1—偏心凸轮；2—柱塞；3—弹簧；4—密封工作腔；5—吸油阀；6—压油阀

杆泵；按其压力不同，又可分为低压泵、中压泵、中高压泵、高压泵和超高压泵；按其输出流量能否调节，又分为定量泵和变量泵。

1. 液压泵的工作原理

液压泵的类型不同，但它们的工作原理却是相同的，其工作原理如图 5-1 所示。

当偏心凸轮 1 由原动机带动旋转时，柱塞 2 做往复运动。柱塞右移时，弹簧 3 使之从密封工作腔 4 中推出，密封容积逐渐增大，形成局部真空，油箱中的油液在大气压力的作用下，通过单向吸油阀 5 进入密封工作腔 4，为吸油过程；当柱塞左移被偏心轮压入工作腔时，密封容积逐渐减小，使腔内油液打开单向压油阀 6 进入系统，为压油过程。偏心轮不断旋转，泵就不断地吸油和压油。

2. 液压泵的性能参数

(1) 工作压力和额定压力。液压泵的工作压力（用 p 表示）是指实际工作时输出的压力，主要取决于执行元件的外负载，与泵的流量无关。泵的铭牌上标出的额定压力是根据泵的强度、寿命、效率等使用条件规定的正常工作的压力上限，超过该值即为过载。

(2) 排量和流量。液压泵的排量（用 V 表示）是指泵在无泄漏情况下每转一周，由其密封油腔几何尺寸变化而决定的排出液体的体积。

若泵的转速为 n（r/min），则泵的理论流量 $q_{V\mathrm{t}}=nV$。泵的铭牌上标出的额定流量 q_V 是泵在额定压力下所能输出的实际流量。

考虑液压泵泄漏损失时，液压泵在单位时间内实际输出的液体的体积称为实际流量（用 q_V 表示）。当液压泵的工作压力升高时，液压泵的泄漏量 Δq_V 越大，实际流量 q_V 会减少。

(3) 效率。液压泵在能量转换过程中必然存在功率损失，功率损失可分为容积损失和机械损失两部分。

容积损失是因泵的内泄漏造成的流量损失。随着泵的工作压力增大，内泄漏增大，实际输出流量 q_V 相比理论流量 $q_{V\mathrm{t}}$减小。泵的容积损失可用容积效率 η_V 表示，即

$$\eta_V = q_V / q_{V\mathrm{t}} \tag{5-1}$$

各种液压泵产品都在铭牌上注明在额定工作压力下的容积效率 η_V。

液压泵在工作中，由于泵内轴承等相对运动零件之间的机械摩擦，泵内转子与周围液体的摩擦，以及泵从进口到出口间的流动阻力产生的功率损失，都归结为机械损失。机械损失导致泵的实际输入转矩 T_i 总是大于理论上所需的转矩 T_t，两者之比称为机械效率，以 η_m 表示，即

$$\eta_\mathrm{m} = T_\mathrm{t} / T_\mathrm{i} \tag{5-2}$$

液压泵的总效率等于容积效率与机械效率的乘积，即

$$\eta = \eta_V \eta_\mathrm{m} \tag{5-3}$$

3. 齿轮泵的拆装修理

(1) 拆卸。

1）松开并卸下泵盖及轴承压盖上全部连接螺钉。

2）卸下定位销及泵盖、轴承盖。

3）从泵壳内取出传动轴及被动齿轮的轴套。

4）从泵壳内取出主传动齿轮及被动齿轮。

5）取下高压泵的压力反馈侧板及密封圈。

6）检查轴头骨架油封，如其阻油唇边良好能继续使用，则不必取出；如阻油唇边损坏，则取出更换。

7）拆下的零件用煤油或柴油清洗。

（2）简单修理。齿轮泵使用较长时间后，齿轮各相对运动面会产生磨损和刮伤。端面的磨损导致轴向间隙增大，齿顶圆的磨损导致径向间隙增大，齿形的磨损引起噪声增大。磨损拉伤不严重时，可稍加研磨抛光再用；磨损拉伤严重时，则需根据情况予以修理或更换。

1）齿形修理。用细砂布或油石去除拉伤或已磨成多棱形的毛刺，不可倒角。

2）齿轮端面修理。轻微磨损者，可将两齿轮同时放在0号砂布上，再用金相砂纸擦磨抛光；磨损拉伤严重时，可将两齿轮同时放在平磨床上磨去少许，再用金相砂纸抛光，此时泵体也应磨去同样尺寸。两齿轮厚度差应在0.005mm以内，齿轮端面与孔的垂直度、两齿轮轴线的平行度都应控制在0.005mm以内。

3）泵体修复。泵体的磨损主要是内腔与齿轮齿顶圆相接触面，且多发生在吸油侧。对于轻度磨损，用细砂布修掉毛刺可继续使用。

4）侧板或端盖修复。侧板或前后盖主要是装配后，与齿轮相滑动的接触端面的磨损与拉伤。如磨损和拉伤不严重，可研磨端面修复；磨损拉伤严重，可在平面磨床上磨去端面上的沟痕。

5）泵轴修复。齿轮泵泵轴的失效形式主要是与滚针轴承相接触处容易磨损，有时会发生折断。如果磨损轻微，可抛光修复（并更换新的滚针轴承）。

（3）装配。修理后的齿轮泵装配时按下列步骤进行。

1）用煤油或轻柴油清洗全部零件。

2）主动轴轴头盖板上的骨架油封需更换时，先在骨架油封周边涂润滑油，用合适的心轴和小锤轻打入盖板槽内，油封的唇口应向里，切勿装反。

3）将各密封圈洗净后（禁用汽油）装入各相应油封槽内。

4）将合格的轴承涂润滑油装入相应轴承孔内。

5）将轴套或侧板与主动、被动齿轮组装成齿轮轴套副，在运动表面加润滑油。

6）将轴套副与前后泵盖组装。

7）将定位销装入定位孔中，轻打到位。

8）将主动轴装入主动齿轮花键孔中，盖上轴承盖。

9）装连接两泵盖及泵壳的紧固螺钉。注意两两对角用力均匀，扭力逐渐加大。拧螺钉，同时用手旋转主动齿轮，应无卡滞、过紧和别劲感觉。所有螺钉上紧后，应达到旋转均匀的要求。

10）用塑料填封好油口。泵组装后，在设备调试时应再做试运转检查。

（4）注意事项。

1）在拆装齿轮泵时，注意随时随地保持清洁，防止灰尘污物落入泵中。

2）拆装清洗时，禁用破布、棉纱擦洗零件，以免脱落棉纱头混入液压系统。应使用毛刷或绸布。

3）不允许用汽油清洗浸泡橡胶密封件。

4）液压泵为精密机件，拆装过程中所有零件应轻拿轻放，切勿敲打撞击。

4. 齿轮泵的常见故障及排除方法

齿轮泵一般用于工作环境不清洁、工程机械和精度不高的一般机床，以及压力不太高而流量较大的液压系统。

（1）齿轮泵的优点。

1）结构简单，工艺性较好，成本较低。

2）与同样流量的其他各类泵相比，结构紧凑，体积小。

3）自吸性能好。无论在高、低转速甚至在手动情况下都能可靠地实现自吸。

4）转速范围大。因泵的传动部分以及齿轮基本上都是平衡的，在高转速下不会产生较大的惯性力。

5）油液中污物对其工作影响不严重，不易咬死。

（2）齿轮泵的缺点。

1）工作压力较低。齿轮泵的齿轮、轴及轴承上受的压力不平衡，径向负载大，限制了泵压力的提高。

2）容积效率较低。这是由于齿轮泵的端面泄漏大。

3）流量脉动大，引起压力脉动大，使管道、阀门等产生振动，噪声大。

齿轮泵常见故障产生原因及排除方法见表5-2。

表5-2　　齿轮泵常见故障产生原因及排除方法

故障现象	产生原因	排除方法
不打油或输油量不足及压力无法提高	（1）电动机的转向错误。 （2）吸入管道或滤油器堵塞。 （3）轴向间隙或径向间隙过大。 （4）各连接处泄漏而引起空气混入。 （5）油液黏度太大或油液温升太高	（1）纠正电动机转向。 （2）疏通管道，清洗滤油器除去堵物，更换新油。 （3）修复更换有关零件。 （4）紧固各连接处螺钉，避免泄漏严防空气混入。 （5）油液应根据温升变化选用
噪声严重及压力波动大	（1）吸油管及滤油器部分堵塞或入口滤油器容量小。 （2）从吸入管或轴密封处吸入空气，或油中有气泡。 （3）泵与联轴器不同心或擦伤。 （4）齿轮本身的精度不高。 （5）CB型齿轮油泵骨架式油封损坏或装轴时骨架油封内弹簧脱落	（1）除去脏物，使吸油管畅通，或改用容量合适的滤油器。 （2）在连接部位或密封处加少量油，如果噪声减小，可拧紧接头处或更换密封圈，回油管口应在油面以下，与吸油管有一定距离。 （3）调整同心，防止擦伤。 （4）更换齿轮或对研修整。 （5）检查骨架油封，损坏时更换以免吸入空气

续表

故障现象	产生原因	排除方法
液压泵旋转不灵活或咬死	（1）轴向间隙及径向间隙过小。 （2）装配不良，CB型盖板与轴的同心度不好，长轴的弹簧固紧脚太长，滚针套质量太差。 （3）泵和电动机的联轴器同轴度不好。 （4）油液中杂质被吸入泵体内	（1）修配有关零件。 （2）根据要求重新进行装配。 （3）调整使不同轴度不超过0.2mm。 （4）严防周围灰沙、铁屑及冷却水等物进入油池，保持油液清洁

任务二　控制元件的认知与维护

【任务引领】

在液压系统中，用于控制和调节工作液体的压力高低、流量大小以及改变流量方向的元件，统称为液压控制阀。液压控制阀通过对工作液体的压力、流量及液流方向的控制与调节，可以控制液压执行元件的开启、停止和换向，调节其运动速度和输出扭矩（或力），并对液压系统或液压元件进行安全保护等。因此，采用各种不同的阀，经过不同形式的组合，可以满足各种液压系统的要求。

【教学目标】

（1）了解各阀体的分类、原理及作用。

（2）掌握电磁换向阀、溢流阀、减压阀、压力继电器、电液伺服阀、比例阀等的结构、动作原理和维护方法。

【任务准备与实施建议】

（1）结合实物认识各类控制元件的结构和动作原理。

（2）对各类控制元件进行安装和调试，正确分析和处理各种故障。

【相关知识的学习】

一、液压控制阀分类

1. 按用途分类

（1）压力控制阀。用于控制或调节液压系统或回路压力的阀，如溢流阀、减压阀、顺序阀、压力继电器等。

（2）方向控制阀。用于控制液压系统中液流的方向及其通、断，从而控制执行元件的运动方向及其启动、停止的阀，如单向阀、换向阀等。

（3）流量控制阀。用于控制液压系统中工作液体流量大小的阀，如节流阀、调速阀、分集流阀等。

2. 按阀的控制方式分类

（1）开关（或定值）控制阀。借助于通断型电磁铁及手动、机动、液动等方式，将阀芯位置或阀芯上的弹簧设定在某一工作状态，使液流的压力、流量或流向保持不变的阀。该类阀属于常见的普通液压阀。

（2）比例控制阀。采用比例电磁铁（或力矩马达）将输入电信号转换成力或阀的机械位移，使阀的输出量（压力、流量）按照其输入量连续、成比例地进行控制的阀。比例控制阀一般用于开环液压控制系统。

（3）伺服控制阀。其输入信号（电量、机械量）多为偏差信号（输入信号与反馈信号的差值），阀的输出量（压力、流量）也可按照其输入量连续、成比例地进行控制的阀。该类阀的工作性能类似于比例控制阀，但具有较高动态响应和静态性能，多用于要求精度高、响应快的闭环液压控制系统。

3. 按结构形式分类

液压控制阀按结构形式分类有滑阀（或转阀）、锥阀、球阀等。

二、方向控制阀

方向控制阀的作用是控制油液的通、断和流动方向，分单向阀和换向阀两类。

1. 单向阀

（1）普通单向阀。普通单向阀的作用是只允许油液流过该阀时单方向通过，反向则截止。当压力油从进油口 P_1 流入时，液压推力克服弹簧力的作用，顶开钢球或锥面阀芯，油液从出油口 P_2 流出构成通路。当油液从油口 P_2 进入时，在弹簧和液体压力的作用下，钢球或锥面阀芯压紧在阀座孔上，油口 P_1 和 P_2 被阀芯隔开，油液不能通过。普通单向阀的阀芯有钢球阀芯和锥面阀芯，钢球阀芯仅适用于压力低或流量小的场合。锥面阀芯由于密封性好，使用寿命长，在高压和大流量时工作可靠，所以得到广泛应用。图 5-2 所示为普通单向阀简单结构。

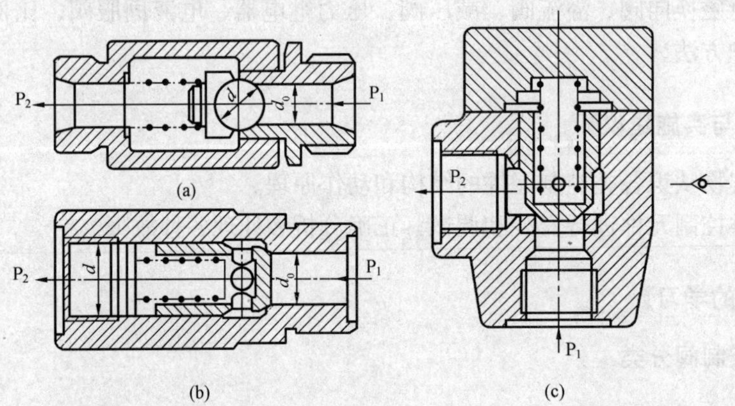

图 5-2 普通单向阀

(a) 球阀式；(b) 锥阀式（直通式）；(c) 锥阀式（直角式）

（2）液控单向阀。如图 5-3（a）所示，液控单向阀与普通单向阀相比，在结构上增加了控制油腔 a、控制活塞 1 及控制油口 K。当控制油口通以一定压力的压力油时，推动活塞 1 使锥阀芯 2 右移，阀即保持开启状态，使单向阀也可以反方向通过油流。为了减小控制活塞移动的阻力，控制活塞制成台阶状并设一外泄油口 L（接油箱）。控制油的压力不应低于油路压力的 30%～50%。

当 P_2处油腔压力较高时，顶开锥阀所需要的控制压力可能很高。为了减少控制油口 K 的开启压力，在锥阀内部可增加一个卸荷阀芯 3，见图 5-3（c）。在控制活塞 1 顶起锥阀芯 2 之前，先顶起卸荷阀芯 3，使上下腔油液经卸荷阀芯上的缺口沟通，锥阀上腔 P_2的压力油泄到下腔，压力降低。此时控制活塞便可以较小的力将锥阀芯顶起，使 P_1 和 P_2两腔完全连通。这样，液控单向阀用较低的控制油压即可控制有较高油压的主油路。

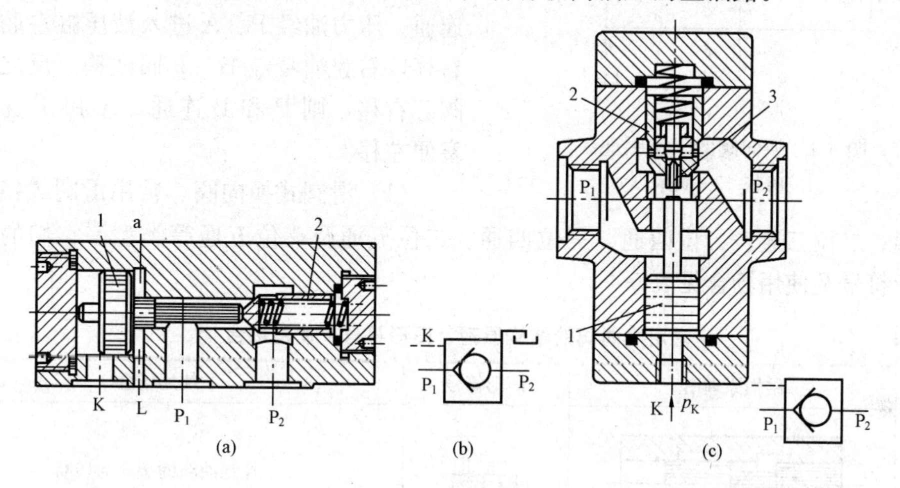

图 5-3　液控单向阀

（a）连接方式；（b）结构原理；（c）卸荷阀芯

1—控制活塞；2—锥阀芯；3—卸荷阀芯

（3）单向阀的常见故障及排除方法见表 5-3。

表 5-3　单向阀的故障产生原因及排除方法

故障现象	产生原因	排除方法
发出异常声音	（1）油的流量超过允许值。 （2）与其他阀共振。 （3）在卸压单向阀中，用于立式大油缸等的回油，没有卸压装置	（1）更换流量大的阀。 （2）可略微改变阀的额定压力，也可试调弹簧的强弱。 （3）补充卸压装置回路
阀与阀座有严重的泄漏	（1）阀座锥面密封不好。 （2）滑阀或阀座拉毛。 （3）阀座碎裂	（1）重新研配。 （2）重新研配。 （3）更换并研配阀座
不起单向作用	（1）滑阀在阀体内咬住。 1）阀体孔变形。 2）滑阀配合时有毛刺。 3）滑阀变形胀大。 （2）漏装弹簧	（1）相应采取如下措施。 1）修研阀座孔。 2）修除毛刺。 3）修研滑阀外径。 （2）补装适当的弹簧（弹簧的最大压力不大于 30N）
结合处渗漏	螺钉或管螺纹未拧紧	拧紧螺钉或管螺纹

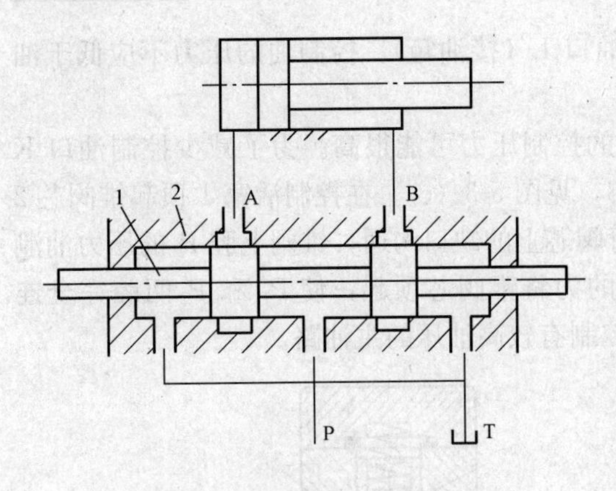

图 5-4 换向阀的工作原理
1—阀芯；2—阀体

2. 换向阀

换向阀的作用是变换阀芯在阀体内的相对工作位置，使阀体各油口连通或断开，从而控制执行元件的换向或启停。换向阀的工作原理如图 5-4 所示。在图示位置，液压缸两腔不通压力油，处于停机状态。若使换向阀的阀芯 1 左移，阀体 2 上的油口 P 和 A 连通，B 和 T 连通。压力油经 P、A 进入液压缸左腔，活塞右移，右腔油液经 B、T 回油箱。反之，若使阀芯右移，则 P 和 B 连通，A 和 T 连通，活塞便左移。

(1) 滑阀式换向阀。常用滑阀式换向阀有二位二通、二位三通、二位四通、三位四通、二位五通及三位五通等类型。它们的结构原理、图形符号及使用场合见表 5-4。

表 5-4　常用换向阀的结构原理、图形符号及使用场合

名称	结构原理图	图形符号	使用场合		
二位二通阀	A P	A P	控制油路的接通与切断（相当于一个开关）		
二位三通阀	A P B	A B P	控制液流方向（从一个方向变换成另一个方向）		
二位四通阀	A P B T	A B P T	控制执行元件换向	不能使执行元件在任一位置停止运动	执行元件正反向运动时回油方式相同
三位四通阀	A P B T	A B P T		能使执行元件在任一位置停止运动	
二位五通阀	T_1 A P B T_2	A B T_1 P T_2		不能使执行元件在任一位置停止运动	执行元件正反向运动时可以得到不同的回油方式
三位五通阀	T_1 A P B T_2	A B T_1 P T_2		能使执行元件在任一位置停止运动	

（2）电磁换向阀。电磁换向阀是利用电磁铁的吸力控制阀芯换位的换向阀。它操作方便，布局灵活，有利于提高设备的自动化程度，应用最广泛。

电磁换向阀包括换向滑阀和电磁铁两部分。电磁铁因其所用电源不同而分为交流电磁铁和直流电磁铁。交流电磁铁常用电压为220V和380V，不需要特殊电源，电磁吸力大，换向时间短（0.01～0.03s），但换向冲击大、噪声大、发热大，换向频率不能太高（每分钟30次左右），寿命较低。若阀芯被卡住或电压低，电磁吸力小，衔铁未动作，其线圈很容易烧坏。因而常用于换向平稳性要求不高，换向频率不高的液压系统。直流电磁铁的工作电压一般为24V，其换向平稳、工作可靠、噪声小、发热少、寿命长，允许使用的换向频率可达120次/min。其缺点是启动力小，换向时间较长（0.05～0.08s），且需要专门的直流电源，成本较高。因而常用于换向性能要求较高的液压系统。近年来出现一种自整流型电磁铁。这种电磁铁上附有整流装置和冲击吸收装置，使衔铁的移动由自整流直流电控制，使用方便。

电磁铁按衔铁工作腔是否有油液，又可分为“干式”和“湿式”。干式电磁铁不允许油液流入电磁铁内部，因此必须在滑阀和电磁铁之间设置密封装置，而在推杆移动时产生较大的摩擦阻力，也易造成油的泄漏。湿式电磁铁的衔铁和推杆均浸在油液中，运动阻力小，且油还能起到冷却和吸振作用，从而提高了换向的可靠性及使用寿命。

图5 5（a）所示为二位二通干式交流电磁换向阀。其左边为一交流电磁铁，右边为滑阀。当电磁铁不通电时（图示位置），其油口P与A连通；当电磁铁通电时，衔铁1右移，通过推杆2使阀芯3推压弹簧4并向右移至端部，其油口P与B连通，而P与A断开。

图5-5（c）所示为三位四通直流湿式电磁换向阀。阀的两端各有一个电磁铁和一个对中弹簧。当右端电磁铁通电时，右衔铁1通过推杆2将阀芯3推至左端，阀右位工作，其油口P通A，B通T；当左端电磁铁通电时，阀左位工作，其阀芯移至右端，油口P通B，A通T。

电磁铁在电磁换向阀中起重要作用，例如电源电压太低，会造成电磁铁推力不足，不能推动阀芯正常工作。电磁铁的故障产生原因及排除方法见表5-5。

表5-5　电磁铁的故障产生原因及排除方法

故障现象	产生原因	排除方法
动作不好	（1）缓冲橡胶脱落松动、接触不良。 （2）电压太低，不在规定电压范围使用。 （3）导线连接错误、松动。 （4）导线与线圈间断线。 （5）线圈烧损原因是电磁铁松动阀动作不良，电路错误，阀芯卡死、壳体歪斜，使用频率过高	（1）拆开检查，正确安装。 （2）测定电压，吸力与电压的平方成正比，应经常保持正常。 （3）测定电压，正确接线。 （4）测定电压，电磁铁整体调换。 （5）判别线圈烧焦的气味，电磁铁整体调换
“嗡”声噪声、振动噪声	（1）校正线圈松动、变形或部分剪断。 （2）可动铁芯的永久变形相当于推杆部分的凹形变形。 （3）可动铁芯的铆钉松动。 （4）电磁铁安装螺钉松动。 （5）铁芯与可动铁芯的接触不良。 （6）剩磁材质不好。 （7）可动铁芯龟裂，使用次数频繁。 （8）制造时绝缘清漆、线圈、铁芯加工不良	（1）拆开检查，电磁铁整体调换。 （2）拆开检查，电磁铁整体调换。 （3）拆开检查，电磁铁整体调换。 （4）检查螺钉，拧紧。 （5）拆开检查，洗涤。 （6）拆开检查，电磁铁整体调换。 （7）拆开检查，电磁铁整体调换。 （8）测定电压、绝缘程度，改进品质管理

续表

故障现象	产　生　原　因	排　除　方　法
换向声音大	背压或先导压过高	换向时声音异常大，降低背压或先导压
温度上升	由于O型防挤圈不良，油的流入，周围温度的影响，寿命低，水和湿度的影响等使绝缘能力降低	测定绝缘能力，电磁铁整体调换
滞后（动作慢）	直流电磁铁不会烧损，但比交流需要4～5倍的动作时间	检查周围温度、电磁铁温度在50℃以上时使用特殊的规格

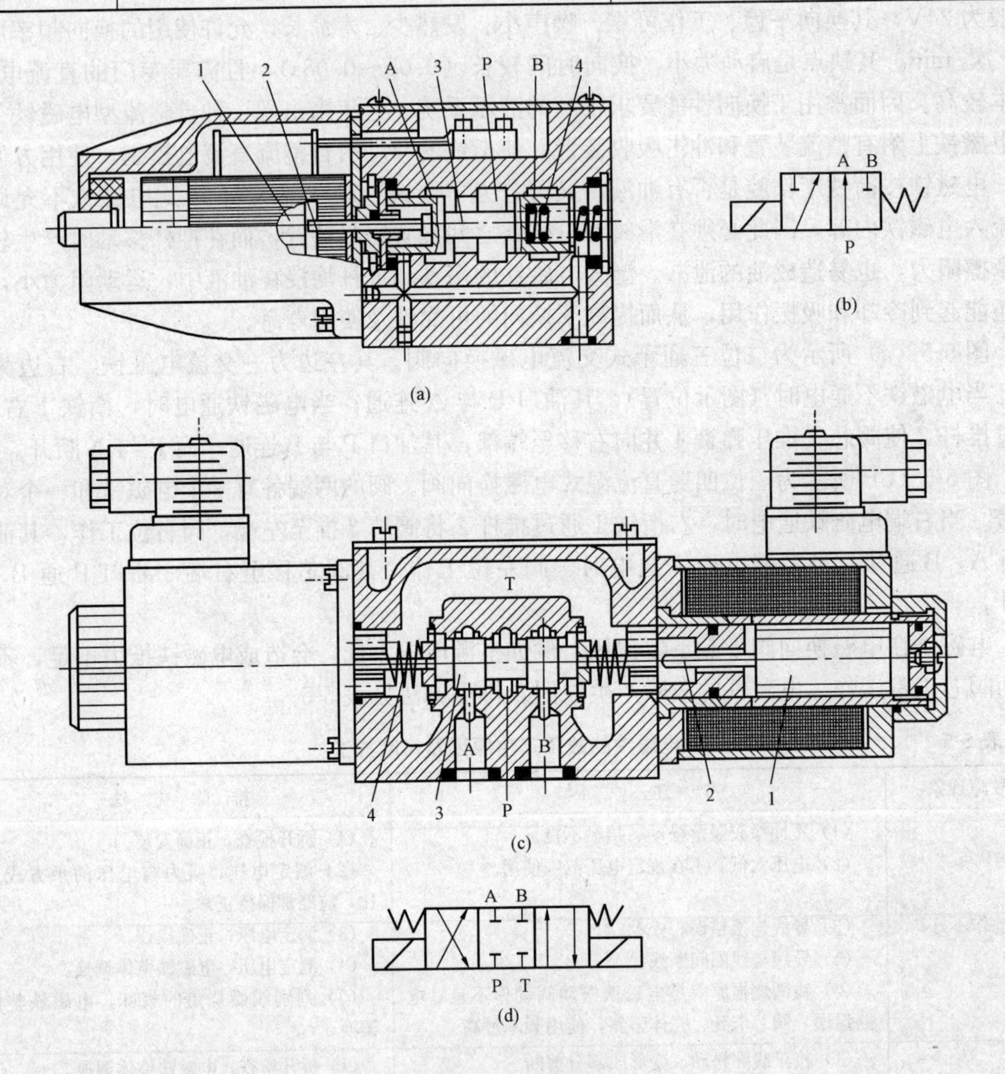

图 5-5　电磁换向阀

(a) 二位三通电磁换向阀；(b) 二位三通电磁换向阀；

(c) 三位四通电磁换向阀；(d) 三位四通电磁换向阀图形符号

1—衔铁；2—推杆；3—阀芯；4—弹簧

(3) 换向阀的中位机能。三位换向阀的中位机能是指三位换向阀常态位置时，阀中内部各油口的连通方式，也可称为滑阀机能。表5-6所示为各种三位换向阀的中位机能和符号。

表 5-6　　**各种三位换向阀的中位机能和符号**

技能代号	结构原理图	中位图形符号		机能特点和作用
		三位四通	三位五通	
O	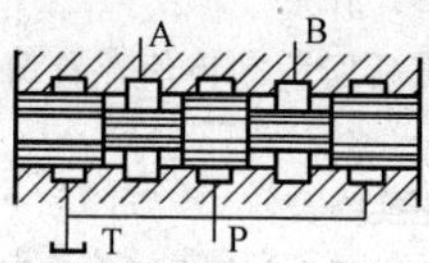 A B T P	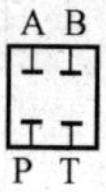 A B P T	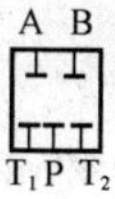 A B T_1 P T_2	各油口全部封闭，缸两腔封闭，系统不卸荷。液压缸充满油，从静止到启动平稳；制动时运动惯性引起液压冲击较大；换向位置精度高
H	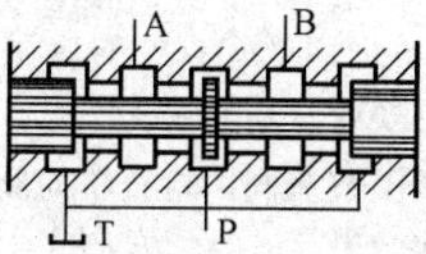 A B T P	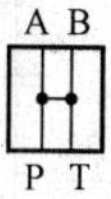 A B P T	 A B T_1 P T_2	各油口全部连通，系统卸荷，缸成浮动状态。液压缸两腔接油箱，从静止到启动有冲击；制动时油口互通，故制动较O型平稳；但换向位置变动大
P	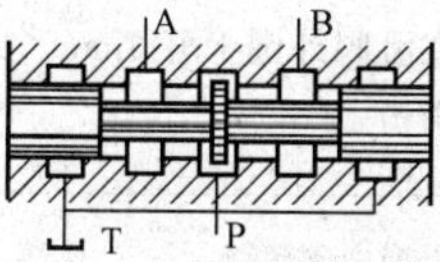 A B T P	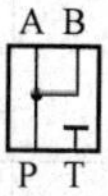 A B P T	 A B T_1 P T_2	压力油口P与缸两腔连通，可形成差动回路，回油口封闭。从静止到启动较平稳；制动时缸两腔均通压力油，制动平稳；换向位置变动比H型小，应用广泛
Y	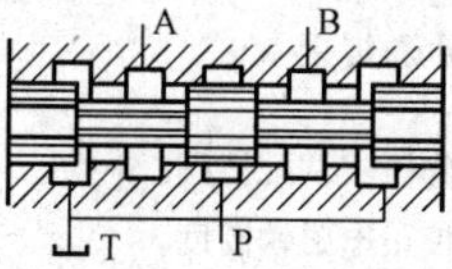 A B T P	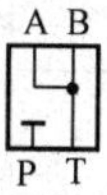 A B P T	 A B T_1 P T_2	油泵不卸荷，缸两腔通回油，缸成浮动状态，由于缸两腔接油箱，从静止到启动有冲击，制动性能介于O型与H型之间
K	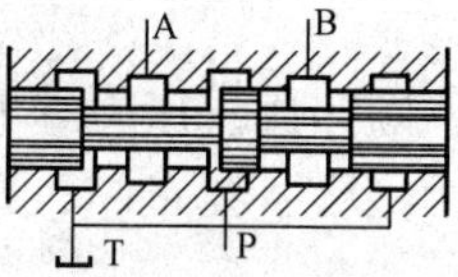 A B T P	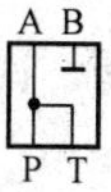 A B P T	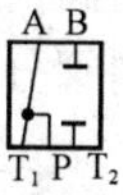 A B T_1 P T_2	油泵卸荷，液压泵一腔封闭一腔接回油箱。两个方向换向时性能不同
M	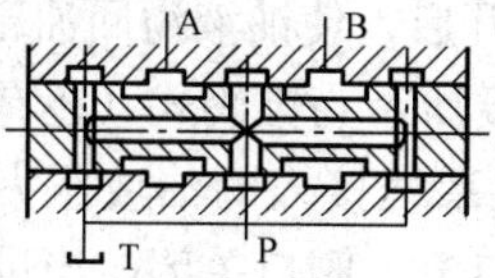 A B T P	 A B P T	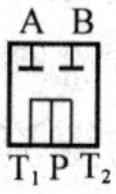 A B T_1 P T_2	油泵卸荷，缸两腔封闭，从静止到启动较平稳；制动性能与O型相同，可用于油泵卸荷液压缸锁紧的液压回路中
X	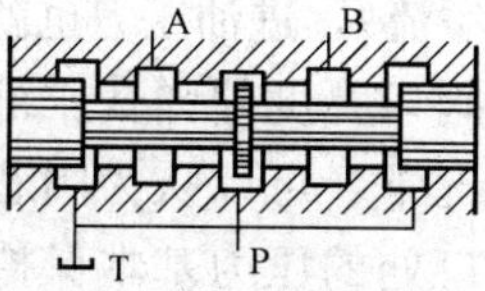 A B T P	 A B P T	 A B T_1 P T_2	各油口半开启接通，P口保持一定的压力；换向性能介于O型与H型之间

（4）换向阀的常见故障及排除方法。换向阀的常见故障及排除方法见表5-7。

表5-7 换向阀的常见故障及排除方法

故障现象	产生原因	排除方法
滑阀不能动作	（1）滑阀被堵塞。 （2）阀体变形。 （3）具有中间位置的对中弹簧折断。 （4）操纵压力不够	（1）拆开清洗。 （2）重新安装阀体的螺钉使压紧力均匀。 （3）更换弹簧。 （4）操纵压力必须大于0.35MPa
工作程序错乱	（1）因滑阀被拉毛，油中有杂质或热膨胀使滑阀移动不灵活或卡住。 （2）电磁阀的电磁铁损坏，力量不足或漏磁等。 （3）弹簧过软或过硬使阀通油不畅。 （4）滑阀与阀孔配合太紧或间隙过大。 （5）因压力油的作用使滑阀局部变形	（1）拆卸清洗，配研滑阀。 （2）更换或修复电磁铁。 （3）调整节流阀，检查单向阀是否封油良好。 （4）检查配合间隙，使滑阀移动灵活。 （5）在滑阀外圆上开1mm×5mm的环形平衡槽
电磁线圈发热过高或烧坏	（1）线圈绝缘不良。 （2）电磁铁铁芯与滑阀轴线不同心。 （3）电压不对。 （4）电极焊接不对	（1）更换电磁铁。 （2）重新装配，使其同心。 （3）按规定纠正。 （4）重新焊接
电磁铁控制的方向阀作用时有响声	（1）滑阀卡住或摩擦过大。 （2）电磁铁不能压到底。 （3）电磁铁铁芯接触面不平或接触不良	（1）修研或调配滑阀。 （2）校正电磁铁高度。 （3）清除污物，修正电磁铁铁芯

三、压力控制阀

常见压力控制阀分为溢流阀、减压阀、顺序阀、压力继电器等几类。

1. 溢流阀

溢流阀的作用是限制所在油路的液体工作压力。当液体压力超过溢流阀的调定值时，溢流阀阀口会自动开启，使油液溢回油箱。

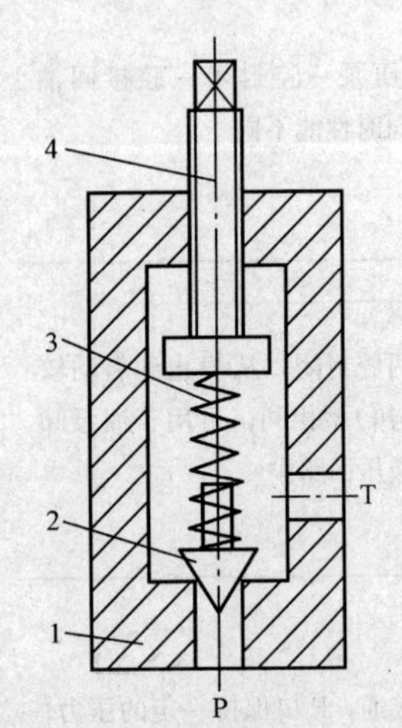

图5-6 锥阀式直动溢流阀
1—阀体；2—锥阀芯；
3—弹簧；4—调压螺钉

（1）直动式溢流阀工作原理。如图5-6所示为锥阀式（还有球阀式和滑阀式）直动溢流阀。当进油口P从系统接入的油液压力不高时，锥阀芯2被弹簧3紧压在阀体1的孔口上，阀口关闭。当进口油压升高到能克服弹簧阻力时，便推开锥阀芯使阀口打开，油液就由进油口P流入，再从出油口T流回油箱（溢流），进油压力也就不会继续升高。当通过溢流阀的流量变化时，阀口开度即弹簧压缩量也随之改变。但在弹簧压缩量变化甚小的情况下，可以认为阀芯在液压力和弹簧力作用下保持平衡，溢流阀进口处的压力基本保持为定值。拧动调压螺钉4改变弹簧预压缩量，便可调整溢流阀的溢流压力。这种溢流阀因压力油直接作用于阀芯，故称直动式溢流阀。

直动式溢流阀用于低压小流量。系统压力高时采用先导式溢流阀。

（2）先导式溢流阀工作原理。先导式溢流阀由先导阀和主阀两部分组成。图 5-7（a）和图 5-7（b）所示分别为高压、中压先导式溢流阀的结构简图。其先导阀是一个小规格锥阀芯直动式溢流阀，主阀的阀芯 5 上开有阻尼小孔 e。阀体上还加工了孔道 a、b、c、d。油液从进油口 P 进入，经阻尼孔 e 及孔道 c 到达先导阀的进油腔（在一般情况下，远程控制口 K 是堵塞的）。当进油口压力低于先导阀弹簧调定压力时，先导阀关闭，阀内无油液流动，主阀芯上、下腔油压相等，被主阀弹簧抵在主阀下端，主阀关闭，阀不溢流。当进油口 P 的压力升高时，先导阀进油腔油压也升高，直至达到先导阀弹簧的调定压力时，先导阀被打开，主阀芯上腔油经先导阀口及阀体上的孔道 a，由回油口 T 流回油箱。主阀芯下腔油液则经阻尼小孔 e 流动，由于小孔阻尼大，使主阀芯两端产生压力差，主阀芯在该压差作用下克服其弹簧力上抬，主阀进、回油口连通，达到溢流和稳压的目的。调节先导阀的手轮，便可调整溢流阀的工作压力。更换先导阀的弹簧（刚度不同的弹簧），便可得到不同的调压范围。

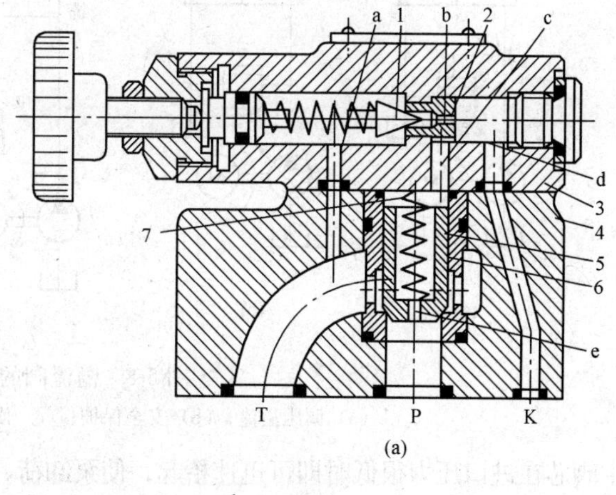

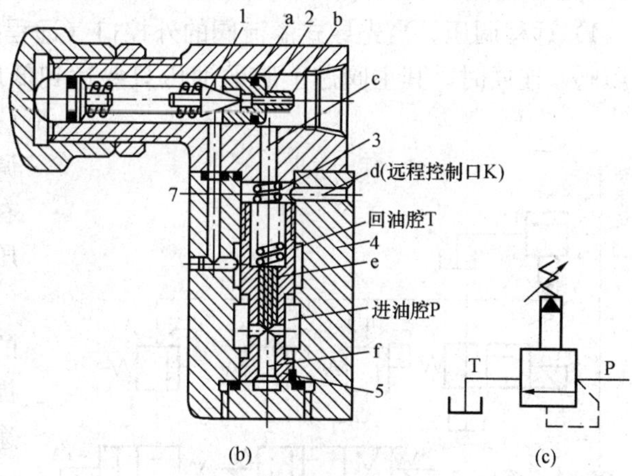

图 5-7　先导式溢流阀

（a）先导阀；（b）主阀；（c）图形符号

1—先导阀芯；2—先导阀座；3—先导阀体；4—主阀体；5—主阀芯；6—主阀套；7—主阀弹簧

这种结构的阀，其主阀芯是利用压差作用开启的，主阀芯弹簧弹性较弱，因而即使压力较高，流量较大，其结构尺寸仍较紧凑、小巧，且压力和流量的波动也比直动式小。但其灵敏度不如直动式溢流阀。

（3）溢流阀的应用。

1）调压溢流。系统采用定量泵供油时，常在其进油路或回油路上设置节流阀或调速阀，使泵油一部分进入液压缸工作，多余的油需经溢流阀流回油箱，溢流阀处于其调定压力下的常开状态。调节弹簧的压紧力，也就调节了系统的工作压力。如图 5-8（a）所示。

2）安全保护。系统采用变量泵供油时，系统内没有多余的油需溢流，其工作压力由负载决定。这时与泵并联的溢流阀只有在过载时才需打开，以保障系统的安全。因此它是常闭的，如图 5-8（b）所示。

3）使泵卸荷。采用先导式溢流阀调压的定量泵系统，当阀的远程控制口 K 与油箱连通时，

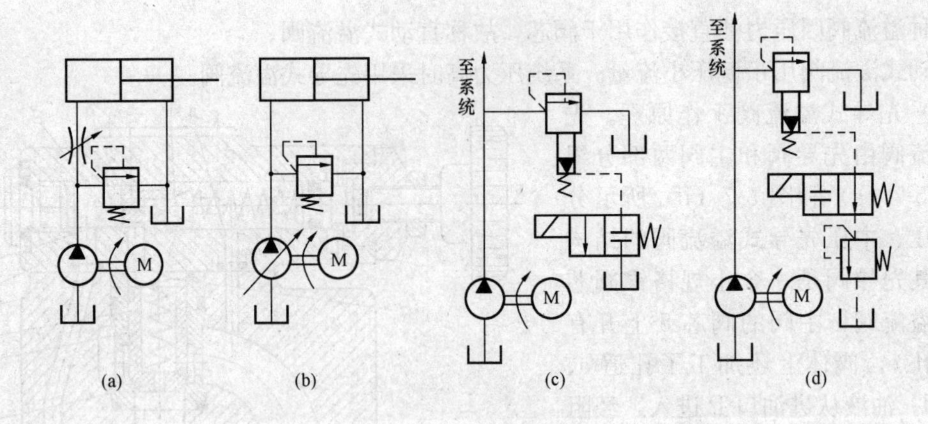

图 5-8　溢流阀的用途

(a) 调压溢流；(b) 安全保护；(c) 使泵卸荷；(d) 远程调压

其主阀芯在进口压力很低时即可迅速抬起，使泵卸荷，以减少能量损耗。如图 5-8 (c) 所示。

4) 远程调压。当先导式溢流阀的外控口（远程控制口）与调压较低的溢流阀（或远程调压阀）连通时，其主阀芯上腔的油压只要达到低压阀的调整压力，主阀芯即可抬起溢流（其先导阀不再起调压作用），即实现远程调压。图 5-8 (d) 中，当电磁阀不通电右位工作时，将先导溢流阀的外控口与低压调压阀连通，实现远程调压。

5) 形成背压。将溢流阀设在液压缸的回油路上，可使缸的回油腔形成背压，提高运动部件运动的平稳性，因此这种用途的阀也称背压阀。

6) 多级调压。如图 5-9 (a) 所示多级调压及卸荷回路中，先导式溢流阀 1 与溢流阀 2～4 的调定压力不同，且阀 1 调压最高。阀 2～4 进油口均与阀 1 的外控口相连，且分别由电磁换向阀 6、7 控制出口。电磁阀 5 进油口与阀 1 外控口相连，出口与油箱相连。当系统工作时若仅电磁铁 1YA 通电，则系统获得由阀 1 调定的最高工作压力；若仅 1YA、2YA 通电，则系统可得到由阀 2 调定的工作压力；若仅 1YA 和 3YA 通电，则得到阀 3 调定的压力；若仅 1YA 和 4YA 通电，则得到由阀 4 调定的工作压力。当 1YA 不通电时，阀 1 的外控口与油箱连通，使液压泵卸荷。这种多级调压及卸荷回路，除阀 1 以外的控制阀，由于通过的流量很小

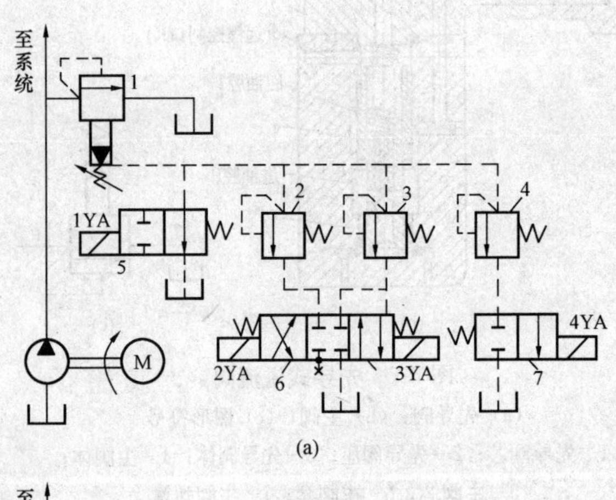

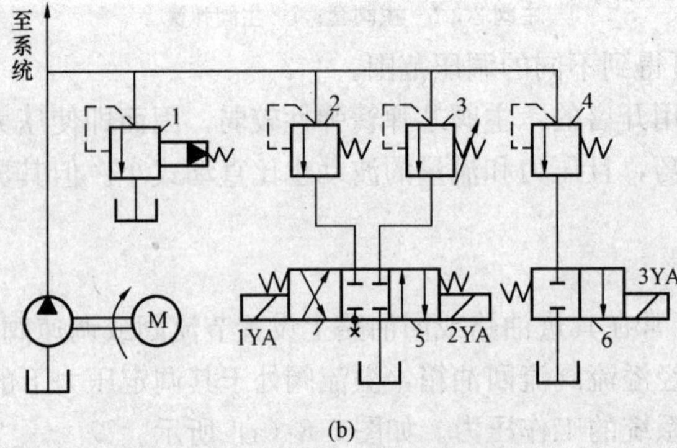

图 5-9　多级调压及卸荷回路

(a) 回路一；(b) 回路二

1—先导式溢流阀；2、3、4—溢流阀；5—电磁阀；6—位换向阀；7—换向阀

（仅为控制油路流量），所以可用小规格的阀，结构尺寸较小。

如图 5-9（b）所示多级调压回路中，除阀 1 调压最高外，其他溢流阀均分别由相应的电磁换向阀控制其通断状态，只要控制电磁换向阀电磁铁的通电顺序，就可使系统得到相应的工作压力。这种调压回路的特点是各阀均应与泵有相同的额定流量，其尺寸较大，因而只适用于流量小的系统。

（4）溢流阀的故障产生原因及排除方法。溢流阀的故障产生原因及排除方法见表 5-8。

表 5-8　　溢流阀的故障产生原因及排除方法

故障现象	产 生 原 因	排 除 方 法
压力波动不稳定	（1）弹簧弯曲或太软。 （2）锥阀与阀座的接触不良或磨损。 （3）钢球不圆或钢球与阀座密合不良。 （4）滑阀变形或拉毛。 （5）油不清洁，阻尼孔堵塞	（1）更换弹簧。 （2）锥阀磨损或有问题则更换。如锥阀是新的则卸下调整螺母，将导杆推几下，使其接触良好。 （3）更换钢球，研磨阀座。 （4）更换或修研滑阀。 （5）更换清洁油液，疏通阻尼孔
调整无效	（1）弹簧断裂或漏装。 （2）阻尼孔堵塞。 （3）滑阀卡住。 （4）进出油口装反。 （5）锥阀漏装	（1）检查更换或补装弹簧。 （2）疏通阻尼孔。 （3）拆出、检查、修整。 （4）检查油源方向并纠正。 （5）检查、补装
显著泄漏	（1）锥阀或钢球与阀座的接触不良。 （2）滑阀与阀体配合间隙过大。 （3）管接头没拧紧。 （4）接合面纸垫冲破或铜垫失效	（1）锥阀或钢球磨损或者有问题时更换新的锥阀或钢球。 （2）更换滑阀，重配间隙。 （3）拧紧连接螺钉。 （4）更换纸垫或铜垫
显著噪声及振动	（1）螺母松动。 （2）弹簧变形不复原。 （3）滑阀配合过紧。 （4）主滑阀动作不良。 （5）锥阀磨损。 （6）出口油路中有空气。 （7）流量超过允许值。 （8）和其他阀产生共振	（1）紧固螺母。 （2）检查并更换弹簧。 （3）修研滑阀，使其灵活。 （4）检查滑阀与壳体是否同心。 （5）更换锥阀。 （6）放出空气。 （7）调换流量大的阀。 （8）略改变阀的额定压力值（如额定压力值的差在 0.5MPa 以内，容易发生共振）

2. 减压阀

减压阀是使出口压力（二次回路压力）低于进口压力（一次回路压力）的一种压力控制阀。其作用是减低并稳定液压系统中某一支路的油液压力，使同一油源能同时提供两个或几个不同压力的输出。

（1）直动式减压阀工作原理。直动式减压阀的工作原理和图形符号如图 5-10 所示。

压力为 p_1 的高压液体进入阀中后，经由阀芯与阀体间的节流口 A 减压，使压力降为 p_2 后输出。减压阀出口压力油通过孔道与阀芯下端相连，使阀芯上作用一向上的液压力，并靠调压弹簧与之平衡。当出口压力未达到阀的设定压力时，弹簧力大于阀芯端部的液压力，阀芯下移，使减压口增大，从而减小液阻，使出口压力增大，直到其设定值为止；相反，当出口压力因某种外部干扰而大于设定值时，阀芯端部的液压力大于弹簧力而使阀芯上升，减压口减小，液阻增大，从而使出口压力减小，直到其设定值为止。由此可看出，减压阀是靠阀芯端部的液压力和弹簧力的平衡来维持出口压力恒定的。调整弹簧的预压缩力，即可调整出口压力。

图 5-10 中 L 为泄漏口，一般单独接回油箱，称为外部泄漏。

直动式减压阀的弹簧刚度较大，因而阀的出口压力随阀芯的位移略有变化。为了减小出口压力的波动，常采用先导式减压阀。

(2) 先导式减压阀工作原理。先导式减压阀的工作原理和图形符号如图 5-11 所示。

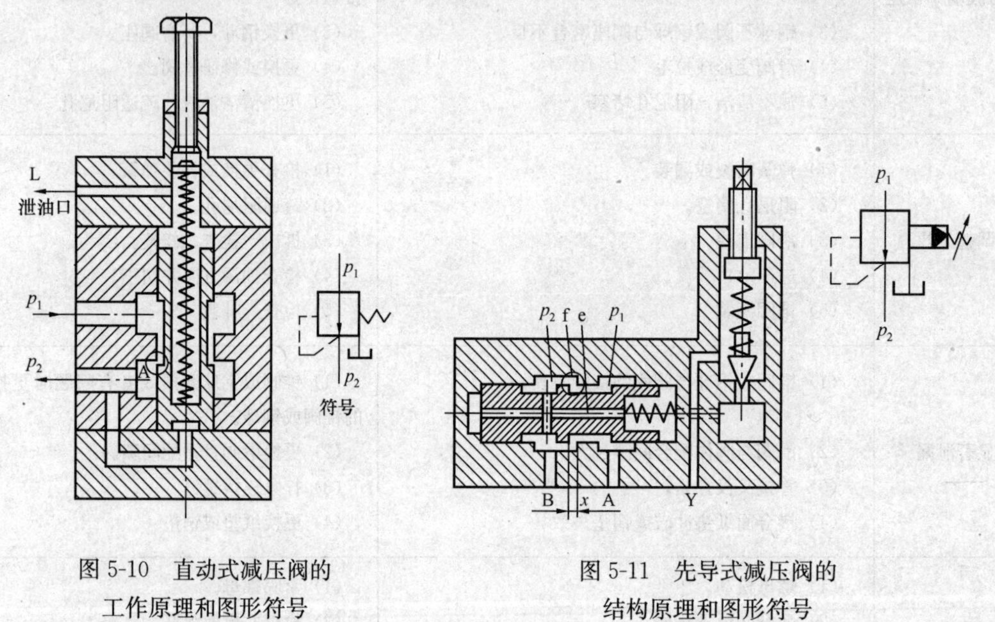

图 5-10　直动式减压阀的工作原理和图形符号

图 5-11　先导式减压阀的结构原理和图形符号

压力为 p_1 的压力油由阀的进油口 A 流入，经减压口 f 减压后，压力降低为 p_2，再由出油口 B 流出。同时，出口压力油经主阀芯内的径向孔和轴向孔引入到主阀芯的左腔和右腔，并以出口压力作用在先导阀锥上。当出口压力未达到先导阀的调定值时，先导阀关闭，主阀芯左、右两腔压力相等，主阀芯被弹簧压在最左端，减压口开度 x 为最大值，压降最小，阀处于非工作状态。当出口压力升高并超过先导阀的调定值时，先导阀被打开，主阀弹簧腔的泄油便由泄油口 Y 流往油箱。由于主阀芯的轴向孔 e 是细小的阻尼孔，油在孔内流动，使主阀芯两端产生压力差，主阀芯便在此压力差作用下克服弹簧阻力右移，减压口开度 x 值减小，压降增加，引起出口压力降低，直到等于先导阀调定的数值为止。反之，出口压力减小，主阀芯左移，减压口开大，压降减小，使出口压力回升到调定值上。可见，减压阀出口压力若由于外界干扰而变动，会自动调整减压口开度来保持调定的出口压力数值基本不变。

在减压阀出口油路的油液不再流动的情况下（如所连的夹紧支路油缸运动到底后），由于先导阀泄油仍未停止，减压口仍有油液流动，阀仍然处于工作状态，出口压力也就保持调定数值不变。

可以看出，与溢流阀相比较，减压阀的主要特点是：阀口常开；从出口引压力油去控制阀口开度，使出口压力恒定；泄油单独接入油箱。

（3）减压阀的应用。

1）减压阀是一种可将较高的进口压力（一次压力）降低为所需的出口压力（二次压力）的压力调节阀。根据各种不同的要求，减压阀可将油路分成不同的减压回路，以得到各种不同的工作压力。

减压阀的开口缝隙随进口压力变化而自行调节，因此能自动保证出口压力基本恒定，可稳定油路压力。

将减压阀与节流阀串联在一起，可使节流阀前后压力差不随负载的变化而变化。

2）单向减压阀由单向阀和减压阀并联组成，其作用与减压阀相同。液流正向通过时，单向阀关闭，减压阀工作。当液流反向时，液流经单向阀通过，减压阀不工作。

（4）减压阀的常见故障及排除方法。减压阀的常见故障及排除方法见表 5-9。

表 5-9　减压阀的常见故障及排除方法

故障现象	产生原因	排除方法
压力不稳定，有波动	（1）油液中混入空气。 （2）阻尼孔有时堵塞。 （3）滑阀与阀体内孔圆度达不到规定使阀卡死。 （4）弹簧变形或在滑阀中卡住，使滑阀移动困难，或弹簧太软。 （5）钢球不圆，钢球与阀座配合不好或锥阀安装不正确	（1）排除油中空气。 （2）疏通阻尼孔及换油。 （3）修研阀孔，修配滑阀。 （4）更换弹簧。 （5）更换钢球或拆开锥阀调整
输出压力低，升不高	（1）顶盖处泄漏。 （2）钢球或锥阀与阀座密合不良	（1）拧紧螺钉或更换纸垫。 （2）更换钢球或锥阀
不起减压作用	（1）回油孔的油塞未拧出，使油闷住。 （2）顶盖方向装错，使出油孔与回油孔沟通。 （3）阻尼孔被堵住。 （4）滑阀被卡死	（1）将油塞拧出，并接上回油管。 （2）检查顶盖上的孔的位置是否装错。 （3）用直径为 1mm 的针清理小孔并换油。 （4）清理和研配滑阀

3．顺序阀

顺序阀是利用油路中压力的变化控制阀口启闭，以实现执行元件顺序动作的液压元件。为了防止液动机的运动部分因自重下滑，有时采用顺序阀使回油保持一定的阻力，这时顺序阀称为平衡阀。当系统压力超过调定值时，顺序阀还可以使液压泵卸荷，这时称为卸荷阀。

（1）顺序阀的结构及工作原理。其结构与溢流阀类似，也分为直动式和先导式。先导式顺序阀用于压力高的场合。

图 5-12（a）所示为直动式顺序阀的结构图。它由螺堵 1、下阀盖 2、控制活塞 3、阀体 4、阀芯 5、弹簧 6 等零件组成。当其进油口的油压低于弹簧 6 的调定压力时，控制活塞 3

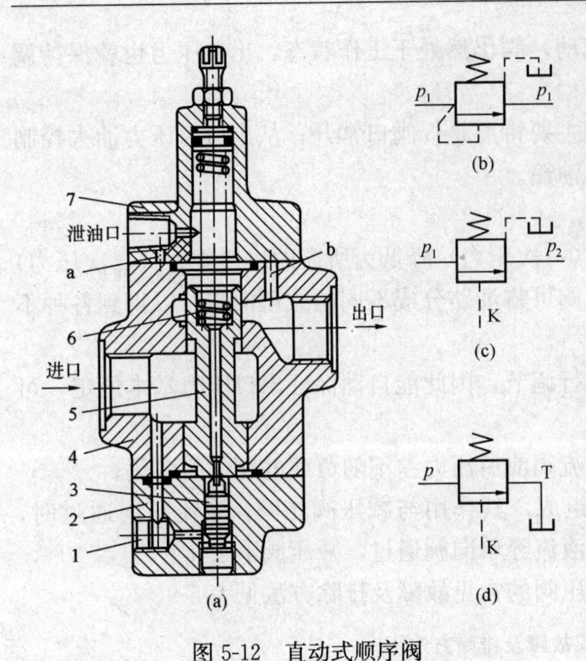

图 5-12 直动式顺序阀

(a) 直动式顺序阀结构；(b) 内控式顺序阀图形符号；(c) 外控式顺序阀图形符号；(d) 卸荷阀图形符号

1—螺堵；2—下阀盖；3—控制活塞；4—阀体；5—阀芯；6—弹簧；7—上阀盖

下端油液向上的推力小，阀芯 5 处于最下端位置，阀口关闭，油液不能通过顺序阀流出。当进油口油压达到弹簧调定压力时，阀芯 5 抬起，阀口开启，压力油即可从顺序阀的出口流出，使阀后的油路工作。这种顺序阀利用其进油口压力控制，称为内控式顺序阀，其图形符号如图 5-12（b）所示。由于阀出油口接压力油路，因此其上端弹簧处的泄油口必须另接一油管通油箱，这种连接方式称为外泄。

若将下阀盖 2 相对于阀体转过 90°或 180°，将螺堵 1 拆下，在该处接控制油管并通入控制油，则阀的启闭可由外供控制油控制。这时即称为外控式顺序阀，其图形符号如图 5-12（c）所示。若再将上阀盖 7 转过 180°，使泄油口处的小孔 a 与阀体上的小孔 b 连通，将泄油口用螺堵封住，并使顺序阀的出油口与油箱连通，则顺序阀成为卸荷阀。其泄漏油可由阀的出油口流回油箱，这种连接方式称为内泄。卸荷阀的图形符号如图 5-12（d）所示。

顺序阀常与单向阀组合成单向顺序阀、液控单向顺序阀等使用。直动式顺序阀设置控制活塞的目的是缩小阀芯受油压作用的面积，以便采用较软的弹簧来提高阀的特性。直动式顺序阀的最高工作压力一般在 8MPa 以下。先导式顺序阀主阀弹簧的刚度可以很小，故可省去阀芯下面的控制柱塞，不仅启闭特性好，且工作压力也可大大提高。

（2）顺序阀的应用。

1）控制多个执行元件的顺序动作。如图 5-13（a）所示，要求 A 缸先动，B 缸后动，

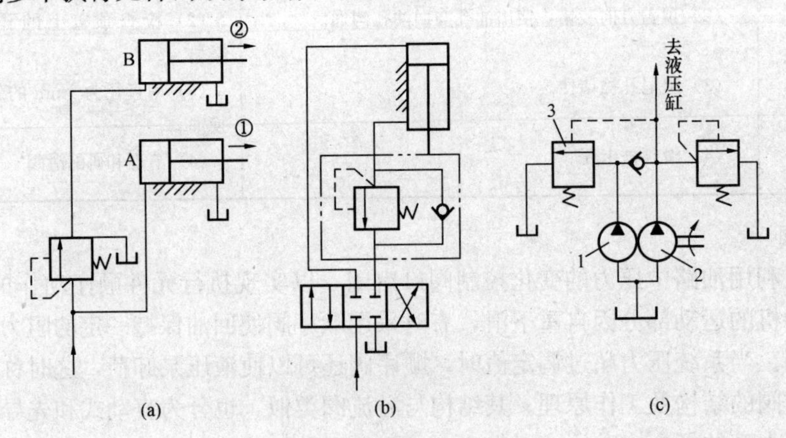

图 5-13 顺序阀的应用

(a) 用于控制顺序动作；(b) 用于组成平衡阀；(c) 用于使泵卸荷

1—大流量泵；2—小流量泵；3—顺序阀

通过顺序阀的控制可以实现。顺序阀在A缸进行动作①时处于关闭状态，当A缸到位后，油液压力升高，达到顺序阀的调定压力后，打开通向B缸的油路，从而实现B缸的动作。

2）与单向阀组成平衡阀。为了保持垂直放置的液压缸不因自重而自行下落，可将单向阀与顺序阀并联构成单向顺序阀接入油路，如图5-13（b）所示。该单向顺序阀又称为平衡阀。这里，顺序阀开启压力要足以支撑运动部件的自重。当换向阀处于中位时，液压缸即可悬停。

3）控制双泵系统中的大流量泵卸荷。如图5-13（c）所示油路，泵1为大流量泵，泵2为小流量泵，两泵并联。在液压缸快速进退阶段，泵1输出的油经单向阀与泵2输出的油汇合流往液压缸，使缸获得较快速度；液压缸转为慢速工进时，缸的进油路压力升高，外控式顺序阀3打开，泵1卸荷，由泵2单独向系统供油以满足工进的流量要求。在此油路中，顺序阀3因能使泵卸荷，故又称卸荷阀。

（3）顺序阀的常见故障及排除方法。顺序阀的常见故障及排除方法见表5-10。

表5-10　顺序阀的常见故障及排除方法

故障现象	产生原因	排除方法
始终出油	（1）阀芯在打开位置上卡死（如几何精度差，间隙太小；弹簧弯曲、断裂；油液太脏）。 （2）单向阀在打开位置上卡死（如几何精度差，间隙太小；弹簧弯曲、断裂；油液太脏）。 （3）单向阀密封不良（如几何精度差）。 （4）调压弹簧断裂。 （5）调压弹簧漏装。 （6）未装锥阀或钢球。 （7）锥阀或钢球碎裂	（1）修理，使配合间隙达到要求，并使阀芯移动灵活；检查油质，过滤或更换油液；更换弹簧。 （2）修理，使配合间隙达到要求，并使单向阀芯移动灵活；检查油质，过滤或更换油液；更换弹簧。 （3）修理，使单向阀密封良好。 （4）更换弹簧。 （5）补装弹簧 （6）补装。 （7）更换
不出油	（1）阀芯在关闭位置上卡死（如几何精度差，弹簧弯曲，油液脏）。 （2）锥阀芯在关闭位置卡死。 （3）控制油液流通不畅通（如阻尼孔堵死，或遥控管道被压扁堵死）。 （4）遥控压力不足，或下阀盖结合处漏油严重。 （5）通向调压阀油路上的阻尼孔被堵死。 （6）泄漏口管道中背压太高使滑阀不能移动。 （7）调节弹簧太硬，或压力调得太高	（1）修理，使滑阀移动灵活，更换弹簧；过滤或更换油液。 （2）修理，使滑阀移动灵活；过滤或更换油液。 （3）清洗或更换管道，过滤或更换油液。 （4）提高控制压力，拧紧螺钉并使之受力均匀。 （5）清洗。 （6）泄漏口管道不能接在排油管道上一起回油，应单独排回油箱。 （7）更换弹簧适当调整压力
调定压力值不符合要求	（1）调压弹簧调整不当。 （2）调压弹簧变形，最高压力调不上去。 （3）滑阀卡死，移动困难	（1）重新调整所需要的压力。 （2）更换弹簧。 （3）检查滑阀的配合间隙，修配使滑阀移动灵活，过滤或更换油液
振动与噪声	（1）回油阻力（背压）太高。 （2）油温过高	（1）降低回油阻力。 （2）控制油温在规定范围内

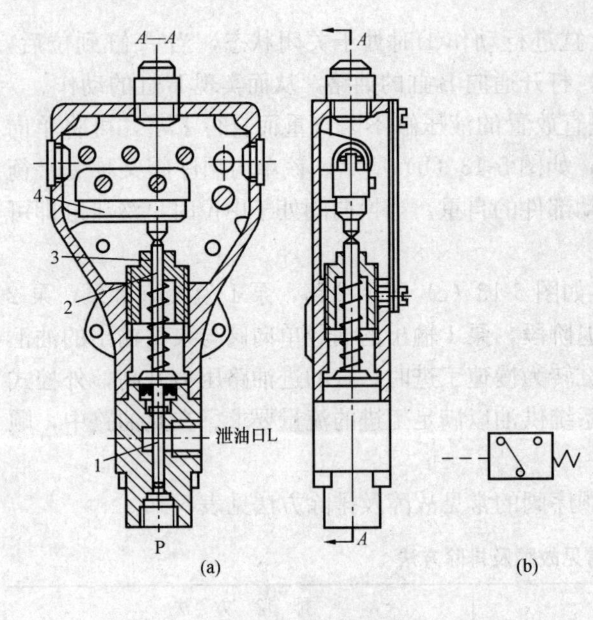

图5-14 柱塞式压力继电器的工作原理
(a) 结构；(b) 图形符号
1—柱塞；2—顶杆；3—调节螺帽；4—微动开关

4. 压力继电器

(1) 压力继电器的工作原理。压力继电器是利用液体压力来启闭电气触点的液电信号转换元件。当系统压力达到压力继电器的调定压力时，压力继电器发出电信号，控制电气元件（如电动机、电磁铁、电磁离合器、继电器等）的动作，实现泵的加载、卸荷，执行元件的顺序动作、系统的安全保护和连锁等。

压力继电器由两部分组成。第一部分是压力—位移转换器，第二部分是电气微动开关。

若按压力—位移转换器的结构对压力继电器分类，可分为柱塞式、弹簧管式、膜片式和波纹管式四种，其中柱塞式最为常用。

若按微动开关对压力继电器分类，可分为单触点式和双触点式，其中单触点式应用较多。

柱塞式压力继电器的工作原理见图5-14。当系统的压力达到压力继电器的调定压力时，作用于柱塞1上的液压力克服弹簧力，顶杆2上移，使微动开关4的触头闭合，发出相应的电信号。调节螺帽3可调节弹簧的预压缩量，从而可改变压力继电器的调定压力。

该类柱塞式压力继电器宜用于高压系统；但位移较大，反应较慢，不宜用在低压系统。

膜片式压力继电器的位移很小，反应快，重复精度高，但易受压力波动影响，不能用于高压，只能用于低压。

(2) 压力继电器的应用。

1) 用压力继电器控制的保压—卸荷回路。图5-15所示夹紧机构液压缸的保压—卸荷回路中，采用了压力继电器和蓄能器。当三位四通电磁换向阀左位工作时，液压泵向蓄能器和夹紧缸左腔供油，并推动活塞杆向右移动。在夹紧工件时系统压力升高，当压力达到压力继电器的开启压力时，表示工件已被夹牢，蓄能器已储备了足够的压力油。这时压力继电器发出电信号，使二位电磁换向阀通电，控制溢流阀使泵卸荷。此时单向阀关闭，液压缸若有泄漏，油压下降则可由蓄能器补油保压。当夹紧缸压力下降到压力继电器的闭合压力时，压力继电器自动复位，又使二位电磁阀断电，液压泵重新向夹紧缸和蓄能器供油。这种回路用于夹紧工件持续时间较长时，可明显地减少功率损耗。

2) 用压力继电器控制顺序动作的回路。图5-16所示回路为用压力继电器控制电磁换向阀实现由“工进”转为“快退”的回路。当图中电磁阀左位工作时，压力油经调速阀进入缸左腔，缸右腔回油，活塞慢速“工进”。当活塞行至终点停止时，缸左腔油压升高，当油压达到压力继电器的开启压力时，压力继电器发出电信号，使换向阀右端电磁铁通电（左端电磁铁断电），换向阀右位工作。这时压力油进入缸右腔，缸左腔回油（经单向阀），活塞快速向左退回，实现了由“工进”到“快退”的转换。

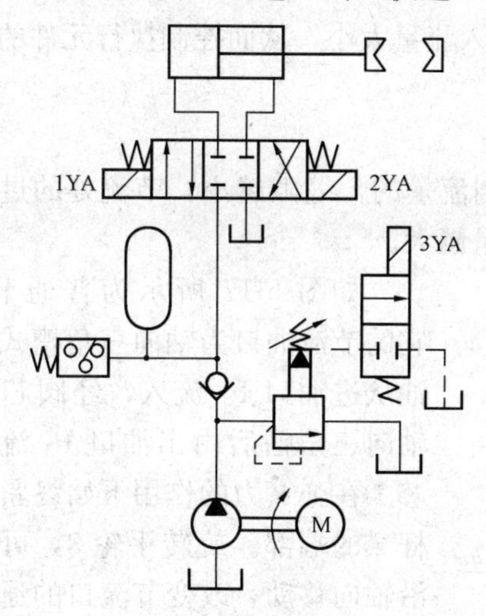

图 5-15　用压力继电器的保压—卸荷回路

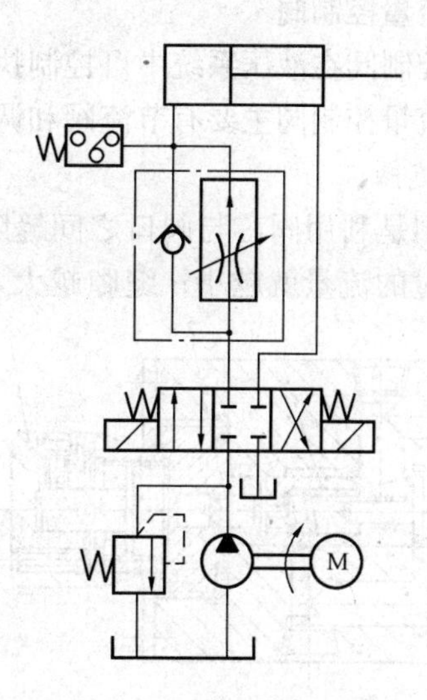

图 5-16　用压力继电器控制顺序动作的回路

(3) 压力继电器的常见故障及排除方法。压力继电器的常见故障及排除方法见表 5-11。

表 5-11　压力继电器的常见故障及排除方法

故障现象	产 生 原 因	排 除 方 法
输出量不合要求或无输出	(1) 微动开关损坏。 (2) 电气线路故障。 (3) 芯卡死或阻尼孔堵塞。 (4) 进油管路弯曲变形，使油液流动不畅通。 (5) 调节弹簧太硬或压力调得过高。 (6) 管接头处漏油。 (7) 与微动开关相接的触头未调整好。 (8) 弹簧和杠杆装配不良，有卡滞现象	(1) 更换微动开关。 (2) 检查原因，排除故障。 (3) 清洗、修配，达到要求。 (4) 更换管子，使油液流通畅通。 (5) 更换适宜的弹簧或按要求调节压力值。 (6) 拧紧接头，消除漏油。 (7) 精心调整，使接触点接触良好。 (8) 重新装配，使动作灵敏
灵敏度太差	(1) 杠杆柱销处摩擦力过大，或钢球与柱塞接触处摩擦力过大。 (2) 装配不良，动作不灵活或“憋劲”。 (3) 微动开关接触行程太长。 (4) 接触螺钉、顶杆等调节不当。 (5) 钢球不圆。 (6) 阀芯移动不灵活。 (7) 安装不妥，如水平或倾斜安装	(1) 重新装配使动作灵敏。 (2) 重新装配使动作灵敏。 (3) 合理调整位置。 (4) 合理调整位置。 (5) 合理调整螺钉和顶杆位置。 (6) 更换钢球。 (7) 改为垂直安装
发信号太快	(1) 进油口阻尼孔太大。 (2) 膜片碎裂。 (3) 系统冲击压力太大。 (4) 电气系统设计有误	(1) 阻尼孔适当改小，或在控制管路上增设阻尼管。 (2) 更换膜片。 (3) 在控制管路上增设阻尼管，以减弱冲击压力。 (4) 要按工艺要求设计电气系统

四、流量控制阀

流量控制阀在液压系统中可控制执行元件的输入流量大小，从而控制执行元件的运动速度大小。流量控制阀主要有节流阀和调速阀等。

1. 节流阀

节流阀是利用阀芯与阀口之间缝隙大小来控制流量的，缝隙越小，节流处的过流面积越小，通过的流量就越小；缝隙越大，通过的流量越大。

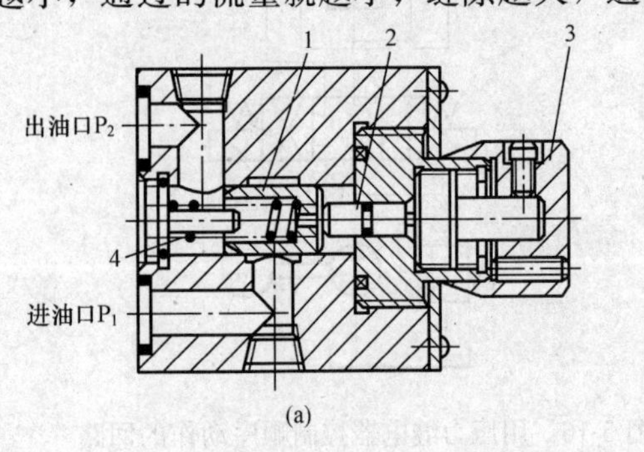

图 5-17 节流阀

(a) 结构；(b) 图形符号

1—阀芯；2—推杆；3—手轮；4—弹簧

如图 5-17 所示为普通节流阀。它的节流油口为轴向三角槽式。压力油从进油口 P_1 流入，经阀芯左端的轴向三角槽后由出油口 P_2 流出。阀芯 1 在弹簧力的作用下始终紧贴在推杆 2 的端部。旋转手轮 3，可使推杆沿轴向移动，改变节流口的通流截面积，从而调节通过阀的流量。

节流阀输出流量的平稳性与节流口的结构形式有关。节流口除轴向三角槽式之外，还有偏心式、针阀式、周向缝隙式、轴向缝隙式等。

节流阀结构简单、制造容易、体积小、使用方便、造价低，但负载和温度的变化对流量稳定性的影响较大，因此只适用于负载和温度变化不大或速度稳定性要求不高的液压系统。

2. 调速阀

调速阀是由定差减压阀与节流阀串联而成的组合阀。节流阀用来调节通过的流量，定差减压阀则自动补偿负载变化的影响，使节流阀前后的压差为定值，消除了负载变化对流量的影响。

图 5-18 所示为应用调速阀进行调速的工作原理图。调速阀的进口压力 p_1 由溢流阀调定，油液进入调速阀后先经减压阀 1 的阀口将压力降至 p_2，然后再经节流阀 2 的阀口使压力由 p_2 降至 p_3。减压阀 1 上端的油腔 b 经孔 a 与节流阀 2 后的油液相通（压力为 p_3）。它的肩部油腔 c 和下端油腔 e 经孔 f 及 d 与节流阀 2 前的油液相通（压力为 p_2）使减压阀 1 上作用的液压力与弹簧力平衡。调速阀的出口压力 p_3 是由负载决定的。当负载发生变化，则 p_3 和调速阀进出口压力差 p_1-p_3 随之变化，但节流阀两端压力差 p_2-p_3 却不变。例如负载增加使 p_3 增大，减压阀芯弹簧腔液压作用力也增大，阀芯下移，减压阀的阀口开大，减压作用减小，使 p_2 有所提高，结果压差 p_2-p_3 保持不变，反之亦然。调速阀通过的流量因此就保持恒定。

由图 5-18（d）可以看出，节流阀的流量随压力差变化较大，而调速阀在压力差大于一定数值后，流量基本上保持恒定。当压力差很小时，由于减压阀阀芯被弹簧压在最下端，不能工作，减压阀的节流口全开，起不到节流作用，所以这时调速阀的性能与节流阀相同。因此，调速阀的最低正常工作压力降应保持在 0.4～0.5MPa 以上。图 5-18（b）和图 5-18（c）均为其图形符号。

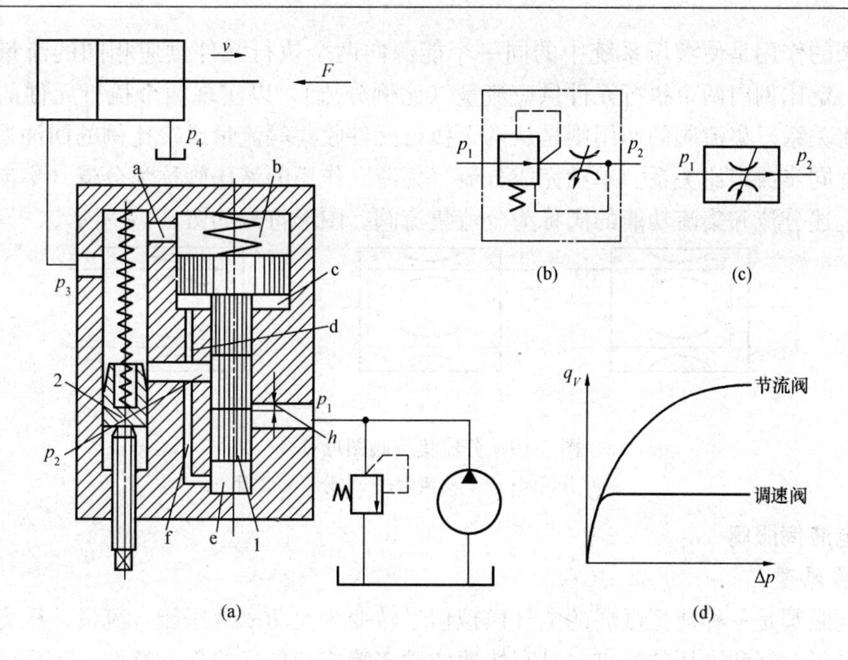

图 5-18　调速阀的结构和工作原理

(a) 结构；(b) 调速阀符号；(c) 简化符号；(d) 节流阀和调速阀的特性曲线

3. 流量阀常见故障及排除方法

流量阀常见故障及排除方法见表 5-12。

表 5-12　　流量阀常见故障及排除方法

故障现象		产生原因	排除方法
节流阀	不出油	(1) 油液脏堵塞节流口、阀芯和阀套配合不良造成阀芯卡死、弹簧弯曲变形或刚度不合适等。 (2) 系统不供油	(1) 检查油液、清洗阀，检查、更换弹簧。 (2) 检查油路
节流阀	执行元件速度不稳定	(1) 节流阀节流口、阻尼孔有堵塞现象，阀芯动作不灵敏等。 (2) 系统中有空气。 (3) 泄漏过大。 (4) 节流阀的负载变化大，系统设计不当，阀的选择不合适	(1) 清洗阀，过滤或更新油液。 (2) 排除空气。 (3) 更换阀芯。 (4) 选用调速阀或重新设计回路
调速阀	不出油	油液脏堵塞节流口、阀芯和阀套配合不良造成阀芯卡死、弹簧弯曲变形或刚度不合适等	检查油液、清洗阀，检修更新弹簧
调速阀	执行元件速度不稳定	(1) 系统中有空气。 (2) 定差式减压阀阀芯卡死、阻尼孔堵塞、阀芯和阀体装配不当等。 (3) 油液脏堵塞阻尼孔、阀芯卡死。 (4) 单向调速阀的单向阀密封不好	(1) 排除空气。 (2) 清洗调速阀、重新修理。 (3) 清洗阀、过滤油液。 (4) 修理单向阀

4. 分流集流阀

本部分提到的分流集流阀是分流阀、集流阀和分流集流阀的总称。

分流阀的作用是使液压系统中的同一个能源向两个执行元件供应相同的流量（等量分流）或按一定比例向两个执行元件供应流量（比例分流），以实现两个执行元件的速度保持同步或定比关系。集流阀的作用则是从两个执行元件收集等流量或按比例的回油量，以实现其间的速度同步或定比关系。单独完成分流（集流）作用的液压阀称为分流（集流）阀，能同时完成上述分流和集流功能的阀称为分流集流阀。图形符号如图 5-19 所示。

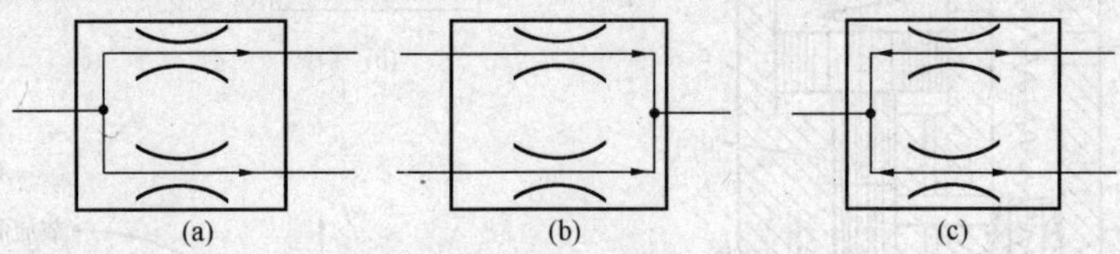

图 5-19　分流集流阀图形符号

（a）分流阀；（b）集流阀；（c）分流集流阀

五、电液伺服阀

1. 工作原理

电液伺服阀是一种能把微弱的电气模拟信号转变为大功率液压能（流量、压力）的伺服阀。它集中了电气和液压的优点，具有快速的动态响应和良好的静态特性，已广泛应用于电液位置、速度、加速度、力伺服系统中。

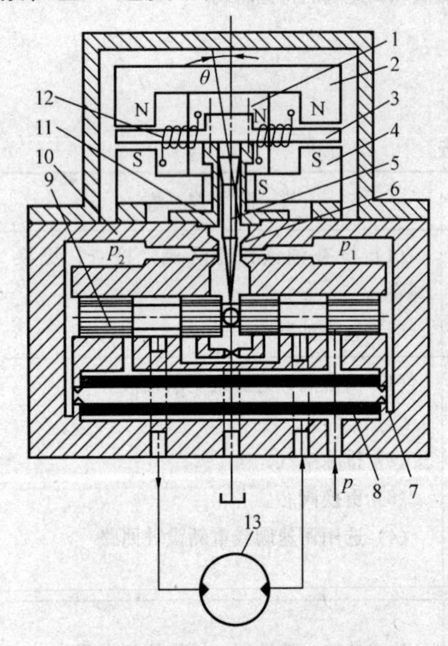

图 5-20　电液伺服阀工作原理

1—永久磁铁；2，4—导磁体；3—衔铁；5—挡板；6—喷嘴；7—固定节流孔；8—滤油器；9—滑阀；10—阀体；11—弹簧管；12—线圈；13—液压马达

电液伺服阀工作原理见图 5-20，它由力矩马达、喷嘴挡板式液压前置放大级和四边滑阀功率放大级三部分组成。

2. 力矩马达

力矩马达由一对永久磁铁 1、导磁体 2 和 4、衔铁 3、线圈 12 和弹簧管 11 等组成。其工作原理为：永久磁铁将两块导磁体磁化为 N、S 极；当控制电流通过线圈 12 时，衔铁 3 被磁化；若通入的电流使衔铁左端为 N 极，右端为 S 极，根据磁极间同性相斥、异性相吸的原理，衔铁向逆时针方向偏转；衔铁由固定在阀体 10 上的弹簧管 11 支撑，这时弹簧管弯曲变形，产生一反力矩作用在衔铁上；由于电磁力与输入电流值成正比，弹簧管的弹性力矩又与其转角成正比，因此衔铁的转角与输入电流的大小成正比；电流越大，衔铁偏转的角度也越大；电流反向输入时，衔铁也反向偏转。

3. 前置放大级

力矩马达产生的力矩很小，不能直接用来驱动四边控制滑阀，必须先进行放大。前置放大级由挡板 5（与衔铁固连在一起）、喷嘴 6、固定节流孔 7 和滤油器 8 组成。工作原理为：力矩马达使衔铁偏转，挡板 5 也一起偏转；挡板偏离中间对称位置后，喷嘴腔内的油液压力 p_1、p_2 发生变化；若衔铁带动挡板逆时针偏转，挡板的节流间隙右侧减小，左侧增大，则压力 p_1 增大，p_2 减小，滑阀 9 在压力差的作用下向左移动。

4. 功率放大级

功率放大级由滑阀 9 和阀体 10 组成。其作用是将前置放大级输入的滑阀位移信号进一步放大，实现控制功率的转换和放大。工作原理为：当电流使衔铁和挡板作逆时针方向偏转时，滑阀受压差作用而向左移动，这时油源的压力油从滑阀左侧通道进入液压马达 13，回油经滑阀右侧通道，经中间空腔流回油箱，使液压马达 13 旋转；同时，随着滑阀向左移动，使挡板在两喷嘴的偏移量减小，实现了反馈作用，当这种反馈作用使挡板又恢复到中位时，滑阀受力平衡而停止在一个新的位置不动，并有相应的流量输出。

由上述分析可知，滑阀位置是通过反馈杆变形力反馈到衔铁上，使诸力平衡而决定的，所以也称该阀为力反馈式电液伺服阀，其工作原理可用图 5-21 所示方框图表示。

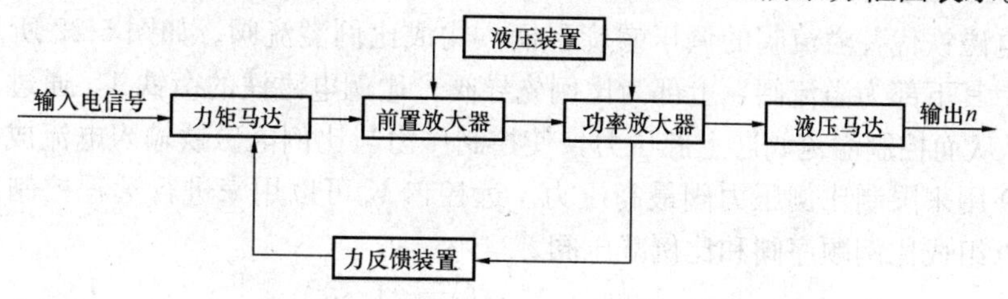

图 5-21　力反馈式电液伺服阀方框图

5. 常见故障及原因

电液伺服阀常见故障及原因见表 5-13。

表 5-13　电液伺服阀常见故障及原因

常见故障	原因
阀不工作（无流量或压力输出）	外引线断路；电插头焊点脱焊；线圈或内引线断路（或短路）；进油或回油未接通或进、回油口接反
阀输出流量或压力过大或不可控制	阀安装座表面不平，或底面密封圈未装妥，使阀壳体变形，阀芯卡死；阀控制级堵塞；阀芯被脏物或锈块卡住
阀反应迟钝，响应降低，零偏增大	系统供油压力低；阀内部油液太脏；阀控制级局部堵塞；调零机械或力矩马达部分零组件松动
阀输出流量或压力（或执行机构速度或力）不能连续控制	系统反馈断开；系统出现正反馈；系统的间隙、摩擦或其他非线性因素；阀的分辨率变差、滞环增大；油液太脏
系统出现抖动或振动（频率较高）	系统开环增益太大；油液太脏；油液混入大量空气；系统接地干扰；伺服放大器电源滤波不良；伺服放大器噪声变大；阀线圈绝缘变差；阀外引线碰到地线；电插头绝缘变差；阀控制级时堵时通
系统慢变（频率较低）	油液太脏；系统极限环振荡；执行机构摩擦大；阀零位不稳（阀内部螺钉或机构松动，或外调零机构未锁紧，或控制级中有污物）；阀分辨率变差
外部漏油	安装座表面粗糙度过大；安装座表面有污物；底面密封圈未装妥或漏装；底面密封圈破裂或老化；弹簧管破裂

六、电液比例控制阀

电液比例控制阀是一种按输入的电气信号连续、按比例地对油液的压力、流量或方向进行远距离控制的阀。与手动调节的普通液压阀相比，电液比例控制阀能够提高液压系统参数的控制水平；与电液伺服阀相比，电液比例控制阀在某些性能上稍差，但结构简单、成本低，所以广泛应用于要求对液压参数进行连续控制或程序控制，但对控制精度和动态特性要求不太高的液压系统中。

根据用途和工作特点的不同，电液比例控制阀可以分为电液比例压力阀、电液比例流量阀和电液比例方向阀三大类。

1. 电液比例压力阀及应用

用比例电磁铁代替溢流阀的调压螺旋手柄，构成比例溢流阀。如图 5-22 所示为先导式比例溢流阀，其下部为溢流阀，上部为比例先导阀。比例电磁铁的衔铁 4，通过顶杆 6 控制先导锥阀 2，从而控制溢流阀芯上腔压力，使控制压力与比例电磁铁输入电流成比例。其中手调先导阀 9 用来限制比例压力阀最高压力。远控口 K 可以用来进行远程控制。用同样的方式，也可以组成比例顺序阀和比例减压阀。

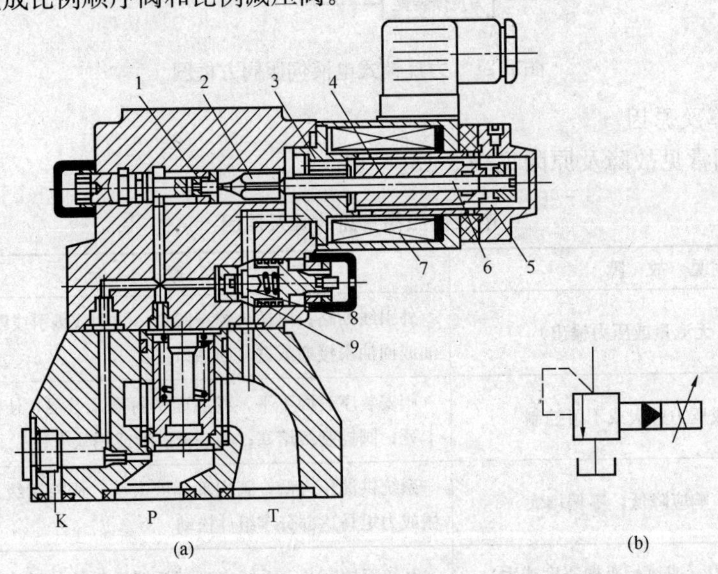

图 5-22 先导式比例溢流阀

(a) 结构图；(b) 图形符号

1—先导阀座；2—先导锥阀；3—极靴；4—衔铁；5—弹簧；6—顶杆；7—线圈；8—弹簧；9—手调先导阀

图 5-23 所示为利用比例溢流阀和比例减压阀的多级调压回路。图中 2 和 6 为电子放大器。改变输入电流 I，即可控制系统的工作压力。用该阀可替代普通多级调压回路中的若干个压力阀，且能对系统压力进行连续控制。

2. 电液比例换向阀

用比例电磁铁取代电磁换向阀中的普通电磁铁，即可构成直动型比例换向阀，如图 5-24 所示。由于使用了比例电磁铁，阀芯不仅可以换位，而且换位的行程可以连续地或按比例变化，因而连通油口间的通流面积也可以连续地或按比例变化，所以比例换向阀不仅能控

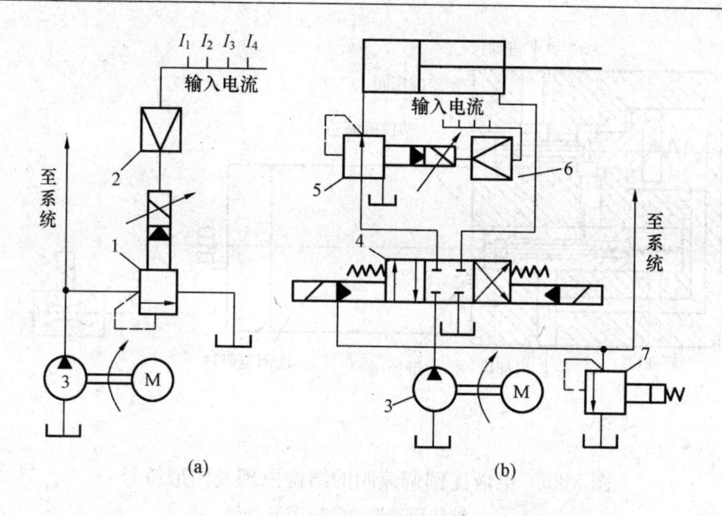

图 5-23　应用比例阀的多级调压回路

(a) 比例溢流阀调压回路；(b) 比例减压阀调压回路

1—比例溢流阀；2，6—电子放大器；3—液压泵；4—电液换向阀；

5—比例减压阀；7—溢流阀

制执行元件的运动方向，而且能控制其速度。

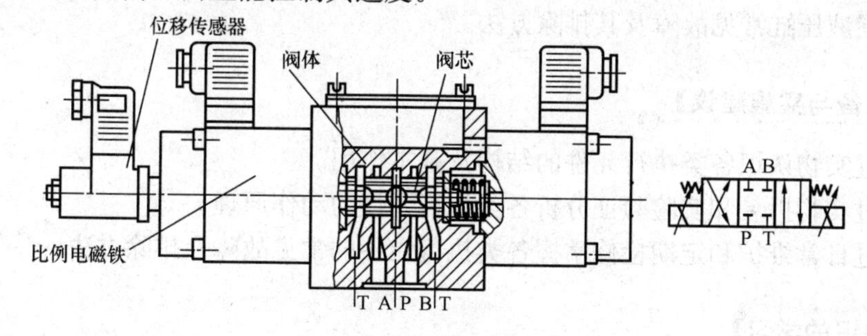

图 5-24　直动型比例换向阀

3. 电液比例调速阀

用比例电磁铁取代节流阀或调速阀的手调装置，以输入电信号控制节流口开度，便可连续地或按比例地远程控制其输出流量，实现执行部件的速度调节。图 5-25 所示为电液比例调速阀的结构原理及图形符号。图中的节流阀芯由比例电磁铁的推杆操纵，输入的电信号不同，则电磁力不同，推杆受力不同，与阀芯左端弹簧力平衡后，便有不同的节流口开度。由于定差减压阀已保证了节流口前后压差为定值，所以一定的输入电流就对应一定的输出流量，不同的输入信号变化，就对应着不同的输出流量变化。

任务三　执行元件的认知与维护

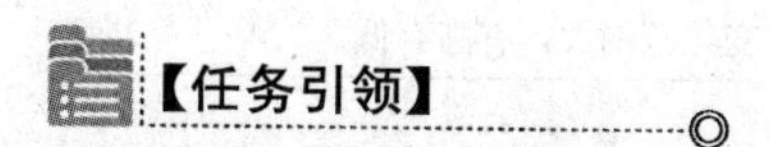

【任务引领】

执行元件是把液压系统的液体压力能转换为机械能的装置，用于驱动外负载做功。旋转运动用液压马达，直线运动用液压缸，摆动用液压摆动马达。

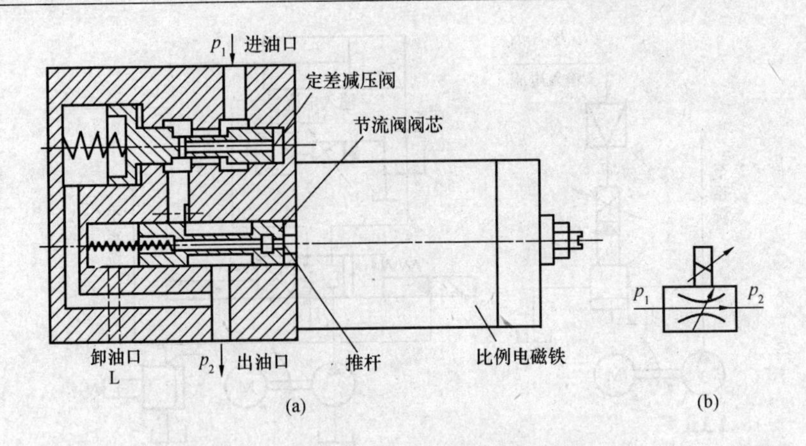

图 5-25 电液比例调速阀的结构原理及图形符号

(a) 结构原理图；(b) 图形符号

【教学目标】

(1) 了解液压缸为什么设置排气装置缓冲装置。

(2) 掌握差动连接及其特点（变桨距风力发电机组常用）。

(3) 掌握液压缸常见故障及其排除方法。

【任务准备与实施建议】

(1) 通过实物认识各类执行元件的结构及基本作用。

(2) 通过实物拆装和实验验证分析各类执行元件的动作原理。

(3) 通过日常维护和定期检修掌握各类执行元件的常见故障及排除方法。

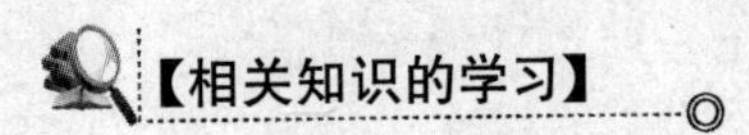

【相关知识的学习】

一、液压马达和液压泵的区别

液压马达是将液压能转化成机械能，并能输出旋转运动的液压执行元件。向液压马达通入液压油后，由于作用在转子上的液压力不平衡而产生扭矩，使转子旋转。它的结构与液压泵相似。从工作原理上看，任何液压泵都可以做液压马达使用，反之亦然。但是由于泵和马达的用途和工作条件不同，性能要求也不同，所以相同结构的液压马达和液压泵之间仍有很多区别。液压马达和液压泵工作方面的区别见表 5-14。

表 5-14 液压马达和液压泵工作方面的区别

项　目	液　压　泵	液　压　马　达
能量转换	机械能转换为液压能，强调容积效率	液压能转换为机械能，强调机械效率
轴转速	相对稳定，且转速较高	变化范围大，有高有低
轴旋转方向	通常为一个方向，但承压方向及液流方向可以改变	多要求双向旋转，某些马达要求能以泵的方式运转，对负载实施制动

续表

项　目	液　压　泵	液　压　马　达
运转状态	通常为连续运转，速度变化相对较小	有可能长时间运转或停止运转，速度变化大
输入（出）轴上径向载荷状态	输入轴通常不承受径向载荷	输出轴大多承受变化的径向载荷
自吸能力	有自吸能力	无要求

二、液压缸

液压缸是液压传动系统中的执行元件，是将液压能转变为机械能做直线往复运动的能量转换装置。

1. 液压缸的分类及特点

液压缸的种类繁多，分类方法各异。可按运动方式、作用方式、结构形式的不同进行分类。表 5-15 所示为按液压缸的作用方式及结构形式进行分类。

表 5-15　液压缸的分类

类型			职能符号	特点
活塞缸	单杆	单作用	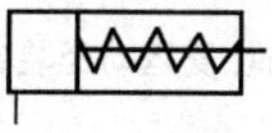	单向液压驱动，回程靠自重、弹簧力或其他外力
		双作用	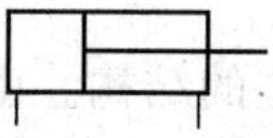	双向液压驱动
		差动	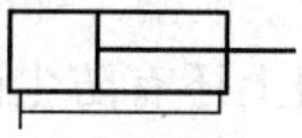	可加速无杆腔进油时的速度，但推力相应减小
	双杆		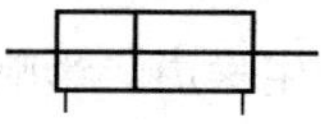	可实现等速往复运动
柱塞缸			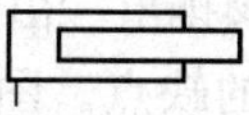	单向液压驱动，柱塞组受力较好

续表

类　型		职能符号	特　点
伸缩缸	单作用	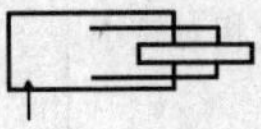	用液压由大到小逐节推出，然后靠自重由小到大逐节缩回
	双作用	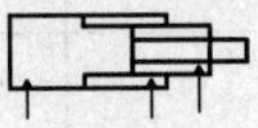	双向液压驱动，伸出由大到小逐节推出，缩回由小到大逐节缩回
组合液压缸	弹簧复位液压缸	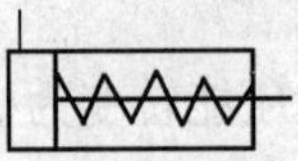	单向液压驱动，由弹簧力复位
	串联液压缸	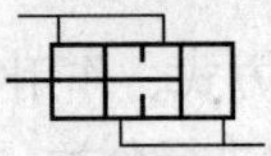	缸的直径受限制，而长度不受限制，能获得大的推动力
	增压缸	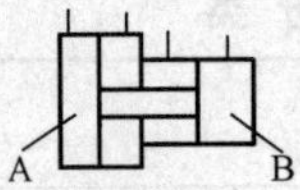 A B	由低压力室A缸驱动，使B室获得高压油源
	齿条传动液压缸	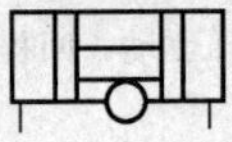	活塞的往复运动经装在一起的齿条驱动齿轮获得往复回转运动

2. 液压缸的结构

如图5-26（a）所示为一双作用单活塞杆液压缸的结构。由图可见，液压缸的左右两腔通过油口A和B进出油液，以实现活塞杆的双向运动。活塞用卡环4、套环3和弹簧挡圈2等定位。活塞上套有一个用聚四氟乙烯制成的支撑环7，密封则靠一对Y形密封圈9保证。O形密封圈6用以防止活塞杆与活塞内孔配合处产生泄漏。导向套12用于保证活塞杆不偏离中心，它的外径和内孔配合处都有密封圈。缸盖上还有防尘圈15，活塞杆左端带有缓冲柱塞等。图5-26（b）所示为双作用单杆活塞缸职能符号。

由图5-26可知，液压缸的结构基本上可以分为缸筒、缸底、活塞、活塞杆、缸盖、密封装置、缓冲装置和排气装置等。

为了避免活塞在行程两端撞击缸盖或缸底，产生噪声，影响工作精度以致损坏机件，常在液压缸两端放置缓冲装置。图5-27所示为缓冲装置的原理。图5-27（a）中，当缓冲柱塞进入与其相配合的缸底上的内孔时，液压油必须通过间隙才能排除，使活塞速度降低。由于配合间隙是不变的，因此随着活塞运动速度的降低，其缓冲作用逐渐减弱。图5-27（b）中，当缓冲柱塞进入配合孔后，液压油必须经节流阀排出。由于节流阀是可调的，缓冲作用也可调节，但仍不能解决速度减低后缓冲作用减弱的缺点。图5-27（c）中，在缓冲柱塞上开有三角槽，其节流面积越来越小，这在一定程度上可解决在行程最后阶段缓冲作用过弱的问题。

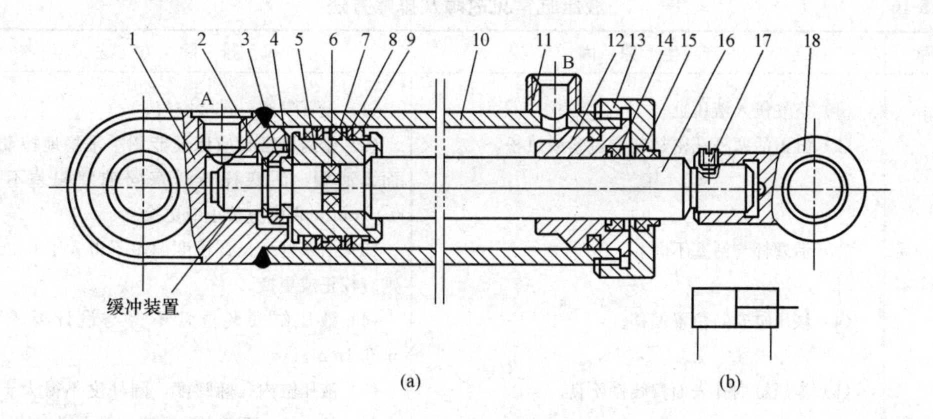

图 5-26　单活塞杆液压缸结构

(a) 结构；(b) 职能符号

1—缸底；2—弹簧挡圈；3—套环；4—卡环；5—活塞；6—O 形密封圈；7—支撑环；8—挡圈；9—Y 形密封圈；10—缸筒；11—管接头；12—导向套；13—缸盖；14—密封圈；15—防尘圈；16—活塞杆；17—定位螺钉；18—耳环

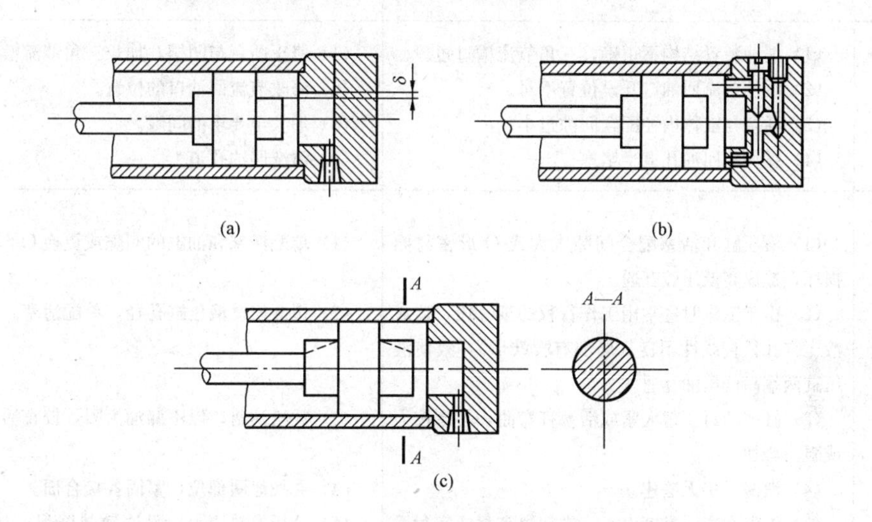

图 5-27　缓冲装置

(a) 配合间隙不变；(b) 节流阀可调；(c) 缓冲柱开有三角槽

液压传动系统在安装过程中或长时间停止工作后，难免会渗入空气，另外工作介质中也会有空气，由于气体具有可压缩性，将使执行元件产生爬行、噪声和发热等一系列不正常现象。因此，在设计液压缸的结构时，应保证能及时排除积留在液压缸内的气体。一般在液压缸内腔的最高部位放置专门的排气装置，如排气螺钉、排气阀等，如图 5-28 所示，以便于液压缸内的气体逸出液压缸外。

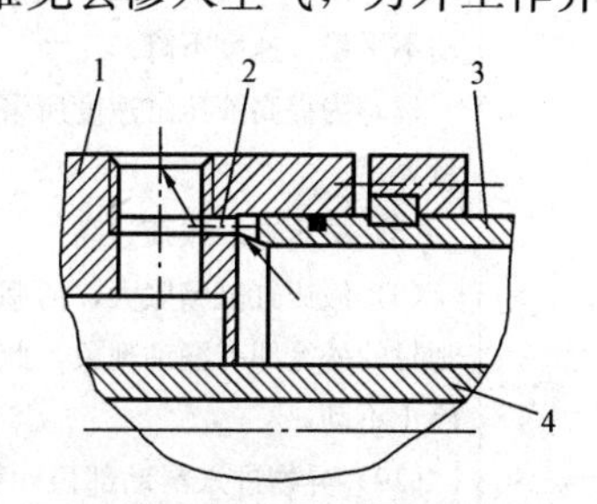

图 5-28　液压缸的排气装置

1—缸盖；2—排气小孔；3—缸筒；4—活塞杆

3. 液压缸的常见故障及排除方法

液压缸的常见故障及排除方法见表 5-16。

表 5-16 液压缸常见故障及排除方法

故 障	产 生 原 因	排 除 方 法
爬行和局部速度不均匀	(1) 空气侵入液压缸。 (2) 缸盖活塞杆孔密封装置过紧或过松。 (3) 活塞杆与活塞不同心。 (4) 液压缸安装位置偏移。 (5) 液压缸内孔表面直线性不良。 (6) 液压缸内表面锈蚀或拉毛	(1) 设置气阀，排除空气。 (2) 密封圈密封应保证能用手平稳地拉动活塞缸而无泄漏，活塞杆与活塞同轴度偏差不得大于0.01mm，否则应校正或更换。 (3) 活塞杆全长直线度偏差不得大于0.2mm，否则应校正或更换。 (4) 液压缸安装位置不得与设计要求相差大于0.1mm。 (5) 液压缸内孔椭圆度，圆柱度不得大于内径配合公差的1/2，否则应进行镗铰或更换缸体。 (6) 进行镗磨，严重者更换缸体
冲击	(1) 活塞与缸体内径间隙过大或节流阀等缓冲装置失灵。 (2) 纸垫密封冲破，大量泄油	(1) 保证设计间隙，过大者应换活塞。检查修复缓冲装置。 (2) 更换新纸垫，保证密封
缓冲过长	(1) 缓冲装置结构不正确，三角节流槽过短。 (2) 缓冲节流回油口开设位置不对。 (3) 活塞与缸体内径配合间隙过小。 (4) 缓冲的回油孔道半堵塞	(1) 修正凸台与凹槽，加长三角节流槽。 (2) 修改节流回油口的位置。 (3) 加大至要求的间隙。 (4) 清洗回油孔道
工作速度逐渐下降甚至停止	(1) 液压缸和活塞配合间隙太大或O形密封圈损坏，造成高低压腔互通。 (2) 由于工作时经常用工作行程的某一段，造成液压缸孔径直线性不良（局部有腰鼓形），致使液压缸两端高低压油互通。 (3) 缸端油封压得太紧或活塞杆弯曲，使摩擦力或阻力增加。 (4) 泄漏过多无法建立。 (5) 油温太高，黏度太小，靠间隙密封或密封质量差的液压缸行速变慢。若油缸两端高低油互通，运动速度逐渐减慢直至停止。 (6) 液压泵的吸入侧吸进空气，造成液压缸的运动不平稳，速度下降。 (7) 为提高液压缸速度所采用蓄能器的压力或容量不足。 (8) 液压缸的载荷过高。 (9) 液压缸缸壁胀大，活塞通过胀大的部位活塞密封的外缘即有漏油现象，此时液压缸速度下降或停止不动。 (10) 异物进入滑动部位，引起挠接现象，造成工作阻力增大	(1) 单配活塞和油缸的间隙或更换O形密封圈。 (2) 镗磨修复液压缸孔径，单配活塞。 (3) 放松油封，以不漏油为限，校直活塞杆。 (4) 寻找泄漏部位，紧固各接合面。 (5) 分析发热原因，设法散热降温；如密封间隙过大则单配活塞或增装密封环。 (6) 产生此种情况，液压泵将有噪声，故容易察觉。排除方法可按泵的有关措施进行。 (7) 蓄能器容量不足时更换蓄能器，压力不足时可充压。 (8) 将所加载荷控制在额定载荷的80%左右。 (9) 镗磨修复液压缸孔径。 (10) 排除异物，镗磨修复液压缸孔径

任务四　辅助元件的认知与维护

【任务引领】

辅助元件是传递压力能和液体本身调整所必需的液压辅件，其主要作用是储油、保压、滤油、检测等，并把液压系统的各元件按要求连接起来，构成一个完整的液压系统。辅助元件包括油箱、蓄能器、滤油器、油管及管接头、密封圈、压力表、油位计、油温计等。

【教学目标】

(1) 知道辅助元件包括什么。
(2) 掌握蓄能器结构特点、常见故障排除方法及安装和使用方法。
(3) 掌握过滤器类型及其特点。
(4) 了解压力计结构特点。
(5) 了解其他辅助元件。

【任务准备与实施建议】

(1) 结合实物认识各类辅助元件的基本结构和工作原理。
(2) 结合液压系统分析各类辅助元件的常见故障，并能正确排除。
(3) 了解各类辅助元件的安装位置和安装方法。

【相关知识的学习】

一、蓄能器

蓄能器在液压系统中是一个很重要的部件，见图 5-29。合理地选用对液压系统的经济性、安全性及可靠性都有极其重要的影响。其作用是储蓄一定压力的液体能量，需要时再释放出去，对液压系统压力及流量起到稳定及缓冲作用。

蓄能器按其作用于工作液的物质不同，一般分为气体加载式和非气体加载式两类。风力发电机组常用气体加载式。

1. 特点

(1) 利用气体的压缩和膨胀来储存、释放压力能；气体和油液在蓄能器中由气囊隔开。

(2) 带弹簧的菌状进油阀使油液能进入蓄能器又可防止气囊自油口被挤出，充气阀只在蓄能器工作前气囊充气时打开，蓄能器工作时则关闭。

(3) 结构尺寸小，质量轻，安装方便，维护容易，气囊惯性小，反应灵敏，但气囊和壳体制造都较困难。

(4) 折合型气囊容量较大，可用来储存能量；波纹型气囊适用于吸收冲击。

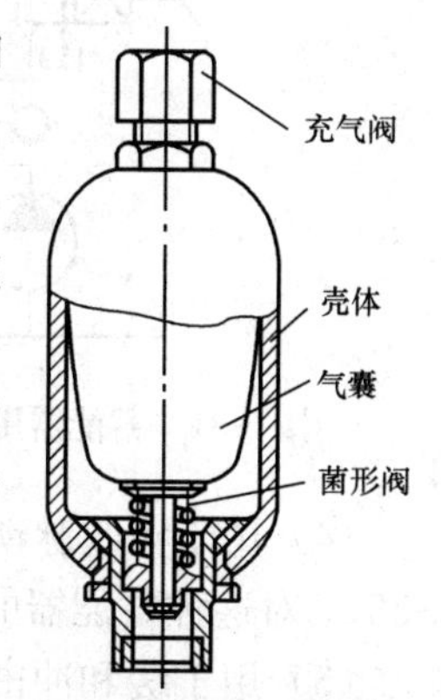

图 5-29　囊式蓄能器（气体加载式）

2. 气囊破损原因和处理

(1) 产生原因。工作油过快注入油箱，气体压力过低，气囊安装不恰当，气体压力过高，气囊设计、制造上有缺陷，工作油与气囊材质不相容，使用条件过于恶劣（使用频率高、高温下使用或高低压差太大），寿命已尽（由于与内壁接触引起的摩擦、油液和油温引起的性质变化）。

(2) 排除方法。检查工作压力范围与封入气体压力的关系；检查耐油性。

3. 用途

蓄能器在液压系统中的作用主要有以下几个方面。

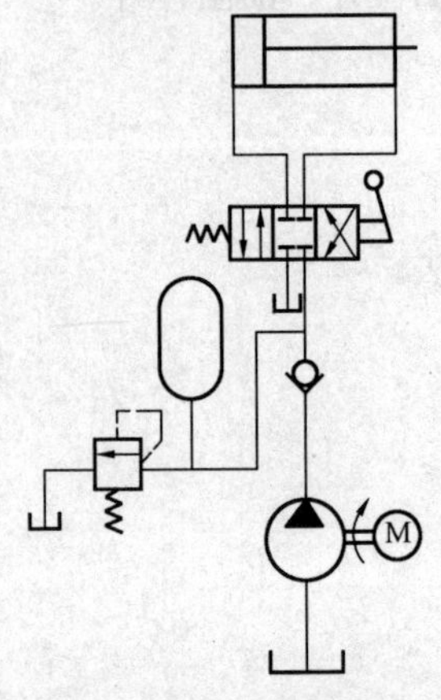

图 5-30 蓄能器用于储存能量

(1) 用于储存能量和短期大量供油。液压缸在慢速运动时需要流量较小，快速时则较大，在选择液压泵时，应考虑快速时的流量。液压系统设置蓄能器后，可以减小液压泵的容量和驱动电动机的功率。在图 5-30 中，当液压缸停止运动时，系统压力上升，压力油进入蓄能器储存能量。当换向阀切换使液压缸快速运动时，系统压力降低，此时蓄能器中压力油排放出来，与液压泵同时向液压缸供油。这种蓄能器要求容量较大。

(2) 用于系统保压和补偿泄漏。如图 5-31 所示，当液压缸夹紧工件后，液压泵供油压力达到系统最高压力时，液压泵卸荷，此时液压缸靠蓄能器来保持压力并补偿漏油，减少功率消耗。

(3) 用于应急油源。液压设备在工作中遇到特殊情况（如停电），液压阀或泵发生故障等，蓄能器可作为应急动力源向系统供油，使某一动作完成，从而避免事故发生。图 5-32 所示为蓄能器用作应急油源，正常工作时，蓄能器储油，当发生故障时，则依靠蓄能器提供压力油。

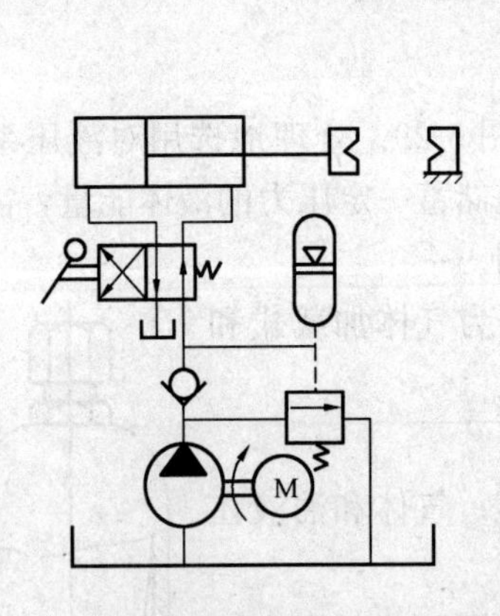

图 5-31 蓄能器用于系统保压和补偿泄漏

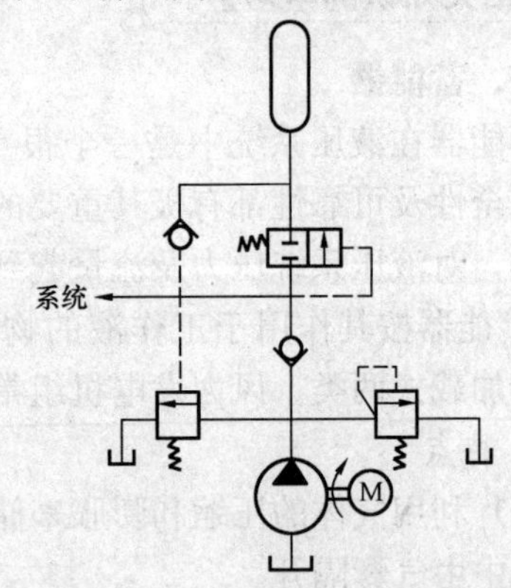

图 5-32 蓄能器用于应急油源

(4) 用于吸收脉动压力。蓄能器与液压泵并联可吸收液压泵流量（压力）脉动（见图 5-33)。对这种蓄能器的要求是容量小、惯性小、反应灵敏。

(5) 用于缓和冲击压力。如图 5-34 所示，当阀突然关闭时，由于存在液压冲击会使管路破坏、泄漏增加，损坏仪表和元件，此时蓄能器可以起到缓和液压冲击的作用。用于缓和冲击压力时，要选用惯性小的气囊式、隔膜式蓄能器。

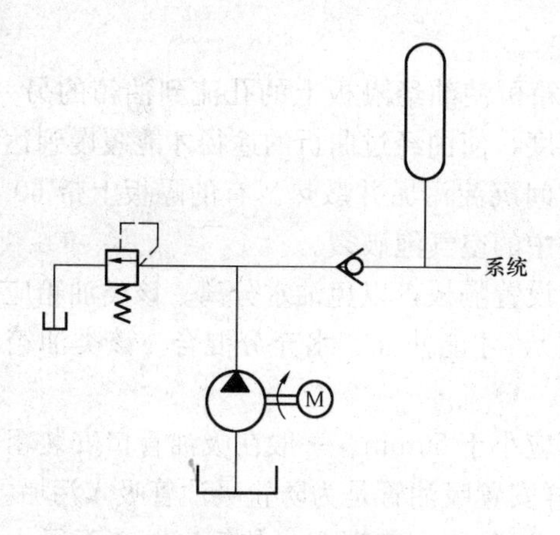

图 5-33　蓄能器用于吸收脉动压力

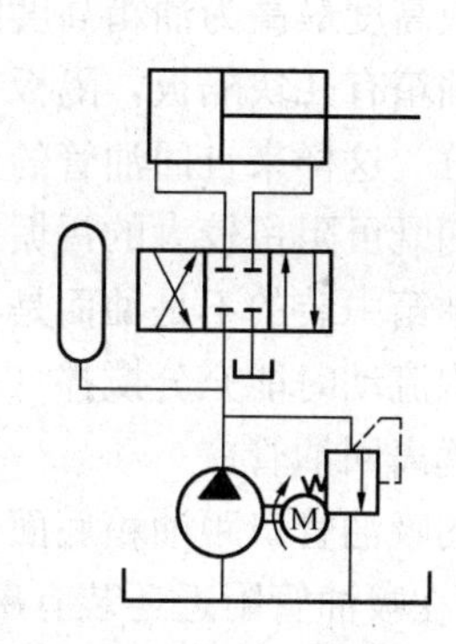

图 5-34　蓄能器用于缓和冲击压力

4．安装及使用

（1）充气式蓄能器应将油口向下垂直安装，以使气体在上、液体在下；装在管路上的蓄能器要有牢靠的支持架装置。

（2）液压泵与蓄能器之间应设单向阀，以防压力油向液压泵倒流；蓄能器与系统连接处应设置截止阀，供充气、调整、检修使用。

（3）应尽可能将蓄能器安装在靠近振动源处，以吸收冲击和脉动压力，但要远离热源。

（4）蓄能器中应充氮气，不可充空气和氧气。充气压力约为系统最低工作压力的 85%～90%。

（5）不能拆卸在充油状态下的蓄能器。

（6）在蓄能器上不能进行焊接、铆接、机械加工。

（7）备用气囊应存放在阴凉、干燥处。气囊不可折叠，应用空气吹到正常长度后悬挂起来。

（8）蓄能器上的铭牌应置于醒目的位置，铭牌上不能喷漆。

二、油箱

油箱的用途是储存系统所需的足够油液，散发系统工作中产生的一部分热量，分离油液中的气体及沉淀污物。

开式油箱的典型结构见图 5-35。

开式油箱由薄钢板焊接而成，大的开式油箱往往用角钢做骨架，蒙上薄钢板焊接而成。油箱的壁厚根据需要确定，一般不小于 3mm，特别小的油箱例外。油箱要有足够的刚度，以便在充油状态下吊运时，不致产生永久变形。

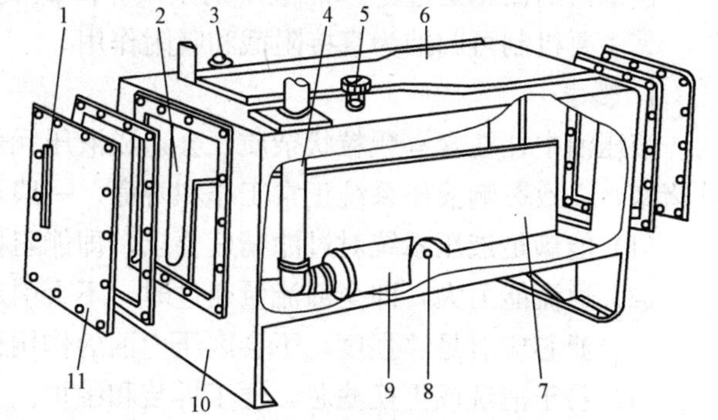

图 5-35　开式油箱结构示意

1—液面指示器；2—回油管；3—泄油管；4—吸油管；5 空气滤清器（带加油滤油器）；6—盖板；7—隔板；8—放油塞；9—滤油器；10—箱体；11—清洗用侧板

隔板 7 将油箱分割成两个相互连通的空间，隔板两侧分别放置回油管 2 和吸油管 4，这样放置的目的是使回油管出来的温度较高，且含有污垢的油不致立即被吸油管又吸回系统。

隔板高度最高为油箱高度的 2/3，小的油箱可使油经隔板上的孔流到油箱的另一部分。较大的油箱有几块隔板，隔板宽度小于油箱宽度，使油经过曲折的途径才能缓慢到达油箱的另一部分。这样来自回油管的油液有足够的时间沉淀污垢并散热。有的隔板上带 60 目的滤网，它们既可阻留较大的污垢颗粒，又可使油中的空气泡破裂。

若油箱中装的不是油而是乳化液，则不应设置隔板，以免油水分离。该类油箱应使乳化液在箱内流动时能充分搅拌（一般专设搅拌器），才能使油、水充分混合。该类油箱的吸油管也应远离回油管。

泵的吸油管口距油箱底面最高点的距离不应小于 50mm。一般在吸油管口安装粗滤油器 9，有时在吸油管附近还装有磁性滤油器。这样安置吸油管是为防止吸油管吸入污垢。

回油管至少应伸入最低液面之下 500mm，以防止空气混入。与箱底距离不得小于管径的 1.5 倍，以防止箱底的沉积物冲起。管端应切成面对箱壁的 45°切口，或在管端装扩散器以减慢回油流速。为了减少油管的管口数目，可将各回油管汇总成为回油总管再通入油箱。回油总管的尺寸应大于各个回油管尺寸之和。

泄油管 3 必须与回油管 2 分开，不得合用一根管子。这是为了防止回油管中的背压传入泄油管。一般泄油管端应在液面之上，以利于重力泄油和防止虹吸。

不管何种管子穿过油箱上盖或侧壁时，均靠焊接在上盖或侧壁上的法兰和接头使管子固定和密封。

油箱上盖是可拆的，需要密封以防灰尘等侵入油箱，但是油面要保持大气压，这就需要使油箱和大气相通。因此在油箱上设专用的空气滤清器 5 并应兼有注油口的功能。

箱底应略倾斜，并在最低点设置放油塞 8，以利放净箱内油。箱底离地面不少于 150mm，以利放油、通风冷却和搬运。

为便于清洗，较大油箱应在侧壁上设清洗用侧板 11。应在易于观察的部位设液面指示器 1，同时还应有测温装置。为了控制油温还应设加热器和冷却器。

若油箱装石油基液压油，油箱内壁应涂耐油防锈漆以防生锈。

三、过滤器

过滤器的作用是过滤掉油液中的杂质，降低液压系统中油液污染度，保证系统正常工作。其主要机制可归纳为直接阻截和吸附作用。

1. 要求

液压油中往往含有颗粒状杂质，会造成液压元件相对运动表面的磨损、滑阀卡滞、节流孔堵塞，以致影响液压系统正常工作和寿命。一般对过滤器的基本要求如下：

（1）能满足液压系统对过滤精度要求，即能阻挡一定尺寸的机械杂质进入系统。

（2）通流能力大，即全部流量通过时，不会引起过大的压力损失。

（3）滤芯应有足够强度，不会因压力油的作用而损坏。

（4）易于清洗或更换滤芯，便于拆装和维护。

2. 主要性能指标

过滤器的主要性能指标有过滤精度、通流能力、纳垢容量、压降特性、工作压力和温度等，其中过滤精度为主要指标。

（1）过滤精度。过滤器的过滤精度是指滤芯能够滤除的最小杂质颗粒的大小，以直径 d

作为公称尺寸时，按精度可分为粗过滤器（$d\leqslant100\mu m$）、普通过滤器（$d\leqslant10\mu m$）、精过滤器（$d\leqslant5\mu m$）、特精过滤器（$d\leqslant1\mu m$）。

（2）通流能力。指在一定压力差下允许通过滤油器的最大流量。

（3）纳垢容量。纳垢容量是指过滤器在压力降达到规定值以前，可以滤除并容纳的污染物数量。滤油器的纳垢容量越大，使用寿命越长。一般来说，过滤面积越大，其纳垢容量也越大。

（4）压降特性。压降特性主要是指油液通过滤油器滤芯时所产生的压力损失，滤芯的精度越高，所产生的压降越大，滤芯的有效过滤面积越大，其压降就越小。压力损失还与油液的流量、黏度和混入油液的杂质数量有关。为了保持滤芯不破坏或系统的压力损失不致过大，要限制滤油器最大允许压力降。滤油器的最大允许压力降取决于滤芯的强度。

（5）工作压力和温度。滤油器在工作时，要能够承受住系统的压力，在液压力的作用下，滤芯不致破坏。在系统的工作温度下，滤油器要有较好的抗腐蚀性，且工作性能稳定。

3. 类型及特点

常用过滤器的类型及结构特点见表5-17。

表5-17　常用过滤器的类型及结构特点

类型	名称及结构简图	特点说明
表面型	网式过滤器	（1）过滤精度与金属丝层数及网孔大小有关，在压力管路上常采用100、150、200目（每英寸长度上孔数）的铜丝网，在液压泵吸油管路上常采用20～40目铜丝网。 （2）压力损失不超过0.004MPa。 （3）结构简单，通流能力大，清洗方便，但过滤精度低
表面型	线隙过滤器	（1）滤芯的一层金属依靠小间隙来挡住油液中杂质的通过。 （2）压力损失约为0.003～0.06MPa。 （3）结构简单，通流能力大，过滤精度高，但滤芯材料强度低，不易清洗。 （4）用于低压管道口，设在液压泵吸油管路上时，宜选择比泵大的流量规格
深度型	纸芯式过滤器（A—A）	（1）结构与线隙式相同但滤芯用平纹或波纹的纸芯增大过滤面积，纸芯制成折叠形。 （2）压力损失约为0.01～0.04MPa。 （3）过滤精度高，但堵塞后无法清洗，必须更换纸芯。 （4）通常用于精过滤

续表

类型	名称及结构简图	特点说明
深度型	烧结式过滤器	(1) 滤芯由金属粉末颗粒制成，改变金属粉末颗粒的大小，就可以制出不同过滤精度的滤芯。 (2) 压力损失约为0.03～0.2MPa。 (3) 过滤精度高，滤芯能承受高压，颗粒易脱落，堵塞后不易清洗。 (4) 适用于精过滤
吸附型	进油 1 2 3 出油 吸附式过滤器 1—铁环；2—非磁性罩子；3—永久磁铁	(1) 滤芯由永久磁铁制成。 (2) 常与其他形式滤芯合起来制成复合式过滤器。 (3) 对加工钢铁件的机床液压系统特别适用

4. 常见故障

(1) 滤芯的变形。油液的压力作用在滤油器的滤芯上，如果滤芯本身的强度不够，并且在工作中被严重阻塞（通流能力减小），阻力急剧上升，就会造成滤芯变形，严重时会被破坏。该类故障多数发生在网状滤油器、腐蚀板网滤油器和粉末烧结滤油器上。特别是单层金属滤网，在压力超过10MPa时便容易冲坏，即使滤芯有刚度足够的骨架支撑，由于金属网和板网的壁薄，同样会使滤芯变形，造成弯曲凹陷、冲破等故障，严重时连同骨架一起损坏。因此在选择和设计滤油器时，要使油液从滤芯的侧面或从切线方向进入，避免从正面直接冲击滤芯。

(2) 滤油器脱焊。液压系统中，安装在高压柱塞泵进口处的金属网和铜骨架脱离。其原因是锡铅焊料熔点为183℃，而元件进口温度已达117℃，环境温度高达130～150℃，焊接强度大大降低，加上高压油的冲击，造成脱焊。解决方法是将锡铅焊料改成银焊料或银镉焊料，它们的熔点分别是300～305℃与235℃，经长期使用效果良好。

(3) 滤油器掉粒。多数发生在金属粉末烧结滤油器中。在额定压力21MPa试验时，液压阀的阻尼孔和节流孔堵塞，经检查发现，均为青铜粉末微糙，由滤油器掉粒所致。解决方法是对金属粉末烧结滤油器在装机前进行试验，以避免阻尼孔与节流孔堵塞。

四、热交换器

液压系统中油液的工作温度一般以40～60℃为宜，最高不超过65℃，最低不低于15℃。油温过高或过低都会影响系统正常工作。为控制油液温度，油箱上常安装冷却器和加热器。

1. 冷却器

如图5-36所示为最简单的蛇形管冷却器，它直接安装在油箱内并浸入油液中，管内通冷却水。该冷却器的冷却效果好，耗水量大。

液压系统中使用较多的是一种强制对流式多管冷却器，如图 5-37 所示。油从进油口 c 进入，从出油口 b 流出；冷却水从右端盖 4 中部的孔 d 进入，通过多根水管 3 从左端盖 1 上的孔 a 流出。油在水管外面流过，3 块隔板 2 用来增加油液的循环距离，以改善散热条件，冷却效果较好。

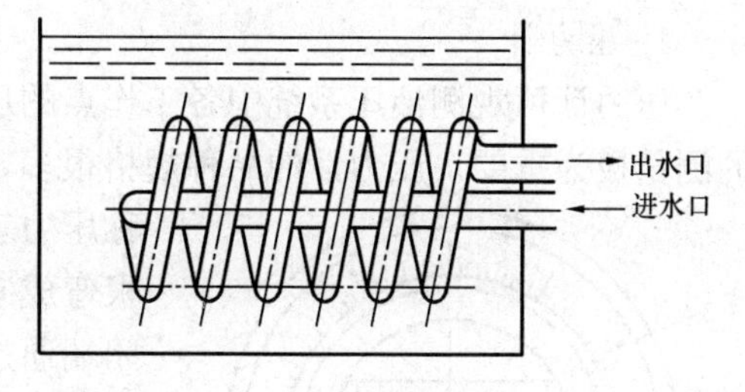

图 5-36 蛇形管冷却器示意

液压系统中也可用风冷式冷却器进行冷却。风冷式冷却器由风扇和许多带散热片的管子组成，油液从管内流过，风扇迫使空气穿过管子和散热片表面，使油液冷却。风冷式冷却器结构简单，价格低廉，但冷却效果较水冷式差。

冷却器一般安装在回油路及低压管路上，如图 5-38 所示为冷却器常用的连接方式。安全阀 6 对冷却器起保护作用；当系统不需冷却时截止阀 4 打开，油液直通油箱。

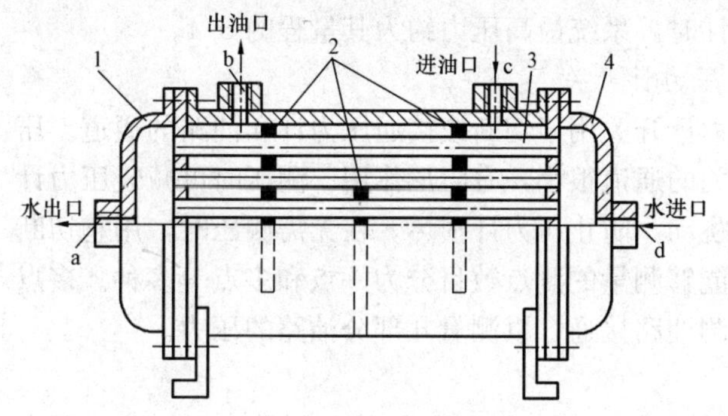

图 5-37 对流式多管冷却器

1—左端盖；2—隔板；3—水管；4—右端盖

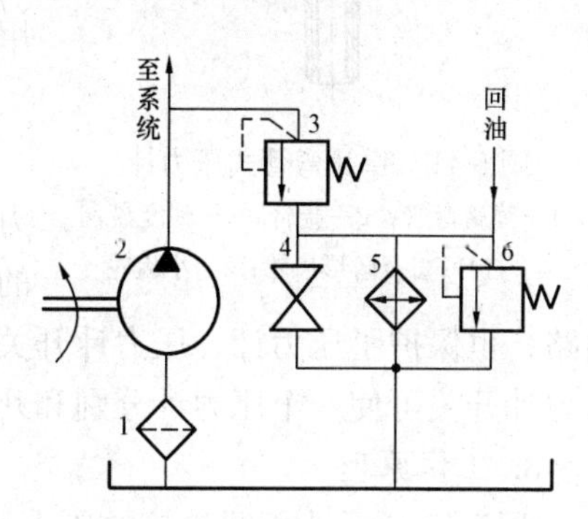

图 5-38 冷却器的连接方式图

1—过滤器；2—泵；3—溢流阀；4—截止阀；5—冷却器；6—安全阀

2. 加热器

液压系统中油温过低时可使用加热器，一般常采用结构简单，能按需要自动调节最高和最低温度的电加热器。电加热器的安装方式如图 5-39 所示。电加热器水平安装，发热部分应全部浸入油中，安装位置应使油箱内的油液有良好的自然对流，单个加热器的功率不能太大，以避免其周围油液过度受热而变质。冷却器和加热器都属于热交换器，其图形符号如图 5-40 所示。

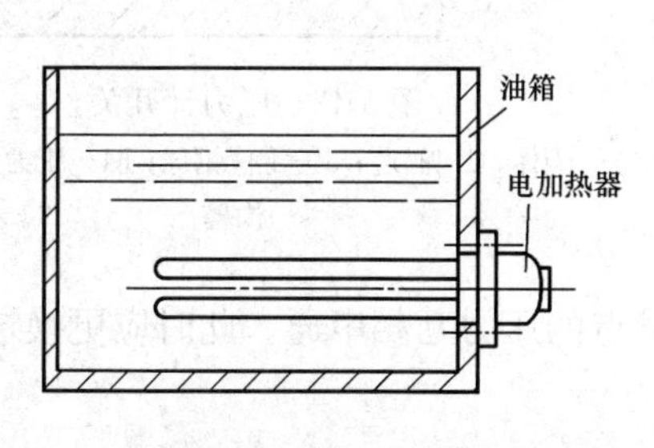

图 5-39 加热器安装示意

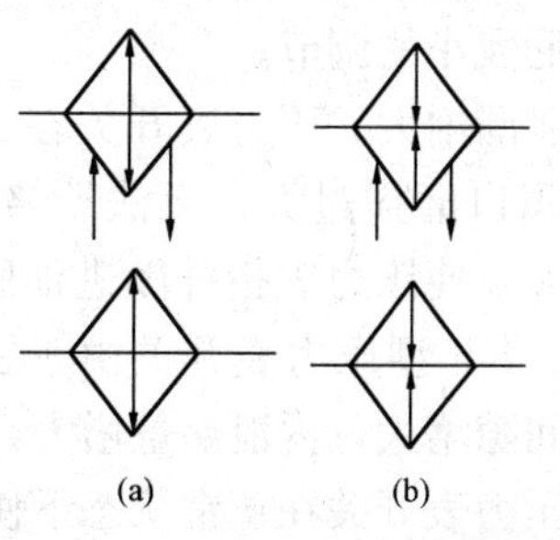

图 5-40 热交换器图形符号

(a) 冷却器；(b) 加热器

五、压力计和压力计开关

1. 压力计

压力计可观测液压系统中各工作点的压力，以便控制和调整系统压力。因此，压力参数的测量极为重要。压力计的品种规格很多，液压中最常用的压力计是弹簧弯管式压力计（常称压力表），其结构原理如图 5-41 所示。弹簧弯管 1 是一根弯成 C 字形，横截面呈扁圆形的空心金属管，它的封闭端通过传动机构与指针 2 相连，另一端与进油管接头相连。测量压力时，压力油进入弹簧管的内腔，使管内产生弹性变形，封闭端向外扩张偏移，拉动杠杆 4，使扇形齿轮 5 摆动，与其啮合的小齿轮 6 便带动指针偏转，即可从刻度盘 3 上读出压力值。

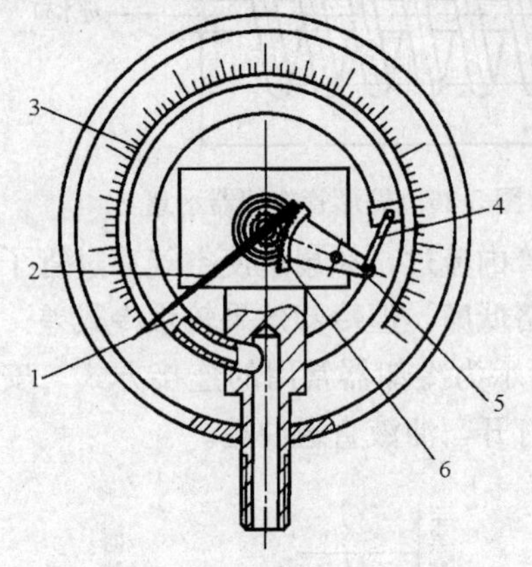

图 5-41　弹簧弯管式压力计

1—弹簧弯管；2—指针；3—刻度盘；4—杠杆；5—扇形齿轮；6—小齿轮

压力计的精度等级以其误差占量程的百分数表示。选用压力计时，系统最高压力约为其量程的 3/4。

2. 压力计开关

压力计开关用于切断或接通压力计和油路的通道。压力计开关的通道很小，有阻尼作用。测压时可减轻压力计的急剧跳动，防止压力计损坏。在无需测压时，用它切断油路，也保护了压力计。压力计开关按其能够测量的测点数目分为一点和多点等多种。多点压力计开关可使一个压力计分别和几个被测油路接通，以测量几部分油路的压力。

3. 工作原理

图 5-42 所示为板式连接的压力计开关结构原理图。图示位置是非测量位置。此时压力计与油箱接通。若将手柄推进去，使阀芯的沟槽 s 将测量点与压力计接通，并将压力计连接油箱的通道隔断，便可测出一个点的压力。若将手柄转到另一位置，便可测出另一点的压力。

4. 压力计开关故障

（1）测压不准确。压力表开关中一般都有阻尼孔，当油液中脏物使阻尼调节过大时，会引起压力表指针摆动缓慢和迟钝，测出的压力值不准确。因此使用时应注意油液的清洁和阻尼大小的调节。

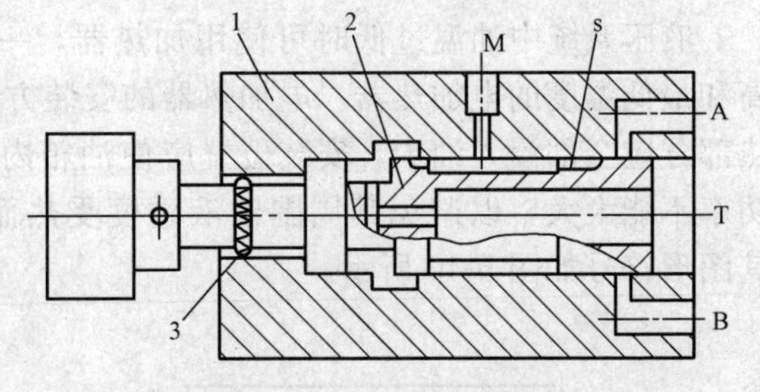

图 5-42　压力计开关

1—阀体；2—阀芯；3—定位钢球；M—压力计接口；s—沟槽

（2）内泄漏增大。压力表开关在长期使用后，由于阀口磨损过大，无法严格关闭，内泄漏量增大，使压力表指针随进油腔压力变化而变化。KF 型压力表开关由于密封面磨损增大，间隙增大，内泄漏量增大，使各测量点的压力互相串通。此时应更换被磨损的零件，以保证压力表开关在正常状态下使用。

任务五　液压回路的认知与维护

【任务引领】

任务一～任务四介绍了组成液压系统各元器件的原理及作用。通过本任务的学习，能够将组成液压系统的不同元器件联系在一起，组成不同的液压回路；从而将作用不同的液压回路组合在一起，组成一个液压系统。

【教学目标】

(1) 掌握各种常见液压控制回路的作用及其特点。
(2) 掌握液压系统原理图的阅读方法。
(3) 掌握液压伺服系统工作原理。
(4) 了解定桨距风力发电机组液压系统，能读懂其图纸。
(5) 了解变桨距风力发电机组液压系统，能读懂其图纸。

【任务准备与实施建议】

(1) 几种常见液压回路的认识，了解各类液压回路的结构组成、各部件名称及作用。
(2) 识读各类液压图纸，分析动作过程。

【相关知识的学习】

一、液压基本回路

(一) 压力控制回路

压力控制回路用来控制液压系统或系统中某一部分的压力，以满足执行机构对力或扭矩的要求。

1. 调压回路

(1) 限压回路。如图 5-43 所示为变量泵与溢流阀组成的限压回路。系统正常工作时，溢流阀关闭，系统压力由负载决定；当负载过重、油路堵塞或液压缸到达行程终点，负载压力超过溢流阀的开启压力时，溢流阀打开，泵压力就不会无限升高，可防止事故的发生。此时溢流阀起限压安全作用。

(2) 双向调压回路。执行元件正反行程需不同的供油压力时，可采用双向调压回路，如图 5-44 所示。当换向阀在左位工作时，活塞为工作行程，泵出口由溢流阀 1 调定为较高压力，缸右腔油液通过换向阀回油箱，溢流阀 2 此时不起作用。当换向阀如图示在右位工作时，缸做空行程返回，泵出口由溢流阀 2 调定为较低压力，阀 1 不起作用。

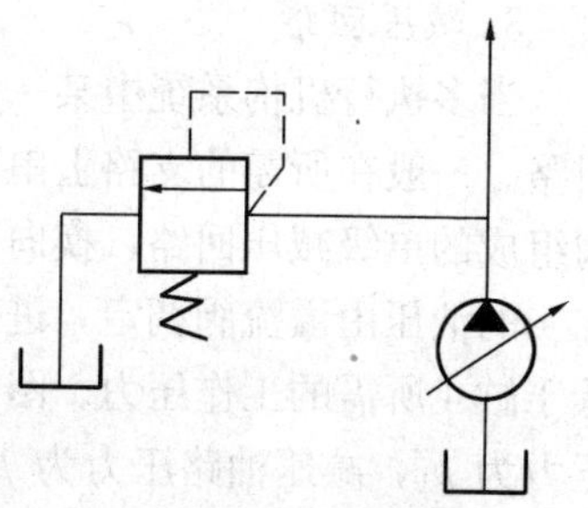

图 5-43　限压回路

(3) 多级调压回路。如图 5-45 所示为三级调压回路。在图示状态下，系统压力由溢流阀 1 调节（为 10MPa）；当 1YA 通电时，系统压力由溢流阀 3 调节（为 5MPa）；2YA

通电时，系统压力由溢流阀 2 调节（为 7MPa）。这样可得到三级压力。3 个溢流阀的规格都必须按泵的最大供油量来选择。这种调压回路能调出三级压力的条件是溢流阀 1 的调定压力必须大于另外 2 个溢流阀的调定值，否则溢流阀 2、3 将不起作用。

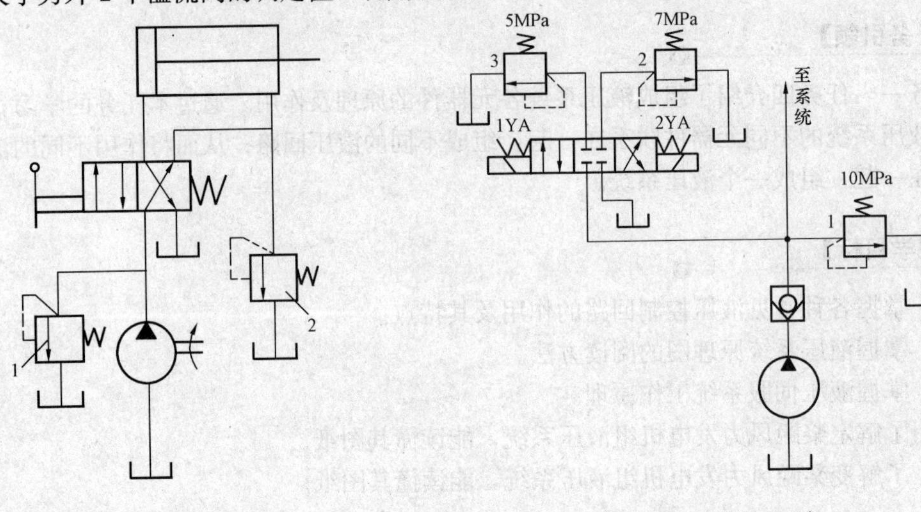

图 5-44　双向调压回路

1，2—溢流阀

图 5-45　三级调压回路

1，2，3—溢流阀

2. 保压回路

液压缸在工作循环的某一阶段，若需要保持一定的工作压力，就应采用保压回路。在保压阶段，液压缸无运动，最简单的办法是用一个密封性能好的单向阀来保压。但单向阀保压时间短，稳定性差。此时液压泵常处于卸荷状态（为了节能）或给其他液压缸供应一定压力的工作油液，为补偿保压缸的泄漏和保持其工作压力，可在回路中设置蓄能器。

（1）泵卸荷的保压回路。如图 5-46 所示回路，当主换向阀在左位工作时，液压缸前进压紧工件，进油路压力升高，压力继电器发信使二通阀通电，泵即卸荷，单向阀自动关闭，液压缸则由蓄能器保压。缸压不足时，压力继电器复位使泵重新工作。保压时间取决于蓄能器容量，调节压力继电器的通断调节区间即可调节缸压力的最大值和最小值。

（2）多缸系统一缸保压的回路。多缸系统中负载的变化不应影响保压缸内压力的稳定。如图 5-47 所示回路中，进给缸快进时，泵压下降，但单向阀 3 关闭，把夹紧油路和进给油路隔开。蓄能器 4 用来给夹紧缸保压并补偿泄漏。压力继电器 5 的作用是在夹紧缸压力达到预定值时发出电信号，使进给缸动作。

3. 减压回路

当多执行机构系统中某一支油路需要稳定或低于主油路的压力时，可在系统中设置减压回路。一般在所需的支路上串联减压阀即可得到减压回路。图 5-48（a）所示为由单向减压阀组成的单级减压回路，换向阀 1 左位工作时，液压泵同时向液压缸 3、4 供压力油，进入缸 4 的油压由溢流阀调定，进入缸 3 的油压由单向减压阀 2 调定，缸 3 所需的工作压力必须低于缸 4 所需的工作压力。图 5-48（b）所示为二级减压回路，主油路压力由溢流阀 5 调定，压力为 p_1，减压油路压力为 p_2（$p_2<p_1$）。换向阀 8 为图示位置时，p_2 由减压阀 6 调定；当换向阀在下位工作时，p_2 由阀 7 调定。阀 7 的调定压力必须小于阀 6 的调定压力。一般

减压阀的调定压力至少比主系统压力低 0.5MPa，减压阀才能稳定工作。

4. 卸荷回路

当液压系统的执行机构短时间停止工作或停止运动时，为了减少能量损失，应使泵在空载（或输出功率很小）的工况下运行。该工况称为卸荷，既能节省功率损耗，又可延长泵和电动机的使用寿命。

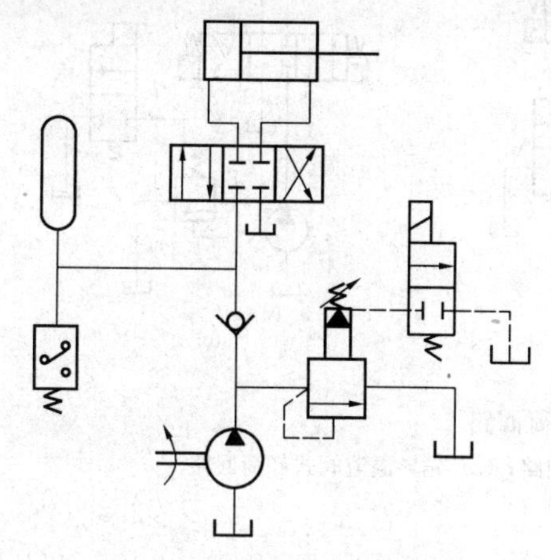

图 5-46　泵卸荷的保压回路

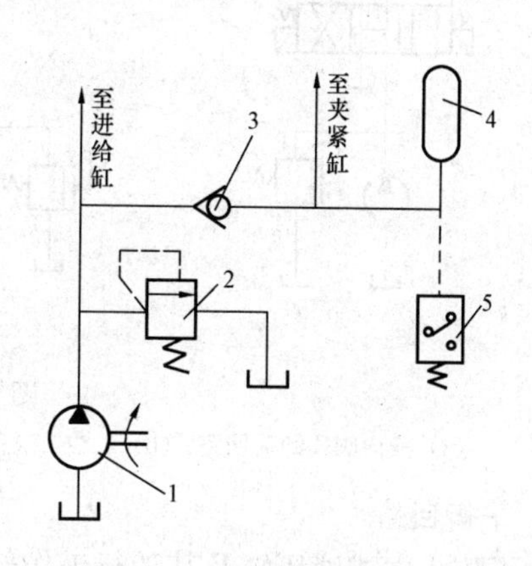

图 5-47　多缸系统一缸保压的回路

1—泵；2—溢流阀；3—单向阀；4—蓄能器；5—压力继电器

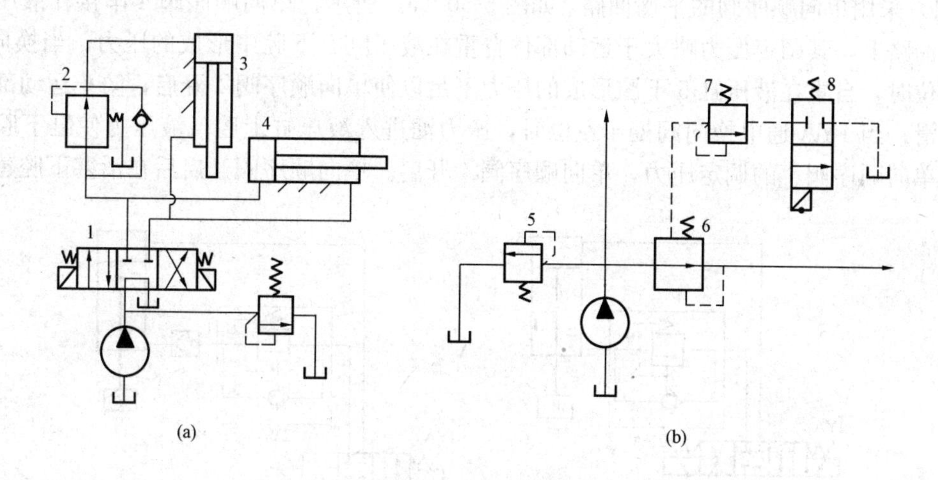

图 5-48　减压回路

(a) 单级减压；(b) 二级减压

1—换向阀；2 —单向减压阀；3，4—液压缸；5，7—溢流阀；6—减压阀；8—两位二通换向阀

如图 5-49 所示为几种卸荷回路。图 5-49（a）所示为采用具有 H 型（或 M 型、K 型）滑阀中位机能的换向阀构成卸荷回路。其结构简单，但不适用于一泵驱动两个或两个以上执行元件的系统。图 5-49（b）所示为由二位二通电磁换向阀组成的卸荷回路，该换向阀的流量应和泵的流量相适应，宜用于中小流量系统中。图 5-49（c）所示为将二位二通换向阀安装在溢流阀的远控油口处。卸荷时，二位二通阀通电，泵的大部分流量经溢流阀流回油箱，

该处的二位二通阀为小流量的换向阀。

由于卸荷时溢流阀全开，当停止卸荷时，系统不会产生压力冲击，适用于高压大流量场合。

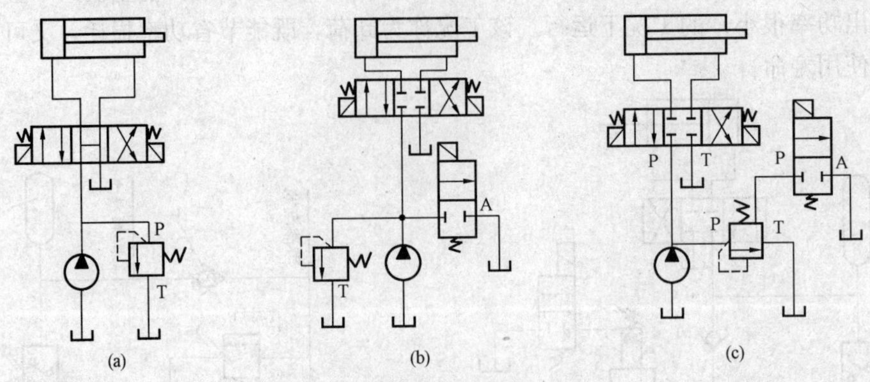

图 5-49　卸荷回路

(a) 换向阀式卸荷回路；(b) 二位二通阀式卸荷回路；(c) 先导溢流阀式卸荷回路

5. 平衡回路

为了防止立式液压缸及其随行工作部件在悬空停止期间因自重而自行下滑，或在下行运动中由于自重造成失控超速不稳定运动，可在液压缸下行的回路上设置能产生一定背压的液压元件，构成平衡回路。

(1) 采用单向顺序阀的平衡回路。如图 5-50 (a) 所示，单向顺序阀 4 串接在液压缸下行的回油路上，其调定压力略大于运动部件自重在液压缸 5 下腔中形成的压力。当换向阀 3 处于中位时，自重在液压缸 5 下腔形成的压力不足以使单向顺序阀 4 开启，防止运动部件的自行下滑；当 1YA 通电换向阀处于左位时，压力油进入液压缸上腔，液压力使缸下腔的压力超过单向顺序阀 4 的调定压力，单向顺序阀 4 开启。单向顺序阀开启后在活塞下腔建立的

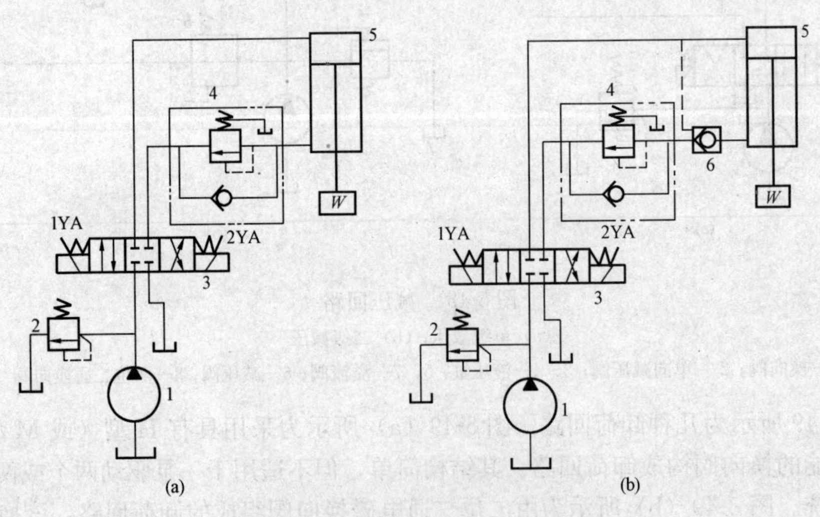

图 5-50　采用单向顺序阀的平衡回路

(a) 未加液控单向阀；(b) 加液控单向阀

1—液压泵；2—溢流阀；3—换向阀；4—单向顺序阀；5—液压缸；6—液控单向阀

背压平衡了自重，活塞以液压泵1供油流量所提供的速度平稳下行，避免了超速。该回路活塞下行运动平稳，但顺序阀调定后，所建立的背压即为定值。若下行过程中超越负载变小，将产生过平衡而增加泵的供油压力，故只适用于超越负载不变的场合。

该平衡回路由于单向顺序阀4的泄漏，当液压缸停留在某一位置后，活塞会缓慢下降。因此，若在单向顺序阀4和液压缸5之间增加一液控单向阀6［见图5-50（b）］，由于液控单向阀密封性很好，可以防止活塞因单向顺序阀泄漏而下降。

（2）采用液控顺序阀的平衡回路。如图5-51（a）所示为采用液控顺序阀的起重机平衡回路。该平衡回路适于应用在超越负载有变化的情形。

当换向阀切换至右位时，液压泵提供的压力油通过单向阀进入液压缸下腔，举起重物。当换向阀切换至左位时，压力油进入液压缸上腔，只有在该压力升高到液控顺序阀的调定压力时，才能通过控制油路使液控顺序阀打开，活塞下行放下重物。将换向阀切换至中位，液压缸上腔迅速卸压，液控顺序阀关闭，活塞停止运动。这一回路的特点是液控顺序阀的启闭取决于控制口的油压，与负载大小无关。但该平衡回路是不完善的。当压力油使液控顺序阀打开，活塞开始向下运动时，液压缸上腔的压力将迅速降低，这可能导致液控顺序阀关闭，活塞停止运动，紧接着压力升高，液控顺序阀又被打开，活塞又开始运动，所以活塞断续下降，产生所谓“点头”现象。为克服这一缺陷，可在控制油路上加一节流阀，如图5-51（b）所示，使液控顺序阀的启闭减慢。

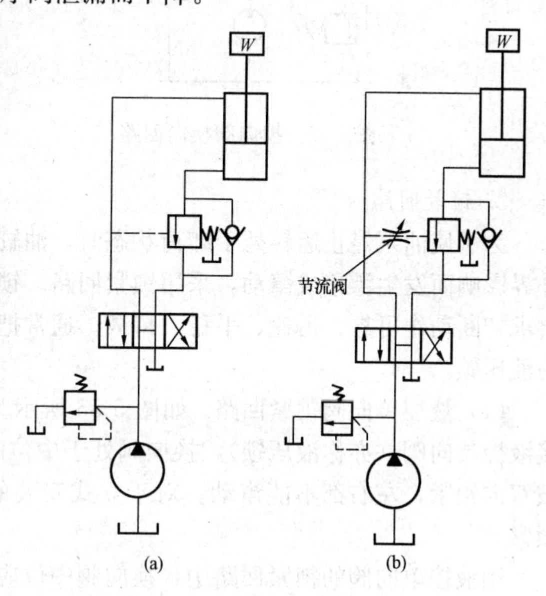

图5-51　采用液控顺序阀的平衡回路

（a）未加节流阀；（b）加节流阀

（二）方向控制回路

在液压系统中，执行元件的启动、停止、改变运动方向是通过控制元件对液流实行通、断、改变流向来实现的，这些回路称为方向控制回路。

1. 换向回路

如图5-52所示为启停回路，用二位二通换向阀控制液流的通与断，以控制执行机构的运动与停止。图示位置时，油路接通；当电磁铁通电时，油路断开，泵的排油经溢流阀流回油箱。

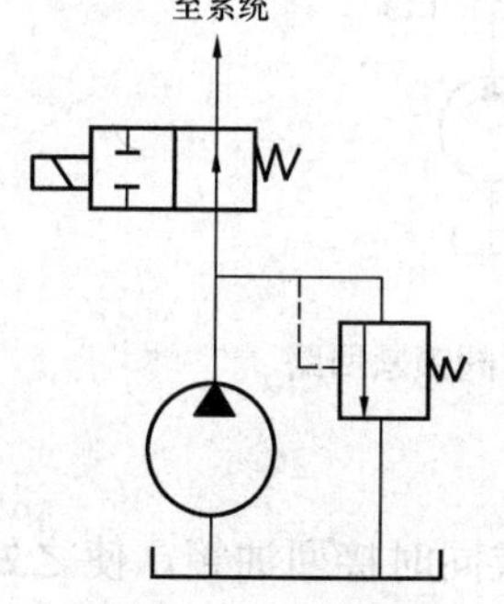

图5-52　启停回路

如图5-53所示为换向阀换向回路。当三位四通换向阀左位工作时，液压缸活塞向右运动；当换向阀中位工作时，活塞停止运动；当换向阀右位工作时，活塞向左运动。同样，采用O形、Y形、M形等换向阀也可实现油路的通与断。

如图5-54所示为差动缸回路。当二位三通换向阀左位工作时，液压缸活塞快速向左移动，构成差动回路；当换向阀右位工作时，活塞向右移动。

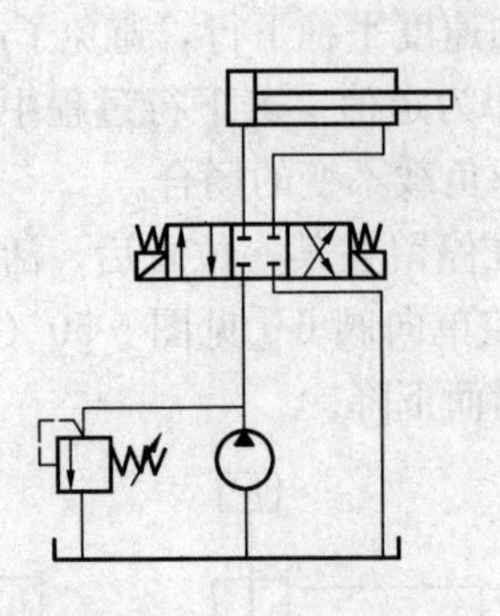
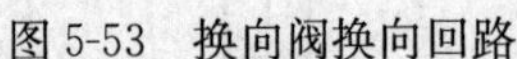

图 5-53　换向阀换向回路

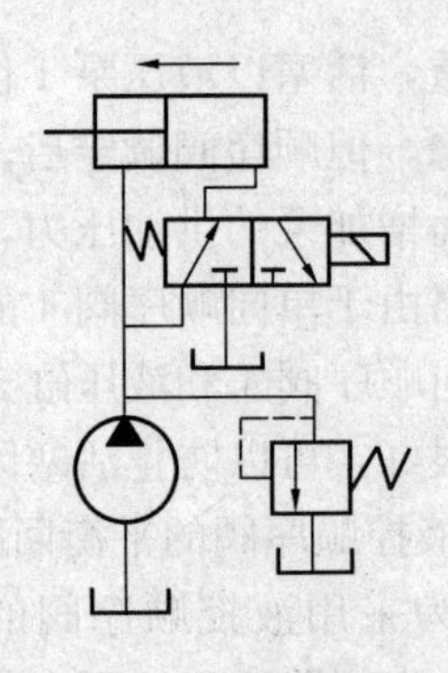

图 5-54　差动缸回路

2. 锁紧回路

为了使油泵停止运转处于卸荷状态时，油缸活塞能停在任意位置上，并防止其停止后因外界影响而发生漂移或窜动，采用锁紧回路。锁紧回路的功能是切断执行元件的进出油路，要求切断动作可靠、迅速、平稳、持久。通常把能将活塞固定在油缸任意位置的液压装置称为液压锁。

（1）液控单向阀锁紧回路。如图 5-55 所示为单向阀锁紧回路。在液压缸两侧油路上串接液控单向阀（亦称液压锁），换向阀处于中位时，液控单向阀关闭液压缸两侧油路，活塞被双向锁紧，左右都不能窜动。对于立式安装的液压缸，也可用一个液控单向阀实现单向锁紧。

用液控单向阀的锁紧回路中，换向阀中位应采用 Y 形或 H 形滑阀机能，这样换向阀处于中位时，液控单向阀的控制油路可立即失压，保证单向阀迅速关闭，锁紧油路。

（2）换向阀锁紧回路。如图 5-56 所示为换向阀的锁紧回路。它利用三位四通换向阀的中位机能（O 形或 M 形）可使活塞在行程范围内的任意位置上停止运动并锁紧。但由于滑阀式换向阀的泄漏，这种锁紧回路能保持执行元件锁紧的时间不长，锁紧效果差。

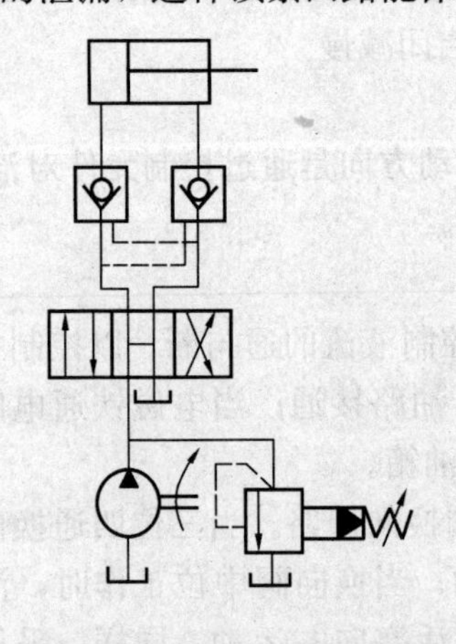

图 5-55　液控单向阀锁紧回路

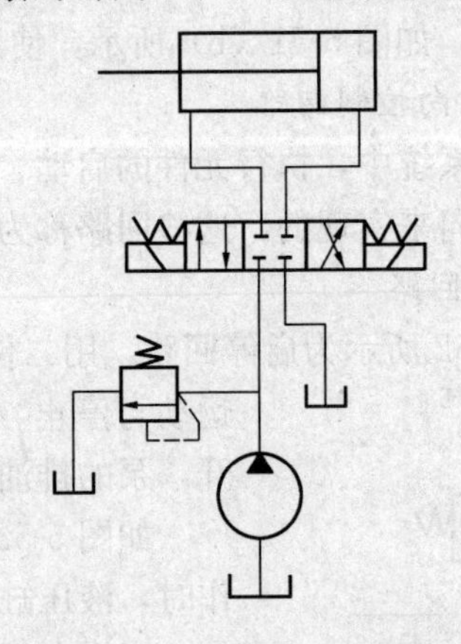

图 5-56　换向阀锁紧回路

3. 浮动回路

浮动回路与锁紧回路相反，是将执行元件的进、回油路连通或同时接回油箱，使之处于无约束的浮动状态，在外力的作用下执行元件仍可运动。

利用三位四通换向阀的中位机能（Y形或H形）就可实现执行元件（单活塞杆缸）的浮动，如图5-57（a）所示。液压马达（或双活塞杆缸）也可用二位二通换向阀将进、回油路直接连通实现浮动，如图5-57（b）所示。

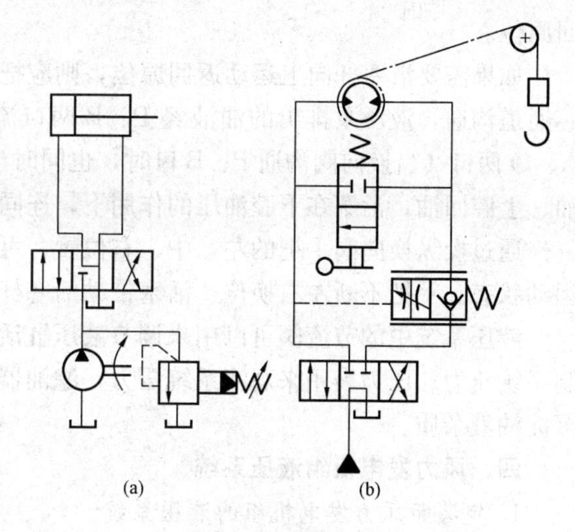

图5-57　浮动回路

（a）单活塞杆缸的浮动；（b）液压马达的浮动

二、液压系统原理图的阅读方法

（1）了解液压系统的用途、工作循环，及其应具有的性能和对液压系统的各种要求等。

（2）根据工作循环、工作性能和要求等，分析需要哪些基本回路，并弄清各种液压元件的类型、性能、相互间的联系和功用。还要分析出液压系统必须具有哪些基本回路，并在液压传动原理图上逐一查找出每个回路。

（3）按照工作循环表，仔细分析并依次写出完成各个动作的相应油液流经路线。为了便于分析，在分析之前最好将液压系统中的每个液压原件和各条油路编上号码，这对分析复杂油路和动作较多的系统很重要。标注油液流经路线时要分清主油路和控制油路。对主油路，应从液压泵开始标注，一直标注到执行元件，这就构成了进油路线；然后再从执行元件回油泄到油箱（闭式系统回到液压泵）。

这样的分析目标明确，不易混乱。在分析各种状态时，要特别注意液压系统从一种工作状态转换到另一种工作状态，是由哪些元件发出的信号，使哪些控制元件动作，从而改变哪个通路状态，达到何种状态的转换。在阅读时还要注意，主油路和控制油路是否有矛盾，是否相互干扰等。在分析各个动作油路的基础上，列出电磁铁和其他转换元件动作顺序表。

三、液压系统图阅读示例

以图5-58为例来说明液压系统的工作原理：当电动机带动液压泵运转时，液压油泵从油箱经滤油器吸油，并从其排油口排油，也就是把经过液压泵获得了液压能的油液排入液压系统中。

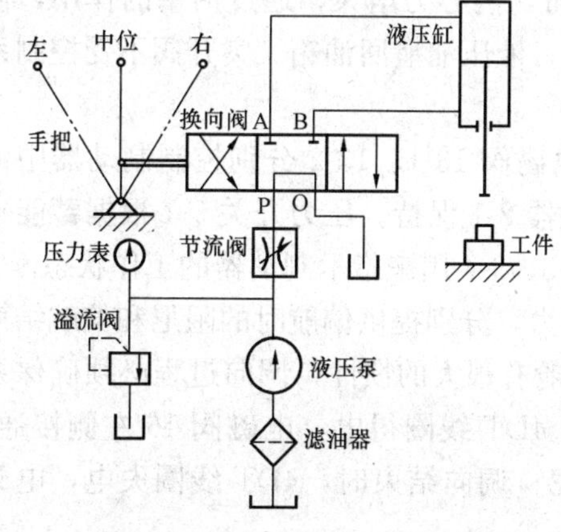

图5-58　液压系统的工作原理

在图5-58所示状态下，即换向阀手把位于中位时，液压泵排出的油液经排油管、节流阀、换向阀P口、换向阀O口，最后流回油箱。

如果把换向阀手把推向左位，则该阀阀芯把P、A两口沟通，B、O两口也被沟通，液压泵排出的油液经P、A两口流至液压缸上腔；同时，液压缸下腔的油液经B、O两口流回油箱，液压缸上腔进油、下腔回油，活塞在上腔油压的作用下带动活塞杆一起向下运动。当活塞向下运行到液压缸下端极限位置时，运行停止，然后可根据具体工作需要使溢流阀保压停止，或使活塞杆返回原位。

如果需要活塞杆向上运动返回原位，则应把换向阀手把推向右位。此时P、B两口被阀芯通道沟通，液压泵排出的油液经P、B两口流至液压缸下腔；同时液压缸上腔的油液经A、O两口（当换向阀沟通P、B口时，也同时沟通了A、O口）流回油箱。液压缸下腔进油、上腔回油，活塞在下腔油压的作用下，连同活塞杆一起向上运动返回原位。

通过操纵换向阀手把的左、中、右位置，可以分别实现液压缸活塞杆的伸、停、缩三种运动状态。手把不断左右换位，活塞带动活塞杆就不断地做往复直线运动。

液压系统中的节流阀可以用来调节液压缸活塞杆运动速度的快慢；溢流阀用于稳压和限制系统压力；压力表用来观测系统压力；滤油器用于过滤液压泵吸取的油；油箱用于储油和沉淀油液杂质。

四、风力发电机组液压系统

1. 定桨距风力发电机组的液压系统

定桨距风力发电机组的液压泵统实际上是制动系统的执行机构，主要用来执行风力发电机组的开关机指令。系统通常由两个压力保持回路组成，一路通过蓄能器供给叶尖扰流器，另一路通过蓄能器供给机械刹车机构。这两个回路的工作任务是使机组运行时制动机构始终保持一定压力。当需要停机时，两回路中的常开电磁阀先后失电，叶尖扰流器一路液压油被泄回油箱，叶尖动作；稍后，机械刹车一路液压油进入刹车液压缸，驱动制动钳，使叶轮停止转动。在两个回路中各装有两个压力传感器，以指示系统压力，控制液压泵站补充液压油和确定刹车机构的工作状态。

图5-59所示为某定桨距风力发电机组的液压系统。由于偏航机构也引入了液压回路，所以系统由三个压力保持回路组成。图左侧为气动刹车压力保持回路，液压油由液压泵2经过精滤油器4进入系统。溢流阀6用来限制系统的最高压力。开机时电磁阀12-1接通，液压油经单向阀7-2进入蓄能器8-2，并通过单向阀7-3和旋转接头进入气动刹车液压缸。压力开关由蓄能器的压力控制，当蓄能器的压力达到设定值时，开关动作，电磁阀12-1关闭。运行时，回路压力主要由蓄能器保持，通过液压缸上的钢索拉住叶尖扰流器，使之与叶片主体紧密结合。

电磁阀12-2为停机阀，用来释放气动刹车液压缸的液压油，使叶尖扰流器在离心力的作用下滑出；突开阀15用于超速保护，当风轮飞车时，离心力增大，通过活塞的作用，使回路内压力升高；当压力达到一定值时，突开阀开启，液压油泄回油箱。突开阀不受控制系统指令的控制，是独立的安全保护装置。

图中间为两个独立的高速轴制动器回路，通过电磁阀13-1、13-2分别控制制动器中液压油的进出，从而控制制动器动作。工作压力由蓄能器8-1保持。压力开关9-1根据蓄能器的压力控制液压泵电动机的停止、启动，压力开关9-3、9-4用来指示制动器的工作状态。

右侧为偏航制动器回路，偏航系统有两个工作压力，分别提供偏航时的阻尼和偏航结束时的制动力。工作压力仍由蓄能器8-1保持。由于机舱有很大的惯性，调向过程必须确保系统的稳定性，此时偏航制动器用作阻尼器。工作时，4DT线圈得电，电磁阀16左侧接通，回路压力由溢流阀保持，以提供调向系统足够的阻尼；调向结束时，4DT线圈失电，电磁阀右侧接通，制动压力由蓄能器直接提供。

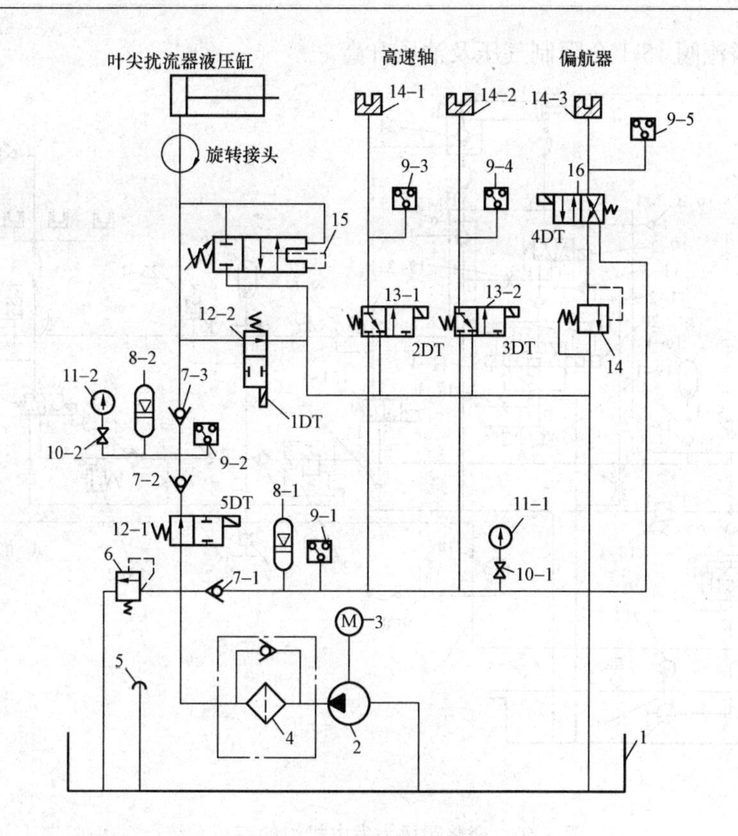

图 5-59　定桨距风力发电机组的液压系统

1—油箱；2—液压泵；3—电动机；4—精滤油器；5—油位指示器；6—溢流阀；
7—单向阀；8—蓄能器；9—压力开关；10—截止阀；11—压力表；
12，13，16—电磁阀；14—制动夹钳；15—突开阀

2. 变桨距风力发电机组的液压系统

变桨距风力发电机组的液压系统与定桨距风力发电机组的液压系统很相似，也由两个压力保持回路组成。一路由蓄能器通过电液比例阀供给叶片变桨距液压缸，另一路由蓄能器供给高速轴上的机械刹车机构。图 5-60 所示为某变桨距风力发电机组的液压系统。

(1) 液压泵站。液压泵站的动力源是液压泵 5，为变桨距回路和制动器回路所共用。液压泵安装在油箱油面以下并通过联轴器 6，由油箱上部的电动机驱动。泵的流量变化根据负载而定。

液压泵由压力传感器 12 的信号控制。当液压泵停止工作时，系统由蓄能器 16 保持压力。系统的工作压力设定范围为 130～145bar。当压力降至 130bar 以下时，液压泵启动并开始工作；在 145bar 时，液压泵停止工作。在运行、暂停和停止状态，液压泵根据压力传感器的信号自动工作，在紧急停机状态，液压泵将被迅速断路而关闭。

液压油从液压泵通过高压滤油器 10 和单向阀 11-1 传送到蓄能器 16。滤油器上装有旁通阀和污染指示器，在旁通阀打开前起作用。阀 11-1 在液压泵停止工作时阻止回流。紧跟在滤油器外面，先后有两个压力表连接器（M1 和 M2），用于测量液压泵的压力或滤油器两端的压力降。测量时将各测量点的连接器通过软管与连接器 M8 上的压力表 14 接通。溢流阀 13-1 是防止液压泵在系统压力超过 145bar 时继续泵油进入系统的安全阀。在蓄能器 16 外部

受热情况下，溢流阀 13-1 会限制气压及油压升高。

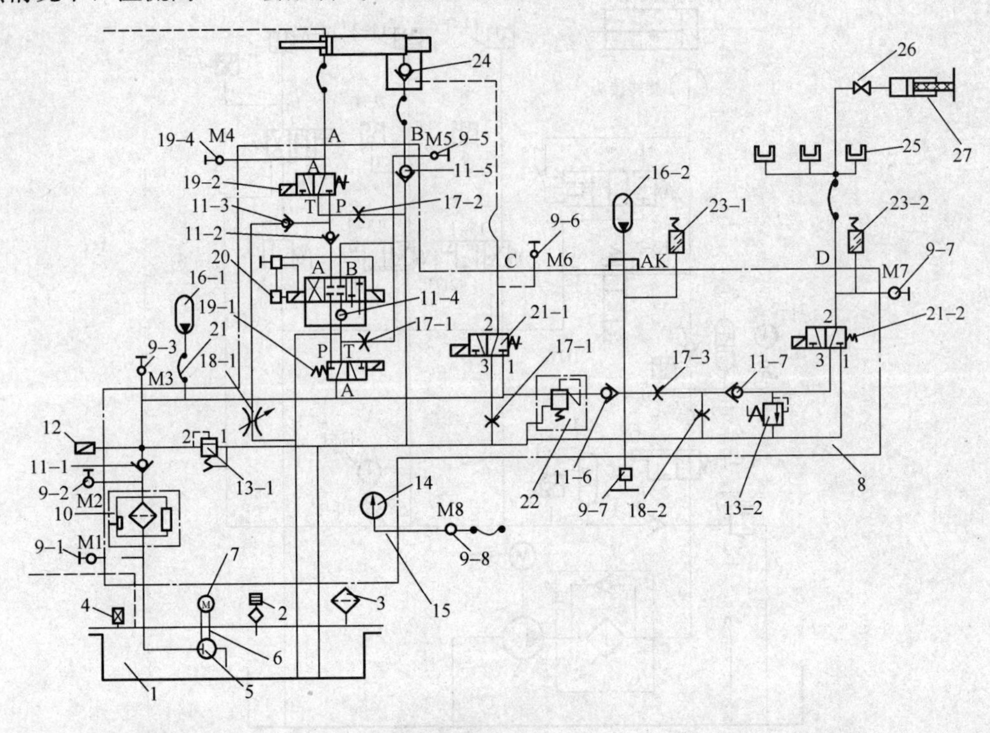

图 5-60　变桨距风力发电机组的液压系统

1—油箱；2—油位开关；3—空气滤清器；4—温度传感器；5 —液压泵；6—联轴器；7—电动机；8—主模块；9—压力测试口；10—滤油器；11—单向阀；12 —压力传感器；13—溢流阀；14—压力表；15—压力表接口；16—蓄能器；17 —节流阀；18 —可调节流阀；19 —电磁阀；20—比例阀；21—电磁阀；22—减压阀；23—压力开关；24—先导型单向阀；25—制动器；26—球阀；27—手动活塞泵

节流阀 18-1 用于抑制蓄能器预压力并在系统维修时，释放来自蓄能器 16-1 的液压油。

油箱上装有油位开关 2，以防油溢出或泵在无油情况下运转。油箱内的油温由装在油池内的 PT100 传感器测得，出线盒装在油箱上部。油温过高时会导致报警，以防止高温下泵的磨损，延长密封圈的使用寿命。

(2) 变桨距控制。液压变桨距控制机构属于电液伺服系统，变桨距液压执行机构是叶片通过机械连杆机构与液压缸相连接，桨距角的变化与液压缸的位移基本成正比。

变桨距控制系统的桨距控制是通过比例阀来实现的。在图 5-61 中，控制器根据功率或转速信号给出一个－10～＋10V 的控制电压，通过比例阀控制器转换成一定范围的电流信号，控制比例阀输出流量的方向和大小。点划线框内是带控制放大器的比例阀，设有内部位移反馈信号。变桨距液压缸按比例阀输出的方向和流量操纵叶片桨距在－5°～ 88°运动。为了提高整个变桨距系统的动态性能，在变桨距液压缸上也没有位置传感器。

在比例阀至油箱的回路上装有 1bar 的单向阀 11-4。该单向阀用于确保比例阀 T 口上总是保持 1bar 的压力，以避免比例阀阻尼室内的阻尼“消失”，导致该阀不稳定而产生振动。

比例阀上的红色发光二极管指示位置传感器故障。位置传感器输出信号是比例阀 1 滑阀位置的测量值，控制电压和位置传感器信号相互间的关系，变桨距速度由控制器计算给出，以 0°为参考中心点。控制电压和变桨距速率的关系如图 5-62 所示。

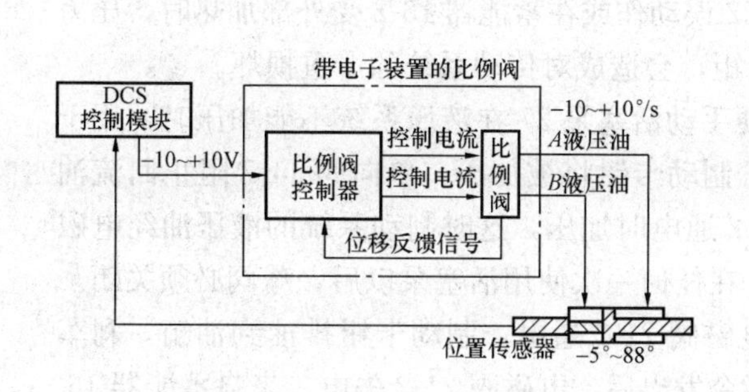

图 5-61 桨距控制示意图

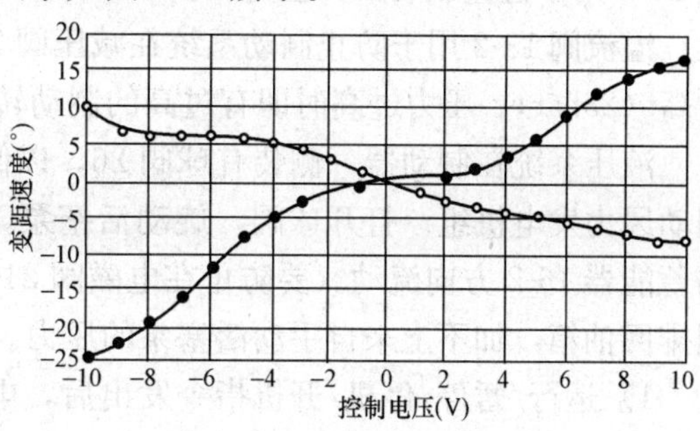

图 5-62 变桨距速率、位移反馈信号与控制电压的关系

(3) 运转缓停工况。电磁阀 19-1 和 19-2（紧急顺桨阀）通电后，使比例阀上的 P 口得到来自泵和蓄能器 16-1 压力。变桨节距液压缸的左端（前端）与比例阀的 A 口相连。

电磁阀 21-1 通电后，使先导管路（虚线）增加压力。先导型单向阀 24 装在变桨距液压缸后端，靠先导压力打开以允许活塞双向自由移动。

把比例阀 20 通电到“直接”（P-A，B-T）时，液压油即通过单向阀 11-2 和电磁阀 19-2 传送 P-A 到缸筒的前端。活塞向右移动，相应的叶片桨距向−5°方向调节，液压油从液压缸右端（后端）通过先导型单向阀 24 和比例阀（B-T）回流到油箱。

把比例阀通电到“跨接”（P-B，A-T）时，液压油通过单向阀传送 P-B 进入液压缸后端，活塞向左移动，相应的叶片桨距向＋88°方向调节，液压油从液压缸左端（前端）通过电磁阀 19-2 和单向阀 11-3 回流到压力管路。由于右端活塞面积大于左端活塞面积，使活塞右端压力高于左端的压力，从而能使活塞向前移动。

(4) 停机/紧急停机工况。停机指令发出后，电磁阀 19-1 和 19-2 断电，油从蓄能器 16-1 通过阀 19-1 和节流阀 17-1 及阀 24 传送到液压缸后端。缸筒的前端通过阀 19-2 和节流阀 17-2 排放到油箱，叶片变桨距到＋88°机械端点而不受来自比例阀的影响。

电磁阀 21-1 断电时，先导管路液压油排放到油箱；先导型单向阀 24 不再保持在双向打开位置，但仍然保持单向阀的作用，只允许液压油流进缸筒，从而使来自风的变桨力不能从液压缸左端方向移动活塞，避免向−5°的方向调节叶片桨距。

在停机状态，液压泵继续自动停/启运转。顺桨由部分来自蓄能器 16-1、部分直接来自泵 5 的液压油完成。在紧急停机位时，液压泵很快断开，顺桨只由来自蓄能器 16-1 的液压油完成。为了防止在紧急停机时，蓄能器内油量不够变桨距液压缸完成一个行程，紧急顺桨将由来自风的自变桨作用力完成。液压缸右端将由两部分液压油来填补：一部分来液压缸左端通过电磁阀 19-2、节流阀 17-2、单向阀 11-5 和 24 的重复循环油；另一部分液压油来自油箱通过吸油管路及单向阀 11-5 和 24。

紧急顺桨的速度由两个节流阀 17-1 和 17-2 控制并限制到约 9°/s。

(5) 制动机构。制动系统由泵系统通过减压阀 22 供给压力源。蓄能器 16-2 是确保能在蓄能器 16-1 或泵没有压力的情况下也能工作。可调节流阀 18-2 用于抑制蓄能器 16-2 的预充压力或在维修制动系统时用于来自释放的油。

压力开关 23-1 是常闭的，当蓄能器 16-2 上的压力降至低于 15bar 时打开报警。压力开关 23-2 用于检查制动压力上升。

溢流阀 13-2 用于防止制动系统在减压阀 22 误动作或在蓄能器 16-2 受外部加热时，压力过高（23bar）。压力过高时即有过高的制动转矩，会造成对传动系统的严重损坏。

液压系统在制动器一侧装有球阀 26，以便手动活塞泵 27 在液压系统不能加压时，用于制动风力发电机组。打开球阀，旋动活塞泵，制动卡钳将被加压，单向阀 11-7 阻止回流油向蓄能器 16-2 方向流动。要防止在电磁阀 21-2 通电时加压，这时制动系统的液压油经电磁阀排回油箱，加不上来自手动活塞泵的压力。在任何一次使用活塞泵以后，球阀必须关闭。

1）运行/暂停/停机/开机指令发出后，电磁阀 21-2 通电，制动卡钳排油到油箱，刹车被释放。暂停期间保持运行时的状态。停机指令发出后，电磁阀 21-2 失电，来自蓄能器 16-2 和减压阀 22 的液压油可通过电磁阀 21-2 的 3 口进入制动器液压缸，实现停机时的制动。

2）紧急停机电磁阀 21-2 失电，蓄能器 16-2 将液压油通过电磁阀 21-2 送入制动卡钳液压缸。制动液压缸的速度由节流阀 17-4 控制。

任务六　液压系统的运行与维护

【任务引领】

对液压设备正确使用、精心保养、认真维护，可以使设备始终处于良好状态，减少故障的发生，延长使用寿命。

【教学目标】

（1）液压油对于液压系统十分重要，切记“保持清洁，排除污染”。
（2）了解液压冲击和气穴现象。
（3）了解液压系统的维护项目。

【任务准备与实施建议】

（1）了解液压油的选用原则。
（2）分析液压油受污染的可能原因及解决措施。
（3）了解液压冲击和气穴现象，分析其原因。
（4）通过深入现场了解液压系统常见故障和处理办法。
（5）通过实物操作，了解液压系统日常维护项目。

【相关知识的学习】

一、液压油

液压油是液压传动系统中用来传递能量的液体工作介质。除传递能量外，液压油还起液压、润滑、冷却、保护（防锈）、密封、清洁、减振等作用。液压系统能否可靠有效地工作，在一定程度上取决于液压油的性能。特别是在液压元件已定型的情况下，液压油的性能与正确应用成为首要问题。

1. 液压油的使用要求

不同的液压传动系统和使用条件对液压油的要求也不相同。一般液压传动系统的液压油应满足下列要求：

(1) 合适的黏度，润滑性能好，具有较好的黏温特性。

(2) 质地纯净、杂质少，对金属和密封件有良好的相容性。

(3) 对高温、氧化、水解和剪切有良好的稳定性。

(4) 抗泡沫性、抗乳化性和防锈性好，腐蚀性小。

(5) 体积膨胀系数小，比热容大，流动点和凝固点低，闪点和燃点高。

(6) 对人体无害，对环境污染小，成本低。

2. 液压油的选择

液压油的选用，首先应根据液压传动系统的工作环境和工作条件选择合适的液压油类型，再选择液压油的黏度。

(1) 环境条件。

1) 环境温度。主要指热区、寒区、北方、南方、室内、室外等。环境温度与液压泵的启动温度有关，而泵的启动温度又与油的低温黏度有关。在低温下要使液压泵顺利启动，应选用在该温度下低温黏度小的液压油。

2) 环境恶劣程度。主要指潮湿（包括有无水接触）、航海、野外作业和温差等。这些条件主要与液压油的防锈性、黏度指数和抗乳化度等指标有密切关系。

3) 有无靠近火源、易爆气体或高温（300～400℃）设备。这主要是考虑应选择矿油型油还是难燃型液。

(2) 工作条件。

1) 液压泵类型、工作压力、工作油温、油箱中有无加热或冷却设备。液压泵类型与其工作压力相比主要考虑液压泵的工作压力。凡是中、高压液压系统，必须选用具有良好抗磨性的液压油（液）。工作油温越高，油的变质倾向越大，应选用具有良好氧化安定性的油。如果油箱中有加热装置，则对油的低温黏度指标要求可放宽些，也不一定选用低温液压油（寒区和严寒区除外）。若油箱中有冷却设备，油温不高，则可适当延长换油期。

2) 液压泵的金属材料。这里特别指柱塞泵（钢对青铜合金摩擦副）应选用高档抗磨型液压油，即应选用抗氧化性、过滤性、水解安定性等指标优良的抗磨型液压油。对于柱塞头镀银的液压泵，应选用对银腐蚀试验合格的抗银液压油或抗氧防锈型液压油。

(3) 其他。应考虑伺服阀间隙的大小、是否为开环系统数控机床、液压设备新旧程度、换油期和维修期长短、密封和涂料材料、经济性（油价和管理方便）、毒性、有无与食品接触等。

3. 液压油的污染及控制

由液压技术的工作实践可总结出80%的故障来源于液压油和液压系统中的污染。可见液压油的污染对液压系统的性能和可靠性有很大影响，故应高度重视液压油的污染问题，并加以严格控制。

液压系统油液中的污染物来源是多方面的，可概括为系统内部固有的、工作中外界侵入的和内部生成的。为有效控制污染，必须针对一切可能的污染源采取必要的控制措施。表5-18归纳了可能的污染源及相应的控制措施。

表 5-18　　液压油的污染及控制

污染源		控制措施
固有污染物	液压元件加工装配残留污染物	元件出厂前清洗，达到规定的清洁度；对受污染的元件在装入系统前进行清洗
	管件、油箱残留污染物及锈蚀物	系统组装前对管件和油箱进行清洗，使其达到规定的清洁度
	系统组装过程中残留污染物	系统组装后进行循环清洗，使其达到规定的清洁要求
外界入侵污染物	更换和补充油液	对新油进行过滤净化
	油箱呼吸孔	采用密闭油箱，安装空气滤清器和干燥器
	液压缸活塞杆	采用可靠的活塞杆防尘密封，加强对密封的维护
	维护和检修	保持工作环境和工具清洁；彻底清除与工作油液不相溶的清洗液和脱脂剂；维修后循环过滤，清洗整个系统
	侵入水	油液除水处理
	侵入空气	排放空气，防止油箱内油液中气泡吸入泵内
内部生成污染物	元件磨损产物（磨粒）	过滤净化，滤除尺寸与元件关键运动副油膜厚度相当的颗粒污染物，制止磨损的链式反应
	油液氧化产物	去除油液中水和金属微粒（对油液氧化起强烈的催化作用），控制油温，抑制油液氧化

二、液压冲击和气穴现象

1. 液压冲击

在液压系统中，液体压力常由于某些原因而突然急剧上升，形成很高的压力峰值，这种现象称为液压冲击。

（1）液压冲击产生的原因。在阀门突然关闭或液压缸快速制动等情况下，液体在系统中的流动会突然受阻。这时，由于液流的惯性作用，液体会从受阻端开始，迅速将动能逐层转换为压力能，因而产生了压力冲击波；此后，又从另一端开始，将压力能逐层转化为动能，液体反向流动，然后再次将动能转换为压力能，如此反复地进行能量转换。这种压力波的迅速往复传播，在系统内形成压力振荡。实际上，由于液体受到摩擦力以及液体与管壁的弹性作用，所以不断消耗能量才使振荡过程逐渐衰减而趋向稳定。

（2）液压冲击的危害。系统中出现液压冲击时，液体瞬时压力峰值可以比正常工作压力大几倍。液压冲击会损坏密封装置、管道或液压元件，还会引起设备振动，产生很大噪声。有时，液压冲击还会使某些液压元件如压力继电器、顺序阀等产生误动作，影响系统正常工作。

（3）减小液压冲击的主要措施。

1）延长阀门关闭和运动部件制动换向的时间。实践证明，运动部件制动换向时间若能大于 0.2s，冲击就大为减轻。在液压系统中采用换向时间可调的换向阀就可做到这一点。

2）限制管道流速及运动部件速度。例如在机床液压系统中，通常将管道流速限制在

4.5m/s 以下，液压缸所驱动的运动部件速度一般不宜超过 10m/min 等。

3）适当加大管道直径，尽量缩短管路长度。必要时还可在冲击区附近安装蓄能器等缓冲装置。

4）采用软管以增加系统的弹性。

2. 气穴

在流动的液体中，液压油中总是含有一定量的空气。空气可以溶解在液压油中，有时也以气泡的形式混合在液压油中。如果液压系统某处的压力低于空气分离压，原来溶解在液体中的空气就会分离出来，从而导致液体中出现大量的气泡，这种现象称为气穴现象。如果液体中的压力进一步降低到饱和蒸气压力，液体将迅速汽化，产生大量蒸气泡，使气穴现象更加严重。

当液压系统中出现气穴现象时，大量的气泡破坏了液流的连续性，造成流量和压力脉动，气泡随液流进入高压区时又急剧破灭，以致引起局部液压冲击，发出噪声并引起振动。当附着在金属表面上的气泡破灭时，所产生的局部高温和高压会使金属剥蚀，这种由气穴造成的腐蚀作用称为气蚀。

为减少气穴和气蚀的危害，通常采取下列措施：

(1) 减小小孔或缝隙前后的压力降。

(2) 降低泵的吸油高度，适当加大吸油管内径，限制吸油管流速，尽量减少吸油管路中的压力损失（如及时清洗过滤器）。

(3) 提高液压零件的抗汽蚀能力，采用抗腐蚀能力强的金属材料。

三、运行与维护

1. 设备的检查

在启动前的检查项目有油位是否正常，行程开关和限位块是否紧固，手动和自动循环是否正常，电磁阀是否处在原始状态等。

在设备运行中监视工况的项目有系统压力是否稳定并在规定范围内，设备有无异常振动和噪声，油温是否在允许的范围内（一般为 35～55℃范围内，不得大于 60℃），有无漏油，电压是否保持在额定值的＋5%～－15%的范围内等。

定期检查的项目有：螺钉和管接头的检查和紧固，10MPa 以上的系统每月 1 次，10MPa 以下的系统每 3 个月 1 次；过滤器和空气滤清器的检查，每月 1 次；定期进行油液污染度检验；对新换油，经 1000h 使用后应取样化验，取油样需用专用容器，并保证不受污染，取样应取正在使用的“热油”，不取静止油，取样数量为 300～500mL/次，按油料化验单化验，油料化验单应纳入设备档案。

2. 液压油

液压系统的介质是液压油，一般采用专门用于液压系统的矿物油。液压系统的液压油应该与生产企业指定的牌号相符。

在正常工作温度下液压油黏度范围一般为（20～200）$\times 10^{-6} m^2/s$。当环境温度较低时，选用黏度较低的油液。

对于液压系统，油液的清洁十分重要。液压系统中的油液或添加到液压系统中的油液必须经常过滤，即使是初次使用的新油也要过滤。不同品牌或型号液压油混合可能引起化学反应，例如出现沉淀和胶质等。液压系统中的油液改变型号之前应对系统进行彻底冲洗，并得到生产企业同意。

液压油的使用寿命方面，矿物油应工作 8000h 或至少每年更换 1 次。

3. 清洗过滤器和空气滤清器

过滤器堵塞时会发出信号，需要进行清洗。清洗时要确保电动机未启动，电磁阀未通电。在拔下插头、卸下配件前，要清洁液压单元表面的灰尘。打开过滤器后，取出滤芯清洗。若滤芯损坏，必须更换。清洁过滤器后，应检查油位，必要时要加足油液。在没收到堵塞信号的情况下，至少每 6 个月清洗 1 次过滤器。

在正常环境下每 1000h 清洗 1 次空气滤清器；在灰尘较大的环境下每 500h 清洗 1 次空气滤清器。

4. 故障排除和更换元器件

大部分故障可以通过更换元器件解决，通常由生产厂家来完成修理工作或更换新元器件。维修前应阅读使用说明书和液压原理图。液压系统最常见的问题是泄漏，导管接口处的泄漏可以通过拧紧来解决，元器件发生的泄漏则必须更换密封件。

排除故障后，最主要的是查出发生故障的诱因。例如，液压元件因油液污染而失效，则必须更换液压油。

5. 液压系统的常见故障

（1）出现异常振动和噪声。原因可能是旋转轴连接不同心；液压泵超载或吸油受阻；管路松动；液压阀出现自激振荡；液面低；油液黏度高；过滤器堵塞；油液中混有空气等。

（2）输出压力不足。原因可能是液压泵失效；吸油口漏气；油路有较大的泄漏；液压阀调节不当；液压缸内泄等。

（3）油温过高。原因可能是系统内泄漏过大；工作压力过高；系统的冷却能力不足；在保压期间液压泵未泄荷；系统的油液不足；冷却水阀不起作用；温控器设置过高；没有冷却水或制冷风扇失效；冷却水的温度过高；周围环境温度过高；系统散热条件不好。

（4）液压泵的启停太频繁。原因可能是系统内泄漏过大；在蓄能系统中，蓄能器和泵的参数不匹配；蓄能器充气压力过低；气囊（或薄膜）失效；压力继电器设置错误等。

（5）建压超时。原因可能是元器件有泄漏；液压阀失效；压力传感器差错；电气元器件失效等。

小结

（1）液压系统的工作原理、结构组成和图形表示方法，学习绘制液压系统原理图。

（2）风力发电机组常用齿轮泵结构及工作原理。

（3）电磁换向阀、溢流阀、减压阀、压力继电器、电液伺服阀、比例阀等阀体的工作原理及作用。

（4）液压缸的结构及工作原理，知道什么是差动连接。

（5）蓄能器的结构工作原理和作用。

（6）各种过滤器的类型及原理。

（7）其他各辅助元件的名称及作用。

（8）常见压力控制回路有哪几种及其特点。

(9) 常见方向控制回路有哪几种及其特点。
(10) 液压伺服系统的工作原理。
(11) 读懂定桨距与变桨距风力机组液压系统原理图。
(12) 风力发电机组的运行与维护项目。

复习思考

(1) 液压传动系统由哪几部分组成？各部分的作用是什么？
(2) 液压传动的主要特点是什么？
(3) 液压系统中液压元件的表示方法是什么？
(4) 液压泵的工作原理是什么？其工作压力取决于什么？
(5) 什么是齿轮泵的困油现象？如何解决？
(6) 齿轮泵的泄漏路径有哪些？提高齿轮泵压力的首要问题是什么？
(7) 说明普通单向阀和液控单向阀的工作原理及区别。
(8) 什么是换向阀的"位"与"通"？
(9) 什么是三位阀的中位机能？有哪些常用的中位机能？中位机能的特点和作用如何？
(10) 滑阀式换向阀有哪几种控制方式？
(11) 电磁换向阀采用直流电磁铁和交流电磁铁各有何特点？
(12) 为什么直动式溢流阀适用于低压系统，而先导式溢流阀适用于高压系统？
(13) 先导式溢流阀的阻尼孔起什么作用？如果它被堵塞，会出现什么情况？若把先导式溢流阀弹簧腔堵死，不与回油腔接通，会出现什么现象？若把先导式溢流阀的远程控制口当成泄漏口接油箱，会产生什么问题？
(14) 溢流阀有何种应用？
(15) 将减压阀的进、出油口反接，会出现什么现象？
(16) 顺序阀有哪几种控制方式和泄油方式？
(17) 电液伺服阀工作原理是什么？
(18) 电液比例控制阀的工作原理是什么？
(19) 常用的液压缸有几种类型？有何特点？
(20) 液压缸为什么设置排气装置和缓冲装置？
(21) 什么是差动连接？其特点有哪些？
(22) 液压缸常见故障有哪些？如何排除？
(23) 蓄能器的功能有哪些？安装和使用蓄能器应注意哪些问题？
(24) 蓄能器常见故障有哪些？如何排除？
(25) 油箱的功能有哪些？设计时应考虑哪些问题？
(26) 对过滤器有哪些要求？过滤器性能指标有哪些？
(27) 常见过滤器有哪些类型？各有何特点？
(28) 过滤器在油路中的安装位置有几种情况？
(29) 为什么要设置加热器和冷却器？液压系统的工作温度宜控制在什么范围？
(30) 压力计开关的工作原理是什么？故障如何排除？

(31) 简述油管的特点和使用场合。

(32) 管接头的类型有哪些?

(33) 什么是压力控制回路? 常见的压力控制回路有哪几种? 各有什么特点?

(34) 什么是方向控制回路? 常见的方向控制回路有哪几种? 各有什么特点?

(35) 液压系统图的阅读方法是什么?

(36) 液压伺服系统的工作原理什么?

项目六　控制系统运行与维护

【项目描述】

控制系统贯穿风力发电机组的每个部分，是风力发电系统的核心，其控制技术是风力发电机组的关键技术，其精确的控制、完善的功能将直接影响到机组的安全和效率。目前风力发电机组需要解决发电效率和发电质量的问题，这两个问题都与风力发电机组的控制系统密切相关。

本项目将完成以下三个工作任务：

任务一　主控系统的运行与维护

任务二　变流系统的维护

任务三　软并网系统的运行与维护

【学习目标描述】

(1) 熟悉风力发电机组现场控制站的结构组成及功能特点。

(2) 掌握风力发电机组控制器的结构、工作原理。

(3) 了解风力发电机组常用的传感器。

(4) 掌握变流系统的基本结构；明确变流器在控制系统中的作用。

(5) 掌握风力发电机组软并网结构。

(6) 了解各种柜体的功能。

(7) 掌握风力发电机组控制系统常见故障及处理方法。

(8) 牢记维护检修规程，熟练使用维护工具。

【本项目学习重点】

(1) 风力发电机组控制系统现场控制站的结构及各部分功能。

(2) 变流器的基本结构及变流器在控制系统中的作用。

(3) 定桨双速发电机的软并网系统结构及并网条件。

(4) 风力发电机组控制系统的常见故障及处理方法。

【本项目学习难点】

(1) 变流器的基本结构及变流器在控制系统中的作用。

(2) 风力发电机组控制系统的常见故障及处理方法。

(3) 各种柜体的检查项目及维护方法。

任务一　主控系统的运行与维护

【任务引领】

风力发电机组的控制系统以 PLC 为核心，控制电路是由 PLC 中心控制器及其功能扩展模块组成的，主要实现风力发电机组正常运行控制、机组的安全保护、故障检测及处理、运行参数的设定、数据记录显示，以及人工操作，配有多种通信接口，能够实现就地通信和远程通信功能。

【教学目标】

（1）了解控制系统的基本组成及各部分的功能特点。

（2）了解风力发电机组控制器的结构和工作原理。

（3）掌握主控系统维护内容和维护方法。

（4）掌握主控系统的常见故障、处理方法与处理步骤。

【任务准备与实施建议】

（1）查阅相关资料，归纳总结风力发电机组控制系统的基本结构及功能组成。

（2）到风电场熟悉风力发电机组的工作特点和运行过程。

（3）熟悉实训用风电设备的控制系统结构及相关操作规程。

（4）熟悉各种柜体的安装位置，识读各种柜体内部电气连接图。

（5）熟悉各种柜体的运行规程及操作规范。

（6）分析各种柜体在操作中可能出现的异常，并提出有效防范措施。

【相关知识的学习】

一、风力发电机组自动运行控制要求

1. 开机并网控制

当风速 10min 平均值在系统工作区域内，机械闸松开，叶尖复位，风力作用于风轮旋转平面上，风力发电机组缓慢启动。当发电机转速大于 20％额定转速持续 5min，转速仍达不到 60％额定转速后，发电机进入电网软拖动状态，软拖方式视机组型号而定。

正常情况下，风力发电机组转速连续升高，不必软拖增速，当转速达到软切入转速时，风力发电机组进入软切入状态；当转速升到发电机同步转速时，旁路主接触器动作，机组并入电网运行。

2. 小风和逆功率脱网

小风和逆功率停机是将风力发电机组停在待风状态，当 10min 平均风速小于小风脱网风速或发电机输出功率负到一定值后，风力发电机组不允许长期在电网运行，必须脱网，处于自由状态，风力发电机组靠自身的摩擦阻力缓慢停机，进入待风状态。当风速再次上升，风力发电机组又可自动旋转，达到并网转速，风力发电机组又投入并网运行。

3. 普通故障脱网停机

机组运行时发生参数越限、状态异常等普通故障后，风力发电机组进入普通停机程

序，机组投入气动刹车，软脱网，待低速轴转速低于一定值后，再抱机械闸。如果是由于内部因素产生的可恢复故障，计算机可自行处理，无需维护人员到现场，即可恢复正常开机。

4. 紧急故障脱网停机

当系统发生紧急故障（如风力发电机组发生飞车、超速、振动及负载丢失等故障）时，风力发电机组进入紧急停机程序。机组投入气动刹车的同时执行 90°偏航控制，机舱旋转偏离主风向，转速达到一定限值后脱网，低速轴转速小于一定转速后，抱机械闸。

5. 安全链动作停机

安全链动作停机指电控制系统软保护控制失败时，为安全起见所采取的硬性停机。叶尖气动刹车、机械刹车和脱网同时动作，风力发电机组在几秒内停下来。

6. 大风脱网控制

当风速 10min 平均值大于 25m/s 时，风力发电机组可能出现超速和过载，为了机组的安全，这时风力发电机组必须进行大风脱网停机。风力发电机组先投入气动刹车，同时偏航 90°，等功率下降后脱网，20s 后或低速轴转速小于一定值时，抱机械闸，风力发电机组完全停止。当风速回到工作风速区后，风力发电机组开始恢复自动对风，待转速上升后，风力发电机组又重新开始自动并网运行。

7. 对风控制

风力发电机组在工作风速区时，应判定机舱与风向的偏离角度，根据偏离的程度和风向传感器的灵敏度，时刻调整机舱偏左和偏右的角度。

8. 偏转 90°对风控制

风力发电机组在大风速或超转速工作时，为了风力发电机组的安全停机，必须降低风力发电机组的功率，释放风轮的能量。当 10min 平均风速大于 25m/s 或风力发电机组转速大于转速超速上限时，风力发电机组做偏转 90°控制，同时投入气动刹车，脱网，转速降下来后，抱机械闸停机。在大风期间实行 90°跟风控制，以保证机组大风期间的安全。

9. 功率调节

当风力发电机组在额定风速以上并网运行时，对于失速型风力发电机组，由于叶片的失速特性，发电机的功率不会超过额定功率的 15%。一旦发生过载，必须脱网停机。对于变桨距风力发电机组，必须进行变桨距调节，减小风轮的捕风能力，以达到调节功率的目的，通常桨距角的调节范围为−2°～86°。

10. 软切入控制

风力发电机组在进入电网运行时，必须进行软切入控制，当机组脱离电网运行时，也必须软脱网控制。利用软并网装置可完成软切入/出的控制。

二、风力发电机组控制系统组成及功能

（一）控制系统总体结构

对于不同类型的风力发电机组，控制系统会有所不同，但主要是因为发电机的结构或类型不同而使得控制方法不同，从而形成多种结构和控制方案。大部分情况下，风力发电机组的控制系统由传感器、执行结构和软/硬件处理系统组成。风力发电机组采用的控制系统结构示意如图 6-1 所示。

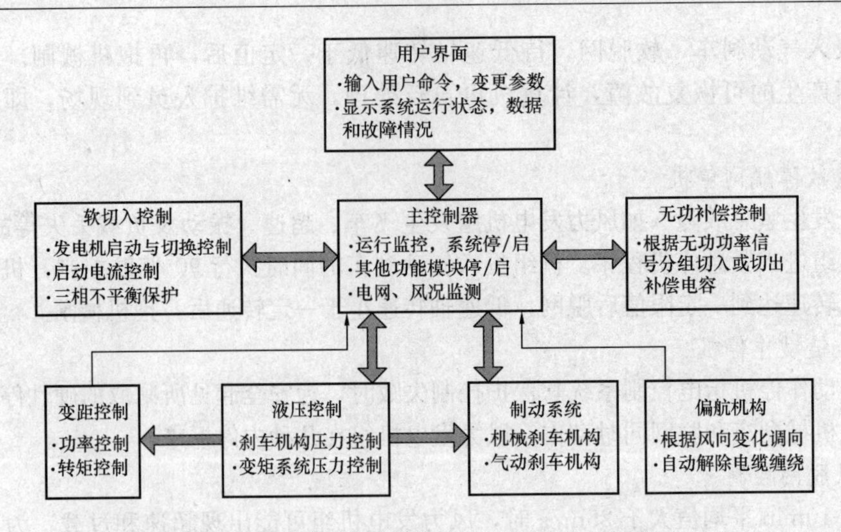

图 6-1 风力发电机组采用的控制系统结构示意图

(二) 控制系统的现场控制站示例

风力发电机组的现场控制站包括塔座主控制器机柜、机舱控制站机柜、变桨距系统、变流器系统、现场触摸屏站、以太网交换机、现场总线通讯网络、UPS 电源、紧急停机后备系统等，见图 6-2。

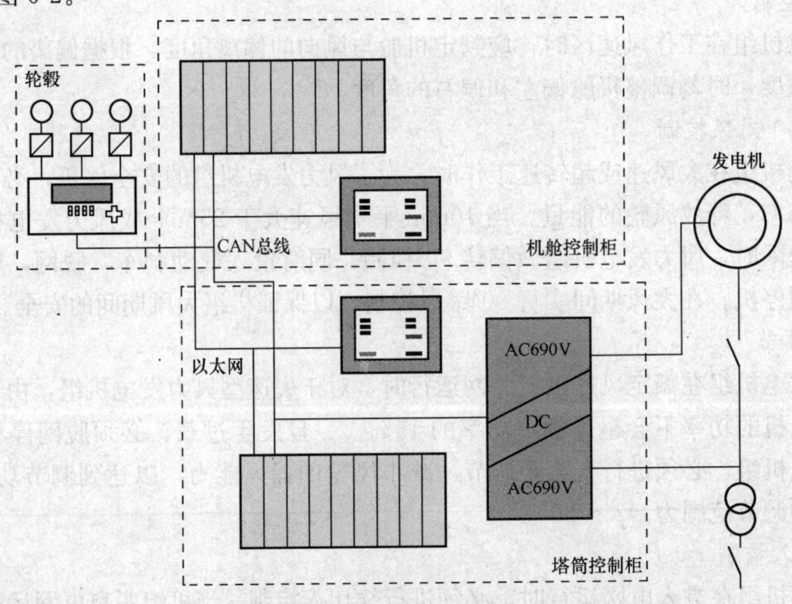

图 6-2 某风电场的现场控制站结构

1. 塔座控制站（主控柜）

塔座控制站主要包括 PLC 及其扩展模块、控制接触器、中间继电器、电源保护等部分，整体采用功能模块结构，结构紧凑，是风力发电机组电气控制系统的核心。

2. 机舱控制站

机舱控制站采集机组传感器测量的温度、压力、转速以及环境参数等信号，通过现场总线和机组主控制站通信，主控制器通过机舱控制机架以实现机组的偏航、解缆等功能，此外还对机舱内各类辅助电动机、油泵、风扇进行控制以使机组工作在最佳状态。

3. 变桨距系统

大型兆瓦级以上风力发电机组通常采用液压变桨系统或电动变桨系统。变桨系统由前端控制器对 3 个叶片的桨距驱动装置进行控制，是主控制器的执行单元，采用 CANOPEN 与主控制器进行通信，以调节 3 个叶片的桨距工作在最佳状态。变桨系统有后备电源系统和安全链保护，保证在危急工况下紧急停机。

4. 变流器系统

大型风力发电机组目前普遍采用大功率的变流器以实现发电能源的变换，变流器系统通过现场总线与主控制器进行通信，实现机组的转速、有功功率和无功功率的调节。

5. 现场触摸屏站

现场触摸屏站是机组监控的就地操作站，实现风力机组的就地参数设置、设备调试、维护等功能，是机组控制系统的现场上位机操作员站。

6. 以太网交换机（HUB）

系统采用工业级以太网交换机，以实现单台机组的控制器、现场触摸屏与远端控制中心网络的连接。现场机柜内采用普通双绞线连接，与远程控制室上位机采用光缆连接。

7. 现场通信网络

主控制器具有 CANOPEN、PROFIBUS、MODBUS、以太网等多种类型的现场总线接口，可根据项目的实际需求进行配置。

8. UPS 电源

UPS 电源用于保证系统在外部电源断电的情况下，机组控制系统、危急保护系统以及相关执行单元的供电。

9. 后备危急安全链系统

后备危急安全链系统是独立于计算机系统的硬件保护措施，即使控制系统发生异常，也不会影响安全链的正常动作。安全链是将可能对风力发电机造成致命伤害的超常故障串联成一个回路，当安全链动作后将引起紧急停机，机组脱网，从而最大限度地保证机组的安全。

10. 上位机监控

所有风电机组通过光纤以太网连接至主控室的上位机操作员站，实现整个风场的远程监控，上位机监控软件应具有如下功能：

（1）系统具有友好的控制界面。在编制监控软件时，充分考虑到风电场运行管理的要求，使用汉语菜单，使操作简单，尽可能为风电场的管理提供方便。

（2）系统显示各台机组的运行数据。如每台机组的瞬时发电功率、累计发电量、发电小时数、风轮及电机的转速和风速、风向等，将下位机的数据调入上位机，在显示器上显示，必要时还可以曲线或图表的形式直观地显示出来。

（3）系统显示各风电机组的运行状态，如开机、停车、调向、手/自动控制以及大/小发电机工作等情况，通过各风电机组的状态了解整个风电场的运行情况。

（4）系统能够及时显示各机组运行过程中发生的故障。在显示故障时，能显示出故障的类型及发生时间，以便运行人员及时处理及消除故障，保证风电机组的安全和持续运行。

(5) 系统能够对风电机组实现集中控制。值班员在集中控制室内，只需对标明某种功能的相应键进行操作，就能改变下位机的设置状态并实施控制，如开机、停机和左右调向等。但该类操作有一定的权限，以保证整个风电场的运行安全。

(6) 系统管理。监控软件具有运行数据的定时打印和人工即时打印以及故障自动记录的功能，以便随时查看风电场运行状况的历史记录情况。

(三) 风电机组控制系统基本功能

风电机组主控系统是整机控制的核心，可以分为常规控制系统和安全控制系统两个子系统。

1. 常规控制系统

控制整个机组在各种外部条件下能够在正常的限定范围内运行。从功能上分为下列系统。

(1) 功率控制系统。机组功率控制方式为变速变桨策略的控制方式，风速低于额定风速时，机组采用变速控制策略，通过控制发电机的电磁扭矩来控制叶轮转速，使机组始终跟随最佳功率曲线，从而实时捕获最大风能。当风速大于额定风速时，机组采用变速变桨控制策略，使机组维持稳定的功率输出。

(2) 偏航控制系统。采用主动对风控制策略，通过安装在机舱尾部的风向标和偏航位置传感器反馈机舱位置夹角决定是否偏航，从而实现实时调节风轮的迎风位置，使得机组实现最大风能捕获和降低载荷。

(3) 液压控制系统。液压系统控制的目标是当液压系统压力低于系统启动压力设置值时，液压泵启动；系统压力高于停止液压泵压力设置值时，液压泵停止工作。另外，在偏航时给刹车盘施加一定的阻尼压力，当偏航停止时，偏航闸抱紧刹车盘，保持叶轮一直处于对风位置。

(4) 电网监测系统。实时监控电网参数，确保机组在正常电网状况下运行。

(5) 计量系统。实时检测机组的发电量，为经营提供依据。

(6) 机组正常保护系统。实时监控整机的状态，如风速、温度、后备电源状态等数据。

(7) 低压配电系统。为机组用电设备输送电源。

(8) 故障诊断和记录功能。正确输出机组的当前故障，并记录故障前后的数据。

(9) 人机界面。提供信息服务功能。

(10) 通信功能。系统集成水冷系统、变桨系统、变流系统，从而实现协同控制，同时把机组信息实时上传到中央集控中心。

2. 安全控制系统

安全系统是独立于机组正常控制系统外的状态监控系统。安装在机组上独立于正常控制系统外的传感器和执行机构通过安全模块连成一个独立的系统。当这些传感器动作时，触发安全控制系统。安全系统一旦被触发，机组立即停机，并且切断偏航系统接触器，停止偏航和自动启机，脱离正常控制系统，从而最大程度上保证机组的安全。安全控制系统从功能上可分为：

(1) 扭缆保护功能。当机舱位置相对零度偏航大于900°时，紧急停机。

(2) 过速保护功能。当机组转速大于额定转速的1.2倍时，紧急停机。

(3) 振动保护功能。当机组振动开关动作时，紧急停机。

（4）变桨故障保护功能。当机组变桨系统安全链系统动作时，紧急停机。

（5）急停功能。当机组机舱或塔底急停开关动作时，紧急停机。

（6）PLC看门狗。当机组发生通信故障或PLC系统失效时，安全系统动作，紧急停机。

风电机组主控系统可以实现机组停机、待机、启动、并网、维护等几种状态的控制。

三、风电机组的状态监测

（一）机组状态参数检测

1. 转速

风力发电机组转速的测量点有发电机转速和风轮转速。转速测量信号用于控制风力发电机组并网和脱网，还可用于启动超速保护系统，当风轮转速超过设定值 n_1 或发电机转速超过设定值 n_2 时，超速保护动作，风力发电机组停机。

一般风轮转速和发电机转速可以相互校验，如果不符，则提示风力发电机组故障。

2. 温度

有8个点的温度被测量，用于反映风力发电机组系统的工作状况。这8个点包括：①齿轮箱油温；②高速轴承温度；③大发电机温度；④小发电机温度；⑤前主轴承温度；⑥后主轴承温度；⑦控制盘温度（主要是晶闸管的温度）；⑧控制器环境温度。

由于温度过高引起风力发电机组退出运行，在温度降至允许值时，仍可自动启动风力发电机组运行。

3. 机舱振动

为了检测机组的异常振动，在机舱上应安装振动传感器。传感器由一个与微动开关相连的钢球及其支撑组成。异常振动时，钢球从支撑圆环上落下，拉动微动开关，引起安全停机。重新启动时，必须重新安装好钢球。

机舱后部还设有桨叶振动探测器，过振动时将引起正常停机。

4. 电缆扭转

偏航齿轮上装有一个独立的记数传感器，以记录相对初始方位所转过的齿数。当风力发电机向一个方向持续偏航达到设定值时，表示电缆已被扭转到危险的程度，控制器将发出停机指令并显示故障，风力发电机组停机并执行顺或逆时针解缆操作。为了提高可靠性，在电缆引入塔筒处（即塔筒顶部），还安装了行程开关，行程开关触点与电缆相连，当电缆扭转到一定程度时可直接拉动行程开关，引起安全停机。

5. 机械刹车状况

在机械刹车系统中装有刹车片磨损指示器，如果刹车片磨损到一定程度，控制器将显示故障信号，这时必须更换刹车片后才能启动风力发电机组。

6. 油位

风力发电机的油位包括润滑油位、液压系统油位。

（二）电力参数的监测

风力发电机组需要持续监测的电力参数包括电网三相电压、发电机输出的三相电流、电网频率、发电机功率因数等。这些参数无论风力发电机组处于并网状态还是脱网状态都被监测，用于判断风力发电机组的启动条件、工作状态及故障情况，还用于统计风力发电机组的有功功率、无功功率和总发电量。此外，还可根据电力参数，主要是发电机有功功率和功率因数来确定补偿电容的投入与切出。

1. 电压测量

电压测量主要检测以下故障：

（1）电网冲击。相电压超过450V，0.2s。

（2）过电压。相电压超过433V，50s。

（3）低电压。相电压低于329V，50s。

（4）电网电压跌落。相电压低于260V，0.1s。

（5）相序故障。

对电压故障要求反应较快。在主电路中设有过电压保护，其动作设定值可参考冲击电压整定保护值。发生电压故障时风力发电机组必须退出电网，一般采取正常停机，而后根据情况进行处理。

电压测量值经平均值算法处理后可用于计算机组的功率和发电量的计算。

2. 电流测量

关于电流的故障包括：

（1）电流跌落。0.1s内一相电流跌落80%。

（2）三相不对称。三相中有一相电流与其他两相相差过大，相电流相差25%，或在平均电流低于50A时，相电流相差50%。

（3）晶闸管故障。软启动期间，某相电流大于额定电流或者触发脉冲发出后电流连续0.1s为0。

对电流故障同样要求反应迅速。通常控制系统带有两个电流保护即电流短路保护和过电流保护。电流短路保护采用断路器，动作电流按照发电机内部相间短路电流整定，动作时间为0～0.5s。过电流保护由软件控制，动作电流按照额定电流的2倍整定，动作时间为1～3s。电流测量值经平均值算法处理后与电压、功率因数合成为有功功率、无功功率及其他电力参数。

电流是风力发电机组并网时需要持续监视的参量，如果切入电流小于允许极限，则晶闸管导通角不再增大，当电流开始下降后，导通角逐渐打开直至完全开启。并网期间，通过电流测量可检测发电机或晶闸管的短路及三相电流不平衡信号。如果三相电流不平衡超出允许范围，控制系统将发出故障停机指令，风力发电机组退出电网。

3. 频率

电网频率被持续测量。测量值经平均值算法处理与电网上、下限频率进行比较，超出时风力发电机组退出电网。

电网频率直接影响发电机的同步转速，进而影响发电机的瞬时出力。

4. 功率因数

功率因数通过分别测量电压相角和电流相角获得，经过移相补偿算法和平均值算法处理后，用于统计发电机有功功率和无功功率。

由于无功功率导致电网的电流增加，线损增大，且占用系统容量。所以送入电网的功率，感性无功分量越少越好，一般要求功率因数保持在0.95以上。因此，风力发电机组使用了电容器补偿无功功率。考虑到风力发电机组的输出功率常在大范围内变化，补偿电容器一般按不同容量分成若干组，根据发电机输出功率的大小来投入与切出。这种方式投入补偿电容时，可能造成过补偿，此时会向电网输入容性无功功率。电容补偿并未改变发电机运行状况，补偿后，发电机接触器上的电流应大于主接触器电流。

（三）风力参数监测

1. 风速

风速通过机舱外的数字式风速仪测得。计算机每秒采集一次来自风速仪的风速数据；每10min计算一次平均值，用于判别启动风速（风速 $v>3$m/s 时启动小发电机，$v>8$m/s 时启动大发电机）和停机风速（$v>25$m/s）。安装在机舱顶上的风速仪处于风轮的下风向，本身并不精确，一般不用来产生功率曲线。

2. 风向

风向标安装在机舱顶部两侧，主要测量风向与机舱中心线的偏差角。一般采用两个风向标，以便互相校验，排除可能产生的误信号。控制器根据风向信号，启动偏航系统。当两个风向标不一致时，偏航会自动中断。当风速低于 3m/s 时，偏航系统不会启动。

（四）各种反馈信号的检测

控制器在以下指令发出后的设定时间内应收到动作已执行的反馈信号：

(1) 回收叶尖扰流器。

(2) 松开机械刹车。

(3) 松开偏航制动器。

(4) 发电机脱网及脱网后的转速降落信号。否则将出现相应的故障信号，执行安全停机。

（五）控制系统中的传感器

风力发电机组中用到的传感器主要有以下几种类型。

1. 振动分析

振动分析是在旋转机械运行状态检测中使用最广泛的方法。在风力发电机组中，该类型的传感器主要用于检测齿轮箱的齿轮和轴承、发电机轴承和主轴承运行状态。

为了检测机组的异常振动，在机舱上应安装振动开关，外形如图 6-3 所示。振动开关传感器由一个与微动开关相连的钢球及其支撑组成。异常振动时，钢球从支撑圆环上落下，拉动微动开关，引起安全停机。重新启动时，必须重新安装好钢球。机舱振动开关安装位置见图 6-4，机舱后部还设有桨叶振动探测器，过振动时将引起正常停机。

图 6-3 振动开关

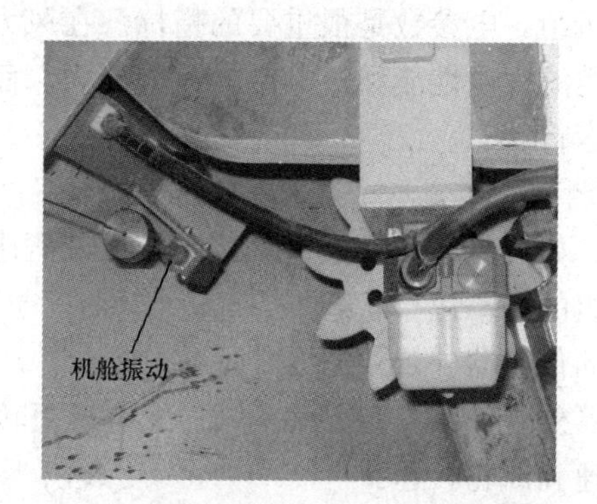

图 6-4 振动开关安装位置

2. 油品分析

油品分析有两个目的，一是检测润滑油的质量，二是检测被润滑的工件质量。

油品分析在大多数情况下都是离线的，但目前也已经有了商业化的在线油品监测系统，这些系统可以实时检测油品的水分和微粒。除此之外，风力发电机组对液压系统过滤器的状态检测已广泛使用，这在某种程度上也可视为是对油质量的监测。

工件的性能通常只有失效检测，但通过对其润滑油的分析可以了解到工件的磨损程度。

3. 温度监测

温度传感器用于测量风力发电机组各点温度，以反映风力发电机组系统的工作运行状况。温度过高时引起风力发电机组退出运行，在温度降至允许值时，仍可自动启动风力发电机组运行。机组各温度测量点见表 6-1。

表 6-1　　机组各温度测量点

序号	温度测量点	所用传感器	备　注
1	A 轴承		
2	B 轴承	PT100	
3	定子线圈（3 个）		
4	定子线圈（3 取 2）	PTC	
5	油箱		
6	高速轴 1 号轴承	PT100	
7	高速轴 2 号轴承		
8	齿轮箱进油口（冷却油）		
9	主轴轴承温度		主轴轴承箱
10	外部温度		机舱下面
11	机舱内部温度		机舱控制柜附近

4. 压力传感器

压力传感器可以用来监测风力发电机组结构载荷和低速轴转矩，对风力发电机组的设计验证和寿命预期有很重要的意义。

5. 电参数监测

作为发电机组，电参数是很重要的指标。在风力发电机组和电网连接点的各项参数表征了风力发电机组的发电性能和对电网的适应能力。而变流、变桨等子系统的电参数监测是为了实时了解其运行状态。

6. 其他监测

其他参数，如叶轮转速、风速、桨距角、液压压力等是风力发电机组的基本参数，表征了风力发电机组的基本运行状态。

风速与风向传感器外观如图 6-5 所示。

转速传感器外观如图 6-6 所示。风力发电机组转速的测量点包括发电机输入端转速、齿轮箱输出端转速和风轮转速。

偏航计数器一般是一个带控制开关的蜗轮蜗杆装置或与其相类似的设备，外观见图 6-7。

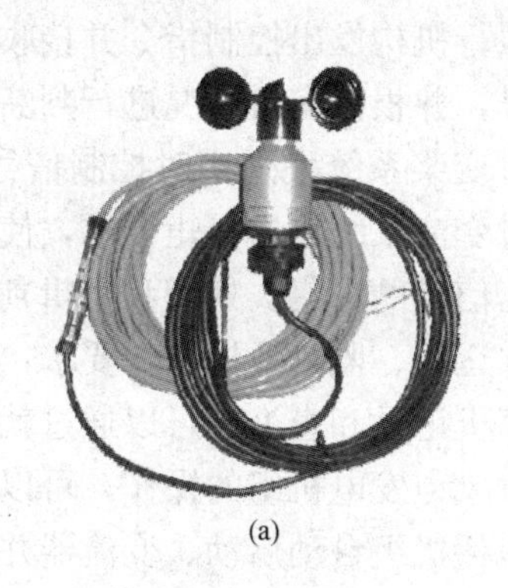
(a)

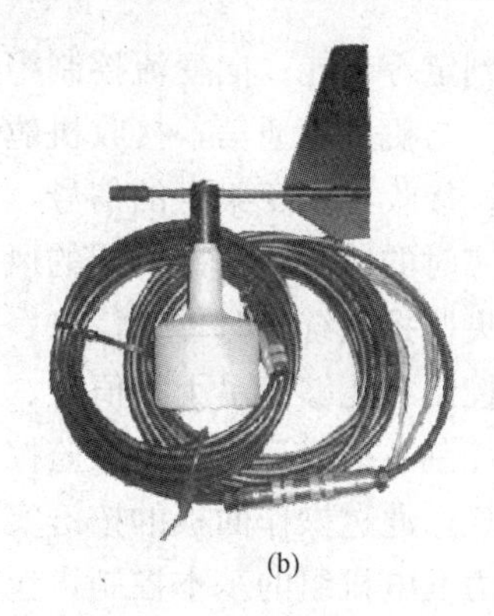
(b)

图 6-5 风传感器
(a) 风速传感器；(b) 风向传感器

图 6-6 转速传感器

图 6-7 偏航计数器

四、主控系统中的各种柜体

(一) 塔底控制柜

1. 塔底控制柜的功能

塔底控制柜（即主控制柜）位于塔底，是机组可靠运行的核心，主要由 PLC 及其扩展模块组成，分别组成主站和低压配电（LVD）站，见图 6-8。其功能主要有：

(1) 提供机舱用的电源。电网通过箱式变压器为系统提供 690V 和 400V 两种电源，这些电源接到塔底柜，塔底柜利用这些电源的同时，还通过两组电源线为机舱柜供电。

(2) 提供塔架照明用电源。为了方便工作，每层塔筒内都有照明装置，这些照明装置的电源也是由塔底柜提供的。

(3) 系统的中央控制单元。塔底柜是系统的中央控制单元，它通过光纤与机舱柜、变流器通信，对采集来的各种信号进行处理，同时发出控制命令对机组进行启动、停止等命令。主要完成数据采集及输入、输出

图 6-8 风电机组主控柜

信号处理，逻辑判定等功能；向变流控制柜的执行机构发出控制指令并接收变流控制柜送出的实时状态数据；与机舱柜通信，接收机舱信号，并根据实时情况进行判断，发出偏航或液压站的工作信号；接收三个变桨柜的信号，并对变桨系统发送实时控制信号控制变桨动作；对变流系统进行实时的检测，根据不同的风况对变流系统输出扭矩要求，使机组的发电功率保持最佳；与中央监控系统实时传递信息；根据信号的采集、处理和逻辑判断保障整套机组的可靠运行。主控制柜能够满足无人值守、独立运行、监测及控制的要求，运行数据与统计数值可通过就地控制系统或远程的中央监控计算机记录和查询。可以通过就地操作面板显示风力发电机组信息，通过操作面板的按键实现对风力发电机组的操作，可以由中央监控计算机远程实施对风力发电机组的基本控制，包括包括机组自动启动、变流器并网、主要零部件除湿加热、机舱自动跟踪风向、液压系统开停、散热器开停、机舱扭缆和自动解缆、电容补偿和电容滤波投切以及低于切入风速时自动停机。控制器存储采集到的数据，并通过通信设备连续地把数据传递给中央监控计算机，便于中央监控计算机做其他数据分析。

2. 塔底控制柜操作按钮

塔底控制柜操作面板按钮布置如图 6-9 所示。

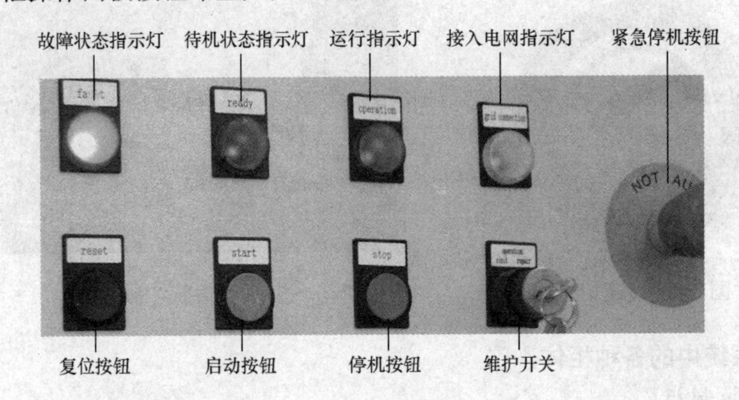

图 6-9　主控制柜操作面板

（1）维护开关。维护开关的位置有 visit、中间和 repair 三种。风力发电机组停机后，将主控柜上的维护开关位置扳到 visit 或 repair 侧，机组都将进入维护模式，禁止中央监控计算机控制风力发电机组。

（2）紧急停机按钮。出现特殊情况时，按下紧急停机按钮，安全链断开，机组在运行状态下将执行紧急停机。

（3）复位按钮。正常情况下，该转换开关置于正常状态，当机组需要维护检修时，置维护/复位位置。当置于维护/复位时，为确保维护人员安全，机组自动释放叶尖，风力机组停止自动对风。

（4）停机按钮。按下后系统执行正常停机过程。

（5）启动按钮。按下后系统执行启动过程。

（二）机舱柜

1. 机舱控制柜组成及功能

机舱控制柜如图 6-10 所示。柜内主要包括低压配电单元、电动机转速检测单元、风速/风向检测单元、Topbox I/O 子站和外围辅助控制回路。Topbox I/O 子站通过 Profibus-DP

总线与塔底控制主站连接，其主要功能是采集和处理信号。

（1）控制机舱设备。机舱柜接受塔底柜的电源实时检测，控制机舱内设备，并向机舱设备提供所需的电源。为保证机组正常运行，机舱内配有液压站、加热器、风扇等设备，齿轮箱、发电机等功能部件，还配有自己的控制单元，由机舱柜接受塔底柜的控制命令进行控制。这些部件的工作使机组可以在合适的状态下工作，同时还可延长机组的使用寿命。

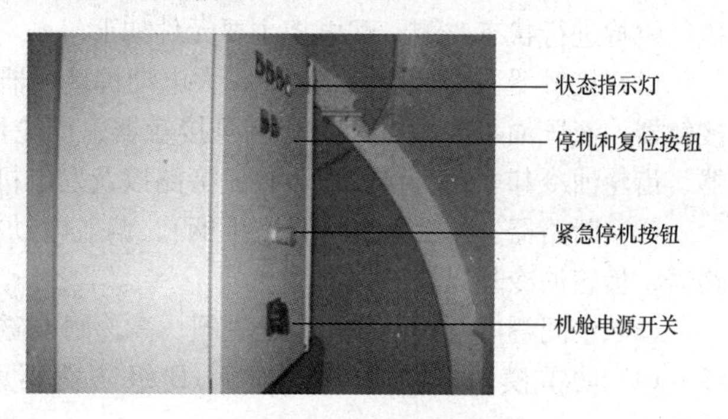

图 6-10　机舱控制柜

（2）数据采集。机舱柜配有 PLC 系统的功能模块，它可以实时采集机舱柜内、机舱内各关键部件的温度、压力等信号，以及风速、风向等信息，通过光纤传递给塔底 PLC 系统，为系统采取必要的控制措施提供依据。

（3）变桨控制单元。机舱柜还负责与变桨系统进行通信，并提供变桨系统工作所需要的电源，这些功能通过滑环来实现。机舱柜接受变桨系统的信息后通过光纤传递给塔底柜，由塔底柜根据风速、发电机转速等信息提出桨叶角度的需求，由变桨系统驱动桨叶旋转至所需角度。

2. 机舱控制柜操作按钮

机舱控制柜上的操作面板按钮如图 6-11 所示。包括紧急停机按钮、复位按钮、停机按钮等，与主控制柜相应按钮功能相同。

（1）机舱维护控制手柄。在机组处于维护状态时，可以通过维护手柄上的 Yaw 按钮控制机组向左或向右偏航；通过维护手柄上的 Pitch 按钮控制机组的三个叶片同时向 0°或 90°变桨；通过维护手柄上的 Service brake 按钮控制发电机锁定液压闸的动作，进行发电机的锁定工作；并且通过维护手柄上的红色 Stop、绿色 Start 按钮可以控制机组的正常停机和启动。

（2）左偏航/正常/右偏航转换开关。偏航转换开关见图 6-12。

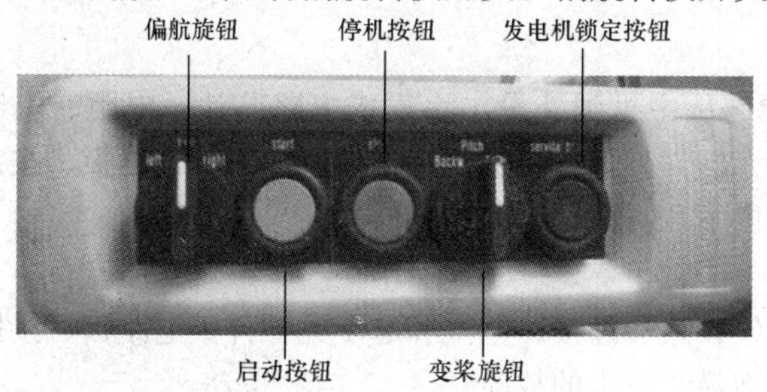

图 6-11　机舱控制柜操作面板

图 6-12　偏航转换开关

实现左右偏航。系统中各部分偏航优先级由高到低依次排列为：顶部机舱偏航、面板键盘偏航、远程监控系统偏航、侧风、解缆和自动对风。

（三）配电柜

1. 配电柜主要元器件

配电柜是风力发电机组的主配电系统，连接发电机与电网，为机组中的各执行机构提供电源，同时也是各执行机构的强电控制回路，通过反馈信号对接触器、电动机、供电电源等执行机构进行状态监测。配电柜主要元件如下。

（1）接触器。包括旁路接触器、大电动机接触器、左偏航电动机接触器、右偏航电动机接触器、液压油泵接触器、齿轮油泵接触器、齿轮油加热器接触器、发电动机加热器接触器、齿轮油冷却电动机接触器、控制旁路以及发电机接触器等。

（2）断路器。包括主断路器（手柄）、偏航电动机断路器、液压泵断路器、齿轮油泵断路器、齿轮油冷却风扇断路器等。

（3）中间继电器。包括叶尖电磁阀、高速闸电磁阀、偏航刹车电磁阀等。

（4）防雷模块。包括三相 690V B 级防雷器、三相 690V C 级防雷器、230V 防雷器等。

（5）变压器。变压器参数为 AC 230～20V、350V·A，AC 690～230V、5000V·A。

控制系统的运行与维修及应急照明一般要通过机组配电柜获得电能。为了保证正常用电，对配电柜上的电气和仪表应经常进行检查和维修，及时发现问题和消除隐患。

2. 配电柜的运行检查

对运行中的配电柜，应做以下检查：

（1）配电柜和柜上电器元件的名称、标志、编号是否清楚、正确，柜上所有的操作手柄，按钮和按键等的位置与现场实际情况是否相符，固定是否可靠，操作是否灵活。

（2）配电柜上表示“合”、“分”的信号灯和其他信号指示是否正确（红灯亮表示开关处于闭合状态，绿灯亮表示开关处于断开位置）。

（3）隔离开关、断路器和熔断器灯的接点是否牢靠，有无过热变色现象。

（4）二次回路的绝缘有无破损，并用绝缘电阻表测量绝缘电阻。

（5）配电柜上有操作模拟板时，模拟板与现场电气设备的运行状态是否对应一致。

（6）清扫仪表和电器上的灰尘，检查仪表和表盘玻璃有无松动。

（7）巡视检查中发现的缺陷，应及时记入缺陷登记本和运行日志内，以便排除故障时参考分析。

五、控制系统的故障防护

（一）硬件故障

构成风力发电机组控制系统的硬件从主机到外设，除集成电路芯片、电阻、电容、电感、晶体管、电动机、继电器等许多元器件外，还包括插头、插座、印制电路板、按键、引线、焊点等。硬件的故障主要表现在以下几方面。

1. 电气元件故障

电器故障主要是指电器装置、电气线路和连接、电气和电子元器件、电路板、接插件所产生的故障是风力发电机组控制系统中最常发生的故障。

（1）输入信号线路脱落或腐蚀。

（2）控制线路、端子板、母线接触不良。

（3）执行输出电动机过载或烧毁。

（4）保护线路熔丝烧毁或断路器过电流保护。

（5）热继电器安装不牢、接触不可靠、动触点机构卡住或触头烧毁。

（6）中间继电器安装不牢、接触不可靠、动触点机构卡住或触头烧毁。

(7) 控制接触器安装不牢、接触不可靠、动触点机构卡住或触头烧毁。

(8) 配电箱过热或配电板损坏。

(9) 控制器输入/输出模板功能失效、强电烧毁或意外损坏。

2. 机械故障

机械故障主要发生在风力发电机组控制系统的电气外设中，如在控制系统的专用外设中，伺服电动机卡死不动，移动部件卡死不走，阀门机械卡死等。凡由于机械上的原因所造成的故障都属于机械故障。

(1) 安全链开关弹簧复位失效。

(2) 偏航减速机齿轮卡死。

(3) 液压伺服机构电磁阀心卡涩，电磁阀线圈烧毁。

(4) 风速仪、风向仪转动轴承损坏。

(5) 转速传感器支架脱落。

(6) 液压泵堵塞或损坏。

3. 传感器故障

该类故障主要是指风力发电机组控制系统的信号传感器产生的故障，如闸片损坏引起的闸片磨损或破坏，风速/风向仪的损坏等。

(1) 温度传感器引线振断、热电阻损坏。

(2) 磁电式转速电气信号传输失灵。

(3) 电压变换器和电流变换器对地短路或损坏。

(4) 速度继电器和振动继电器动作信号调整不准或给激励信号不动作。

(5) 开关状态信号传输线断或接触不良造成传感器不能工作。

4. 人为故障

人为故障是由于人为不按系统要求的环境条件和操作规程而造成的故障。如将电源加错、将设备放在恶劣环境下工作、在加电的情况下插拔元器件或电路板等。

(二) 软件故障

软件故障主要来自设计，如编程中的错误、规范错误、性能错误、中断与堆栈操作错误等。有些硬件问题也会影响到软件。

任务二 变流系统的维护

【任务引领】

变流器是把风能转化为电能并入电网的纽带，既能对电网输送风力发电的有功分量，又能连接、调节电网端无功分量，起到无功补偿的作用。对于风力发电机组来说，由于风能的不恒定性，导致从发电机输出电能的不稳定性，这种电能是不能直接接入电网的。要接入电网必须满足发电机输出电压的大小，频率及相位与电网一致。变流器将发电机组转子侧的电能通过整流、逆变接入电网。变流器可以控制风力发电机组的功率因数，超前或滞后功率因数均可调节，并具备低电压穿越能力。

【教学目标】

(1) 了解变流系统的基本结构。
(2) 认识变流系统各元件，了解各元件性能参数。
(3) 明确变流器在控制系统中的作用。
(4) 掌握变流器的结构组成和工作原理。
(5) 熟悉变流器的变流过程。
(6) 识读变流系统图和电路图。
(7) 掌握变流器维护内容和维护方法。
(8) 掌握变流器的常见故障及处理方法。

【任务准备与实施建议】

(1) 查阅资料，了解风电机组使用的主流变流器。
(2) 绘制变流器结构原理图，分析变流过程。
(3) 观察变流过程中系统参数变化。
(4) 分析变流器可能出现的故障及原因。

【相关知识的学习】

在风电机组中变流器能实现如下功能：
(1) 通过控制转子对发电机励磁。
(2) 在指定的速度范围内将发电机与电网同步。
(3) 并网、脱网操作。
(4) 产生所需要的转矩、功率。
(5) 产生所需要的无功功率。
(6) 在电网故障时，通过撬棒能提供对变频器的保护。

一、带有变流器的风力发电系统

(一) 带变流器的双馈异步风力发电系统

图 6-13 所示为带变流器的双馈异步风力发电机组，该机组可以实现无冲击并网。机组在自检正常的情况下，叶轮处于自由运动状态，当风速满足启动条件且叶轮正对风向时，变

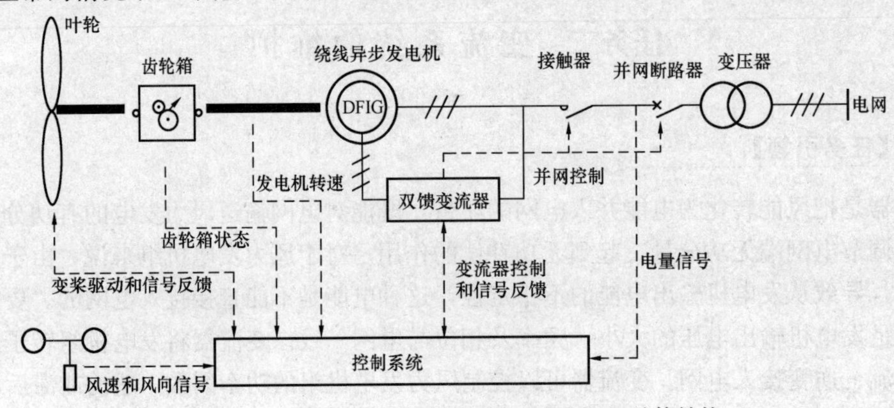

图 6-13 双馈异步式变速恒频风力发电机组总体结构

桨执行机构驱动桨叶至最佳桨距角。叶轮带动发电机转速至切入转速，变桨机构不断调整桨距角，将发电机控制转速保持在切入转速上。此时，风力发电机组主控制器如认为一切就绪，则发出命令给双馈变流器，使之执行并网操作。

变流器在得到并网命令后，首先以预充电回路对直流母线进行限流充电，在电容电压提升至一定程度后，电网侧变流器进行调制，建立稳定的直流母线电压。其后机组侧变流器进行调制。在基本稳定的发电机转速下，通过机组侧变流器实现对励磁电流大小、相位和频率的控制，使发电机定子空载电压的大小、相位和频率与电网电压的大小、相位和频率严格对应，在这样的条件下闭合主断路器，实现准同步并网。

（二）带变流器的永磁同步式风力发电系统

图 6-14 所示为带变流器的永磁同步式风力发电机组，该机组也可实现无冲击并网。

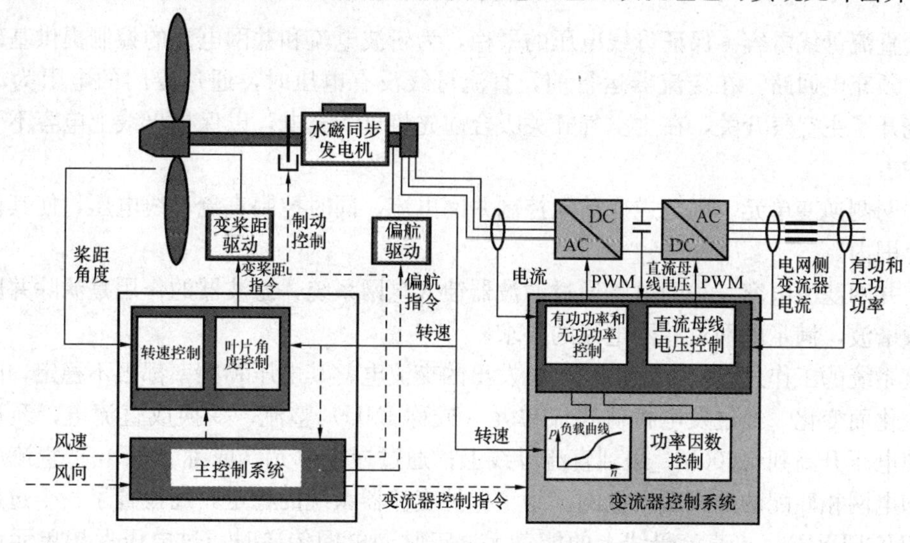

图 6-14　永磁同步式风力发电机组总体结构

变流器在得到并网命令后，首先以预充电回路对直流母线进行限流充电，在电容电压提升至一定程度后，电网侧主断路器和定子侧接触器闭合。电网侧变流器和发电机侧变流器开始调制，对机组进行转矩加载并调整桨距角进入正常发电状态。与双馈式异步风力发电机组相比，永磁同步式发电机组不存在“同步”阶段，在发电机连接到电网的整个过程中，通过发电机和变流器的电流均在系统的控制之下。

二、变流系统结构及工作原理

1. 变流系统硬件组成

现以某 1.5MW 直驱风力发电机组为例，说明变流系统的硬件基本组成，其结构如图 6-15所示。

变流器主电路主要分为整流电路、斩波升压电路、逆变电路 3 个部分。各部分的功能如下：

（1）发电机电容。功能是提供对非线性负载无功的补偿，使发电机端功率因数近似为 1（即发电机电压与电流同相位），从而提高系统利用率。

（2）整流单元。将发电机发出的交流电变化为直流电，还包括滤波电容，以抑制整流电压波动。

（3）斩波（boost）单元：控制整流后的电流，从而控制发电机输出功率。

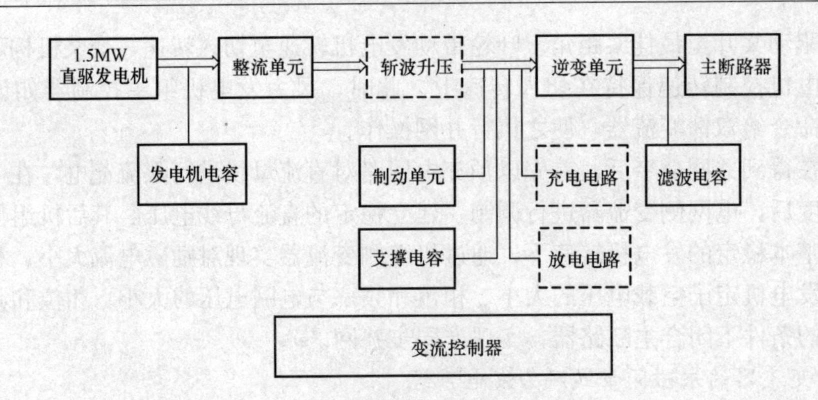

图 6-15 变流系统硬件组成框图

(4) 直流母线电容。保证母线电压的平稳，为斩波电流和并网电流的控制提供基础。

(5) 预充电回路。在变流器运行前，直流母线没有电压时，通过专门的电阻为母线充电。它绕开了主空气开关，在主空气开关吸合前先将母线充电，以保护母线上电容不受电网的电压冲击。

(6) 网侧逆变单元。网侧逆变单元控制并网电流，同时控制直流母线电压，使其保持在稳定的范围内。

(7) 并网滤波电容。并网电流通过滤波器馈入电网系统，滤波器的作用是滤除并网电流中的高频谐波，满足电网对并网电流的要求。

变流系统的工作过程如下：由发电机发出的交流电，其电压和频率都很不稳定，随叶轮转速的变化而变化。经过发电机侧整流单元（或称 INU）整流，变换成直流电；经过斩波升压，使电压升高到±600V，送到直流母线上；通过逆变单元（或称 AFE）把直流电逆变成能够和电网相匹配的形式送入电网。为了保护变流器系统的稳定，还设置了一个过压保护单元（CHOPPER），当直流母线上的能量无法正常向电网传递时，过电压保护单元可以将多余的能量在电阻上通过发热消耗掉，避免直流母线电压过高造成器件的损坏。其参数见表 6-2～表 6-4。

表 6-2 变流器基本技术参数

类型	全功率变流器	类型	全功率变流器
出口功率	3000kW	尺寸	2460mm×2300mm×640mm
额定电压	690V	防护等级	IP54
功率因数	+/-0.975	种类	2500kg
冷却	水冷	通信协议	Canopen

表 6-3 网侧变流器技术参数

网侧变流器电压范围	3AC 690V±10%
网侧变流器频率范围	47.5～51.5Hz
网侧变流器容量	2600kV·A
网侧变流器额定电流	2200A
网侧变流器短时过电流	2600A

表 6-4 机侧变流器技术参数

机侧变流器额定电压	0～690V±10%（长期）
机侧变流器频率	0～100Hz
机侧变流器容量	2600kV·A
机侧变流器额定电流	2200A
机侧变流器最大电流	2600A

2. SWITCH 变流系统主拓扑结构

SWTICH 变流系统主拓扑结构见图 6-16。该变流器采用可控整流的方式把发电机发出的交流电整流为直流电，通过网侧逆变单元把直流电逆变为工频交流电馈入电网。其控制方式为分布式控制，即每个功率单元都能够独立执行控制、保护、监测等功能，功率单元之间则通过现场总线连接。该方式与其主电路拓扑结构相对应。

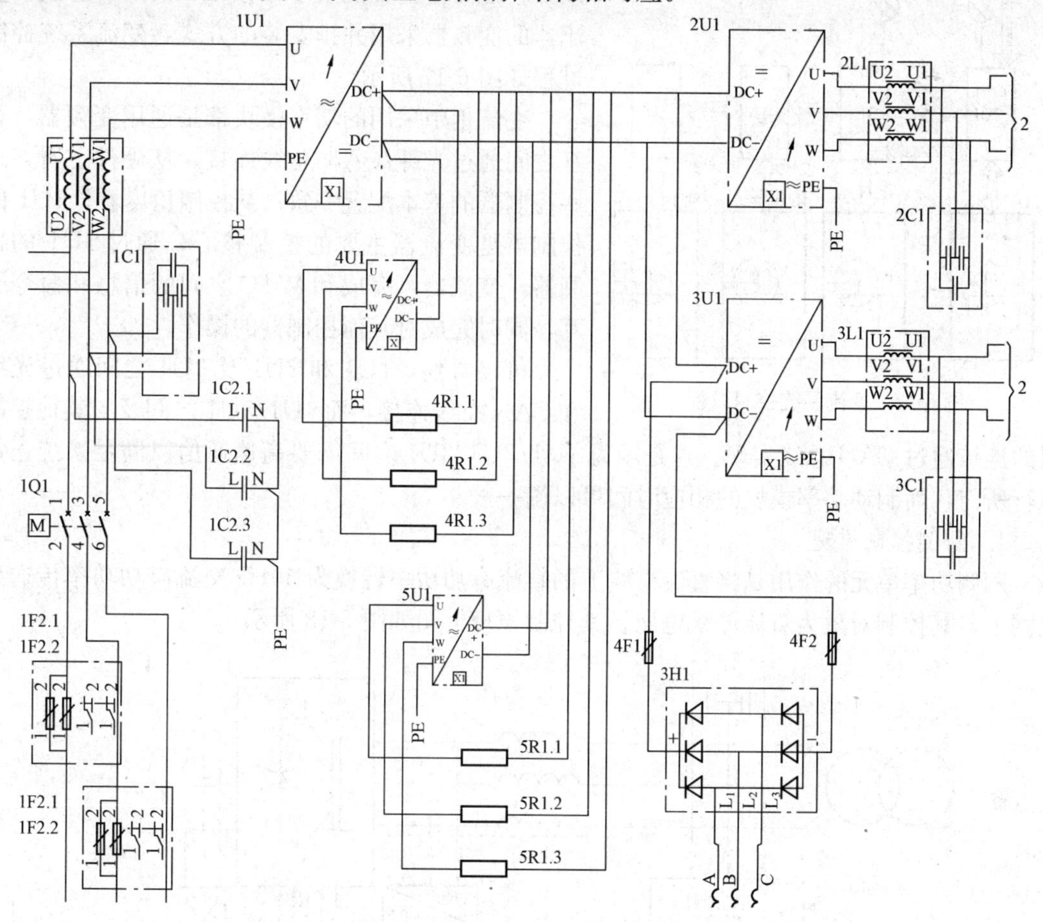

图 6-16　变流器系统原理图

3. 变流系统控制框图

变流回路主要由 4 个变频器和 3 个框架开关组成（1 个在变流柜中做电网侧的主空气开关，另外 2 个在机舱内的接线柜中做发电机侧的空气开关）。采用可控整流方式，即整流部分采用可控的 IGBT 整流（发电机侧的变频器作为整流器），核心部件为变频器：1U1 为网侧逆变功率模块，2U1 和 3U1 为发电机侧整流功率模块，4U1 为制动功率模块，3H1 为预充电模块。

电网侧逆变变频器的作用是将直流母线上的电能转换成为电网能够接受的形式并传送到电网上。发电机侧整流变频器的作用是将发电机发出的电能转换成为直流电能传送到直流母线上。制动/耗能变频器是在直流母线上的电能无法正常向电网传递或直流母线电压过高时，将多余的电能在电阻 4R1 和 5R1 上通过发热消耗掉，以避免直流母线电压过高造成器件的损坏。1Q1 为电网侧主空气开关，3H1 为高压整流块，3T1 为高压充电变压器，3K11 为充

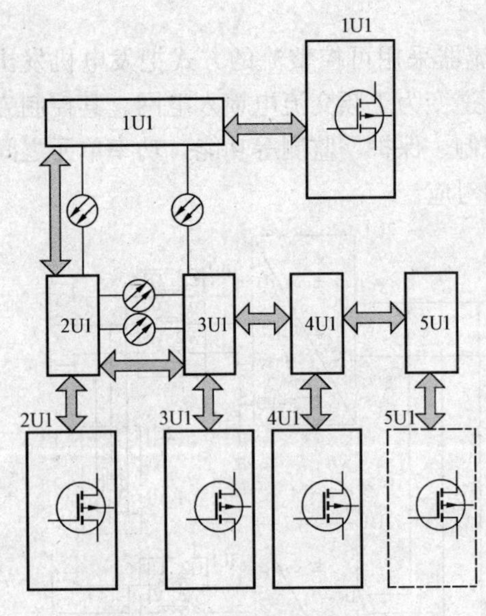

图 6-17 变流系统控制过程

电控制接触器，电网侧 1C2 电容组为滤波电容组，1L1 为电网侧滤波电抗器。

变流器单元之间采用了光纤通信的交换数据，变频器与主控系统除采用 PROFIBUS 总线的通信以外，变频器间又冗余了 1 条 CAN BUS 总线。变流器的变频器采用并排安装的方式，变流系统控制过程如图 6-17 所示。

变流柜中采用的功率模块都是通用变频器，相互之间通过光纤/CAN 总线连接。从硬件上看，这些控制器的基本配置一致；从控制角度看，1U1 的控制器是变流器主要的控制核心，通过 1U1 的控制器，变流器可完成和 WTC 之间的信息和命令交互，同时完成对其他控制器的操作。

可以看到，1U1 和 2U1 及 3U1 之间通过光纤和 CAN 总线连接，而 4U1/5U1 之间及与其他控制器的连接通过 CAN 总线实现。这是因为 1U1/2U1/3U1 之间需要高速通信以满足系统正常运行所需，而制动功率模块的相应时间可以慢一些。

4. 网侧控制原理

网侧功率单元的作用是将直流母线上的直流有功功率转换为 50Hz 交流有功功率传送到电网上，其控制对象为直流母线电压。其控制原理框图如图 6-18 所示。

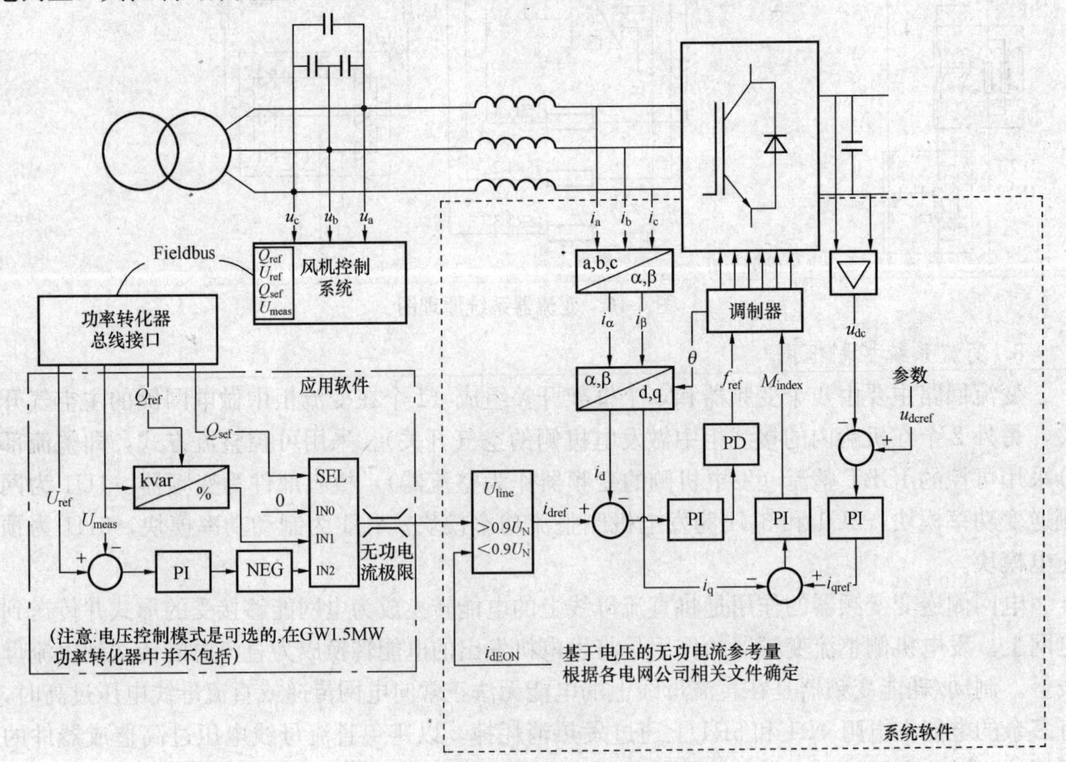

图 6-18 网侧功率模块控制原理框图

从图中可以看到，网侧功率模块控制对象有电网电压和直流母线电压，这两个控制对象本质上分别代表网侧无功功率和有功功率。

一般来说，当网侧电压上升时，需要网侧模块提供感性无功；当网侧电压下降时，则需要提供容性无功。

其中电网电压为可选项，实际系统中并没有该功能，而以 WTC 给出的无功功率指令代替。根据该无功指令，考虑到电网电压波动有限，则可直接得到其对应的无功电流为

$$I_{\text{dref}}=\frac{Q}{U_{\text{s}}} \tag{6-1}$$

式中：I_{dref} 为无功电流；Q 为无功给定；U_{s} 为电网电压。

有功功率是由发电机提供的，发电机发出的有功功率通过发电机侧功率模块转化为直流有功输送到直流母线上。而网侧功率模块则将直流母线上的有功功率转换为交流有功功率输送到电网上。

当直流母线上输入有功功率增加到大于通过网侧模块输送到电网上的有功功率时，将导致直流母线电压上升；而当直流输入有功功率下降到小于输送到电网的有功功率时，直流母线电压会下降。也就是说，直流母线电压的变化直接反映了发电机发出功率的变化。网侧功率模块通过监测直流母线电压的波动，就可以得到输出有功电流的大小。

5. 发电机侧控制原理

发电机侧功率模块控制原理框图如图 6-19 所示。

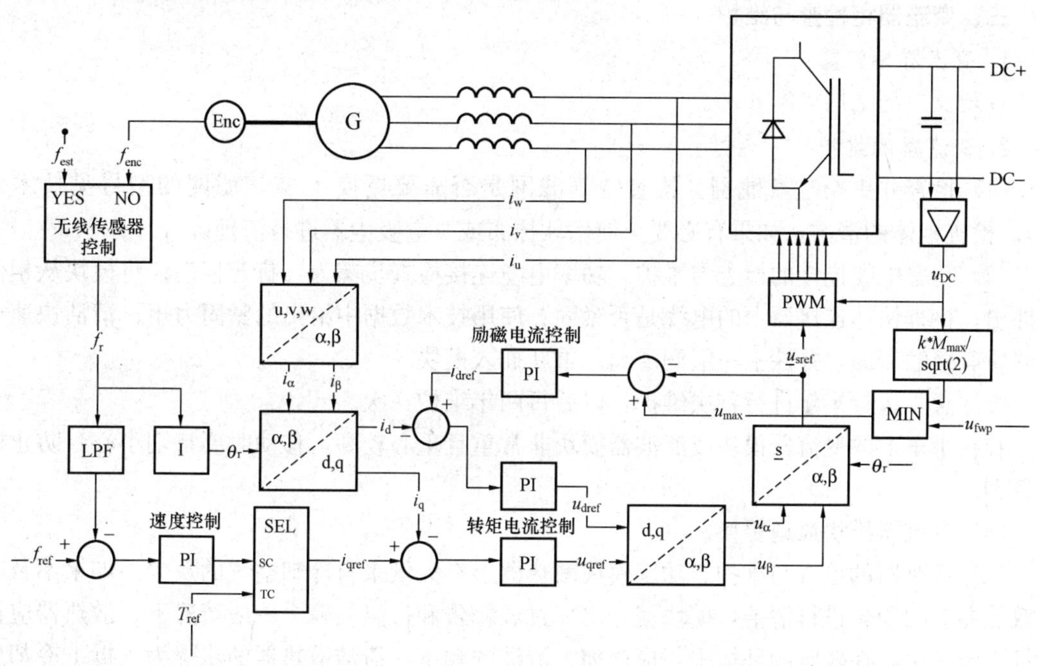

图 6-19　发电机侧功率模块控制原理框图

图 6-19 中只给出了一套绕组对应的功率模块的控制框图。这是由于两套绕组在控制原理上是一致的，只在控制的相位上有一定偏差。另外，图中光电码盘实际上采用的是无速度矢量控制原理。通过这一控制方式，可以得到转子转速，从而得到转子磁场位置角 θ_{r}。通过核心算法，可以从发电机电枢电流及参数推导得到转子磁场的旋转速度。

图中采用直接转子磁场定向控制。首先根据检测得到的转子磁场的旋转速度，积分得到转子磁场位置角 θ_r。根据 θ_r 对检测得到的发电机定子电流进行三相静止坐标系到两相同步旋转坐标系的变换，得到转矩电流分量 i_q 和励磁电流分量 i_d。这两个量作为电流闭环控制的反馈量。

转矩电流的参考给定有两个来源：

(1) 由转速参考给定与检测得到的转子速度进行比较，再经过 PI 调节器得到转矩电流给定。

(2) 根据转矩给定直接得到转矩电流给定。

励磁电流的参考给定则比较复杂。首先根据直流母线电压推算出对应的定子最大端电压，将该电压与前馈电压值比较，将较小者作为机端电压最大值。再将结果与电压给定进行比较，经过磁场控制器得到励磁电流给定。

注意，这里虽然用 PI 调节器的符号表示磁场控制器，但实际上与一般的 PI 调节器是有一定区别的。

在得到励磁电流/转矩电流的给定和反馈之后，通过电流调节器可以得到转矩电压/励磁电压的参考给定值 U_{dref}/U_{qref}，再根据转子磁场位置角 θ_r，对两个电压给定值进行两相同步旋转坐标系到三相静止坐标系的变换，得到发电机机端三相电压的给定值。根据三相给定值，PWM 模块给出功率器件的驱动脉冲。

三、变流器柜检查与维护

1. 变流器柜配置

外观及内部结构见图 6-20。

2. 变流器的维护

(1) 检查并更换空气滤网。检查空气滤网是否需要更换（空气滤网的型号见技术数据）。检查柜体的清洁，如果有必要，使用软抹布或真空吸尘器进行清理。

(2) 功率电缆连接的检查与维护。功率电缆连接检查步骤为：打开柜门；将模块从柜体中抽出；检查快速连接器上的电缆是否紧固；使用技术数据中给出的紧固力矩；清洁快速连接器所有接触表面，并涂上一层润滑油；重新插入模块。

应注意，运行半年进行首次维护，以后每两年维护一次。

装在小车上的变流器模块或滤波器模块非常重且重心较高，移动时要特别小心，防止模块翻倒。

(3) 变流器模块风扇更换。

(4) 散热器的检查与维护。功率模块散热器上有大量来自冷却空气的灰尘。如果不及时对散热器上的积尘进行清洁，模块就会出现过温警告和过温故障。一般情况下，散热器应该每年清洁一次，在较脏的环境中，应该加大清洁的频率。清洁散热器的步骤为：拆下冷却风扇；用干净的压缩空气从底部向顶部吹，同时使用真空吸尘器在出口处收集灰尘。

(5) 电容器的检查与维护。电容器的寿命与传动的工作时间、负载情况和周围环境温度等有关。通过降低环境温度可以延长电容器的使用寿命。电容器故障是不可预测的，通常伴随着传动单元的损坏、输入功率电缆熔断器熔断或故障跳闸。电容器发生故障时需要更换，由厂家完成。

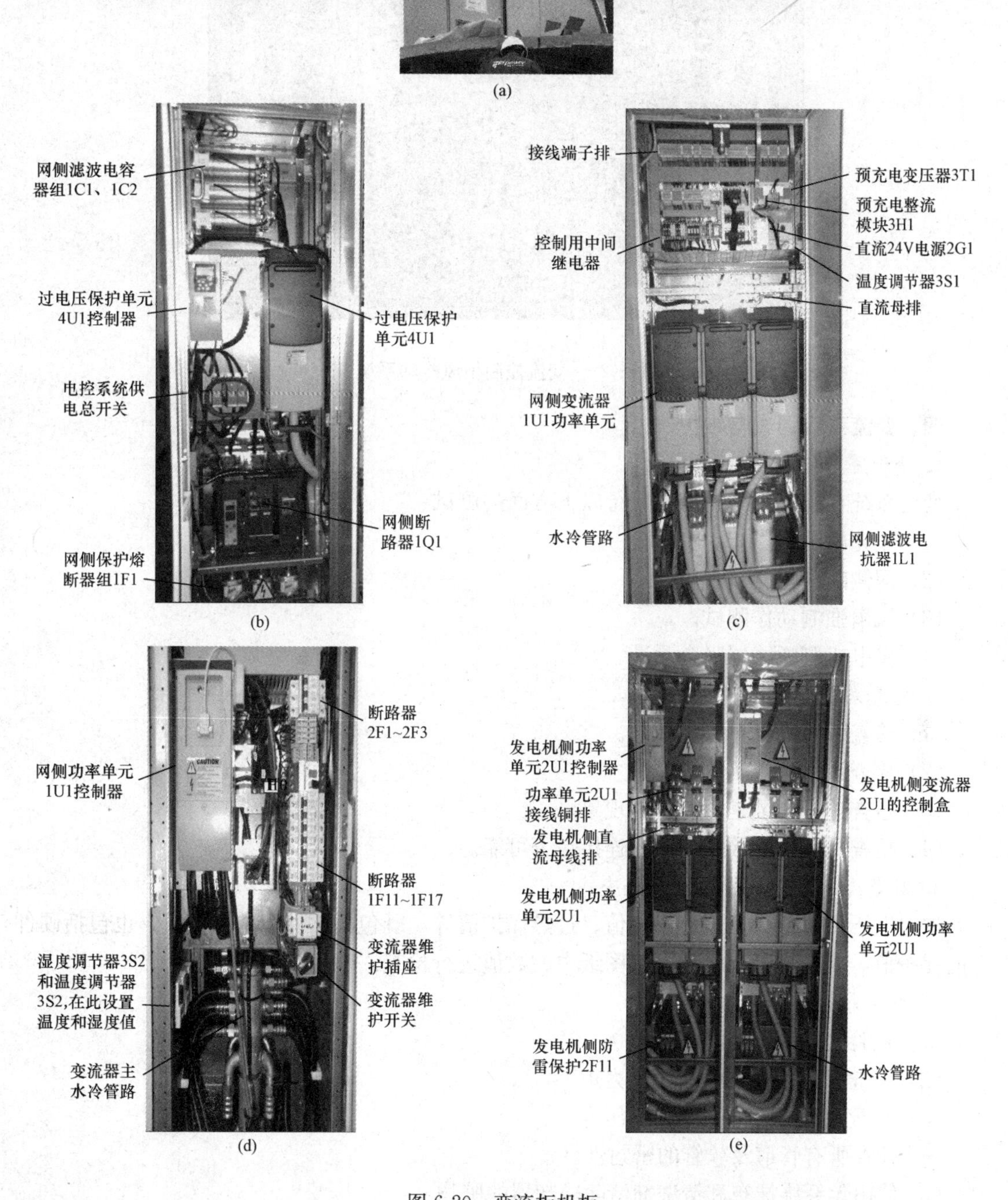

图 6-20　变流柜机柜

(a) 外观；(b) 变流柜（一）；(c) 变流柜（二）；(d) 变流柜（三）；(e) 变流柜（四）

3. 变流系统的柜体内部冷却

变流控制柜内有一套风冷却系统，见图 6-21，可以在变流柜内形成风冷却循环以防止出现局部过热现象。柜体内还装有湿度监测传感器，以保障变流系统在适宜的湿度下工作。

图 6-21 变流控制柜风冷却系统

四、变流系统调试与维护

1. 变流系统功能测试

变流系统在正式运行前需要进行以下方面的测试：

（1）预充电测试。

（2）网侧断路器测试。

（3）风扇强制动作测试。

（4）发电机侧断路器吸合测试。

2. 变流系统接线及接地检查

（1）检查时要确保电源已断开。

（2）检查接线是否牢靠。

（3）检查连接电缆是否有磨损现象。

（4）检查屏蔽层与接地之间的连接是否可靠。

3. 对变流系统保护设定值的检查

如过电压保护值、过电流保护值、过热保护值等，既包括软件中的保护值，也包括硬件中的保护值，应根据参数表和电路图纸中的数值进行检查。

4. 水冷系统检查

（1）检验冷却液的防冻性。

（2）检查水泵的连接螺栓紧固力矩。

（3）查看水冷系统的系统静止压力。

（4）检查所有管道及软管的密封性。

（5）使用无纤维抹布和清洗剂清除冷却器的脏物。

应注意，水冷系统中的主要成分是乙二醇，属有毒物质，检修前必须穿好防护服，戴好橡胶手套，如有必要应戴好防目镜。

5. 变流器故障处理

（1）参数设置。变流器一般在出厂时，厂家对每一个参数都有默认值。用户能通过面板操作方式正常运行，但面板操作并不满足大多数系统的要求。所以，用户在正确使用变流器前，还要对变流器的参数重新进行设定，以满足风场系统要求，如果参数设置不正确，会导致变流器不能正常工作。

1）确认发电机参数。变流器在参数中设定发电机的功率、电流、电压、转速、工作频率可以从发电机铭牌数据中直接得到。

2）设定变流器的启动方式。一般变流器在出厂时设定从面板启动，用户可以根据实际情况需要用面板、外部端子、通信方式等几种方式启动。

3）给定信号的选择。一般变流器的频率给定有多种方式，如面板给定、外部给定、外部电压或电流给定、通信方式给定，可采用上述几种方式的一种或几种方式之和。正确设置各参数后，变流器基本上能正常工作，若要获得更好的控制效果，则只能根据实际情况修改参相关参数。

一旦发生参数设置类故障，变流器就无法正常运行，一般可根据说明书修改参数。如果修改不成功，应把所有参数恢复出厂值，再按照用户使用手册上规定的步骤重新设定。不同公司生产的变流器，其参数恢复和设置方式也不同。

（2）变流器电压故障。变流器的过电压集中表现在直流母线的支流电压上。正常情况下，变流器直流电为三相全波整流后的平均值，若以 380V 电压计算，则平均直流电压 $U_d=1.35U_x=513V$。在发生过电压时，直流母线的储能电容将被充电。当电压上升至 760V 左右时，变流器过电压保护动作。因此，变流器都有一个正常的工作电压范围，当电压超过该范围时，可能损坏变流器。常见的过电压有以下两类。

1）输入交流电源过电压。是指输入电压超过正常范围，一般发生在节假日负荷较轻，电压升高或线路出现故障而降低，此时最好断开电源，检查并处理。

2）发电类过电压。这种情况出现的概率较高，主要是发电机的实际转速比同步转速高。

（3）变流器过电流故障。该类故障可能是由变流器的负荷发生突变、负荷分配不均、输出短路等原因引起的。一般可通过减少负荷的突变、进行负荷分配设计、对线路进行检查来避免。如果断开负荷变流器仍然有过电流故障，说明变流器逆变电路已损坏，需要更换变流器。

（4）变流器过载故障。包括变流器过载和发电机过载，可能是电网电压太低、负荷过重等原因引起的。一般应检查电网电压、负载等。如果所选的变流器不能拖动负荷，应重新调定设定值或更换更大的变流器。

（5）变流器其他故障。

1）变流器欠电压。变流器电源输入部分出现问题，检查后才可以运行。

2）变流器温度过高。如果发电机有温度检测装置，检查发电机的散热情况，包括变流器的通风情况或水冷系统是否存在问题。

任务三　软并网系统的运行与维护

【任务引领】

通常软并网装置主要由大功率晶闸管和有关控制驱动电路组成。控制的目的是通过不断监测机组的三相电流和发电机的运行状态，限制软切入装置通过控制主回路晶闸管的导通角，以控制发电机的端电压，限制启动电流。在发电机转速接近同步转速时，旁路接触器动作，将主回路晶闸管断开，软切入过程结束，软并网成功。通常限制软切入电流为额定电流的1.5倍。

【教学目标】

(1) 掌握软并网系统的基本组成、各设备的功能特点。
(2) 清楚软并网的条件。
(3) 熟练掌握软并网的操作步骤。
(4) 掌握软并网系统维护内容和维护方法。
(5) 掌握软并网系统的常见故障及处理方法。

【任务准备与实施建议】

(1) 了解风力发电机组的并网方式。
(2) 画出软并网装置电路连接结构。
(3) 观察并完成软并网操作过程。
(4) 分析软并网过程中可能出现的问题。

【相关知识的学习】

发电机并网是风力发电系统正常运行的起点，其主要的要求是限制发电机在并网时的瞬变电流，避免对电网造成过大的冲击。当电网的容量比发电机在并网时的瞬变电流大得多时，发电机并网时的冲击电流可以不予考虑。但风力发电机组的单机容量越来越大，目前已经发展到兆瓦级水平，机组并网对电网的冲击已经不能忽视。比较严重的后果不但会引起电网电压的大幅降低，而且还会对发电机组各部件造成损坏。更为严重的是，长时间的并网冲击，还会造成电力系统解列以及威胁其他发电机组的正常运行。因此，必须通过合理的发电机并网技术来抑制并网冲击电流，并网柜见图6-22。

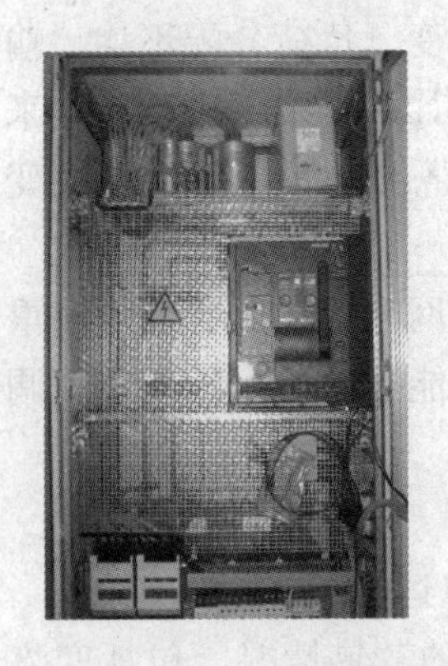

图6-22　并网柜

一、软并网系统结构

1. 软并网系统结构

异步风力发电机组软并网控制系统的总体结构主要由触发电路、反并联晶闸管电路和异步发电机组成，软并网控制系统结构如图 6-23 所示。

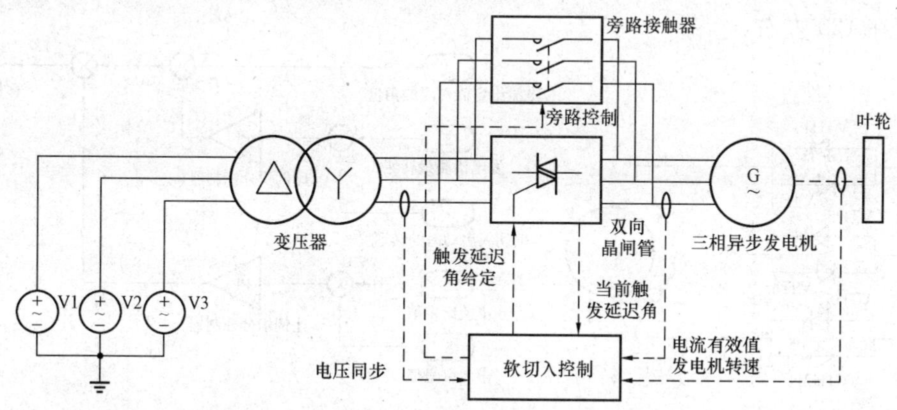

图 6-23 软并网控制系统结构

主电路由三对反并联双向晶闸管及其保护电路组成，每一时刻至少有两个晶闸管导通，构成一个回路。

晶闸管用于软并网装置可消除电流浪涌冲击与峰值转矩冲击；晶闸管相当于无触点软开关，不存在接触不良、黏着、弹跳等问题；晶闸管导通角连续可调，无需辅助换流装置，软并网过程平稳，限流可靠。为提高晶闸管承受电压和电流冲击能力，需要在晶闸管两端并联电容吸收保护电路，以吸收换流过程中晶闸管两端可能产生的瞬间尖峰电压。

2. 晶闸管触发方式

风力发电机组软并网采用晶闸管移相触发方式，通过改变晶闸管触发延迟角来改变输出端电压的有效值，输出电压可以从零到电源电压连续变化。该触发方案的优点是简单可靠，利用晶闸管的自然关断，无需辅助换向；缺点是电压谐波含量较高，但由于软并网过程时间较短，谐波一般不会对电网造成明显的影响。

由于主电路的对称性，每半个周期只需要 3 个彼此相差 60°的移相触发信号。为保证三相反并联晶闸管正常工作，晶闸管移相触发电路需要满足以下条件：

(1) 三相电路中，任何时刻至少需要一相的正向晶闸管与另外一相的反向晶闸管同时导通，否则不能构成电流回路。

(2) 为保证在电路起始工作时使两个晶闸管同时导通，以及在感性负载与触发延迟角较大时仍能满足条件 (1) 的要求，需要采用大于 60°的宽脉冲或双窄脉冲的触发电路。由于双窄脉冲触发可以降低变压器及线路损耗，且比宽脉冲触发可靠，一般采用双窄脉冲触发方式。

(3) 晶闸管的触发信号除必须与相应的交流电源有一致的相序外，各触发信号之间还必须保持一定的相位关系。图 6-24 所示的主电路中，晶闸管的导通序列为 VTH6、VTH1、VTH2、VTH3、VTH4、VTH5、VTH6，相应两个晶闸管的触发脉冲相位差为 $\pi/3$，每一时刻有 2 个晶闸管同时导通。

对移相角的控制可采用电流内环、速度外环的控制方法。具体的控制实现如图 6-25 所示。移相角 α 的给定值是一个时变量，当发电机转速接近同步转速时，应在控制电流的同时使晶闸管快速到达充分导通，以减少旁路接触器闭合时的合闸电流。

电流给定值对应的特性角度表示在该移相角 α 下，并网电流能迅速到达电流给定值，并在此基础上进行一定程度的限流控制，这样可以缩短软切入过程的时间。该角度在实际应用中可设定在 120°左右。

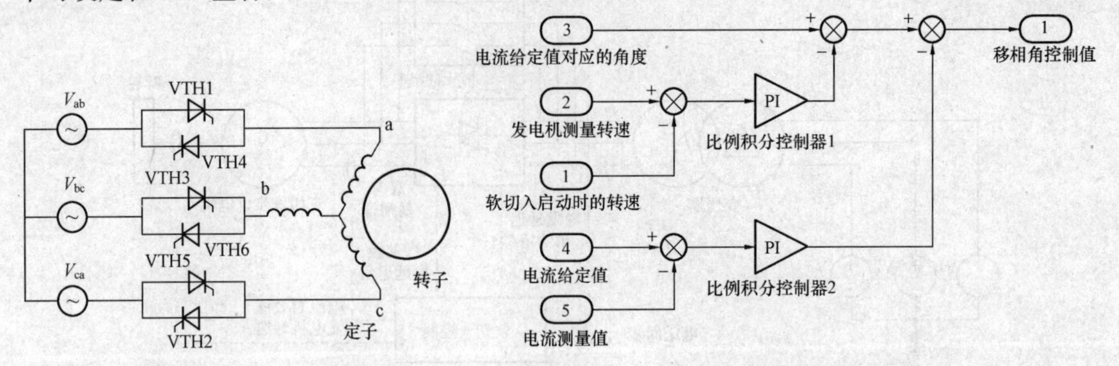

图 6-24 软切入电路简图　　　　图 6-25 移相角控制框图

从图 6-25 可以看出，软并网启动时的转速越低，表明当时的风速越大，在接近同步转速点时，为防止发电机过速，移相角充分打开的意愿越强。

总之，移相控制在初期应以限制电流为主要目的，在后期则以促使晶闸管迅速导通为主要目的。

二、软并网控制规律及其对电网的影响

具有变桨控制的风力发电机组可以在并网动作执行前通过桨距控制将发电机转速控制在同步转速附近稳定的区域，通过将转差率控制在 $|s|<0.01$ 的范围内。定桨恒速风力发电机组在未并网的情况下，由于叶轮的速度不可控制，在考虑到叶轮惯性和加速度的情况下，要在发电机转速上升到离同步转速有一定距离时就执行软并网，以防止发电机过速，进入异步发电的不稳定区域。具体的切入点由风力发电机组的主控制器根据叶轮加速度情况确定。

三、软并网系统常见故障及处理措施

软并网系统常见故障主要有晶闸管损坏和晶闸管过流等。

可能原因包括：

(1) 晶闸管损坏。

(2) 软启动控制板损坏。

(3) 晶闸管过热保护开关动作。

处理措施包括：

(1) 检查晶闸管。

(2) 更换软启动控制板 。

(3) 停机检查晶闸管，使晶闸管人为冷却一段时间。

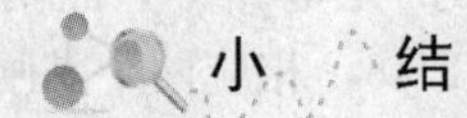

小 结

(1) 风力发电机组控制思想。风力发电机组的正常运行及安全性能取决于先进的控制策略和优越的保护功能；保护失效环节以失效保护为原则进行设计；系统设计了防雷击装置，对主电路和控制电路分别进行防雷保护。

(2) 自动运行的控制要求。开机并网控制、小风和逆功率脱网、普通故障脱网停机、紧

急故障脱网停机、安全链动作停机、大风脱网控制、对风控制、偏转 90°对风控制、功率调节、软切入控制。

(3) 风力发电机组的控制系统现场控制站包括：塔座主控制器机柜、机舱控制站机柜、变桨距系统、变流器系统、现场触摸屏站、以太网交换机、现场总线通信网络、UPS 电源、紧急停机后备系统等。控制系统包含正常运行控制、运行状态监测和安全保护三个方面的职能。

(4) 风力发电机组的状态参数监测包括机组状态参数监测、电力参数监测、风力参数监测和各种反馈信号的监测四个方面。

(5) 风力发电机组主要检测传感器包括转速传感器、风速传感器、风向传感器、偏航计数器、温度传感器、刹车磨损传感器、机舱加速度传感器等。

(6) 变流器（convertor）是使电源系统的电压、频率、相位和其他电量或特性发生变化的电器设备。在风电机组中变流器能实现的功能包括：通过控制转子对发电机励磁；在指定的速度范围内将发电机与电网同步；并网、脱网操作；产生所需要的转矩、功率；产生所需要的无功功率；在电网故障时，通过撬棒提供对变频器的保护。

(7) 变流器主电路主要分成整流电路、斩波升压电路、逆变电路三个部分。

(8) 异步发电机可以直接并入电网，也可以通过晶闸管调压装置与电网连接。其并网条件为：转子转向应与定子旋转磁场转向一致，即发电机的相序应与电网相序相同；发电机应在转速尽可能接近同步转速时并网。

(9) 定桨双速发电机组启动并网操作包括：大小发电机的软并网程序；从小发电机向大发电机的切换；大发电机向小发电机的切换；电动机启动。

(10) 风力发电机组的运行与安全控制、变桨控制、变流控制、偏航控制、润滑监测等均在不同的控制柜中完成，风力发电机组的安全运行主要是对各种控制柜的操作与控制。

复 习 思 考

(1) 控制系统的设计原则和要求？

(2) 风力发电机组的控制目标有哪些要求？

(3) 风电控制系统由哪些子系统组成？

(4) 叙述风力发电机组控制过程。

(5) 风力发电机组常用的传感器有哪些？

(6) 风力发电机组运行检测的主要参数有几大类？各有哪些？

(7) 叙述全功率变流器的基本结构及变流过程。

(8) 叙述异步发电机的并网方式及并网条件。

(9) 叙述定桨距双速风力发电机组软并网启动流程。

(10) 叙述软并网系统电路结构。

(11) 叙述塔底控制柜的功能及维护项目。

(12) 叙述机舱柜的功能及维护项目。

(13) 叙述变桨控制系统的结构及维护项目。

(14) 叙述变流器的维护与检查项目。

项目七　安全保护系统维护

【项目描述】

由于风力发电机组的内部或外部发生故障，监控的参数超过极限值而出现危险情况，风力发电设备遭受雷击或控制系统失效，风力发电机组不能保持在正常运行范围内，则应启动安全保护系统，使风力发电机组维持在安全状态。

本项目将完成以下三个工作任务：

任务一　认识安全链

任务二　认识防雷与接地系统

任务三　防雷接地系统的安装与维护

【学习目标】

（1）掌握安全保护系统的保护内容。

（2）掌握安全链的结构和触发条件。

（3）了解安全链常见故障及处理方法。

（4）了解雷电产生的原因及对风力发电机组造成的危害。

（5）掌握大型风力发电机组防雷采取的主要措施。

（6）掌握防雷接地系统安装与维护操作的基本技能。

【本项目学习重点】

（1）安全链动作条件。

（2）防雷接地系统安装与维护操作。

【本项目学习难点】

（1）安全链常见故障及处理方法。

（2）大型风力发电机组防雷措施。

任务一　认 识 安 全 链

【任务引领】

风力发电机组的安全保护系统包括避雷系统、运行安全保护系统、计算机抗干扰保护系统、紧急故障安全链保护系统、接地保护系统等。

安全链是独立于计算机系统的软硬件保护措施，也是整个机组的最后一道保护。它采用反逻辑设计，将可能对风力发电机组造成严重损害的故障节点串联成一个回路。

【教学目标】

(1) 掌握安全保护具体措施。

(2) 掌握安全链的基本结构、动作条件及核心部件。

(3) 了解安全链常见故障及处理方法。

【任务准备与实施建议】

(1) 绘制安全链结构图，说明影响安全链保护的因素有哪些，并通过模型仿真系统验证安全链的动作条件。

(2) 绘制机组安全系统逻辑结构，并简要说明安全链是如何实现对风力发电机组保护的。

(3) 简要说明安全链保护与计算机系统保护有什么不同点。

(4) 详细列出安全链的常见故障，并正确分析这些故障。

【相关知识的学习】

一、安全保护内容

1. 超速保护

(1) 当转速传感器检测到发电机或风轮转速超过额定转速的110%时，控制器将给出正常停机指令。

(2) 防止风轮超速，用硬件设置超速上限，该上限高于软件设置的超速上限，一般在低速轴处设置风轮转速传感器，一旦超出检测上限，就会引发安全保护系统动作。

2. 电网掉电保护

风力发电机组离开电网的支持是无法工作的，一旦有突发故障而停电，控制器计算机由于失电会立即终止运行，并失去对风电机组的控制。此时，安全保护系统应控制空气动力和机械制动系统动作，执行紧急停机。突然停电往往出现在天气恶劣、风力较强时，使机组控制器突然失电且无法将机组停机前的各项状态参数及时存储下来，同样也不利于及时对机组发生的故障做出判断和处理。因此，应在控制系统电源中加设在线UPS后备电源，当电网突然停电时，UPS后备电源将自动投入运行，并为机组控制系统提供电力，使机组控制系统按正常程序完成停机过程。

3. 主电路保护

在变压器低压侧三相四线进线处设置低压配电断路器，以实现机组电气元件的维护操作安全和短路过载保护，该低压配电断路器应配有分动脱扣和辅助动触点。发电机三相电缆线入口处，应设有配电断路器，用来实现发电机的过电流、过载及短路保护。

4. 过电压、过电流保护

主电路、计算机电源进线端、控制变压器进线端和有关伺服电动机进线端，均应设置过电压、过电流保护措施。如整流电源、液压控制电源、稳压电源、控制电源一次侧、变桨距系统、偏航系统、液压系统、机械制动系统、补偿控制电容都有相应的过电流、过电压保护控制装置。

5. 机械装置保护

振动传感器跳闸，表明出现了重大的机械故障，此时执行安全保护功能。对于过度振动，机组应设有三级振动频率保护，即振动球开关、振动频率上限1、振动频率极限2。当开关动作时，控制系统将分级进行处理。

6. 控制器保护

主控制器看门狗定时器溢出信号，如果看门狗定时器在一定时间间隔内没有收到控制器给出的复位信号，则表明控制器出现故障，无法正确实施控制功能，此时执行安全保护功能。

7. 热继电保护

运行的所有输出运转机构如发电机、电动机、各传动机构，都应有过热、过载保护控制装置。

8. 接地保护

设备因绝缘破坏或其他原因可能出现危险电压的金属部分，均应实现保护接地。

(1) 配电设备接地。变压器、开关设备和互感器外壳、配电柜、控制保护盘，金属构架、防雷设施及电缆头等设备必须接地。

(2) 塔筒与地基接地装置。接地体应水平敷设。塔内和地基的角钢基础及支架应用截面为25mm×4mm的扁钢相连作为接地干线，塔筒做一组，地基做一组，两者焊接形成接地网。

(3) 接地网形式。接地网以闭合型为好。当接地电阻不满足要求时，引入外部接地体。

(4) 接地体的外缘。应闭合，外缘各角应制成圆弧形，其半径不宜小于均压带间距的一半，埋设深度应不小于0.6m，并敷设水平均压带。

(5) 变压器中性点。变压器中性点的工作接地和保护地线，要分别与人工接地网连接。

(6) 避雷线。避雷线宜设单独的接地装置。

(7) 电缆线路的接地。当电缆绝缘损坏时，在电缆的外皮、铠甲及接线头盒均可能带电，要求必须接地。

如果电缆在地下敷设，两端都应接地。低压电缆除在潮湿的环境须接地外，其他正常环境不必接地。高压电缆任何情况都应接地。

(8) 系统接地电阻。系统接地总电阻不应该超过4Ω。

9. 防电压穿透功能

系统还应设计有防雷装置，对主电路和控制电路分别进行防雷保护，并提供简单而有效的外部疏雷通道。控制电路中每一电路和信号输入端均设有防高压元件，主控柜应设有良好的接地。

10. 开机关机保护

设计机组开机的正常顺序控制，确保机组运行安全。在小风、大风、故障时控制机组按顺序停机。

11. 风电机组控制器抗干扰保护

风电场控制系统的主要干扰源有：

(1) 工业干扰，如高压交流电场、静电场、电弧、功率电子器件等。

(2) 自然界干扰，如雷电冲击、各种静电放电、磁爆等。

(3) 高频干扰，如微波通信、无线电信号、雷达等。

这些干扰会通过直接辐射或由某些电气回路传导的方式进入到控制系统中，干扰控制系统工作的稳定性。从干扰的种类可分为交变脉冲干扰和单脉冲干扰两种，它们均以电或磁的形式干扰控制系统。

12. 其他保护

主要包括发电机过载或故障保护，机舱偏航转动造成电缆的过度缠绕保护，在控制系统功能失效或使用紧急关机开关时，也应启动安全保护系统。

二、安全链

1. 安全链功能简述

图 7-1 所示为一个安全链组成的示例。将可能对风力机组造成严重损害的故障节点如紧急停机按钮（塔底主控制柜）、发电机过速模块 1 和 2、扭缆开关、来自变桨系统安全链的信号、紧急停机按钮（机舱控制柜）、振动开关、PLC 过速信号、到变桨系统的安全链信号、总线 OK 信号串联成一个回路。一旦其中一个节点动作，将引起整条回路断电，机组进入紧急停机过程，并使主控系统和变流系统处于闭锁状态。如果故障节点得不到恢复，整个机组的正常的运行操作都不能实现。同时，安全链也是整个机组的最后一道保护，它处于机组的软件保护之后。安全系统由符合国际标准的逻辑控制模块和硬件开关节点组成，它的实施使机组更加安全可靠。

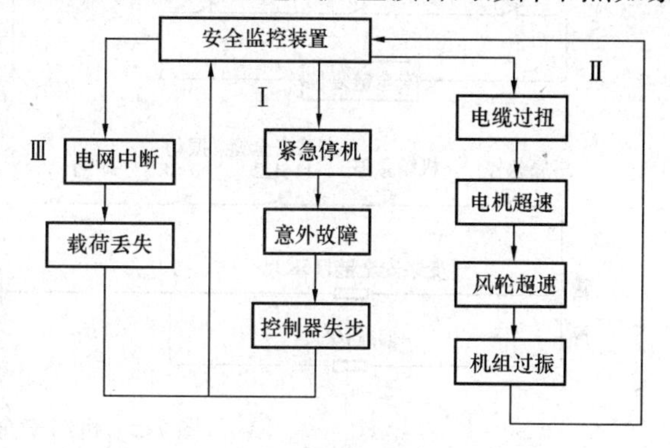

图 7-1 安全链组成

安全链引起的紧急停机，只能通过手动复位才能重新启动。

2. 机组安全链的结构

安全链结构如图 7-2 所示。

由图 7-2 可知，变桨系统通过每个变桨柜中 K4 继电器的触点来影响主控系统的安全链，而主控系统的安全链是通过每个变桨柜中的 K7 继电器的线圈来影响变桨系统的。变桨的安全链与主控的安全链相互独立而又相互影响。当主控系统安全链上的一个节点动作断开时，安全链到变桨的继电器 115K3 线圈失电，其触点断开，每个变桨柜中的 K7 继电器的线圈失电触点断开，变桨系统进入到紧急停机的模式，迅速向 90°顺桨。当变桨系统出现故障（如变桨变频器 OK 信号丢失、90°限位开关动作等）时，变桨系统切断 K4 继电器上的电源，K4 继电器的触点断开，使安全链来自变桨的继电器 115K7 线圈失电，其触点断开，主控系统的整个安全链也断开。同时，安全链到变桨的继电器 115K3 线圈失电，其触点断开，每个变桨柜中的 K7 继电器的线圈失电触点断开，变桨系统中没有出现故障的叶片的控制系统进入到紧急停机的模式，迅速向 90°顺桨。这样的设计使安全链环环相扣，能最大限度地对机组起到保护作用。

在实际接线中，安全链上的各个节点并不是真正串联在一起的，而是通过安全链模块中“与”的关系联系在一起的（见图 7-3）。每个输入在逻辑上都是高电平 1，几个信号相与之

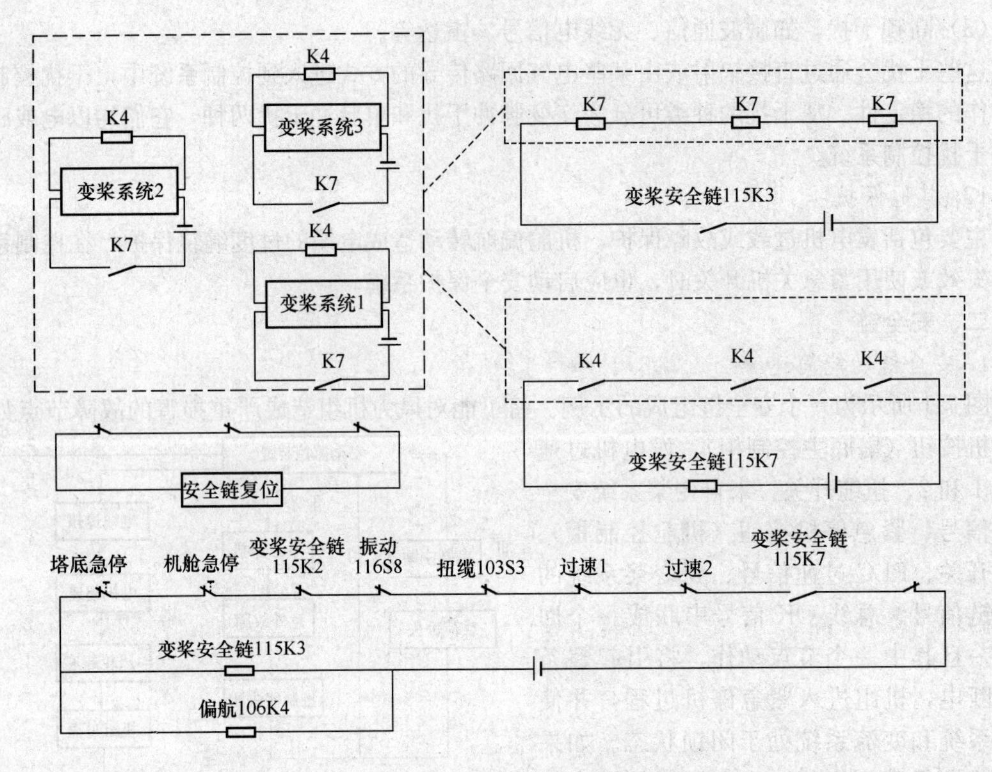

图 7-2 机组安全链的结构

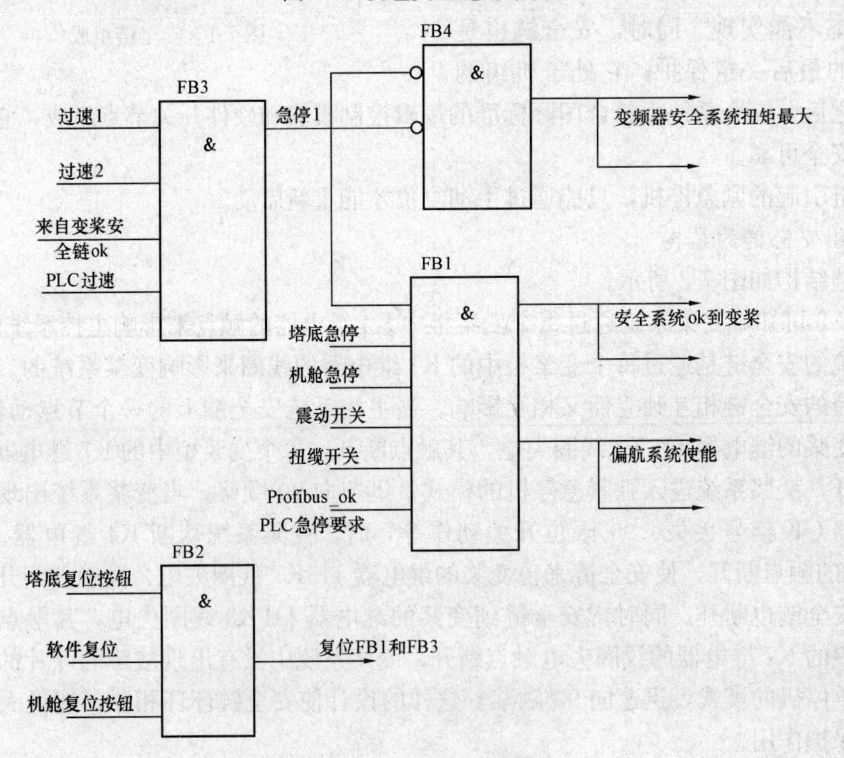

图 7-3 机组安全系统逻辑结构

后，其输出也必然都是高电平 1；但是只要有 1 个输入信号变成低电平 0，其输出也必然是低电平 0。逻辑上的输出实际上是通过安全链的输出模块来控制的。输入是由实际的开关触点和程序中的布尔变量来共同实现的。实际的开关触点的开关状态由安全链模块的输入模块进行采集。程序中的布尔变量是按程序进行控制的。

3. 机组安全系统中的安全模块

（1）安全系统的核心 KL6904。KL6904 是整个安全系统的核心，其外观如图 7-4 所示。KL6904 内部装载着整个机组的安全逻辑程序，这些安全功能根据需要进行组态，如紧急停功能块、安全门监测等，可以方便地选择和连接。所有功能块可以自由连接，也可进行“与”、“或”等逻辑运算，其通信采用 TwinSAFE 网络协议，经过现场总线 Profibus-DP 传输。

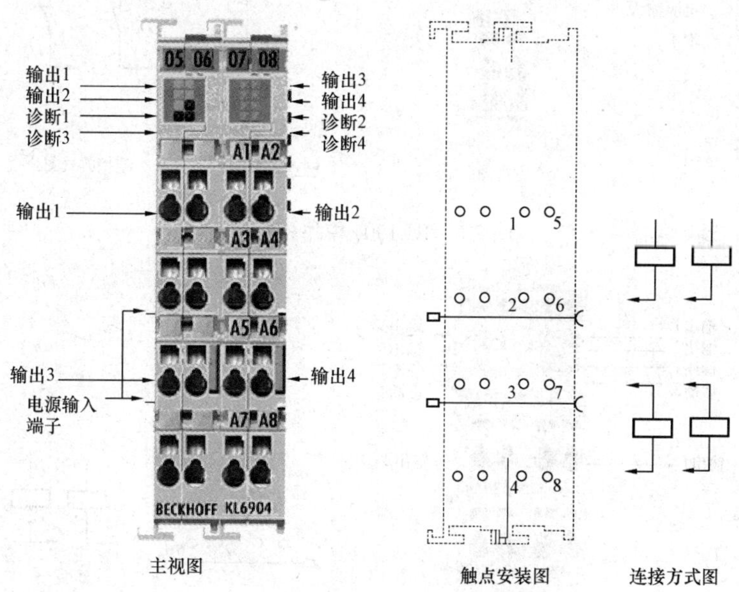

图 7-4　KL6904 模块外观图

（2）安全系统的输入模块 KL1904。KL1904 是安全链数字输入模块，其外观如图 7-5 所示。它可以给外部传感器提供 DC24V 电源，有 4 路失效保护输入。

（3）安全系统的输出模块 KL2904。KL2904 是 4 通道安全链数字输出模块，其外观如图 7-6 所示。它可以关断 DC24V、最大电流为 2A 的执行机构。如果安全链检测到故障，将自动关断。

4. 安全链故障

（1）主控柜紧急停机按钮错误。主控柜紧急停机按钮被按下就会报主控柜急停错误，手动复位。急停按钮外观如图 7-7 所示。

（2）机舱柜紧急停机按钮错误。TOPBOX 紧急停机按钮被按下就会报 TOPBOX 急停错误，手动复位。

（3）发电机过速模块信号错误（OVERSPEED MODUL）。过速信号由 OVERSPEED RELAIS 模块进行监测，其模块外观如图 7-8 所示。过速值可由程序更改并通过该模块上的接线方式选择过速转速。2 个发电机过速信号任何一个出现就会报发电机过速错误，手动

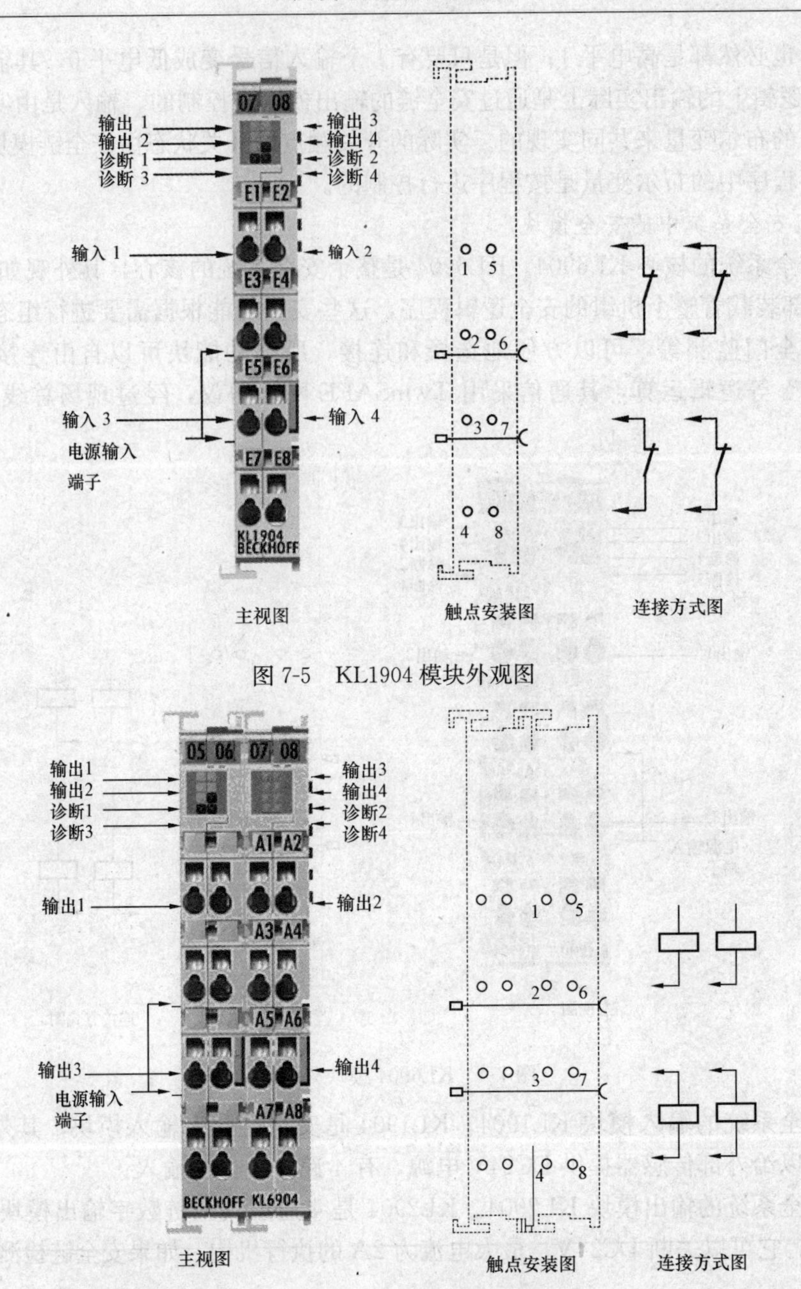

图 7-5　KL1904 模块外观图

图 7-6　KL2904 模块外观图

复位。

（4）机舱柜振动开关信号错误（VIBRATION SWITCH NACELLE）。振动开关信号（常态位高电平）出现就会报振动开关信号错误，手动复位。机舱振动开关外观如图 7-9 所示。

（5）扭缆开关信号错误（CABLE TWIST）。扭缆开关信号（常态位高电平）出现就会报扭缆开关信号错误，手动复位。

（6）变桨安全链信号到系统安全链错误（SAFETY SYSTEM OK FROM PITCH）。3

只变桨柜安全链信号（变桨 90°限位开关，外观如图 7-10 所示）任何一个触发或变桨到系统安全链信号丢失，都会报变桨安全链信号错误，手动复位。

（7）机舱柜总线信号错误（safety system topbox profibus）。系统总线 OK 后，会使继电器吸合，系统总线 OK 信号正常。当该信号丢失或系统总线没有使继电器吸合时，系统会报机舱柜总线信号错误。

主控柜急停按钮

机舱框紧急停机按钮

图 7-7　急停按钮

（8）PLC 紧急停机需求错误（PLC EM STOP DEMAND）。

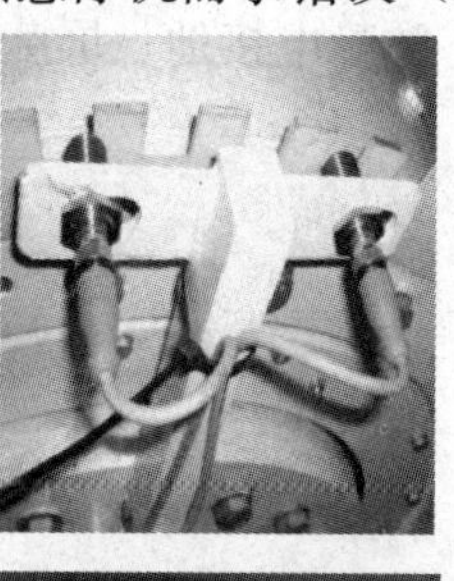

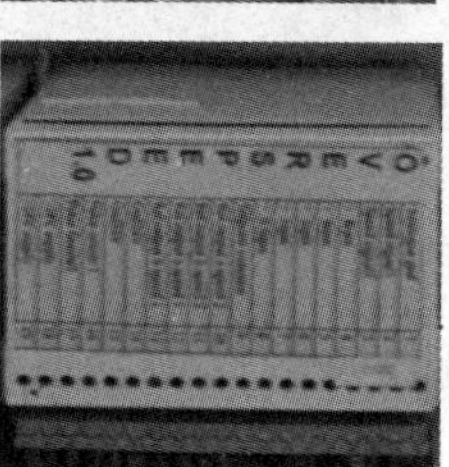

图 7-8　发电机过速模块

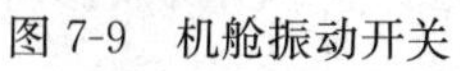

图 7-9　机舱振动开关

（9）发电机锁定信号错误（ROTOR LOCK）。2 个叶轮锁定信号（常态位高电平，见图 7-11）任何一个出现，都会报叶轮锁定信号错误，手动复位（软件中显示，该故障未记入安全链程序）。

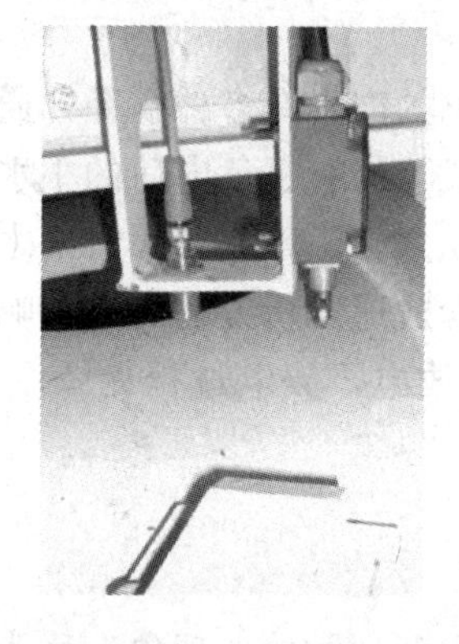

图 7-10　变桨 90°限位开关

图 7-11　发电机锁定信号

（10）来自安全程序的错误信息（PROG TS GR1）。

（11）来自安全程序输出错误的错误信息（PROG TS GR1 OUT）。

（12）来自安全程序通讯错误的错误信息（PROG TS GR1 COM）。

（13）控制器紧急停机错误（STATE CONTROLLER EM STOP）。

（14）控制器最大控制转矩错误（STATE CONTROLLER TORQUE MAX）。

任务二　认识防雷与接地系统

【任务引领】

接地保护是一个非常重要的环节。良好的接地将确保控制系统免受不必要的损害。在整个控制系统中通常采用工作接地、保护接地、防雷接地、防静电接地、屏蔽接地几种接地方式，来达到安全保护的目的。

【教学目标】

（1）了解雷电产生的原因及带来的危害。

（2）理解风力发电机组的接地含义和作用。

（3）掌握大型风力发电机组的避雷接地措施。

【任务准备与实施建议】

（1）简要说明雷电产生的原因和带来的危害。

（2）列出雷电保护应采取的具体办法，在风电场现场查看风力发电机组的防雷保护措施。

（3）列出接地保护应采取的具体办法，在风电场现场查看风力发电机组的接地保护措施。

【相关知识的学习】

一、防雷系统

1. 雷电的产生

雷电是自然界中一种常见的放电现象。关于雷电的产生有多种解释，通常认为是由于大气中热空气上升，与高空冷空气产生摩擦，从而形成了带有正负电荷的小水滴。当正负电荷累积达到一定的电荷值时，会在带有不同极性的云团之间，以及云团对地之间形成强大的电场，从而产生云团对云团和云团对地的放电过程，形成通常所说的闪电和响雷。

对生活产生影响的，主要是近地的云团对地的放电，放电过程见图 7-12。经统计，近地云团大多是负电荷，其场强最大可达 20kV/m。

2. 雷电的危害

雷击造成的危害主要有以下 5 种：

（1）直击雷。带电的云层对大地上的某一点发生猛烈的放电现象，称为直击雷。直击雷的破坏力十分巨大，若不能迅速将其泻放入大地，将导致放电通道内的物体、建筑物、设施、人畜遭受严重的破坏或损害（如引发火灾、建筑物损坏、电子电气系统摧毁），甚至危

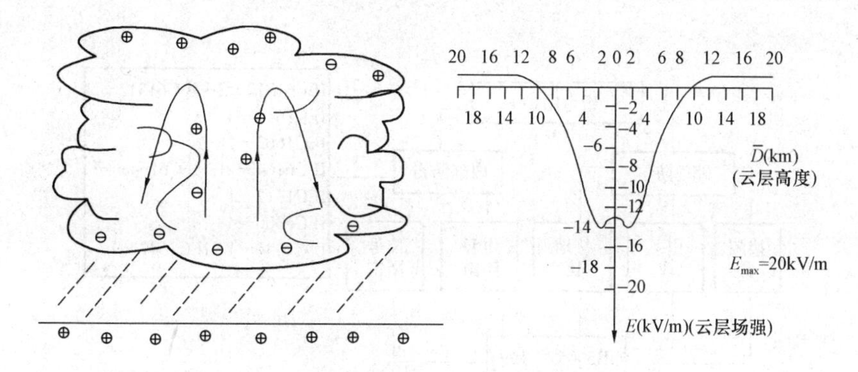

图 7-12 云团对地放电过程

及人畜的生命安全。

(2) 雷电波侵入。雷电不直接放电在建筑和设备本身，而是对布放在建筑物外部的线缆放电。线缆上的雷电波或过电压几乎以光速沿着电缆线路扩散，侵入并危及室内电子设备和自动化控制等各个系统。因此，往往在听到雷声之前，电子设备、控制系统等已经损坏。

(3) 感应过电压。雷击在设备设施或线路的附近发生，或闪电不直接对地放电，只在云层与云层之间发生放电现象。闪电释放电荷，并在电源和数据传输线路及金属管道金属支架上感应生成过电压。

雷击放电于具有避雷设施的建筑物时，雷电波沿着建筑物顶部接闪器（避雷带、避雷线、避雷网或避雷针）、引下线泄放到大地的过程中，会在引下线周围形成强大的瞬变磁场。磁场轻则使电子设备受到干扰，数据丢失，产生误动作或暂时瘫痪；严重时可引起元器件击穿及电路板烧毁，使整个系统陷于瘫痪。

(4) 系统内部操作过电压。因断路器的操作、电力重负荷，以及感性负荷的投入和切除、系统短路故障等系统内部状态的变化而使系统参数发生改变，引起的电力系统内部电磁能量转化，从而产生内部过电压，即操作过电压。操作过电压的幅值虽小，但发生的概率却远远大于雷电感应过电压。实验证明，无论是感应过电压还是内部操作过电压，均为暂态过电压（或称瞬时过电压），最终以电气浪涌的方式危及电子设备，包括破坏印刷电路印制线、元件和绝缘过早老化寿命缩短、破坏数据库或使软件误操作，使一些控制元件失控。

(5) 地电位反击。如果雷电直接击中具有避雷装置的建筑物或设施，接地网的地电位会在数微秒之内被抬高数万或数十万伏。高度破坏性的雷电流将从各种装置的接地部分，流向供电系统或各种网络信号系统，或者击穿大地绝缘而流向另一设施的供电系统或各种网络信号系统，从而反击破坏或损害电子设备。同时，在未实行等电位连接的导线回路中，可能诱发高电位而产生火花放电的危险。

3. 防雷保护的原理及方法

(1) 传统的防雷方法。传统的防雷方法主要是对直击雷的防护，可参见 GB 50057—1994《建筑物防雷设计规范》，其技术措施可分接闪器、引下线、接地体和法拉第笼。

其中接闪器包括避雷针、避雷带、避雷网等金属接闪器。根据建筑物的地理位置、现有结构、重要程度等，决定是否采用避雷针、避雷带、避雷网或联合接闪方式。

(2) 现代防雷保护的原理及方法。德国防雷专家希曼斯基在《过电压保护理论与实践》一书中，给出了现代计算机网络的防雷框图，见图 7-13。

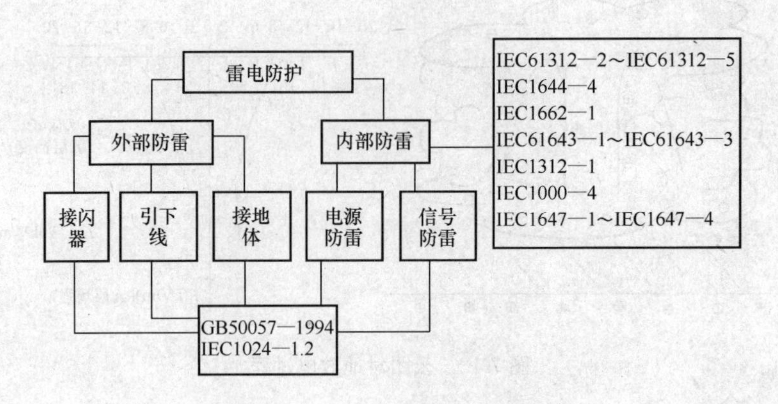

图 7-13　计算机网络防雷框图

1）外部防雷。外部防雷的作用是将绝大部分雷电流直接引入地下泄散。外部防雷主要指建筑物的防雷，一般是防止建筑物或设施（含室外独立电子设备）免遭直击雷危害，其技术措施可分接闪器（避雷针、避雷带、避雷网等金属接闪器）、引下线、接地体等。

2）内部防雷。包括快速泄放沿电源或信号线路侵入的雷电波或各种危险过电压两道防线。内部防雷系统主要是对建筑物内易受过电压破坏的电子设备（或室外独立电子设备）加装过压保护装置，在设备受到过电压侵袭时，防雷保护装置能快速动作泄放能量，从而保护设备免受损坏。

内部防雷又可分为电源线路防雷和信号线路防雷。① 电源线路防雷。电源防雷系统主要是防止雷电波通过电源线路对计算机及相关设备造成危害。为避免高电压经过避雷器对地泄放后的残压过大，或因更大的雷电流在击毁避雷器后继续毁坏后续设备，以及防止线缆遭受二次感应，应采取分级保护、逐级泄流的原则。一是在电源的总进线处安装放电电流较大的首级电源避雷器，二是在重要设备电源的进线处加装次级或末级电源避雷器。② 信号线路防雷。由于雷电波在线路上能感应出较高的瞬时冲击能量，因此要求信号设备能够承受较高能量的瞬时冲击。而目前大部分信号设备由于电子元器件的高度集成化而致耐过压、耐过流水平下降，信号设备在雷电波冲击下遭受过电压而损坏的现象越来越多。

4. 大型风力发电机组的避雷保护

风力发电机组工作在自然环境下，不可避免会受到自然灾害的影响。事实上，雷击是自然界中对风力发电机组安全运行危害最大的一种灾害。一旦发生雷击，雷电释放的巨大能量会造成风力发电机组叶片损坏、发电机绝缘击穿、控制元器件烧毁等后果。我国沿海地区地形复杂，雷暴日较多，雷击给风力发电机组和运行人员带来巨大威胁。统计表明，风力发电机组受到的雷击大多属于直接雷击，遭受雷击后叶片和电气系统一般均会受到不同程度的损坏，严重的会导致停运。

由于风力发电机组内部结构非常紧凑，无论叶片、机舱、主轴还是尾翼受到雷击，机舱内的发电机及控制系统等设备都可能受到机舱的高电位反击，在电源和控制回路沿塔柱引下的过程中，也可能受到反击。鉴于雷击无法避免的特性，风力发电机组的防雷重点在于遭受雷击时如何迅速将雷电流引入大地，尽可能地减少由雷电导入设备的电流，最大限速地保障设备和人员的安全，使损失降低到最小的程度。

二、接地系统

接地是保障风力发电机组和风电场电气安全与人身安全的必要措施。从防雷的角度看，无论是避雷针、避雷器还是电涌保护器，都需要通过接地把雷电流传导入地，没有良好的接地装置，机组各部分加装的防雷设施就不能发挥其应有的作用。接地装置的性能直接决定着机组的防雷可靠性。

1. 接地的原理

（1）接地装置。在电力系统中，接地通常指接大地，即将电力系统或设备的某一金属部分经金属接地线连接到接地电极上。

电力系统中的接地装置通常是指中性点或相线上某点的金属部分，而电气设备的接地装置通常情况下是指不带电的金属导体（一般为金属外壳或底座）。此外，不属于电气设备的导体及电气设备外的导体，如金属水管、风管、输油管及建筑物的金属构件经金属接地线与接地电极相连接，也称为接地。

在接地装置中，接地体是埋入地中并直接与大地接触的导体（多为金属体），分为自然接地体和人工接地体两类。自然接地体是兼做接地体用的直接与大地接触的各种金属构件、金属管道和建筑物的钢筋混凝土基础等；人工接地体是指专门为接地而设，埋入地下的导体，包括垂直接地体、水平接地体、倾斜接地体和接地网。

对于风电机组的接地装置来说，其自然接地体为机组在地下的钢筋混凝土基础，人工接地体通常是专门埋设在地下的水平和垂直导体。典型的机组人工接地体为一个围绕着机组钢筋混凝土基础的水平接地环，该接地环可以是圆形，也可以是正多边形，在接地环的周边加设不少于两根的垂直接地棒，如图 7-14 所示。

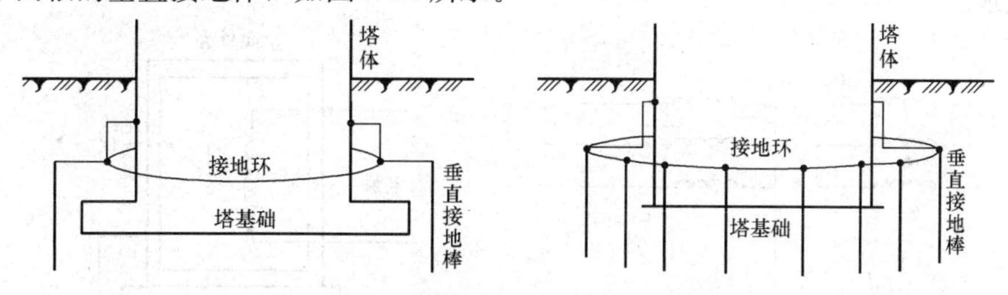

图 7-14　风电机组的典型接地装置

为了节省接地造价投资和改善接地效果，作为机组人工接地体的接地环还需要有不少于两处与基础钢筋相连接，通过两者的相互连接来构成机组统一的接地装置。

（2）接地电阻及对地电位。大地并非理想的导体，它具有一定的电阻率，所以当外界强制施加于大地内部某一电流时，大地就不能保持等电位。流进大地的电流经过接地线、接地体注入大地后，以电流场的形式向周围远处扩散。接地装置对地电位分布曲线如图 7-15 所示。

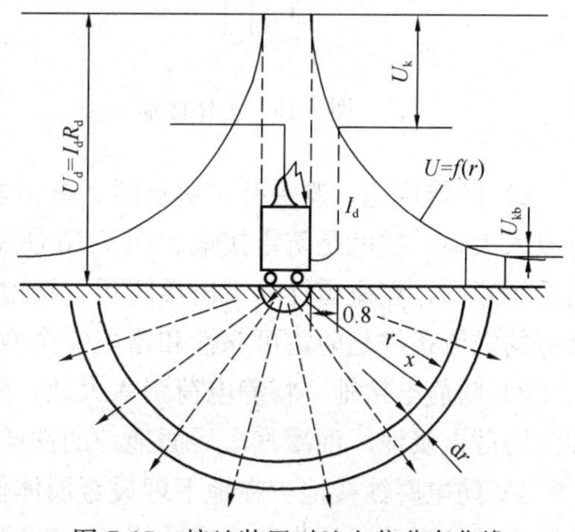

图 7-15　接地装置对地电位分布曲线

接地的主要作用，一方面是保证电气设备的安全运行，另一方面是防止设备绝缘被破坏时可能带电，导致危及人身安全；同时能使保护装置迅速切断故障回路，防止故障扩大。

2. 接地的意义

(1) 功能性接地。

1) 工作接地。为保证电力系统的正常运行，在电力系统的适当地点进行的接地，称为工作接地。在交流系统中，适当的接地点一般为电气设备，如三相输电系统的中性点接地，如图 7-16 所示，其目的是稳定系统的对地电压，降低电气设备的对地绝缘水平，有利于实现继电保护等。

2) 逻辑接地。为了获得稳定的参考电位，将电子设备中的适当金属部件，如金属底座等作为参考零电位，把需要获得零电位的电子器件接于该金属部件上（如金属底座等），这种接地称为逻辑接地。该基准电位不一定是大地的零电位。

3) 信号接地。为保证信号具有稳定的基准电位而设置的接地，称为信号接地。

4) 屏蔽接地。将设备的金属外壳或金属网接地，以保证金属壳内或金属网内的电子设备不受外部的电磁干扰；或者使金属壳内或金属网内的电子设备不对外部电子设备引起干扰。这种接地称为屏蔽接地，法拉第笼就是最好的屏蔽设备。

(2) 保护性接地。

1) 保护接地。为防止电气设备绝缘损坏而使人身遭受触电危险，将与电气设备绝缘的金属外壳或构架与接地极做良好的连接，称为保护接地，如图 7-17 所示。接低压保护线（PE 线）或保护中性线（PEN 线），也称为保护接地。停电检修时所采取的临时接地，也属于保护接地。

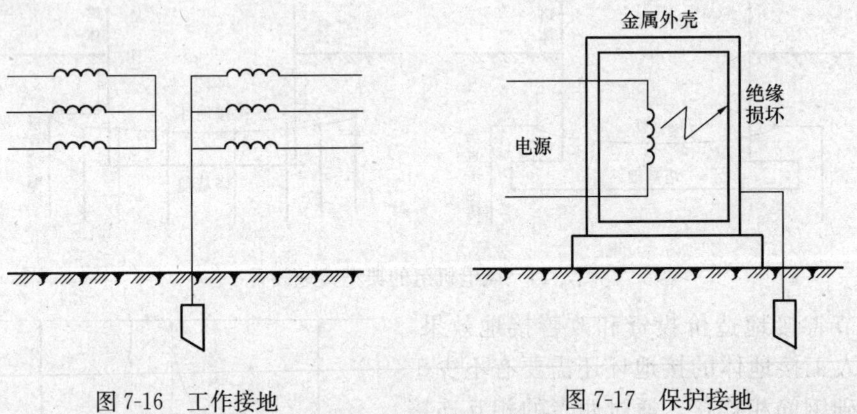

图 7-16 工作接地　　图 7-17 保护接地

2) 防雷接地。避雷针、避雷线、避雷器和雷电电涌保护器等都需要接地，以把雷电流泄放入大地，这就是防雷接地。图 7-18 所示为风电场气象仪支撑杆避雷针接地装置泄流作用的示意图，在避雷针受雷击接闪后，接地体向土壤泄散的是高幅值的快速雷电冲击电流，良好的散流条件是防雷可靠性和雷电安全性对接地装置的基本要求。

3) 防静电接地。将静电荷引入大地，防止由于静电积累对人体和设备受到损伤的接地，称为防静电接地。油罐汽车后面拖地的铁链也属于防静电接地。

4) 防电腐蚀接地。在地下埋设金属体作为牺牲阳极以达到保护与之连接的金属体，如输油金属管道等，称为防电腐蚀接地。牺牲阳极保护阴极的称为阴极保护。

3. 大型风力发电机组的接地

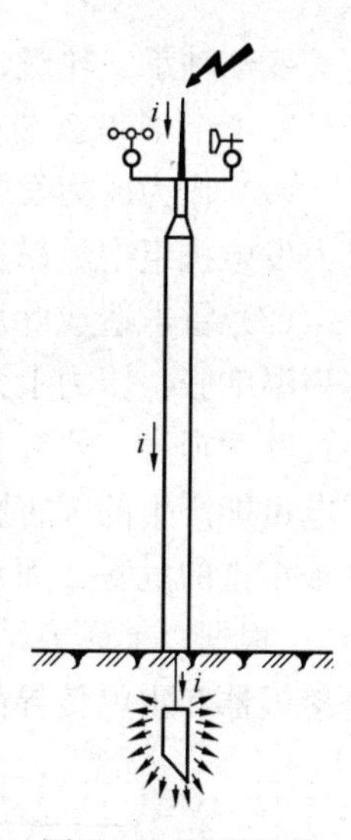

图 7-18　避雷针接地装置泄雷电流示意图

风力发电机组接地系统应包括一个围绕风力发电机组基础的环状导体，该导体埋设在距风力发电机组基础 1m 远的地面下 1m 处，采用 $50mm^2$ 铜导体或直径更大些的铜导体；每隔一定距离打入地下镀铜接地棒，作为铜导电环的补充；铜导电环连接到塔架 2 个相反位置，地面的控制器连接到连接点之一。有的设计在铜环导体与塔基中间加上 2 个环导体，使跨步电压得到更大改善。如果风力发电机组放置在接地电阻率高的区域，要延伸接地网以保证接地电阻达到规范要求。

可以将多台风力发电机组的接地网进行互连，这样通过延伸机组的接地网可进一步降低接地电阻，使雷电流迅速流入大地而不产生危险的过电压。

地基接地体由两个基础的垂直接地体和一个环形接地体组成，要求工频接地电阻在 4～10Ω 的范围内。环形接地体上焊 4 点钢条引线到塔筒根部，再分别将钢筋引线焊接到塔底环形接地排，组成塔底共同接地体，其中由两点接地线汇集到控制箱接地母线排上。另两点可直接按塔底上引线去机舱。

三、大型风力发电机组的防雷接地系统设计

1. 防雷系统设计的基本方法

根据相应的标准并充分考虑雷电的特点，将风力发电系统的内外部分成多个电磁兼容性防雷保护区。其中，在叶片、机舱、塔身和主控室内外可以分为 LPZ0、LPZ1 和 LPZ2 三个区，如图 7-19 所示。针对不同防雷区域采取有效的防护手段，主要包括雷电接受和传导系统、过电压保护和等电位连接、电控系统防雷等措施。

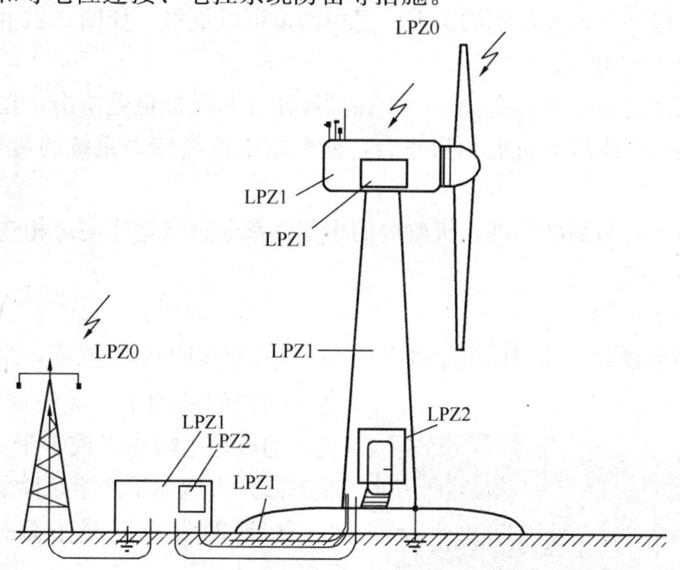

图 7-19　防雷保护区划分示意图

2. 雷电接受和传导途径

雷电由在叶片表面接闪电极引导，经雷电引下线传到叶片根部，通过叶片根部经叶片法

兰、变桨轴承、轮毂、主轴承、主轴、基座、偏航轴承和塔架，最终导入接地网。

3. 叶片部分防雷接地

（1）作为风力发电机组中位置最高的部件，叶片是雷电袭击的首要目标；同时叶片又是风力发电机组中最昂贵的部件之一，因此叶片的防雷保护至关重要。

（2）雷击造成叶片损坏的机理是雷电释放巨大能量，使叶片结构温度急剧升高，分解气体高温膨胀，压力上升造成爆裂破坏。叶片防雷系统的主要目标是避免雷电直击叶片本体而导致叶片损害。研究表明，不管叶片是用木头还是玻璃纤维制成，或是叶片包导电体，都对雷电可能产生的损害影响不大。雷电导致损害的范围取决于叶片的形式。叶片全绝缘并不减少被雷击的危险，而且会增加损害的次数。多数情况下被雷击的区域在叶尖背面（或称吸力面）。根据以上研究结果，针对1500kW系列机组的叶片应用了专用防雷系统，该系统由雷电接闪器和雷电传导部分组成，如图7-20所示。

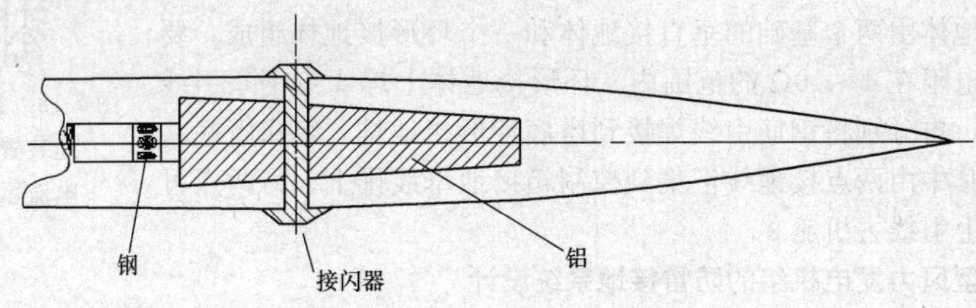

图7-20 叶尖防雷接地系统示意图

在叶尖装有接闪器捕捉雷电，再通过敷设在叶片内腔连接到叶片根部的导引线使雷电导入大地，约束雷电，保护叶片。

（3）雷电接闪器是一个特殊设计的不锈钢螺杆，装置在叶片尖部，即叶片最可能被袭击的部位。接闪器可以经受多次雷电的袭击，受损后也可以更换。如图7-21中A点所示。

4. 机舱部分防雷接地

（1）在机舱顶部装有一个避雷针，用于保护风速计和风标免受雷击，在遭受雷击的情况下将雷电流通过接地电缆传到机舱上层平台，避免雷电流沿传动系统的传导。见图7-22中A处。

（2）机舱上层平台为钢结构件，机舱内的零部件都通过接地线与之相连，接地线尽可能短直。见图7-22中B处。

5. 机组基础防雷接地

机组基础的接地设计符合IEC61024-1或GB 50057—1994的规定，采用环形接地体。包围面积的平均半径大于或等于10m，单台机组的接地电阻小于或等于4Ω，使雷电流迅速流散入大地而不产生危险的过电压。

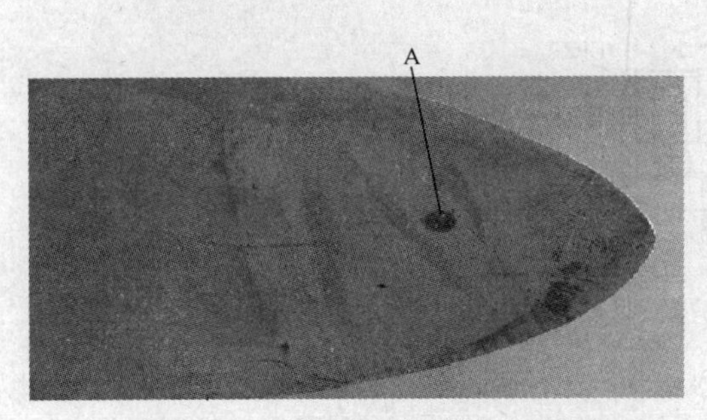

图7-21 叶尖雷电接闪器示意图

接地网设在混凝土基础的周围，见图7-23。

6. 过压保护和等电位连接

（1）风力发电机组的防雷系统中采取的过压保护和等电位连接措施应符合

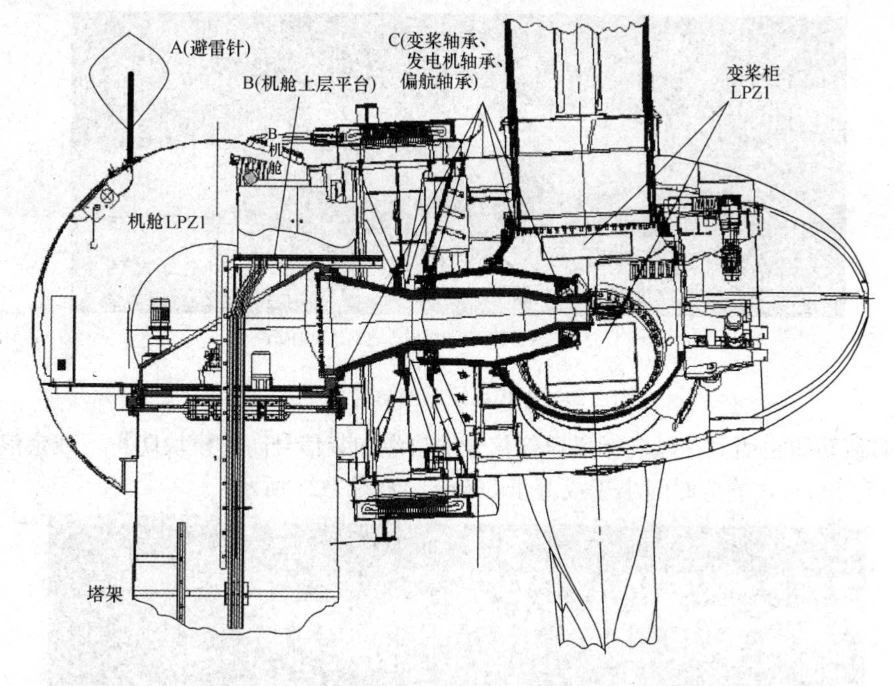

图 7-22 机舱接地示意图

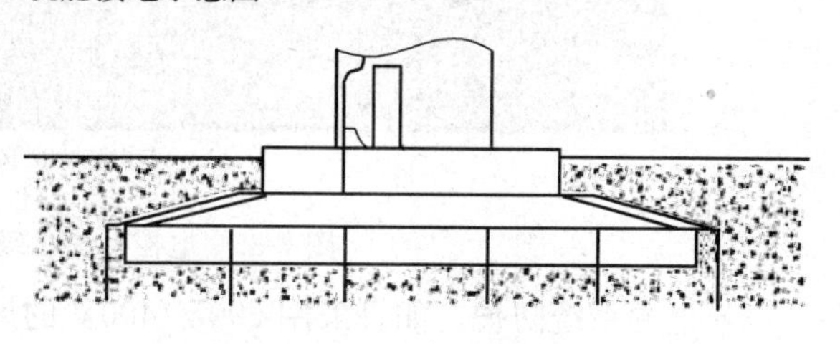

图 7-23 接地网

IEC61024、IEC61312、IEC61400 和 GB 50057—1994 的相关规定。在不同保护区的交界处，通过 SPD（防雷及电涌保护器）对有源线路（包括电源线、数据线、测控线等）进行等电位连接。其中在 LPZ0 区和 LPZ1 区的交界处，采用通过Ⅰ类测试的 B 级 SPD 将通过电流、电感和电容三种耦合方式侵入到系统内部的大能量的雷电流泄放，并将残压控制在小于 2.5kV 的范围。在 LPZ1 区与 LPZ2 的交界处，采用通过Ⅱ类测试的 C 级 SPD，并将残压控制在小于 1.5kV 的范围。

（2）为了预防雷电效应，对处在机舱内的金属设备如金属构架、金属装置、电气装置、通信装置和外来的导体做等电位连接，连接母线与接地装置连接。汇集到机舱底座的雷电流传送到塔架，由塔架本体将雷电流传输到底部，并通过 3 个接入点传输到接地网。在 LPZ0 与 LPZ1、LPZ1 与 LPZ2 区的界面处应做等电位连接。如风向标、风速仪、环境温度传感器在机舱 TOPBOX 内做等电位连接；避雷针、机舱 TOPBOX、发电机开关柜等在机舱平台的接地汇流排上做等电位连接；主空气开关进线电缆接地线与控制柜、变压器、电抗器在塔底接地汇流排上做等电位连接。

7. 电控系统防雷

（1）主配电采用 TN-C 式供电系统，即系统的 N 线和 PE 线合为 1 根 PEN 线。根据以上对不同电磁兼容性防雷保护区的划分和应用 SPD 的原理，在塔底的 620V 电网进线侧和变压器输出 400V 侧安装 B 级 SPD（见图 7-24），以防护直接雷击，将残压降低到 2.5kV 水平，同时做好机组的接地系统。

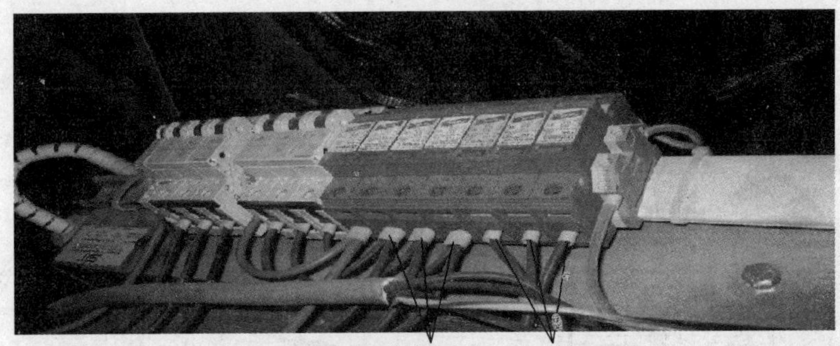

图 7-24　电控系统 B 级防雷示意图

（2）C 级防雷说明。在风向标风速仪信号输出端加装信号防雷模块防护，残余浪涌电流为 20kA（8/20μS），响应时间小于或等于 500ns。如图 7-25 所示。

图 7-25　电控系统 C 级防雷示意图

（3）电源系统防护。如果采用 690V/400V 的风力发电机组供电线路，为防止沿低电压电源侵入的浪涌通过电压损坏用电设备，供电电路应采用 TN-S 供电方式，保护线路 PE 与电源中性线 N 分离。整个供电系统可采用三级保护原理，第一级使用防雷击浪涌保护器，第二级使用浪涌保护器，第三级使用终端设备保护器。由于各级保护器的响应时间和放电时间不同，需相互配合使用。供电电源系统的保护如图 7-26 所示。

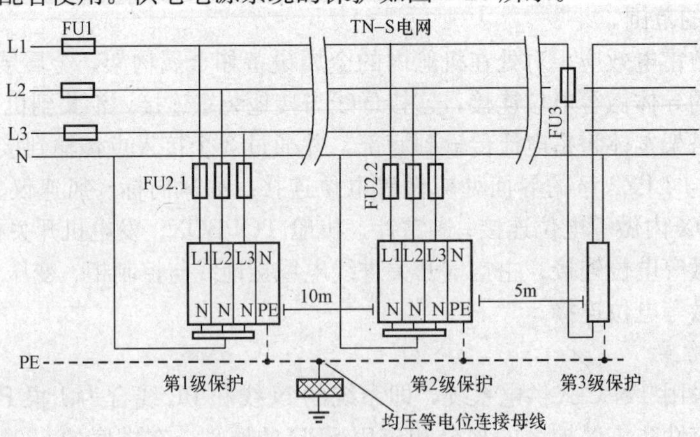

图 7-26　供电电源系统的保护

（4）PLC防护。计算机柜内的PLC是控制系统的心脏，对电涌的抗冲击能力较弱。由于PLC处在PLZ2区内，可在其变压器输出端并联加装C级防雷器VAL-MS230进行防护，通流量为40kA，响应时间为25ns。防雷器可同时对开关电源和PLC进行保护。

在控制柜与机舱柜通信回路中，在信号输出端及PLC模块前端加装信号防雷模块PT3-PB防护，控制残余浪涌电流为20kA，响应时间小于或等于500ns。

（5）通信信号线路的保护。对于埋入地下并从室外（LPZ0区）进入塔座内（LPZ1区）的通信线路，必须在线路的两端终端设备处安装信号防雷器。

对于在塔内的较长信号线缆，在两端分别加装保护，以阻止感应浪涌对两端设备的冲击，确保重要信号的传输。

任务三　防雷接地系统的安装与维护

【任务引领】

随着风力发电机组单机容量的增大和机身高度的增加，以及大量先进的微电子电路配备于机组内，大容量机组雷电灾害的严重性正日趋显著。

为维护风力发电机组的安全正常运行，提高电能供应的可靠性，需要对机组采取防雷措施，主要落实在直接雷击保护、雷电电涌防护、雷电电磁脉冲防护和接地等方面。

【教学目标】

（1）掌握接地线的制作方法。

（2）掌握各接地系统的安装方法。

（3）掌握避雷针的安装要求。

【任务准备与实施建议】

（1）熟悉1500kW防雷接地系统设计方案。

（2）熟悉1500kW接地系统安装规范。

（3）清楚风力发电机组防雷接地系统安装要求。

（4）详细列出防雷接地装置维护具体内容。

（5）正确选择检修装备和工具。

（6）安全操作，及时排除故障。

（7）故障解决后，检查机组防雷接地是否正常可靠。

（8）归纳总结本任务完成后的操作要点和安全注意事项。

【相关知识的学习】

一、接地螺栓要求

（1）接地系统使用的螺栓如没有特别注明均为达克罗（锌铬涂层）螺栓，8.8级以上。

（2）对于需带螺母的螺栓，应配平垫、弹簧垫。

（3）接地螺栓的力矩要求见表7-1。

表 7-1　　接地螺栓力矩要求

螺栓规格	M10	M12	M16
力矩（N·m）	35	60	120

二、接地线制作安装要求

（1）适用于 $35mm^2$ 以上接地电缆。

（2）在剥电缆头时，要根据接线端头长度加 2mm 剥除，注意不要将电缆芯打散。

（3）电缆与接线端头的连接，要求先涂导电膏，再用专用工具压接三道，并去除毛刺。

（4）注意两端接线端头的方向，不要扭绞。

（5）两端分别套上长 100mm 的热缩套，用热风机缩紧。

（6）接地两端接触面要求除漆、除锈、除渣并涂抹导电膏。

三、接地系统安装具体要求

1. 发电机开关柜接地线安装要求

（1）发电机开关柜接地线使用 $35mm^2$ 黄绿双色电缆，一端压 DT-$35mm^2$ $\phi12$ 铜接线端头，连接在发电机开关外壳的 A 点上，见图 7-27；另一端压 DT-$35mm^2$ $\phi10$ 铜接线端头，接在发电机开关柜的右下侧 B 点背面 D 点上，见图 7-28 和图 7-29。

图 7-27　发电机开关柜接地线安装示意图

（2）发电机开关柜接地线从 A 点引出，经 C 点穿出，接至 D 点，如图 7-28 所示。

（3）发电机开关柜接地线长度为 500mm，每个开关柜 1 根，共 2 根。

（4）A 点螺栓规格为 M12×40，B 点螺栓规格为 M10×35。

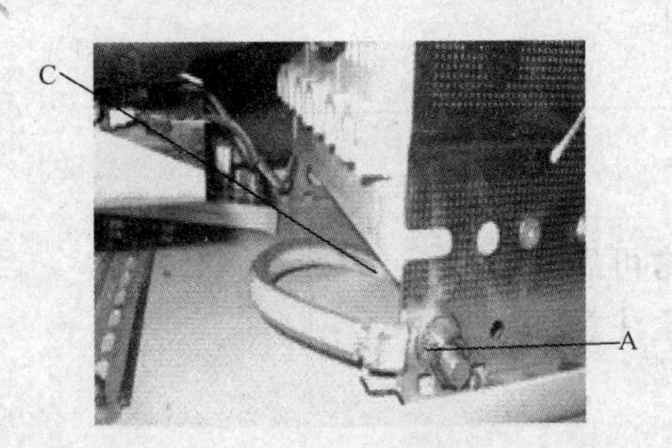

图 7-28　发电机开关柜接地线安装示意图

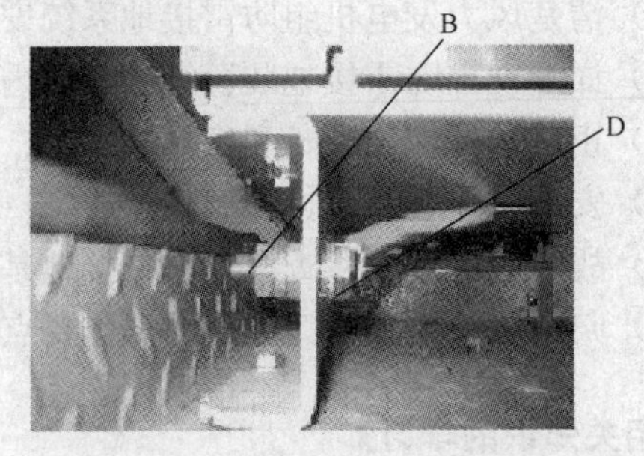

图 7-29　发电机开关柜接地线安装示意图

2. 机舱 TOPBOX 接地线安装要求

（1）机舱 TOPBOX 接地线使用 $6mm^2$ 黄绿双色电缆，一端压 ROT 8-$6mm^2$ 环型预绝缘端头，连接在 TOPBOX 右下侧接地螺栓上，见图 7-30 中 A 点；另一端压 ROT 10-$6mm^2$ 环型预绝缘端头，接在机舱上层平台接地排上，见图 7-30 中 B 点。

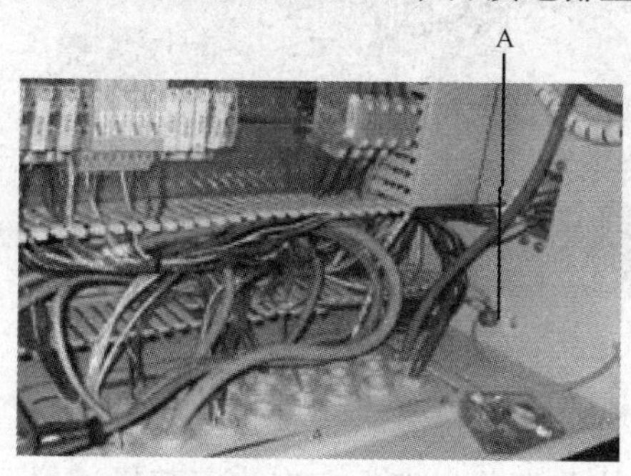

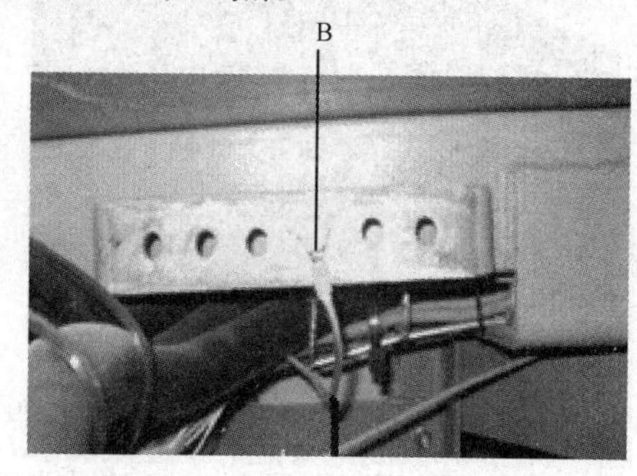

图 7-30 机舱 TOPBOX 接地线连接示意图

(2) 机舱 TOPBOX 接地线长度为 2000mm，TOPBOX 侧螺栓规格为 M8×25，接地排侧螺栓规格为 M10×35。

3. 信号接地线安装要求

(1) 风向标屏蔽层进入 TOPBOX 后接在防雷模块 116A3 下口接地端子，见图 7-31 中 A 点；从防雷模块上口输出端引出的电缆屏蔽层接在 116A3 上口的接地端子，见图 7-31 中 B 点。

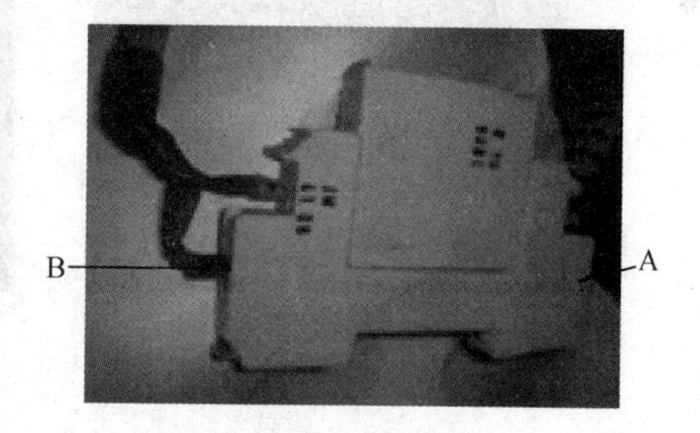

图 7-31 TOPBOX 信号接地线连接示意图

(2) 风速仪屏蔽层进入 TOPBOX 后接在防雷模块 116A5 下口接地端子，见图 7-31 中 A 点；从防雷模块上口输出端引出的电缆屏蔽层接在 116A5 上口的接地端子，见图 7-31 中 B 点。

(3) 温度传感器屏蔽层接地。6 个发电机温度传感器、TOPBOX 温度传感器和机舱柜温度传感器的屏蔽层剥出 450mm，集中压接在一个线鼻上接到 TOPBOX 底部有接地标志的螺栓上；环境温度传感器的屏蔽层剥出 400mm 压上管型接线端子接到就近的接地端子上。

4. 变桨发电机接地要求

(1) 变桨发电机接地线使用 $6mm^2$ 黄绿双色电缆。一端压 DT-$6mm^2$ $\phi6$ 铜接线端头，连接在发电机外壳上，见图 7-32 中 A 点；另一端压 DT-$6mm^2$ $\phi6$ 铜接线端头，接在变桨柜支架接地螺栓上，见图 7-32 中 B 点。

(2) 变桨柜接地线长度为 2000mm，每台变桨发电机 1 根，共 3 根。

5. 避雷针及接地线安装要求

(1) 安装避雷针时，应将机舱外侧的金属板安装面进行除漆、除锈、除渣，避免接触不良影响雷电流的引导，并涂导电膏使导体良好接触。如图 7-33 所示。

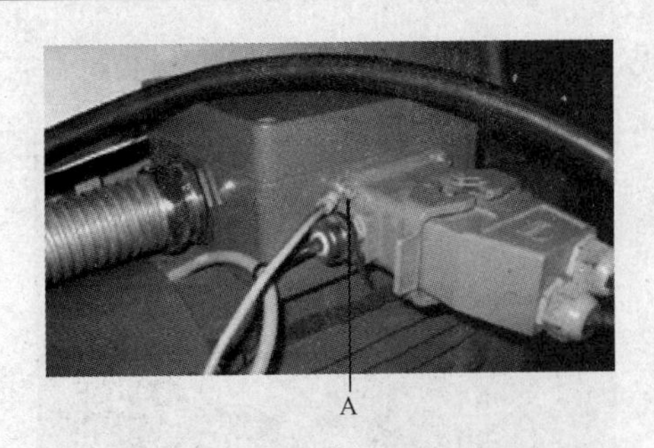

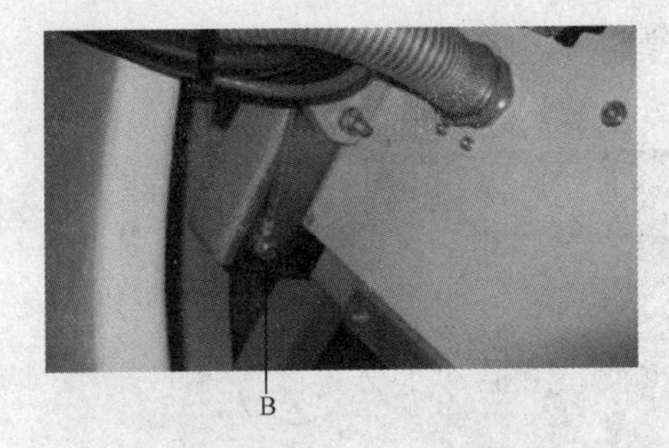

图 7-32 变桨发电机接地线连接示意图

(2) 从机舱天窗正对避雷针，左边支架高的位置安装风向标，右边安装风速仪，如图 7-34 所示。

图 7-33 机舱外侧避雷针安装金属板

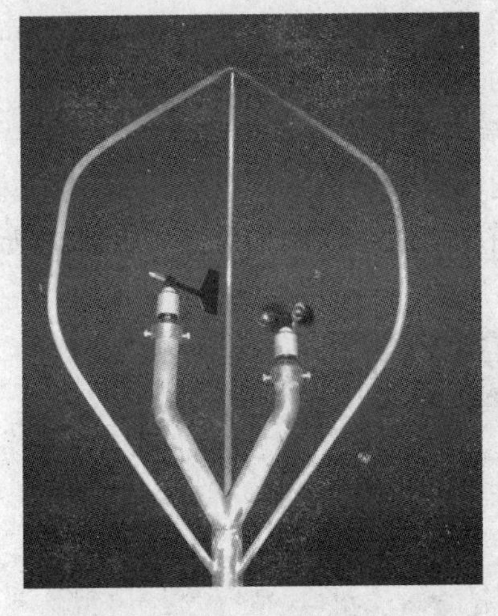

图 7-34 风向标和风速仪安装

(3) 避雷针接地线使用 95mm^2 黄绿双色电缆。一端压 DT-95mm^2 ϕ10 铜接线端头，连接在避雷针安装金属板下方机舱内侧，见图 7-35 中 A 点；另一端压 DT-95mm^2 ϕ10 铜接线端头，接在机舱上层平台左下侧接地排上，见图 7-35 中 B 点。

(4) 由于机舱内侧是绝缘的，为保证铜接线端头接触面积，增加一块金属板放在 A 点与 C、D、E 点之间，再将铜接线端头接在金属板上。如图 7-35 所示。

(5) 避雷针接地线长度为 4000mm，避雷针安装金属板下方机舱内侧螺栓规格为 M10×55，接地排侧螺栓规格为 M10×35。

6. 塔段之间接地线安装要求

(1) 塔段与塔段之间的接地连接用 70mm^2 镀锡铜编织带，共需 9 根镀锡铜编织带。其中底座环与下塔段连接需 3 根，下塔段与中塔段连接需 3 根，中塔段与上塔段连接需 3 根。如图 7-36 所示。

(2) 塔段与塔段之间每组接地极都要连接良好，不能遗漏，连接前先对镀锡铜编织带接线鼻和接地极的安装面进行除漆、除锈、除渣，并涂导电膏使导体良好接触。

(3) 铜编织带与塔架接地极之间用 M12×40 螺栓与塔架连接。铜编织带外形如图 7-37 所示。

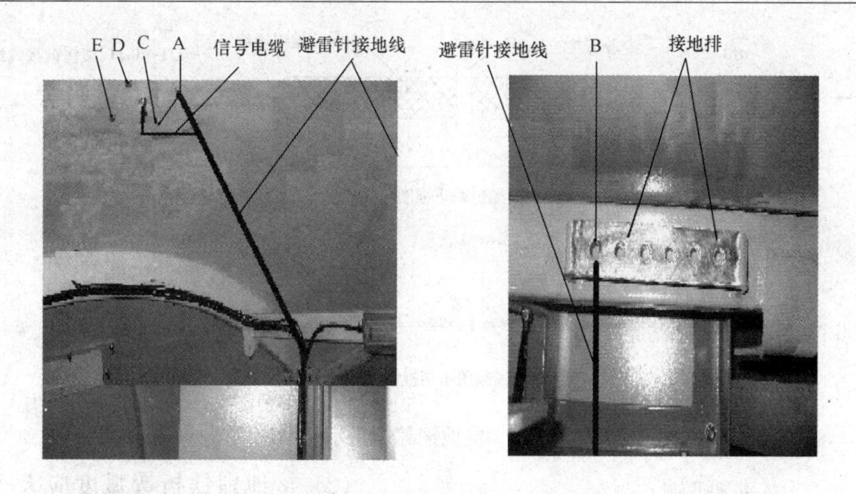

图 7-35　避雷针接地线连接

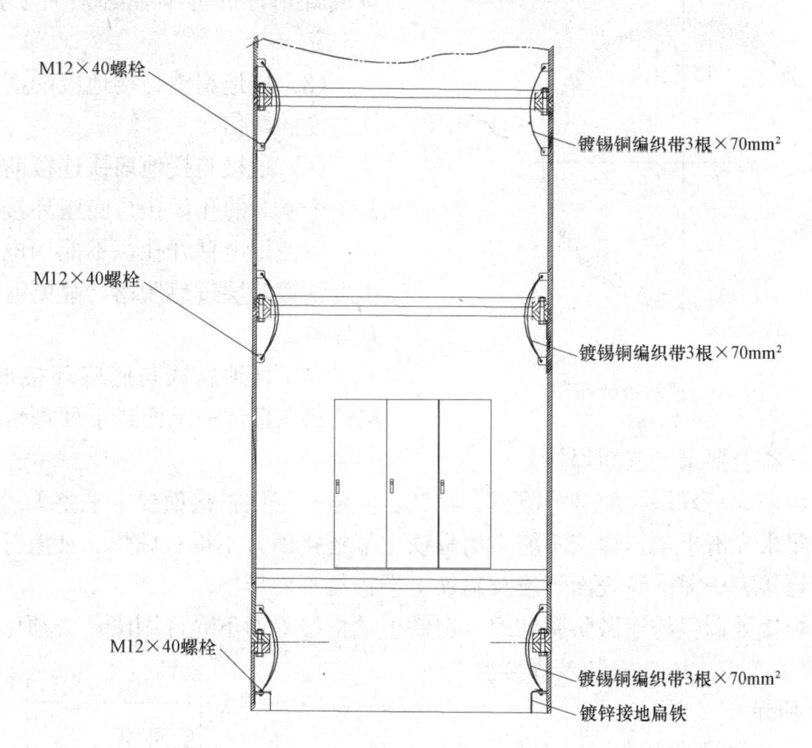

图 7-36　塔段接地连接示意图

7. 放电电阻接地线安装要求

（1）放电电阻接地线使用 35mm² 黄绿双色电缆。一端压 DT-35mm² ϕ12 铜接线端头，连接在接地排上；另一端压 DT-35mm² ϕ8 铜接线端头，接在放电电阻壳体接地螺栓上。

（2）放电电阻接地线长度为 3000mm，接地排侧螺栓规格为 M12×40，壳体侧螺栓规格为 M8×25。

8. 底座环与镀锌接地扁铁连接安装要求

（1）接地扁铁分 120°从地基引出，必须分别与底座环 3 个接地极焊接。接地扁铁的引出位置要根据机械图纸确定，与底座环接地极对齐。接地极分布如图 7-38 所示。

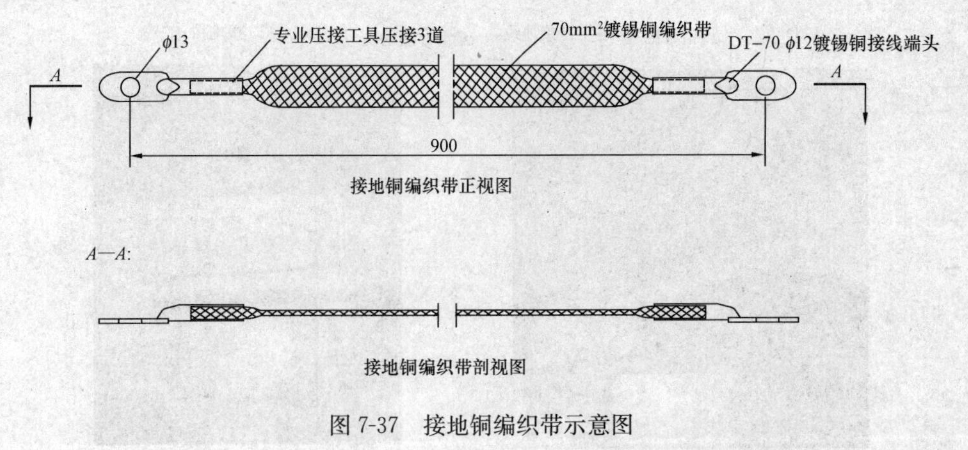

图 7-37　接地铜编织带示意图

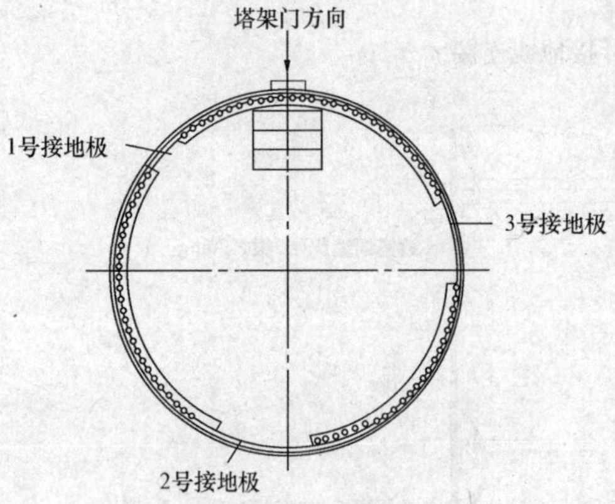

图 7-38　接地极分布图

（2）接地扁铁折弯弧度应大于 90°，不宜成直角，折弯半径必须大于扁铁厚度的 2.5 倍。

（3）接地扁铁与接地极的搭接长度为扁铁宽度的两倍。

（4）地极与接地扁铁连接前先在扁铁上开 1 个 $\phi13$ 的孔，孔与底座环接地极的孔对齐。应使用电钻开孔，不能用电焊开孔，防止扁铁镀锌层过热脱落，避免扁铁上下表面有焊渣。

（5）接地扁铁与底座环接地极焊接时，扁铁放在接地极上面或下面都可以，但是要保证搭接长度符合要求，三面焊接。

（6）焊接前先清理搭接面进行除漆、除锈、除渣，扁铁搭接面要求平整无形变。

（7）缝要求光滑平整，焊迹不能突出扁铁上端搭接面，不得有虚焊、夹渣等缺陷。

（8）搭焊接完毕需清除表面焊渣及扁铁上端搭接平面异物。

（9）对焊接处刷银粉漆做防腐处理（扁铁上端搭接平面不允许刷漆，必须保持清洁）。

（10）接地极 1、2、3 安装及焊接要求如图 7-39 所示 。

9. 主空气开关进线电缆接地要求

（1）从箱式变压器引入的主空气开关进线铠装电缆内的接地线接在接地排上，压 DT-500mm² $\phi12$ 铜接线端头，接地线长度为 2200mm，接地排侧螺栓规格为 M12×40。如图 7-40 所示。

（2）从主空气开关进线铠装电缆引出的 7 根接地铜编织带接在接地排上，压 DT-35mm² $\phi10$ 铜接线端头，接地铜

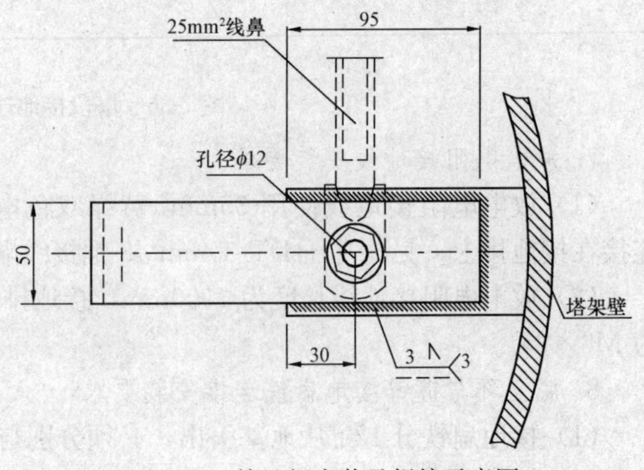

图 7-39　接地极安装及焊接示意图

编织带长度为 1900mm，接地排侧螺栓规格为 M10×35。如图 7-40 所示。

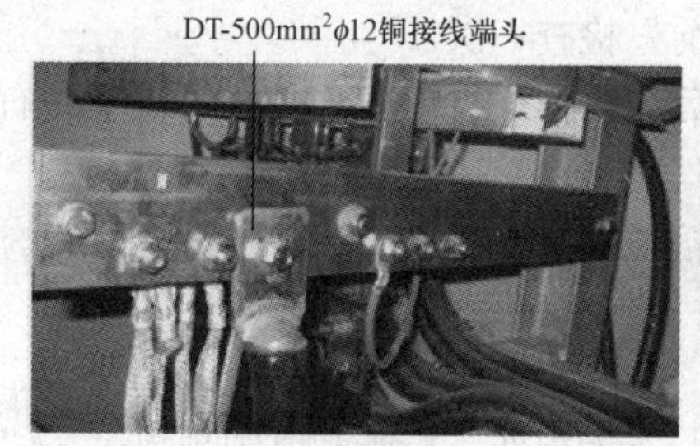

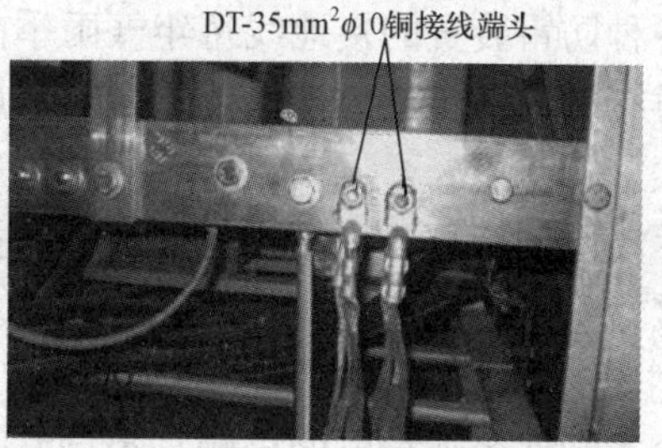

图 7-40 主空气开关进线电缆接地示意图

10. 主空气开关外壳接地要求

(1) 主空气开关接地线使用 95mm² 电缆。一端压 DT-95mm²ϕ12 铜接线端头，连接在主开关外壳的 A 点上，见图 7-39；另一端压 DT-95mm²ϕ12 铜接线端头，接在接地排 B 点，见图 7-41。

(2) 空气开关接地线从 A 点引出，经主空气开关正下方，接至 B 点，如图 7-41 所示。

(3) 主空气开关接地线长度为 900mm，主开关外壳的 A 点螺栓规格为 M12×40，接地排侧螺栓规格为 M12×40。

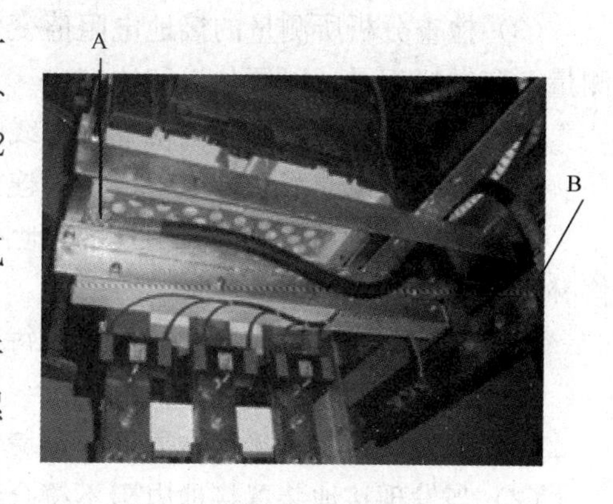

图 7-41 主空气开关外壳接地示意图

11. 接地铜排与接地扁铁之间的主接地线连接要求

主接地线使用 185mm² 电缆，一端压 DT-185mm²ϕ12 铜接线端头，连接在接地极 3 上，见图 7-42；另一端压 DT-185mm²ϕ12 铜接线端头，连接在接地铜排上，见图 7-42。

接地线长度为 3000mm，接地极 3 侧螺栓规格为 M12×40，接地排侧螺栓规格为 M12×40。

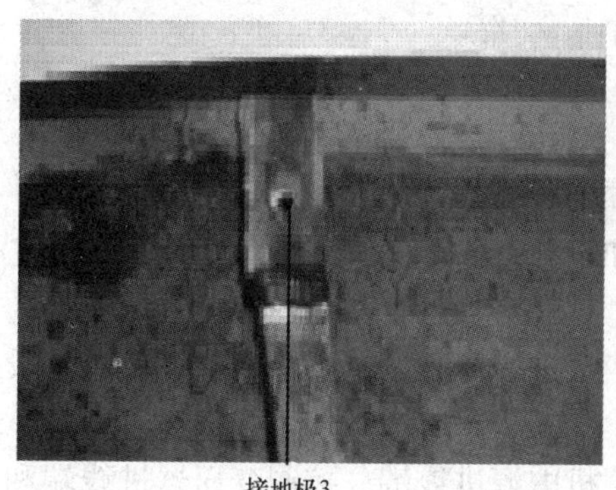

图 7-42 主接地排与接地扁铁连接示意图

四、接地装置的维护

接地装置在运行中接地线与接中性线有时遭到外力破坏或腐蚀，会发生损伤或断裂。另外，随着土壤的变化，接地电阻也会变化。因此，必须对接地装置定期检查和测试。

1. 接地装置的安全检查周期

（1）各种防雷装置的接地线每年（雨季前）检查一次。

（2）对有腐蚀性土壤的接地装置，安装后应根据运行情况，一般每5年左右挖开局部地面检查一次。

（3）手动电动工具及移动式电气设备的接地线，在每次使用前应进行检查。

（4）接地电阻一般1～3年测量一次。

2. 检查内容

（1）检查地线各连接点的接触是否良好，有无损伤、折断和腐蚀现象。

（2）对含有重酸、碱、盐和金属矿岩等化学成分的土壤地带，应定期对接地装置的地下500mm以上部分挖开地面进行检查，观察接地体的腐蚀程度。

（3）检查分析所测量的接地电阻值变化情况是否符合要求，并在土壤电阻率最大时进行测量，应做好记录，以便分析和比较。

（4）设备每次检修后，应检查接地线是否牢固。

（5）检查接地支线和接地干线是否连接可靠。

（6）检查接地线与电气设备及接地网的接触是否良好，若有松动脱落现象，要及时修补。

（7）对移动式电气设备的接地线，每次使用前检查接地情况，观察有无断股等现象。

3. 接地装置保护措施

（1）检查观察人工接地体周围的环境情况，不应堆放具有强烈腐蚀性的化学物质。

（2）当发现接地装置接地电阻不符合要求时，及时采用降低接地电阻的措施。

（3）对于接地装置与公路、铁道或管道等交叉的地方，要采取保护措施，避免接地体受到损坏。

（4）在接地线引入建筑物入口处，最好设有明显标记，为维护工作提供方便。

（5）应保持明敷的接地体表面所涂地标记完好无损。

小　结

1. 安全保护内容

（1）超速保护。发电机或风轮转速超过额定转速的110%时，正常停机。

（2）电网掉电保护。在控制系统电源中加设在线UPS后备电源，机组按正常程序完成停机过程。

（3）主电路保护。在变压器低压侧三相四线进线处和发电机三相电缆入口处设置低压配电断路器。

（4）过电压、过电流保护。主电路、计算机电源进线端、控制变压器进线端和有关伺服电动机进线端设置过电压、过电流保护措施。

（5）机械装置保护。机组设有三级振动频率保护，即振动球开关、振动频率上限1、振动频率极限2，分级处理。

（6）控制器保护。主控制器看门狗定时器溢出，执行安全保护。

（7）热继电保护。运行的所有输出运转机构应设有过热、过载保护控制装置。

（8）接地保护。设备因绝缘破坏或其他原因可能出现危险电压的金属部分，均应实现保护接地。

1）配电设备接地。

2）塔筒与地基接地装置。

3）接地网形式。

4）接地体的外缘。

5）变压器中线点。

6）避雷线。

7）电缆线路的接地。

8）系统接地电阻。

（9）风力发电机组控制系统应具有防电压穿透功能。系统有防雷装置和良好的接地。

（10）开机关机保护。顺序控制机组开关机。

（11）风电机组控制器抗干扰保护。

1）工业干扰抗干扰保护。

2）自然界干扰抗干扰保护。

3）高频干扰抗干扰保护。

（12）其他保护。发电机过载或故障，机舱偏航转动造成电缆的过度缠绕，控制系统功能失效，按下紧急停机按钮等。

2. 安全链

（1）紧急停机按钮（塔底主控制柜）、发电机过速模块1和2、扭缆开关、变桨系统安全链信号、紧急停机按钮（机舱控制柜）、振动开关、PLC过速信号等故障节点中只要有一个节点动作，机组就会紧急停机，只能通过手动复位才能重新启动。

（2）KL6904是机组安全系统的核心模块，装载整个机组的安全逻辑程序。KL1904和KL2904分别为安全系统的输入模块和输出模块。

（3）安全链故障。

1）主控柜紧急停机按钮错误。

2）机舱柜紧急停机按钮错误。

3）发电机过速模块信号错误。

4）机舱柜振动开关信号错误。

5）纽缆开关信号错误。

6）变桨安全链信号到系统安全链错误。

7）机舱柜总线信号错误。

8）PLC紧急停机需求错误。

9）发电机锁定信号错误。

10）控制器紧急停机错误。

3. 防雷与接地系统

雷电是自然界中一种常见的放电现象，近地云团对地的放电包括直击雷、雷电波侵入、感应过电压、系统内部操作过电压、地电位反击影响到人身和设备的安全。

传统的防雷方法主要是对直击雷的防护，其技术措施包括接闪器、引下线、接地体和法拉第笼。现代防雷保护包括外部防雷和内部防雷两大类。

接地是保障风力发电机组和风电场电气安全与人身安全的必要措施。电力系统中的接地装置是指中性点或相线上某点的金属部分，而电气设备的接地装置是指不带电的金属导体。

接地包括功能性接地和保护性接地。工作接地、逻辑接地、信号接地、屏蔽接地属于功能性接地，保护接地、防雷接地、防静电接地、防电腐蚀接地属于保护性接地。

将叶片、机舱、塔身和主控室内外分为 LPZ0、LPZ1 和 LPZ2 三个区，针对不同防雷区域采取雷电接受和传导系统、过电压保护和等电位连接、电控系统防雷等有效的防护措施。

防雷接地系统安装的具体要求，包括接地螺栓、接地线制作、发电机开关柜接地线安装、机舱 TOPBOX 接地线安装、信号接地线安装、变桨电动机接地安装、避雷针接地线安装、塔段之间接地线安装、放电电阻接地线安装、底座环与镀锌接地扁铁连接安装、主空气开关进线电缆接地安装、主空气开关外壳接地安装、接地铜排与接地扁铁之间的主接地线安装等。

复习思考

(1) 什么是风力发电机组的安全保护系统？其主要内容包括哪些？

(2) 简述雷电产生的原因及危害。

(3) 风力发电机组有哪些雷击安全保护措施？

(4) 风力发电机组接地保护的功能有哪些？各是如何实现的？

(5) 接地线制作有哪些具体要求？

(6) 简要说明雷电保护装置的工作原理。

(7) 安装避雷针时应注意哪些问题？

(8) 风力发电机组安全链的结构及功能是什么？

(9) 简述风力发电机组紧急停机安全链保护的作用和要求。

(10) 简述安全链常见故障及处理措施。

(11) 造成风力发电机组绕组绝缘电阻低的可能原因有哪些？

(12) 简要描述系统发生短路的后果。

项目八　兆瓦级风力发电机组维护与检修

【项目描述】

风力发电机组是集电气、机械、空气动力学等各学科于一体的综合产品，各部分紧密联系，息息相关。风力发电机组维护的好坏直接影响到发电量的多少和经济效益的高低；风力发电机组本身性能的好坏，也要通过维护检修来保持，维护工作及时有效可以发现故障隐患，减少故障的发生，提高风力发电机组效率。

本项目将完成以下三个工作任务：

任务一　兆瓦级永磁同步直驱风力发电机组的认识

任务二　风力发电机组定期巡检与维护

任务三　风力发电机组常见故障及处理

【学习目标描述】

（1）熟悉直驱型风力发电机组的结构及运行特点，与其他类型机组相比较具备的优势。

（2）了解风力发电机组定期巡检内容与故障处理。

（3）了解风力发电机组年度例行维护项目及维护要求。

（4）了解风力发电机组软硬件故障产生的可能位置，正确分析故障产生的原因。

（5）掌握大型风力发电机组常见故障及处理方法。

（6）掌握维护检修用工具的正确使用方法。

【本项目学习重点】

（1）直驱型风力发电机组的结构特点与运行保护系统。

（2）风力发电机组定期巡检与例行维护工作内容。

（3）风力发电机组常出现的故障及具体解决措施。

【本项目学习难点】

（1）风力发电机组定期巡检与维护项目。

（2）风力发电机组常见故障分析及处理。

任务一　兆瓦级永磁同步直驱风力发电机组的认识

【任务引领】

前面几个项目中的风力发电机组均以异步双馈型风力发电机组为研究对象进行分析和讲解，本项目将先以1500永磁同步直驱型风力发电机组为例做一简要说明。该类型机组具有结构简单、可靠性高、效率高、维护量低等优点，是当今及未来风力发电设备市场的主力高端机型。

【教学目标】

（1）了解永磁同步直驱型风力发电机组的系统组成和结构特点。

（2）了解永磁同步直驱型风力发电机组的运行控制特点。

（3）了解永磁同步直驱型风力发电机组的安全保护措施。

【任务准备与实施建议】

（1）通过查阅相关资料，归纳总结永磁同步直驱风力发电机组与异步双馈风力发电机组的异同点，并说明永磁同步直驱风力发电机组为什么是未来风力发电机组发展的趋势。

（2）到风电场熟悉永磁同步直驱风力发电机组的工作特点和运行过程。

（3）绘制风力发电机组机舱结构示意图，并正确描述各组成部分的功能特点。

【相关知识的学习】

一、某1500永磁同步直驱型风力发电机组系统说明

（1）风力发电机组采用水平轴、三叶片、上风向、变桨距调节、直接驱动、永磁同步发电机并网的总体设计方案。

（2）发电机为外转子永磁、强迫风冷式发电机。

（3）每只叶片上装有独立的电动变桨机构。变桨作用力通过齿型带的免维护系统传递。变桨系统可以控制叶轮的转速和输出功率，叶片在顺桨位置的时候叶轮停转。该风力发电机不需要机械刹车。

（4）机组自动偏航系统能够根据风向标提供的信号自动确定风力发电机组的方向。当风向发生偏转时，控制系统根据风向标信号，通过电动机驱动的减速器使机舱自动对准风向。偏航系统在工作时带有阻尼控制，通过优化的偏航速度，使机组偏航旋转更加平稳。

（5）机组机舱设计采用了人性化设计方案，工作空间较大，方便运行人员检查维修，同时还设计了电动提升装置，方便工具及备件的提升。机舱罩密封性好，具有可靠的防雨、防沙尘性能。

（6）控制系统由本地和远程控制两部分组成，本地控制设计有软并网装置和无功补偿装置，软并网装置可将电流限定在额定值的1.5倍以内。无功补偿装置可保证功率因数在额定功率点达到0.99。远程控制有全面的信息系统和报表打印、数据分析等多项功能，可以实现远程监控。

（7）整个机组由计算机控制，数据自动采集处理、自动运行并可远程监控。

直驱型机组与其他机组相比具有以下优点：

（1）由于机械传动系统部件的减少，提高了风力发电机组的可靠性和可利用率，降低了风力发电机组的噪声。

（2）永磁发电技术及变速恒频技术的采用提高了风力发电机组的效率。

（3）由于无齿轮箱，降低了风电场风力发电机组的运行维护成本。

（4）机械传动部件的减少降低了机械损失，提高了整机效率，机组设计结构简单，变流设备、电控设备等易损件都设在塔筒底部，维修方便。

（5）发电机在低转速下运行，损坏率减小。

（6）利用变速恒频技术，可以进行无功补偿。

（7）减少了部件数量，使整机的生产周期缩短。

（8）全变流技术，提高了电能品质。

（9）可以从内部进入轮毂维护变桨系统，提高了人员的安全性。

二、技术数据

1. 系统数据

（1）额定功率为1500kW。

（2）轮毂中心高度为65m。

（3）叶轮转速为9～17.3r/min。

（4）切入风速为3m/s。

（5）额定风速为11m/s。

（6）切出风速为22m/s。

（7）最大设计风速为52.5m/s。

（8）最大维护允许风速为18m/s。

（9）防雷设计标准为IEC61400-1。

（10）运行温度范围为－30～40℃。

2. 叶轮

（1）叶轮直径为77m。

（2）扫风面积为4657m^2。

（3）叶片数为3。

（4）叶片型号为LM37.3P2。

（5）材料为玻璃纤维增强树脂。

（6）叶片长度为37.25m。

（7）锥角为3°。

（8）轴向倾角为3°。

（9）轮毂材料为QT400-18AL。

3. 刹车

气动刹车为顺桨刹车。

4. 发电机

（1）额定功率为1500kW。

（2）类型为交流永磁同步发电机。

（3）额定转速为17.3r/min。

（4）绝缘等级为F。

（5）保护等级为IP23。

（6）电压等级为620V。

5. 底座

(1) 结构为铸件。

(2) 材料为 QT400-18AL。

6. 偏航系统

(1) 类型为偏航轴承、偏航驱动。

(2) 驱动为 3 个带小齿轮的偏航驱动。

(3) 刹车为 10 个刹车。

7. 塔架

(1) 类型为锥型钢塔架。

(2) 分节数为 2。

(3) 轮毂中心高度为 65m。

8. 质量

(1) 叶轮为 30.4t。

(2) 机舱为 11.8t。

(3) 发电机为 43.6t。

三、某 1500 直驱型风力发电机组主要零部件

某 1500 型风力发电机外形见图 8-1。

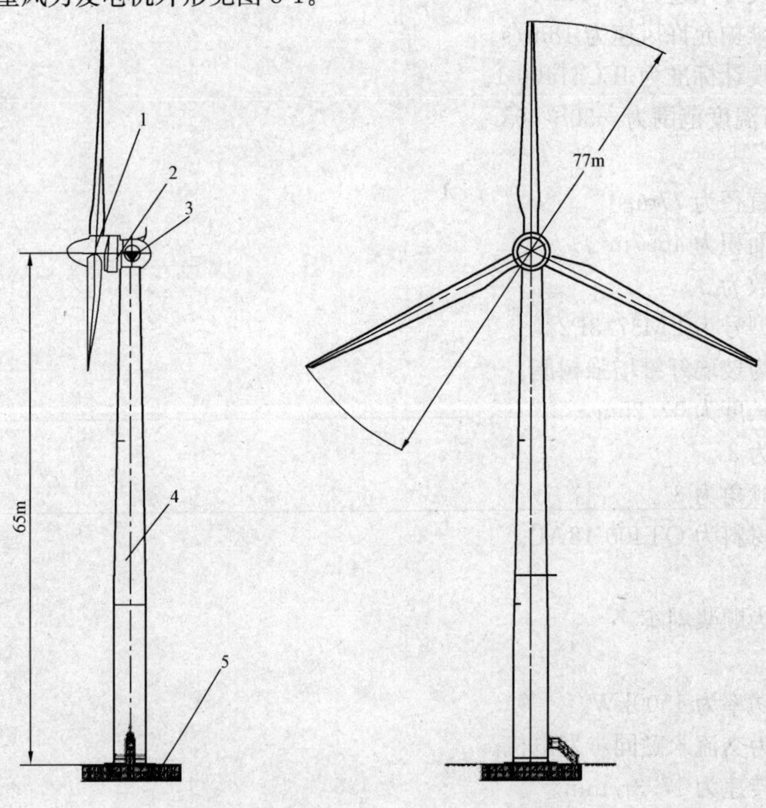

图 8-1 某 1500 型风力发电机组外形

1—叶轮；2—发电机；3—机舱；4—塔架；5—基础

直接驱动式风力发电机组由于没有齿轮箱，零部件数量相对传统风电机组要少得多，其主要部件如图 8-2 所示。

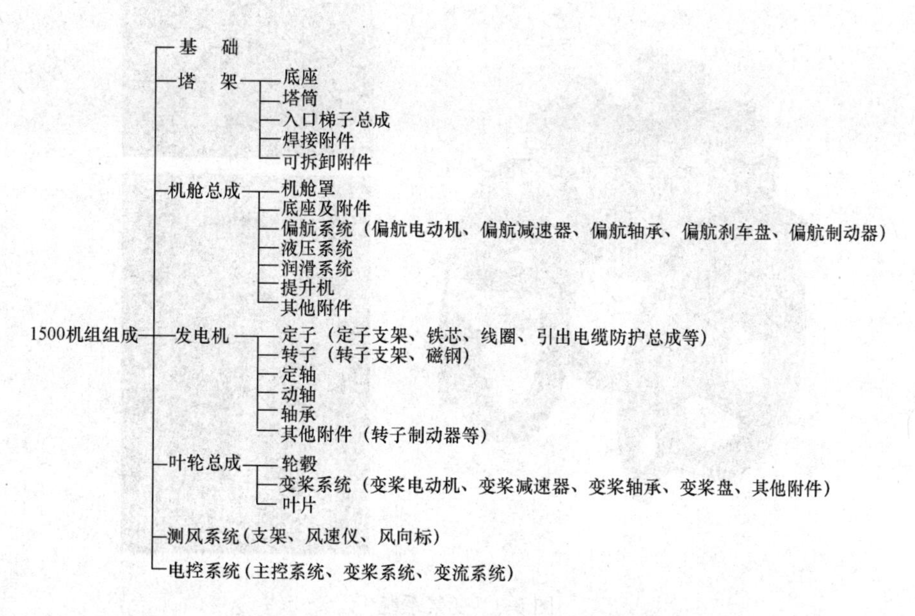

图 8-2　直驱型风力发电机组主要零部件

1. 叶轮

叶轮包括叶片、轮毂和变桨系统，叶片在空气动力的作用下驱动叶轮。该型风力发电机组有 3 只装有主动变桨机构的叶片，叶片材料是玻璃纤维增强树脂。变桨系统根据风速调整叶片的桨距以限制功率或降低转速。叶轮是上风向工作。维护机组时，用叶轮锁定装置锁定叶轮。叶片上有防雷系统，雷电流经放电间隙削减并通过塔架导入基础，不会对机组造成损害。

2. 叶片变桨系统和刹车系统

该型风力发电机组的变桨系统使叶片绕其中心轴转动，既能控制输出功率，也能使机组降速。当风速超过额定风速时，通过调整叶片角，机组的输出功率可以限制在 1500kW，从而防止发电机和逆变系统过载。运行控制系统连续记录机组的输出功率和叶片的桨距角，同时根据风速相应调整桨距角，结合变速控制，可以实现 1500kW 的恒定输出。这 3 个独立的变桨机构也是机组的刹车系统。该机构将叶片调整到顺桨的位置，可减少叶轮的转矩。变桨后，机组的转速下降直到设备停机。变桨机构由 3 个独立的装配有电容的电动机组成，见图 8-3。其特点是变桨的驱动力是通过齿型带从电动机传递到叶片的。

3. 多级同步发电机

发电机的功能是将叶轮传递来的机械能转换成电能。该发电机是永磁多级同步发电机，直接由叶轮驱动，因此其结构设计中没有齿轮箱。

（1）发电机定子。发电机定子采用 2 套独立的 3 相绕组。定子是焊接机构，固定在机舱上，是铁芯叠片和 3 相绕组的支撑机构。其冷却系统是强迫风冷式的，冷空气通过风道直接吹到叠片上。如果风速增加，风力发电机组的输出功率也随之增加，内部损耗使温度升高。为了防止设备过热，必须采取冷却措施。当风速增加时，风道内冷气流的流速也会增加，冷

图 8-3 变桨系统

却效果比较好。采用该自调节系统，可以不用冷却风扇或泵，保证机组控制系统失效时冷却系统依然可以发挥作用。

(2) 发电机转子。发电机转子采用永磁材料。该类型风力发电机组转子也是焊接结构，是一个外转子，直接与叶轮连接并由叶轮驱动。永磁材料安装在转子内部的磁轭中，由其建立磁场。

4. 底座

底座传递所有影响叶轮、发电机或塔架的静态和动态载荷。发电机转子通过螺栓固定在转动主轴上，发电机转子、叶轮是可以转动的。底座通过偏航轴承与塔架连接，这样机舱在偏航机构的驱动下对风。主要的零部件都安装在底座上。测风传感器安装在机舱外部壳体上。维护人员上到塔架上平台，通过爬梯可以进入机舱。机舱内有足够的空间，方便维护人员接触所有零部件。通过机舱尾部提升机下的盖板孔可以将重物运进或运出机舱。

5. 偏航系统

叶轮在偏航系统的作用下跟踪风向，当风向变化时，机舱可以正确对风。风向检测是由安装在机舱外部壳体上的风向标实现的。计算机根据风向标采集的数据计算机舱与风向的差角，然后启动偏航，使机舱对风。对风后，偏航刹车制动，机舱锁定在对风的位置。高风速时，即使机组已经停机，机舱仍能对风。

6. 塔架

塔筒支撑着机舱和叶轮，并将载荷传递到基础上。塔架有 3 段，见图 8-4，在法兰处用螺栓连接。塔架下部与基础连接，偏航系统的轴承通过螺栓与塔架上法兰连接。控制柜、逆变器、变压器和开关柜都安装在塔架底部。塔内装有安全爬梯，每隔一段距离设一个休息平台，爬梯一直通到塔架第3个平台，进入机舱的梯子是单独的，塔架和机舱内都装有照明灯，所有的动力和信号电缆在塔内布放。电缆固定在上段塔架，不会影响机舱的转动。发生扭缆时，机组能自动解缆。

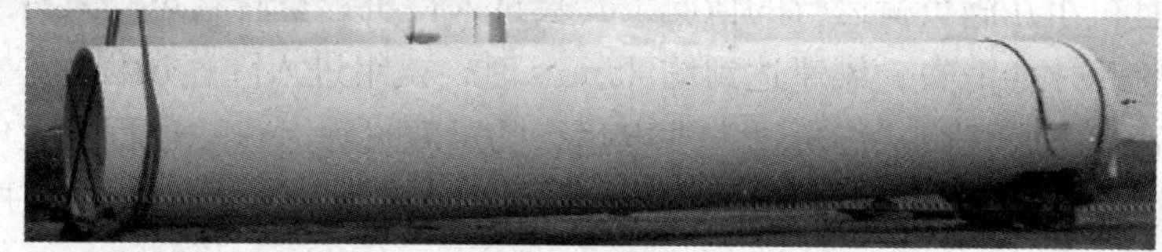

图8-4　塔架

7. 基础

为独立的重力式基础，由钢筋混凝土组成，主要依靠自身重力来承受上部塔架传来的竖向荷载、水平荷载和颠覆力矩。基础外观形式主要为圆形承台。

8. 功率逆变器

功率逆变器和变压器保证风力发电机组与电网的可靠连接。这两个部件都能安装在风力发电机组内部，不需要修建箱式变电站。逆变器是同步发电机专用的。机组发出的电力可通过逆变系统送入电网，也可从电网中退出。机组能在9～17.3r/min范围里变速运行，既能保持较好的功率输出，也能降低在满负荷运行时的载荷。发电机端有一个整流器，能隔离发电机绕组内的峰值负载，电网端是逆变器，每相使用两组独立的IGBT系统。该系统对电网产生的谐波失真很小，因此没有使用额外的滤波器或音频抑制器。

四、运行系统

1. 运行状态

该类型风力发电机组的控制采用微处理器。该处理器能根据外部条件的变化自动做出反应，因此没有使用外部监控系统。机组的控制功能是通过一个名为"运行系统"的控制器件实现的。控制系统从外部获取所有的信息（风速、风向等），并从传感器获取有关的数据（功率、速度等），根据这些信息，系统调整机组的运行，保证机组一直在优化、安全的环境里运行。在运行系统中有不同的逻辑状态，状态的选择取决于外部条件、机组运行的工况和系统自身的状况。这些状态包括初始化、停机、启动、待机、增速、发电运行、降速、停机、紧急停机。

风力发电机组当前的状态可从风电场服务器或远程监控系统上查看，对每种状态发生的条件和次数都有说明。

(1) 初始化过程在机组完全停止后开始，该状态只在机组掉电后发生，计算机系统重新启动，运行系统从初始化开始进行系统检查，然后进入“停机”状态。

(2) 停机状态是运行系统的最低级别，该状态在风速过高、过低出现故障时发生，机组停机。叶片调整到顺桨位置，叶轮几乎不动。

(3) 启动是从停机到待机的状态。满足启动的条件是达到启动风速，叶轮处于可运转状态。在初始化过程完成后，叶片被调整到预设的角度。风速满足条件后，机组就处于待机状态，发电机、逆变器等不工作。

(4) 待机状态是风力发电机组快速进入发电运行的一个重要阶段。这时机组的最高转速为5.5r/min，叶片角被限在在最小值。在风速约为3m/s时可以达到5.5r/min的转速，如果风速偏低，不能达到规定的转速值，则机组保持待机状态。如果机组的转速超过5.5r/min并保持1min，同时风速不超过额定风速，则机组进入“增速”状态。但是在风速超过额定风速而且机组在满负荷运行的情况下，会进入待机、空转状态。只有当风速低于额定转速时，待机状态才会消失。风速达到约25m/s时，机组进入降速过程。

(5) 增速状态是机组从待机进入发电运行的过渡过程。这一过程使发电机逆变系统的载荷平稳增加。叶轮的速度随着叶片的转动增加，达到某一转速后，机组并网，进入发电运行。

(6) 发电运行是指机组在发电状态运行。通过调整发电机输出、叶片角和变桨系统，控制系统使机组保持在较优的运行状态。以下情况发生时，发电运行状态发生改变，进入其他状态。

1) 风速过高或过低，进入待机或停机。

2) 发生故障，进入紧急停机或停机。

3) 运行人员手动停机，进入停机。

(7) 降速是风力发电机组从发电状态进入待机状态的中间过程，其相反的过程是“增速”。该过程使发电机—逆变器系统停止时产生的载荷保持在一个较低的水平上。当风速超过限定值时，机组也要经历该过程，然后进入待机状态。如果由于操作进入该过程，则机组会进入停机状态。当叶轮转速和输出功率下降到规定值时，发电机—逆变器系统退出。

(8) 叶片被调整到顺桨的位置，叶轮降速，叶轮停止后，机组进入停机状态。

(9) 一旦发生故障，紧急停机使风机进入安全运行状态。通过安全系统，叶轮的转速能很快降低，逆变系统立即退出电网。紧急停机过程结束后，机组进入停机状态，只有将故障消除后，才能退出该状态。

2. 运行控制

风力发电机组的运行控制能够优化输出功率，并能限制设备的机械应力达到较小的值。由于风力发电机组可以变速运行，所以要保证设备在大多数时间里保持较高的效率值。风力发电机组的运行控制是依据功率曲线执行的，并保证风力发电机组在对应风速段内有较佳的输出功率。同时，该系统根据风速采取了下列不同的控制方式：

(1) 部分负荷。风速不高时，风力发电机组的功率低于额定功率。风力发电机的控制主要为功率调节，通过增减输出功率保证叶轮转速在规定的速度曲线数据范围内。

(2) 满负荷。风速较高时，输出功率会超过额定功率。为防止该现象的发生，要限制叶轮吸收风能的能力。方法是调整叶片桨距角，将转速保持在额定功率点上。调整范围是额定功率的±10%。

（3）停机。下面给出了几种停机的原因和控制系统执行的相应操作。

1）风速过高，伴随强阵风。10min后自动启动。

2）零部件过热。自动重启。

3）环境温度低于－20℃。温度回升后自动重启。

4）液压系统故障。不执行自动重启。

5）理论和实际的功率曲线偏差太大。自动重启。

6）逆变系统故障。自动重启。

7）扭缆。解缆后，自动重启。

8）偏航系统故障。自动重启。

9）速度检测故障（无紧急停机速度）。自动重启。

五、风力发电机组的安全保护措施

1. 主动保护

风力发电机组的监控是由运行控制系统实现的。该系统检查所有传感器信号和风力发电机组的运行参数。检查的参数包括转速、功率、温度、塔架振动、风速 、桨距角 、电缆 。

2. 安全保护

该系统独立于运行控制系统，其检查的参数包括过速、振动开关、扭缆开关、急停开关。

如果上述任何一个开关报告故障，则安全链断开，风力发电机立即停机。无论是运行系统故障还是安全链故障，风力发电机都能自动发送信息，该信息通过DFU、短消息或电话自动发送到设定的接收人。

3. 被动保护

该系统能保护风力发电机免受外部环境的影响，如雷电、重载荷等。叶片中装有雷电感应器，内部的导电系统可以防止叶片受到雷击。另外，变桨系统保证风机始终处于正常工作状态，应进行特别保护。

叶轮的自由运转可以避免大扭矩，保证风机受到很小的应力。因此可以不锁定叶轮（即使是紧急停机）。

4. 刹车系统

该类型风力发电机组的刹车系统可使机组紧急停转。通过调整叶片桨距到顺桨位置，机组能够完全在气动刹车的作用下停住。每只叶片都有独立的变桨机构。

5. 危险状况的应对

（1）应对过速的措施。正常情况下叶轮的转速不会超过限定的范围，一旦超速，应切断电源，迅速离开，不能进入风机方圆500m的区域。

（2）应对雷暴的措施。如果遇到雷暴或暴风雨，不允许滞留在机组附近，因为机组能传导雷电流。应至少在雷暴结束1h后再进入机组。

（3）应对结冰的措施。如果机组附近有公共道路或距离风机250m内有建筑物，运行人员应在机组叶片结冰的时停机并远离机组，以免发生危险。结冰是指霜冻期，雨滴落到冰冷的表面上；而霜冻是指当温度低于冰点时出现湿度高的云雾。

6. 电气安全

(1) 为了保证人员和设备的安全，只有经培训合格的电气工程师或经授权的人员才允许对电气设备进行安装、检查、测试和维修。

(2) 安装调试过程中不允许带电作业。作业前应断开控制柜主开关，并挂上警告牌。

(3) 如果必须带电工作，应使用绝缘工具，并且对裸露的导线做绝缘处理。应注意用电安全，防止触电。

(4) 现场需保证有两个以上的工作人员，工作人员进行带电工作时必须正确使用绝缘手套、橡胶垫和绝缘鞋等安全防护措施。

(5) 对超过1000V的高压设备进行操作，必须按照工作表制度进行。

(6) 对低于1000V的低压设备进行操作时，应将控制设备的开关或熔断器断开，并由专人负责看管。如果需要带电测试，应确保设备绝缘和工作人员的安全防护。

7. 紧急撤离

发生紧急事件时，塔架门可作为紧急出口，工作人员应快速撤离，从塔架内应可不需钥匙随时打开塔架门。

任务二 风力发电机组定期巡检与维护

【任务引领】

风力发电机组长年在户外运行，运行条件十分恶劣。为了提高风力发电机组的可靠性，延长机组的使用寿命，日常巡检与维护十分重要。维护人员应根据机组运行维护手册的有关要求，结合机组运行的实际状况，有针对性地列出巡检标准工作内容并形成表格，工作内容叙述应简单明了、目的明确，便于指导维护人员的现场工作。应通过巡检工作及时发现故障隐患，有效提高设备运行的可靠性。有条件时应考虑借助专业故障检测设备，加强对机组运行状态的监测和分析，进一步提高设备管理水平。

【教学目标】

(1) 列出定期巡检和日常维护的主要内容。

(2) 正确分析巡检与维护过程中出现的故障，并利用检修工具进行处理。

(3) 做到安全操作与规范处理。

【任务准备与实施建议】

(1) 明确各阶段的巡检内容，填写记录到巡检记录单上。

(2) 熟悉巡检安全操作规范。

(3) 正确选择维护检修装备和工具。

(4) 正确进行巡检点检查，并做好详细记录。

(5) 发现问题，制订排查方案。

(6) 安全操作，及时排除故障。

(7) 故障解决后，检查机组是否能够正常运行。

(8) 归纳总结本任务完成后的操作要点和安全注意事项。

【相关知识的学习】

一、总体检查

（1）检查全部零部件的防腐和渗漏。如果有防腐破损应进行修补；对渗漏应找到原因，自行或通知厂家处理。

（2）检查风力发电机组的运行噪声，如果发现异常噪声，应通知厂家处理。

（3）检查防坠落装置、灭火器和警告标志。

二、定期巡检

（一）塔架

1. 变频器

（1）检查电缆绝缘是否有老化现象。

（2）检查保护隔板、电缆接头、电缆连接和接地线。

（3）检测通风是否正常，检查温度传感器是否能控制风扇工作（通过软件更改温度参数控制风扇动作）。

2. 控制系统

（1）检查电缆是否有老化现象。

（2）检查柜体内是否有杂物，紧固柜体内螺栓并清洁柜体。

（3）清洁空气过滤器。

（4）检测通风是否正常，检查温度传感器是否能控制风扇工作（通过软件更改温度参数控制风扇动作）。

3. 低压开关柜

（1）紧固柜体内螺栓，检查电缆连接情况，检查保护隔板，清洁柜体。

（2）检查熔断指示器，正常显示为绿色，主熔断器的熔断电流为36A。

4. 塔架下平台

（1）紧固电抗器、变压器。

（2）检查电缆是否老化。

（3）检查是否有杂物，清洁塔架下平台。

（4）检测通风是否正常，检查温度传感器是否能控制风扇工作（通过软件更改温度参数控制风扇动作）。

5. 变压器

（1）紧固底座，检查电缆是否老化，检查柜体内是否有杂物。

（2）检测湿度是否合适，检查冷却液位，清洁箱式变压器。

6. 塔架和基础

（1）检查塔架和基础是否有损坏，密封是否完好、清洁。

（2）检查门梯是否紧固、破损和腐蚀。

（3）检查入口是否紧固、破损、腐蚀，检查百叶窗、门框和密封圈是否完好。

（4）检查塔架筒体外部是否有破损，焊缝是否有裂缝，是否受到腐蚀，漆面有无脱落。

（5）检查灯和锁的性能（开、闭、锁），检测各连接处的接头。

7. 塔架法兰连接

在维护过程中，通常只对一部分螺栓进行紧固，如果发现有一个螺栓的紧固角度超过5°，则必须对所有螺栓进行紧固。

(1) 塔架下法兰与基础法兰螺栓紧固。

(2) 塔架中下法兰之间的螺栓紧固。

(3) 塔架中上法兰之间的螺栓紧固。

(4) 偏航轴承与塔架法兰螺栓紧固。

8. 塔架平台

(1) 入口处平台。

1) 检查平台的紧固、损坏、腐蚀和清洁程度。

2) 检查爬塔设备、安全绳、防坠落装置、灭火器、警告标志。

3) 测试攀登用具的功能、安全绳的张紧度、安全锁扣。

(2) 塔架的第二、三平台和底座内平台。

1) 检查平台的紧固、损坏和腐蚀情况，并做清洁。

2) 检查电缆夹板处的电缆，检查机舱接地连接是否完好，检查扭缆开关。

9. 爬梯

(1) 检查梯子的紧固、损坏、腐蚀和清洁程度。

(2) 检查梯子是否有裂缝，检查安全绳和安全锁扣是否符合要求。

(3) 检测防坠制动器的功能，在爬升不超过2m的高度通过坠落来进行测试。

10. 塔架灯和插座

(1) 检查紧固、损坏和清洁情况。

(2) 检查所有平台照明灯和插座的功能。

(3) 测量灯线外观是否破损。

11. 塔架筒体

检查是否有损坏、裂纹，检查防腐措施和焊缝，并做清洁。

12. 塔架内电缆

(1) 检查紧固、损坏和清洁情况。

(2) 测量电缆的绝缘和电阻。

(3) 测试扭缆开关的性能。

(4) 扭缆不能超过3圈，如果发生扭缆开关动作，则应解缆后检查扭缆设定。

(二) 偏航系统

只有在10min平均风速低于15m/s时才能对偏航系统进行维护。

1. 偏航刹车

(1) 检查液压接头是否有泄漏，如有需进行清洁和处理。检查闸体的位置。

(2) 检查至少2块刹车闸块的间隙，闸块间隙应大于2mm，否则需要更换。只要有1个刹车闸块的间隙小于2mm，则所有刹车垫都需要更换并重新进行调整。

(3) 按照螺栓紧固力矩表紧固偏航刹车与底座的螺栓。

(4) 第一次运行6个月后更换油品，然后每5年更换一次。

2. 偏航刹车盘

检查盘面是否有划痕、磨损和腐蚀现象，清洁刹车盘，检查运行时是否有异常噪声并做记录。

3. 液压系统

(1) 检查油管是否有破损、脆化，检查所有连接，检查液压油油位。

(2) 检查是否有泄漏。注意液压泵不能在无油时运行。

(3) 建压，检查以下设置。

1) 刹车压力为140bar。

2) 余压为30bar。

3) 工作时泵的最大工作压力为210bar。

4) 检查液压油过滤器，阻塞指示器显示阻塞时进行更换。

(4) 换油。液压油型号为 Shell Tellus T32（常温地区）/EQUIVIS XV 32（低温地区）。

4. 偏航轴承

(1) 检查偏航轴承的密封圈，擦去泄漏的油脂。

(2) 紧固底座与偏航轴承之间的螺栓。

(3) 检查偏航齿轮磨损是否均衡，必要时进行清洁。

(4) 检查偏航齿轮啮合间隙，如果超差应进行调整。

5. 润滑站

(1) 检查电缆的连接和固定情况。

(2) 检查油脂量（最大），如果油脂不满应加满。

(3) 检查油脂种类。

(4) 紧固所有接头。

(5) 检查润滑单元工作是否正常，偏航轴承能否自动润滑加脂。

6. 偏航驱动

(1) 检查输出轴的密封。

(2) 检查电缆连接。

(3) 检查油位必须在观察窗 3/4 处，如果不到位应加油到规定位置。

(4) 润滑油为 Mobil XMP SHC 320，润滑脂为 No. 3 锂基脂。

(5) 第一次运行 6 个月后更换油品，然后每 5 年（或根据采样化验的结果）更换一次。

(6) 紧固螺栓。

(7) 启停偏航电动机，注意运行过程和停止时的噪声，如果有异常声音应记录。

(三) 底座与机舱

1. 底座

(1) 检查平台及各部件的紧固，检查防腐和裂纹情况，检查漆面是否完好，检查电缆的固定情况。

(2) 紧固定子主轴承与底座法兰螺栓。

2. 机舱控制柜

(1) 检查柜体固定情况，检查电缆是否有破损，紧固接线端子。

（2）检测主开关、紧急停机、锁定等功能，检查风扇、通信和电源插座的性能。

3. 机舱

（1）检查机舱的紧固性，是否有裂缝、密封是否良好，检查天窗的密封性。

（2）检查灭火器。

4. 提升机

检查设备的状态，检查链条、链盒和提升机的固定支撑。检查电缆的连接。

5. 风速测量仪

（1）检查气象杆与机舱的固定，检查是否有腐蚀现象和裂缝，检查电缆的完好程度。

（2）检查风向标和风速仪的灵敏度，摆动风向标进行检查（N 极指正北方，摆动并测量参数），测试加热装置（环境温度低于 5℃应启动，环境温度高于 10℃应停止）。

（3）检查防雷线缆。

6. 断路开关

（1）检查开关柜固定、密封及其工作环境的潮湿程度，检查开关柜内是否有昆虫，检查是否温度过高，是否有烧焦痕迹。

（2）检查电缆和熔断器。

7. 发电机电缆

检查绝缘是否有破损，检查通过定子的橡胶。

8. 手动刹车

（1）检查紧固、破损、密封性和油位（最大压力为 160 bar）。

（2）在运行过程中，入口盖板必须指向阀门，当维护完毕后，必须将盖板关闭。

（3）油品更换。油品型号为 Shell Tellus T32（常温地区）/EQUIVIS XV 32（低温地区）。

（四）叶轮

1. 进入轮毂前的检查

（1）随时根据当时的风况，使风轮的方向正对主风向。

（2）操纵变桨系统，使 3 个叶片顺桨刹车。

（3）当轮毂完全停止稳定后，将发电机锁紧。

（4）只能在平均风速小于或等于 18m/s 的情况下，才可通过发电机人孔进入轮毂内。同时必须有一个熟悉控制系统的人员留在机舱内。

2. 叶片

（1）仔细听叶片运转过程中发出的声音，任何非正常的噪声都可能说明某处有问题，需要立刻对叶片进行详细检查。

（2）叶片内部因脱落的聚氨酯小颗粒而产生的“沙沙”声是正常的，但一般仅在叶片缓慢运转时能听到。

（3）使用望远镜从地面和机舱顶部观察叶片表面，检查有无裂纹、凹痕和破损。

（4）进入叶片内部检查，将要检查的叶片旋转到水平位置，使用手电照明，工作人员应尽可能靠近叶尖，检查所有粘接部件有无裂纹和移动，清除叶片内的胶粒。

（5）检查防雷保护的连接。

（6）按照螺栓紧固力矩表紧固叶片与轮毂连接螺栓。

3. 轮毂

(1) 检查轮毂外观，铸件有无裂纹。如果发现裂纹，应立即通知生产厂家。

(2) 检查防腐层有无破损。如果发现有破损和生锈的部分，应除去锈斑并补做防腐。

(3) 按照螺栓紧固力矩表紧固配电柜支架与轮毂连接螺栓。

(4) 按照螺栓紧固力矩表紧固轮毂与变桨轴承连接螺栓。

(5) 按照螺栓紧固力矩表紧固轮毂与转子轴连接螺栓。

(6) 如果发现有损坏和拉长的螺栓必须更换，并通知生产厂家。

4. 变桨轴承

变桨轴承采用四点接触球转盘轴承结构，轴承在运行期间必须保持足够的润滑。长时间停止运转前也应加足够的润滑脂，这在冬季非常重要。

(1) 变桨轴承滚道润滑。

(2) 手动变桨，使滚道上的加油嘴露出。

(3) 用手动黄油枪加注润滑脂，直到有旧油脂被挤出。

(4) 指定的润滑脂型号是 Molykote longterm 2。

(5) 清理密封上的脏物和废油脂。

(6) 按照螺栓紧固力矩表紧固变桨盘与叶片连接螺栓。

5. 变桨齿型带

(1) 检查是否有损坏现象和裂缝，检查同步带齿，检查张紧程度并清理。

(2) 使用 WF 扭矩仪检查皮带的载荷。如小于设计频率 160Hz，应调节变桨支架上的调节滑板，使频率达到设计频率。

(3) 按照螺栓紧固力矩表紧固齿形带压板螺栓。

6. 变桨柜

(1) 检查变桨支架连接螺栓和所有附件连接螺栓是否松动，如有松动应紧固。

(2) 检查变桨柜是否有破损、裂纹、焊缝开裂等现象。

(3) 检查与变桨柜相连的电缆、接头是否牢固，是否磨损。

7. 变桨支架

(1) 按照螺栓紧固力矩表紧固变桨支架与轮毂连接螺栓。

(2) 检查变桨支架与变桨减速器连接螺栓和变桨减速器附件连接螺栓。

8. 变桨减速器和变桨电动机

(1) 检查油位应在油温低于 40℃时进行，油位应在油窗的 3/4 处，如果不够应添加。检查时叶片应垂直。

(2) 油品更换。首次启动后 6 个月进行更换，之后每 5 年更换 1 次。

(3) 检查与变桨柜相连的电缆、接头是否牢固，是否有磨损和断路。如有问题应更换电缆。

(4) 运行变桨驱动，检查有无异常噪声。检查同步带在变桨驱动小齿轮上的位置。

9. 张紧轮

(1) 检查张紧轮是否有破损、裂缝、腐蚀和密封。

(2) 检查油脂，擦去多余的油脂。

(3) 检查张紧轮与同步带轮的平行，检查同步带与张紧轮的垂直（在叶片顺桨位置和工作位置分别检查）。

（4）传动带必须是清洁的。油脂型号为 SKF LGEP 2，如需要应添加油脂到加满为止。

10. 变桨电容器柜

（1）检查电缆是否紧固，是否有烧焦痕迹。

（2）检查空气过滤器是否腐蚀。

（3）检查漆面的完好程度，检查门锁。

（4）检查叶片限位开关、风扇和冷却元件。

11. 变桨锁定

叶轮锁定只能在风速不超过 15m/s（10min 平均风速）的情况下使用，超过该风速锁定轮锁将会对机组产生破坏性影响。只有当 3 个叶片处于 90°时才能锁定。除此之外，还必须启用维护制动并将制动放置在凹槽处。

（1）检查设备的紧固性和漆面完好程度，检查是否有裂缝，检查转速传感器。

（2）检查门闩的移动、手轮和连接螺栓，必要时进行涂脂润滑。检查叶轮锁定。

（五）发电机

1. 发电机定子和转子

（1）当发电机停止转动时，锁定发电机转子。

（2）对发电机定子进行外观检查，检查焊缝和漆面的完好程度以及是否有裂缝，并进行清洁工作。检查完成后盖好盖子。

（3）按照螺栓紧固力矩表紧固转子轴与发电机转子连接螺栓。

2. 通道门

（1）检查门是否紧固，是否有腐蚀现象，开启和关闭是否正常。

（2）检测发电机的机械锁定功能。

3. 主轴承

（1）检查密封圈的密封，擦去多余油脂。

（2）对每个油嘴均匀加注油脂，加注时打开放油口。

（3）检查核对油脂量和油脂型号。

某 1500 型风力发电机组日常巡检单见表 8-1。

表 8-1 某 1500 型风力发电机组日常巡检单

风机号：________ 检查人员：________

风 速：________ 日 期：________

序号	检查项目	检查结果	备注
塔架底平台部分			
1	是否有异味		
2	是否有异常声音		
3	水冷系统的压力		
4	水冷系统的温度		
5	水冷系统管路是否漏水		
6	水冷系统管路是否有磨损		

续表

序号	检查项目	检查结果	备注
	塔架附件部分		
1	梯子螺丝是否松动		
2	塔架灯正常		
3	电缆是否扭曲		
4	扭缆钢丝绳是否正常		
5	马鞍子处电缆是否下垂，与平台距离是否合适		
	塔架上平台部分		
1	是否有油迹，如有应查找漏油源		
2	偏航刹车片位置是否正常		
3	偏航声音是否正常		
	机舱部分		
1	偏航减速器是否漏油		
2	偏航减速器油位是否正常		
3	偏航轴承齿圈润滑是否良好		
4	液压油位是否正常		
5	液压系统压力（140～160bar）		
6	液压连接管路是否漏油		
7	液压站过滤器堵塞指示按钮是否弹出		
8	自动加脂器中油脂是否短缺		
9	发电机转动的声音是否正常		
10	机舱内是否有异味		
11	机舱照明是否正常		
12	提升机及附件是否正常		
13	叶轮锁定是否能正常使用		
14	叶轮锁定销和叶轮锁定闸周围是否有铁屑		
15	主电缆是否有损伤		
	轮毂部分		
1	变桨减速器是否漏油		
2	变桨减速器油位是否正常		
3	变桨齿形带外观和固定是否良好		
4	变桨齿形带张紧度是否正常		
5	轮毂内清洁是否良好		
6	发电机转速传感器是否固定良好		
7	0°接近开关是否固定良好		
8	90°限位开关是否固定良好		
9	变桨盘上的挡块是否固定良好		
10	变桨柜内部是否有器件松动		
11	变桨柜支架是否有松动和断裂		
12	轮毂内的螺栓是否有松动		

三、风力发电机组的日常故障检查处理

（1）当机组有异常情况报警信号时，运行人员应根据报警信号提供的故障信息及故障发生时计算机记录的相关运行状态参数，分析查找故障原因，并且根据当时的气象条件，采取正确的方法及时进行处理，并在风电场运行日志上认真做好故障处理记录。

（2）当液压系统油位及齿轮箱油位偏低时，应检查液压系统及齿轮箱有无泄漏现象发

生。若有泄漏，则根据实际情况采取适当的防止泄漏措施，并补加油液，使油位恢复到正常油位。必要时应检查油位传感器的工作是否正常。

（3）当风力发电机组液压控制系统压力异常而自动停机时，运行人员应检查油泵工作是否正常。如油压异常，应检查液压泵电动机、液压管路、液压缸及有关阀体和压力开关，必要时应进一步检查液压泵本体工作是否正常，待故障排除后再恢复机组运行。

（4）当风速仪、风向标发生故障，即风力发电机组显示的输出功率与对应风速有偏差时，应检查风速仪、风向标转动是否灵活。如无异常现象，则进一步检查传感器及信号检测回路有无故障，如有故障应予以排除。

（5）当风力发电机组在运行中有异常声响时，应查明声响部位。若为传动系统故障，应检查相关部位的温度及振动情况，分析具体原因，找出故障隐患，并做出相应处理。

（6）当风力发电机组在运行中发生设备和部件超过设定温度而自动停机，即风力发电机组在运行中发电机温度、晶闸管温度、控制箱温度、齿轮箱温度、机械卡钳式制动器刹车片温度等超过规定值而造成自动保护停机时，运行人员应结合风力发电机组当时的工况，通过检查冷却系统、刹车片间隙、润滑油脂质量、相关信号检测回路等，查明温度上升的原因。待故障排除后，才能启动风力发电机组。

（7）当风力发电机组因偏航系统故障而自动停机时，运行人员应首先检查偏航系统电气回路、偏航电动机、偏航减速器以及偏航计数器和扭缆传感器的工作是否正常。必要时应检查偏航减速器润滑油油色及油位是否正常，以判断减速器内部有无损坏。对于偏航齿圈传动的机型，还应考虑检查传动齿轮的啮合间隙及齿面的润滑状况。此外，因扭缆传感器故障致使风力发电机组不能自动解缆也应予以检查处理。待所有故障排除后再恢复启动风力发电机组。

（8）当风力发电机组转速超过限定值或振动超过允许振幅而自动停机时，运行人员应检查超速、振动的原因，经检查处理并确认无误后，才能重新启动风力发电机组。

（9）当风力发电机组桨距调节机构发生故障时，对于不同的桨距调节形式，应根据故障信息检查确定故障原因，需要进入轮毂时应可靠锁定叶轮。在更换或调整桨距调节机构后应检查机构动作是否正确可靠，必要时应按照维护手册要求进行机构连接尺寸测量和功能测试。经检查确认无误后，才允许重新启动风力发电机组。

（10）当风力发电机组安全链回路动作而自动停机时，运行人员应根据就地监控设备提供的故障信息及有关信号指示灯的状态，查找导致安全链回路动作的故障环节，经检查处理并确认无误后，才允许重新启动风力发电机组。

（11）当风力发电机组运行中发生主空气开关动作时，运行人员应目测检查主回路元器件外观及电缆接头处有无异常，并在拉开箱变侧开关后测量发电机、主回路绝缘以及晶闸管是否正常。若无异常可重新试送电，根据就地监控设备提供的有关故障信息进一步检查主空气开关动作的原因。若有必要应考虑检查就地监控机跳闸信号回路及空气开关自动跳闸机构是否正常，经检查处理并确认无误后，才允许重新启动风力发电机组。

（12）当风力发电机组运行中发生与电网有关故障时，运行人员应检查场区输变电设施是否正常。若无异常，风力发电机组在检测电网电压及频率正常后，可自动恢复运行。对于故障机组，必要时可在断开风力发电机组主空气开关后，检查有关电量检测组件及回路是否正常，熔断器及过电压保护装置是否正常。若有必要应考虑进一步检查电容补偿装置和主接触器工作状态是否正常，经检查处理并确认无误后，才允许重新启动机组。

（13）由气象原因导致的机组过负荷或发电机、齿轮箱过热停机，叶片振动，过风速保护停机或低温保护停机等故障，如果风力发电机组自启动次数过于频繁，值班长可根据现场实际情况决定风力发电机组是否继续投入运行。

（14）若风力发电机组运行中发生系统断电或线路开关跳闸，即当电网发生系统故障造成断电或线路故障导致线路开关跳闸时，运行人员应检查线路断电或跳闸原因（若在夜间应首先恢复主控室用电），待系统恢复正常后重新启动机组并通过计算机并网。

（15）紧急状况停机。如遇到以下状况之一，应立即采取紧急停机。

1）变压器站内进水。

2）在变压器站内或风力发电机中有鸟巢或虫穴。

3）油泄漏，特别是来自齿轮箱的液压子系统或刹车油泄漏。

4）反常噪声（齿轮箱、发电机、旋转轴承、旋转轮毂、叶片的哨声）。

5）生锈或裂纹，特别是发生在轴承结构上（踏板、主载体、轮毂）。

6）混凝土建筑出现裂缝。

7）水、高浓缩灰尘或沙子进入风力发电机设备。

8）电气设备烧焦或雷电保护仍然有火花。

9）螺栓连接松动或不牢固。

（16）风力发电机组因异常需要立即进行停机操作的顺序。

1）利用主控室计算机遥控停机。

2）遥控停机无效时，就地按正常停机按钮停机。

3）正常停机无效时，使用紧急停机按钮停机。

4）上述操作均无效时，拉开风力发电机组主开关或连接该机组的线路断路器，之后疏散现场人员，做好必要的安全措施，避免事故范围扩大。

（17）风力发电机组事故处理。在日常工作中风电场应建立事故预想制度，定期组织运行人员做好事故预想工作。根据风电场自身的特点完善基本的突发事件应急措施，对设备的突发事故争取做到指挥科学、措施合理、冷静应对。

发生事故时，值班负责人应组织运行人员采取有效措施，防止事故扩大并及时上报有关领导。同时应当保护事故现场（特殊情况除外），方便事故调查。

事故发生后，运行人员应认真记录事件经过，并及时通过风力发电机组的监控系统获取反映机组运行状态的各项参数记录及动作记录，组织有关人员研究分析事故原因，总结经验教训，提出整改措施，汇报上级领导。

四、定期维护

风电场的年度例行维护是风力发电机组安全可靠运行的主要保证。风电场应坚持“预防为主，计划检修”的原则，根据机组制造商提供的年度例行维护内容并结合设备运行的实际情况，制订出切实可行的年度维护计划。同时，应当严格按照维护计划工作，不得擅自更改维护周期和内容。切实做到“应修必修，修必修好”，使设备处于正常的运行状态。

1．维护计划

风力发电机组年度例行维护计划的编制应以机组制造商提供的年度例行维护内容为主要依据，结合风力发电机组的实际运行状况，在每个维护周期到来之前进行整理编制。计划内容主要包括工作开始时间、工作进度计划、工作内容、主要技术措施和安全措施、人员安排，以及针对设备运行状况应注意的特殊检查项目等。

在计划编制时还应结合风电场所处地理环境和风力发电机组维护工作的特点，在保证风力发电机组安全运行的前提下，根据实际需要适当调整维护工作的时间，以尽量避开风速较高或气象条件恶劣的时间段。这样不但能减少由维护工作导致计划停机的电量损失，降低维护成本，而且有助于改善维护人员的工作环境，进一步增加工作的安全系数，提高工作效率。

(1) 维护计划说明。维护计划是指执行维护清单中列出的维护工作的时间表。维护计划列出了风力发电机自开始运行后20年的维护工作。

维护时间（年）是从首次运行后开始，确定维护时间表；维护代码A、B、C确定在维护清单中标记了该级代码的维护项目，都要在该级别的维护工作中执行；维护代码X1、X2、…表示扩展维护，维护清单中所有标记了该代码的维护项目都要在该级维护工作中执行。

维护工作分为以下4个级别：

1）维护A。首次运行后1～3个月维护，是单次工作，在风力发电机的维护计划中只执行1次。重新紧固所有的螺栓。维护A执行的时间误差是±1个月。

2）维护B。半年维护，执行的时间误差是±1个月。

3）维护C。一年维护，按照力矩表要求的数量紧固螺栓并做标记以便下次检查时不会重复，如果发现有松动的螺栓，则紧固该项所有螺栓并做记录。维护C执行的时间误差是±1个月。

4）维护X。扩展维护，除了维护计划外，可以在任何有必要的时间检查机组或单个零部件。

所有的维护操作和检查都必须完整的记录在维护记录中，进行维护和检查工作前应查阅维护记录，了解机组当前的状态和一些特殊情况。

(2) 维护计划表见表8-2。

表8-2　维护计划表

时间（年）	级别	扩展	时间（年）	级别	扩展
1/4	A		10½	B	
1/2	B		11	C	
1	C		11½	B	
1½	B		12	C	X1，X2
2	C	X1	12½	B	
2½	B		13	C	
3	C	X2	13½	B	
3½	B		14	C	X1
4	C	X1	14½	B	
4½	B		15	C	X2，X3
5	C	X3	15½	B	
5½	B		16	C	X1
6	C	X1，X2	16½	B	
6½	B		17	C	
7	C		17½	B	
7½	B		18	C	X1，X2
8	C	X1	18½	B	
8½	B		19	C	
9	C	X2	19½	B	
9½	B		20	C	X1，X3
10	C	X1，X3			

2. 维护清单

（1）维护清单说明。维护清单列出了风力发电机所有的维护工作。

最后一列是维护工作的执行情况记录。清单中“√”表示该项维护工作按要求完成；“R”表示该项维护工作有问题需要记录；“×”表示该项维护工作因某种原因没有执行。

（2）维护记录。

维护工作出现问题或有所调整都应记录在维护记录中，维护记录将编入维护报告。

（3）维护清单见表 8-3。

表 8-3　　维　护　清　单

序号	维护项目	维护结果				
		A	B	C	X	结果
总体检查						
1	检查防坠落装置	A	B	C		
2	检查防腐和渗漏	A	B	C		
3	检查破损情况	A	B	C		
4	检查运行噪声	A	B	C		
5	检查灭火器	A	B	C		
6	检查警告标志	A	B	C		
搭　架						
1	检查塔架外观及防腐措施	A	B	C		
2	检查焊缝是否有裂纹	A	B	C		
3	紧固螺栓，梯子，平台	A		C		
4	检查螺栓力矩，下法兰应为 4500N·m	A		C		
5	检查螺栓力矩，中下法兰应为 4500N·m	A		C		
叶轮—叶片						
1	检查叶片外观（包括是否有裂纹、变形、破损和脏污）	A	B	C		
2	检查防雷系统		B	C		
3	检查螺栓力矩，叶片—变桨轴承应为 1220N·m	A		C		
4	检查叶尖雷电接收器				X2	
叶轮—轮毂						
1	检查轮毂防腐层，补刷破损的部分	A	B	C		
2	检查轮毂外观（是否有裂纹、破损）	A	B	C		
3	检查螺栓力矩，轮毂—动轴应为 1220N·m	A		C		
4	检查螺栓力矩，轮毂—变桨轴承应为 1220N·m	A		C		
叶轮—变桨轴承						
1	润滑变桨轴承滚道，润滑油型号为 Molykote、Longtherm 2	A	B	C		
2	检查变桨轴承防腐层，补刷破损的部分	A	B	C		
3	检查变桨轴承密封	A		C		
4	变桨轴承油脂采样			C		
5	润滑变桨轴承，润滑油为 SKF、LGEP2，960g	A	B	C		
6	排出旧油脂，加注新油脂				X3	
叶轮— 变桨减速器						
1	检查变桨减速器（泄漏情况和油位）	A	B	C		
2	运行变桨驱动，检查有无异常噪声	A	B	C		
3	检查螺栓力矩，变桨驱动与变桨驱动支架应为 73N·m	A	B	C		

续表

序号	维护项目	维护结果				
		A	B	C	X	结果
	叶轮—变桨驱动支架					
1	外观检查（腐蚀情况以及漆面和焊缝的完好度）			C		
2	紧固螺栓，轮毂与变桨驱动支架应为353N·m		B			
	叶轮—张紧轮					
1	检查破损、裂缝、腐蚀和密封	A	B	C		
2	检查张紧轮与同步带轮的平行，检查同步带与张紧轮的垂直	A	B	C		
3	润滑，油脂型号为SKF LGEP 2	A		C		
	叶轮—同步带					
1	检查是否有损坏和裂缝，检查同步带齿，检查张紧程度	A	B	C		
2	使用WF扭矩仪检查皮带的载荷，频率为160Hz	A	B	C		
3	紧固螺栓，同步带压紧板120N·m	A	B	C		
	发电机—定转子					
1	检查外观和运行噪声	A	B	C		
2	检查发电机转子的外观，检查焊缝和漆面	A	B	C		
3	紧固螺栓，转子轴与发电机转子应为950N·m	A		C		
	发电机—定转轴					
1	检查防腐、裂缝、漆面和受损程度	A	B	C		
2	紧固螺栓，定子轴与发电机定子应为950N·m	A		C		
3	紧固螺栓，转子轴与轮毂应为1220N·m	A		C		
	发电机—主轴承（塔架侧）					
1	检查密封圈的密封，擦去多余油脂	A	B	C		
2	润滑，油脂量为400g，油脂型号为SKF LGEP 2	A		C		
	发电机—副轴承					
1	检查密封圈边缘的密封和清洁，擦去多余的油脂	A	B	C		
2	润滑油脂量为400g，油脂型号为SKF LGEP 2	A		C		
3	紧固螺栓（轴承盖外圈）应为264N·m	A		C		
4	紧固螺栓（轴承盖内圈）应为264N·m	A		C		
	偏航系统					
1	检查偏航小齿轮（磨损、裂纹）	A	B	C		
2	检查偏航减速器（泄漏和油位）	A	B	C		
3	检查偏航齿轮间隙			C		
4	检查偏航轴承内齿轮（磨损、裂纹）	A	B	C		
5	润滑偏航齿轮，油脂型号为voler 2000E	A	B	C		
6	润滑偏航轴承滚道，油脂型号为Molykote、Longtherm 2	A	B	C		
7	检查液压接头是否紧固和有无渗漏	A	B	C		

续表

序号	维护项目	维护结果				
		A	B	C	X	结果
	偏航系统					
8	检查偏航刹车闸块，间隙小于或等于于2mm时更换	A	B	C		
9	清洁偏航刹车盘	A	B	C		
10	检查螺栓力矩，偏航减速器—底座应为195N·m	A		C		
11	检查螺栓力矩，偏航轴承—底座应为1220N·m	A		C		
12	检查螺栓力矩，塔架顶部—偏航轴承应为1220N·m	A		C		
13	检查螺栓力矩，偏航刹车—底座应为955N·m	A		C		
	液压系统					
1	检查油位	A	B	C		
2	检查过滤器	A	B	C		
3	检查接头有无泄漏	A	B	C		
4	检查油管有无泄漏和表面是否有裂纹、脆化	A	B	C		
5	检查偏航刹车压力，运行时为15～30bar，刹车时为140～160 bar	A	B	C		
6	更换液压油				X2	
	底座—机舱					
1	检查机舱罩外观（裂纹、损伤、漏雨）	A	B	C		
2	检查底座防腐层，补刷破损的部分	A	B	C		
3	检查螺栓力矩，底座与底座骨架应为455N·m	A		C		
	电控—机舱					
1	紧固所有电控柜固定和连接螺栓	A			X1	
2	紧固接线端子	A		C		
3	检查电缆（裂纹、破损）	A	B	C		
4	检查照明系统	A	B	C		
5	清洁电控柜通风滤网	A	B	C		
	清洁风力机					
1	清洁，补涂破损防腐	A	B	C		

（4）螺栓紧固力矩表见表8-4。

表8-4　螺栓紧固力矩表

序号	位置	检查（总数）	螺栓型号和强度	扳手	力矩（N·m）
			叶　轮		
1	叶片—变桨轴承	40（150）	GB 5782—2000 M30×550—10.9	46	1640
2	变桨轴承—轮毂	40（150）	GB 5782—2000 M30×550—10.9	46	1640
3	变桨轴承—变桨驱动支架	12	GB/T 5782—2000 M20×160—10.9	30	353
4	轮毂—动轴	30（120）	GB 5782—2000 M30×550—10.9	46	2800

续表

序号	位置	检查（总数）	螺栓型号和强度	扳手	力矩（N·m）
发电机					
1	定子主轴—底座	36（144）	GB 900—1988 双头螺柱 M30×195—10.9	46	2800
2	定子主轴—定子	12（48）	GB 5782—1986 螺栓 M27×160—10.9	41	950
3	转动轴—转子	12（48）	GB 5782—1986 螺栓 M27×160—10.9	41	950
4	轴承盖外圈—转子	6（24）	GB 5782—1986 M16×120—10.9	24	264
5	轴承盖外圈—转子	6（24）	GB 5782—1986 M16×120—10.9	24	264
偏航					
1	偏航减速器—底座	15（60）	GB/T 70.1—2000 M16×170—10.9	14	195
2	偏航轴承—底座	14（54）	GB/T 5782—2000 M30X185—10.9	46	1640
3	塔架顶部—偏航轴承	19（76）	GB/T 5782—2000 M30×185—10.9	46	1640
4	偏航刹车—底座	16（64）	GB/T 5782—2000 M27×250—10.9	41	955
塔架 HV 螺栓/螺母在用前涂抹 MoS_2					
1	下法兰	10（124）	GB/T 5782—2000 M42×220—10.9	65	4500
2	中下法兰	10（84）	GB/T 5782—2000 M42×220—10.9	65	4500

任务三 风力发电机组常见故障及处理

【任务引领】

由于风力发电机组通常处于野外，工作环境恶劣，容易出现故障，维修时会耗费大量的人力物力。如何在现场条件下正确、快速地分析故障原因，发现故障部位，进而快速处理故障，使故障机组恢复正常运行，提高设备的可利用率，是现场维修人员需要深入探讨的问题。

本任务针对风力发电机组主要部件的常见故障原因和处理对策进行了分析与研究，目的是保证风力发电机组安全运行，减少故障发生率，提高风力发电机组的运行可靠性。

【教学目标】

（1）针对出现的故障现象能正确分析故障发生的地点和产生的原因。

（2）制订解决故障的具体方案。

（3）按相关风电场检修操作规程排除故障。

（4）正确选择和使用检修工具。

【任务准备与实施建议】

（1）列举风力发电机组常见故障及处理措施。

（2）根据故障现象正确分析故障发生的地点和原因。

（3）针对分析结果制订详细的故障排查方案。

（4）熟悉维护检修安全操作规程。

（5）正确选择检修装备和工具。

（6）安全操作，及时排除故障。

（7）故障解决后，检查机组是否能够正常运行。

（8）归纳总结本任务完成后的操作要点和安全注意事项。

【相关知识的学习】

1. 主控系统CPU使用率达到限值

（1）故障原因。主控系统CPU的使用率超过70%，并持续120s。

（2）故障处理。

1）对主控Windows CE操作系统进行杀毒。

2）格式化CF盘，重新安装操作系统。

3）更换PLC。

2. 塔底柜UPS电池故障

（1）故障原因。当塔底柜UPS电池故障检测开关断开时，触发该故障。

（2）故障处理。

1）检查塔底柜UPS蓄电池的输出端是否有24V直流电压。

2）更换塔底柜UPS。

3. 变压器温度超限故障

（1）故障原因。变压器温度过高，温度限值开关动作。

（2）故障处理。检查温度采集模块。

4. 机舱与风向的角度偏差故障

（1）故障原因。在运行和发电状态下，两个风向标60s的平均风向角度值与机舱位置之间的夹角大于70°，并持续22s以上。

（2）故障处理。

1）检查风向标工作是否正常，标志点是否正对机头。

2）检查端子接线是否牢固。

3）检查24V工作电源端是否正常。

4）检查信号输出端是否正常。

5）更换风向标。

6）更换 KL3404。

7）更换机舱防雷模块。

5. 风速仪传感器故障

（1）故障原因。

1）风速仪 2 和风速仪 1 测量的风速值之差大于 1.5m/s，并持续 120s。

2）叶轮转速大于 9r/min 时，风速仪 1 测得的风速小于 0.5m/s，并持续 120s。

3）当叶轮转速大于 9r/min 时，风速仪 1 测得的风速变化小于 0.025m/s，并持续 120s。

（2）故障处理。

1）检查端子接线是否牢固。

2）检查 24V 工作电源端是否正常。

3）检查信号输出端是否正常。

4）更换风向标。

5）更换 KL3404。

6）更换机舱防雷模块。

6. 机舱外部温度过低、过高故障

（1）故障原因。机舱外环境温度低于－30℃或超过 85℃，持续时间达到设定时间。

（2）故障处理。

1）检查环境温度电阻 PT100 的阻值，判断是否损坏。

2）检查机舱柜电阻 3204 的端子接线是否正常。

3）更换环境温度电阻 PT100。

4）更换 KL3204。

7. 振动开关故障

（1）故障原因。

1）风速过大，齿轮箱、发电机、叶轮等原因导致振动开关动作。

2）振动开关传感器线路端子松动。

3）人为触动。

4）振动开关本身动断触点损坏。

（2）故障处理。

1）如果观察运行数据风速确实过大，待风速减小后复位运行，并检查是否有振源。

2）检查传感器线路端子是否松动。

3）更换振动开关。

8. 停机顺序故障

（1）故障原因。

1）在停机状态下，叶轮转速大于 10r/min，并持续 35s 以上。

2）在停机状态下，叶轮转速大于 4r/min，并持续 90s 以上。

（2）故障处理。

1）检查机舱柜超速模块是否存在问题。

2）检查叶片实际位置是否已到89°。

3）叶片重新校零或更换超速模块、滑环编码器。

9. 叶轮刹车盘严重磨损故障

（1）故障原因。叶轮刹车传感器严重磨损开关打开，并持续15s。

（2）故障处理。

1）检查端子接线是否正常。

2）检查刹车盘磨损情况。

3）检查刹车磨损传感器是否正常。

4）更换刹车磨损传感器。

10. 叶轮紧急停机转速故障

（1）故障原因。叶轮转速大于19r/min时，触发该故障。

（2）故障处理。

1）检查超速模块的接线是否正常。

2）检查机舱KL3404的接线是否正常。

3）检查滑环编码器及自带线。

4）更换超速模块。

5）更换KL3404。

6）检查叶片实际桨距角或重新校零。

11. 液压油泵电动机工作时间过长故障

（1）故障原因。在正常模式下，液压油泵电动机运行，在不进行偏航半泄压和全泄压的情况下，电动机持续工作80s以上，触发该故障。

（2）故障处理。

1）检查液压站及油管是否漏油。

2）检查液压油管的偏航回路是否堵塞。

3）检查液压站油路内是否存在气体，并进行放气。

4）检查电磁阀是否换向到位，节流阀是否调节到位，在其他可以安装压力表或压力传感器的位置进行测量，判断各个阀是否有问题。

5）检查当前环境温度，判断是否由于液压油温度太低造成电动机工作时间过长。

6）检查端子接线是否正常。

12. 低油位故障

（1）故障原因。液压油油位过低，并持续6s后，触发该故障。

（2）故障处理。

1）检查液压站及油管是否漏油。

2）查看油位计的油位，如油位太低应进行加注。

3）检查液压站油温液位开关。

4）检查液位传感器至计算机柜的线路是否有故障。

5）检查油位计在注油完成后，开关是否闭合。如仍未闭合，则可能为油位计问题，应进行更换。

13. 油温超限故障

(1) 故障原因。当液压油温度高于70℃限值，并持续5s后，触发该故障。

(2) 故障处理。

1) 检查液压站油加热器，检查其自身的油温开关是否已经失效。

2) 检查液压站油温液位开关。

3) 检查24V电源通路是否正常。

14. 压力开关故障

(1) 故障原因。叶轮刹车压力建立初期，在6s内压力开关不动作时，触发该故障。

(2) 故障处理。

1) 检查液压站及油管是否漏油。

2) 查看油位计的油位，如油位太低应进行加注。

3) 检查液压站油路的循环情况和环境温度。

4) 检查节流阀是否调节到位。

5) 检查电磁阀是否换向到位。

6) 检查端子接线是否正常。

7) 更换液压站P6处的压力开关并重新设置，Set Value设置为10bar，ReSet Value设置为8bar。

15. 叶轮刹车系统压力太低故障

(1) 故障原因。在运行模式下，叶轮刹车系统压力低于135bar，并持续1s后，触发该故障。

(2) 故障处理。

1) 检查液压站及油管是否漏油。

2) 查看油位计的油位，如油位太低应进行加注。

3) 检查液压站油路的循环情况和环境温度。

4) 检查机舱柜KL3404的接线是否正常。

5) 检查250Ω电阻阻值是否正确，接线是否牢固。

6) 检查端子接线是否正常。

7) 更换KL3404。

8) 更换250Ω电阻。

16. 主系统压力过高故障

(1) 故障原因。主系统压力高于170bar，并持续1s后，触发该故障。

(2) 故障处理。

1) 检查液压站油路的循环情况和环境温度。

2) 检查液压站油路内是否存在气体，并进行放气。

3) 检查电磁阀是否换向到位，节流阀是否调节到位，在其他可以安装压力表或压力传感器的位置进行测量，判断各个阀是否有问题。

4) 检查机舱柜KL3404的接线是否正常。

5) 检查250Ω电阻阻值是否正确，接线是否牢固。

6) 检查端子接线是否正常。

7）更换 KL3404。

8）更换 250Ω 电阻。

17. 主轴止推轴承温度超限故障

（1）故障原因。主轴止推轴承温度超过 70℃，并持续 10s 后，触发该故障。

（2）故障处理。

1）检查主轴止推轴承 PT100 电阻的阻值，判断是否损坏。

2）检查机舱柜 KL3204 的接线是否正常。

3）检查端子接线是否正常。

4）更换主轴止推轴承 PT100 电阻。

5）更换 KL3204。

6）检查主轴止推轴承是否有漏油现象，如果漏油需要更换密封圈并进行注油。

18. 主轴浮动轴承温度超限故障

（1）故障原因。主轴浮动轴承温度超过 70℃，并持续 10s 后，触发该故障。

（2）故障处理。

1）检查主轴浮动轴承 PT100 电阻的阻值，判断是否损坏。

2）检查机舱柜 KL3204 的接线是否正常。

3）检查端子接线是否正常。

4）更换主轴浮动轴承 PT100 电阻。

5）更换 KL3204。

6）检查主轴浮动轴承是否有漏油现象，如果漏油需要更换密封圈并进行注油。

19. 齿轮箱输入轴温度故障

（1）故障原因。当齿轮箱输入轴温度超过 100℃，并持续 5s 后，触发该故障。

（2）故障处理。

1）检查齿轮箱输入轴 PT100 电阻的阻值，判断是否损坏。

2）检查机舱柜 KL3204 的接线是否正常。

3）检查端子接线是否正常。

4）更换齿轮箱输入轴的 PT100 电阻。

5）更换 KL3204。

20. 齿轮箱油位故障

（1）故障原因。齿轮箱油位过低时，触发该故障。

（2）故障处理。

1）检查齿轮箱是否漏油。

2）在齿轮箱油泵运行期间，查看入口油压是否正常。

3）检查端子接线是否正常。

4）加注齿轮箱油。

21. 齿轮箱润滑油压故障

（1）故障原因。当油泵运行时，齿轮箱入口油压低于 1.3bar，压力开关未闭合，并持续 12s 后，触发该故障。

(2) 故障处理。

1) 检查齿轮箱的存油量。

2) 检查齿轮箱是否漏油。

3) 检查油泵电动机的转向是否正确。

4) 检查齿轮箱油的循环情况。

5) 检查端子接线是否正常。

6) 检查入口油压力开关，如为机械式则检查开关与插接处接触是否良好。

7) 更换入口油压力开关。

22. 发电机U1绕组温度超限故障

(1) 故障原因。当发电机U1绕组温度高于165℃，并持续5s后，触发该故障。

(2) 故障处理。

1) 检查发电机U1绕组PT100电阻的阻值，判断是否损坏。

2) 检查传感器线路是否短路或者断路。

3) 更换发电机U1绕组的PT100电阻。

4) 如果PT100电阻和接线都没有问题，但是主控显示U1绕组温度值不正确，则可判定为卡件问题，应更换KL3204。

5) 检查风扇的实际转向是否正确、工作电压是否正常。

23. 发电机碳刷故障

(1) 故障原因。发电机碳刷磨损严重，并持续5s后，触发该故障。

(2) 故障处理。

1) 检查机舱柜KL1104的接线是否正常。

2) 检查24V电源是否为通路。

3) 更换发电机碳刷。

24. 塔底柜1号站电压故障

(1) 故障原因。塔底柜1号站24V供电电压异常，触发该故障。

(2) 故障处理。

1) 检查塔底柜1号站的KL9210的状态指示灯。

2) 检查24V电压分配器拨码开关及输出电压。

3) 检查电源电压及开关电源。

4) 更换分配器或开关电源。

25. 塔底柜1号站熔丝故障

(1) 故障原因。塔底柜1号站24V供电短路，KL9210熔丝熔断，触发该故障。

(2) 故障处理。

1) 检查塔底柜1号站的KL9210的状态指示灯，绿灯表示正常，红灯表示故障。

2) 检查并排除1号站所连接的总线端子及各I/O点的短路情况。

3) 检查24V电压分配器。

4) 检查电源电压及开关电源。

5) 更换分配器或开关电源。

6) 重新安装KL9210的熔丝。

26. 偏航位置故障

（1）故障原因。偏航位置绝对值大于或等于750°，并持续2s后，触发该故障。

（2）故障处理。

1）检查机舱KL5001的端子接线是否正常。

2）检查偏航编码器。

3）检查偏航编码器自带线。

4）更换KL5001。

5）更换偏航编码器。

6）更换偏航编码器自带线。

27. 左偏航达到限位故障

（1）故障原因。当左偏航达到扭缆开关的左限位时，左限位开关闭合，触发该故障。

（2）故障处理。

1）检查扭缆开关的设定圈数及接线。

2）检查端子接线是否正常。

3）检查并判断偏航编码器工作是否正常，以及显示的数值是否正确和变化。

4）检查偏航编码器自带线及接线。

5）更换偏航编码器。

6）更换偏航编码器自带线。

7）更换扭缆开关及电缆。

28. 偏航速度故障

（1）故障原因。

1）在进行左偏航30s后，如果偏航速度大于或等于－0.2°/s时，触发该故障。

2）在进行右偏航30s后，如果偏航速度小于或等于0.2°/s时，触发该故障。

（2）故障处理。

1）检查偏航半泄压的压力值，调整液压站溢流阀的溢流值。

2）检查偏航刹车钳与刹车片的间隙，检查是否有异响。

3）检查偏航刹车盘是否有杂质。

4）检查油路循环情况，以及由温度变化引起的油质变化。

5）检查偏航电动机工作是否正常。

6）检查偏航电动机电子刹车是否已经打开。

7）检查偏航软启的接线。

8）检查偏航编码器及接线。

29. 偏航软启故障

（1）故障原因。软启动不能给出READY信号时，触发该故障。

（2）故障处理。

1）检查软启动工作是否正常。

2）检查软启动端子的接线是否正常。

3）更换软启动器。

30. 塔底柜急停按钮故障

（1）故障原因。塔底柜急停按钮被按下，且安全链检测到该变化，触发该故障。

（2）故障处理。

1）检查塔底 KL1904 安全链输入模块的状态灯的变化。

2）检查急停按钮的辅助触点接线是否虚接。

3）更换急停按钮或辅助触点。

31. 电缆极限故障

当电缆扭缆到终极限位时，触发该故障。

（1）检查扭缆开关的设定圈数及接线。

（2）检查机舱 20 号站 KL1904 的 404DI2.1 的 1 通道（1、2 孔）状态。

（3）检查 X20 的 68、70 端子的接线。

（4）检查并判断偏航编码器工作是否正常，以及显示的数值是否正确和变化。

（5）检查偏航编码器自带线及接线。

（6）更换偏航编码器。

（7）更换偏航编码器自带线。

（8）更换扭缆开关及电缆。

32. over current/rotor

（1）故障原因。转子侧变流器过流。

（2）故障处理。

1）如果是零速测试时报该故障，一般是由于发电机转子电缆有交叉短路的情况，校正转子接线。

2）如果是并网运行一段时间后报该故障，则可能是发电机转子滑环处积碳或滑环碳刷弹出，或发电机定/转子对地短路造成，应检查发电机。

3）Crowbar 内部的二极管桥击穿，用万用表二极管挡测量二极管桥是否正常。

4）编码器干扰造成，检查编码器接线。

33. over temperature

（1）故障原因。IGBT 温度太高。

（2）故障处理。

1）检查环境条件。

2）检查空气流动和机组运行。

3）检查变流器负载。

4）检查空气滤波器。

5）参数设置错误。

34. 桨叶电动机编码器值与设定值差值过大故障

（1）故障原因。启动、运行、发电模式下，桨叶电动机编码器值与设定值差值大于 2°，在启动模式下维持 25s，在运行和发电模式下维持 4s，报该故障。

（2）故障处理。

1）检查桨叶电动机编码器接线。

2）重新校零。

35. 变桨电动机热保护故障

(1) 故障原因。当变桨电动机温度超过150℃时，触发该故障。

(2) 故障处理。

1) 检查轴柜的电动机温度保护模块。

2) 检查变桨电动机接线是否正常。

3) 检查变桨电动机的散热风扇是否工作。

36. 变桨电池充电监视故障

(1) 故障原因。当充电电压过高或过低时，触发该故障。

(2) 故障处理。

1) 检查主控柜充电器工作是否正常。

2) 检查主控柜充电器直流输出电压是否为216V。

37. 齿轮箱油过滤故障

(1) 故障原因。当油泵运行时，齿轮箱油温高于55℃后，齿轮箱润滑油过滤的杂质开关动作，并持续12s后，触发该故障。

(2) 故障处理。

1) 检查滤芯是否堵塞。

2) 油泵运行时，检查齿轮箱是否漏油。

3) 检查端子的接线是否正常。

4) 更换杂质开关。

38. 齿轮箱冷却水风扇保护开关故障

(1) 故障原因。齿轮箱冷却水风扇保护开关跳闸，触发该故障。

(2) 故障处理。

1) 检查风扇电动机三相绕组阻值是否相等。

2) 检查电动机是否堵转，是否有异常响声。

3) 更换齿轮箱冷却水风扇电动机。

39. LUST变桨系统站点诊断故障

(1) 故障原因。当LUST变桨系统站点通信诊断值大于0，以及不能与LUST变桨系统站点进行通信时，触发该故障。

(2) 故障处理。

1) 检查变桨主控通信模块EL6731的接线和地址拨码开关，通信速率设置为1.5Mbit/s。

2) 检查滑环Profibus通信的接线。

3) 检查机舱柜Profibus通信的接线。

4) 更换EL6731。

40. 桨叶角变化滞后故障

(1) 故障原因。桨叶的冗余编码器值和实际位置值相差大于2°。

(2) 故障处理。重新校零并检查限位开关安装，检查编码器机械安装和编码器本身。

41. 位置反馈值与电动机编码器偏差值较大故障

(1) 故障原因。位置反馈值与电动机编码器偏差值大于2°报故障。

(2) 故障处理。重新校零并检查限位开关安装，检查编码器机械安装和编码器本身。

42. 变桨CAN总线故障

(1) 故障原因。当变桨CAN总线故障时触发。

(2) 故障处理。检查通信模块。

43. 桨叶电动机编码器值与设定值差值过大故障

(1) 故障原因。当桨叶电动机编码器值与设定值差值过大时，触发该故障。

(2) 故障处理。重新校零。

44. 变桨电动机风扇故障

(1) 故障原因。当变桨电动机散热风扇开关跳开时，触发该故障。

(2) 故障处理。

1) 检查变桨电动机的散热风扇开关是否跳开。

2) 检查散热风扇绕组阻值是否正常。

45. 扭缆开关故障

(1) 故障原因。

1) 风机持续左偏或右偏，左右偏位置开关未动作致使扭缆开关动作（左右偏位置开关未动作原因可能是设定转数不够或凸轮不随主轴同转）。

2) 钢丝绳较短或钢丝绳在缠绕电缆时向下偏移，导致没有达到偏航计数器整定圈数，拉动扭缆开关动作。

3) 扭缆开关线路接线端子松动。

4) 扭缆开关动断触点损坏。

(2) 故障处理。

1) 检查是否确定发生扭缆，手动偏航解缆。

2) 检查偏航计数器位置开关未动作原因，是否整定值设置不正确，触点是否正常。调整位置开关或直接更换。

3) 检查钢丝绳长度和缠绕位置是否正常，不正常时适当调整。

4) 检查扭缆开关线路上端子是否有松动现象，如有松动应紧固。

5) 更换扭缆开关。

46. 发电机过速

(1) 故障原因。

1) 机组过速。

2) 转速传感器故障。

(2) 故障处理。

1) 待机至风速在机组安全运行范围内。

2) 检查转速传感器线路及触点，进行维修或更换。

47. 偏航时间长

(1) 故障原因。风向标故障。

(2) 故障处理。

1) 检查风向标轴承是否损坏。

2) 检查风向标基点是否对准。

3) 在接线盒内检查风向标接线端子是否有电压信号输出。

4）在主控柜内检查风向标接线端子是否有电压信号输出。

5）维修或更换风向标。

48. 偏航开关同时动

（1）故障原因。左、右偏航指示开关同时动作，偏航计数器故障。

（2）故障处理。

1）检查偏航计数器上四个触点是否损坏。

2）检查从偏航计数器至计算机柜线路是否正常。

3）维修或更换偏航计数器。

49. 偏航过载

（1）故障原因。

1）偏航电动机过负荷保护动作，可能原因是偏航余量过大，偏航闸抱死。

2）偏航减速器故障。

3）偏航电动机绝缘损坏。

（2）故障处理。

1）检查液压站的整定值是否过高，电磁阀是否损坏，若损坏应维修或更换。

2）检查偏航减速器是否损坏，若损坏应维修或更换。

3）检查偏航电动机绝缘情况，若损坏应维修或更换。

50. 液压泵过载

（1）故障原因。液压泵过负荷保护动作，可能是泵故障或电动机故障。

（2）故障处理。

1）听泵是否有异常声音，查看液压油的颜色，拆下泵查看泵内部是否损坏、堵塞。

2）听电动机是否有异常声响，查看电动机绝缘，拆下电动机，转动电动机输出轴，看是否转动困难，拆开电动机查看内部是否损坏。

51. 叶尖压力低

（1）故障原因。

1）叶尖压力丢失时间过长，储压罐故障。

2）叶尖液压管路泄漏。

3）防爆膜冲破。

4）压力开关故障。

（2）故障处理。

1）频繁报叶轮过速、叶尖压力低，则有可能是储压罐故障，应维修或更换储压罐。

2）检查叶尖液压管路的各压力接头，如有泄漏，应维修或更换。

3）查看防爆膜处的旁通管路是否有油迹，如有则更换防爆膜。

4）查看叶尖油路压力是否低于压力开关整定值，若是则重新调整整定值；查看压力开关是否有损坏，若损坏则更换。

52. 刹车未释放

（1）故障原因。

1）刹车信号丢失，电磁换向阀未执行动作。

2）圆盘刹车片磨损传感器故障。

(2) 故障处理。

1) 检查电磁换向阀，查看是否未得电或有其他故障，若有故障应维修或更换。

2) 检查刹车磨损传感器电路及触点是否有故障，若有故障应维修或更换。

53. 刹车故障

(1) 故障原因。

1) 机组停机期间叶轮转速增大，转速传感器故障。

2) 电磁换向阀故障。

3) 刹车片摩擦层破损或刹车盘表面污染。

(2) 故障处理。

1) 检查转速传感器线路及触点，若有故障应维修或更换。

2) 检查电磁换向阀线路及触点，若有故障应维修或更换。

3) 检查刹车片，清理刹车片表面油污。

54. 环境温度低

(1) 故障原因。

1) 环境温度低于限定值。

2) 环境温度传感器故障。

(2) 故障处理。

1) 待机至正常温度。

2) 检查环境温度传感器及线路有无故障，如有故障应维修或更换。

55. 电动机反馈未收到

(1) 故障原因。电动机接触器反馈信号丢失。

1) 信号继电器故障。

2) 接触器辅助触点未动作。

3) 线路松动或断路。

(2) 故障处理。

1) 检查继电器功能，如有故障应维修或更换。

2) 检查接触器辅助触点及线路。

3) 检查整个反馈线路是否松动或断开。

56. 24V 失电

(1) 故障原因。

1) DC 24V 回路内有短路点。

2) DC 24V 回路内有断开点。

3) 安全继电器动作。

(2) 故障处理。

1) 检查短路原因，进行故障排除，并检查 AC 24V 回路及变压器是否正常。

2) 分段检查 DC 24V 回路内的可能断开点，如电源板的熔断器管、各相关端子连接点。

3) 检查安全继电器动作原因，排除有关故障。

57. 功率过高

(1) 故障原因。

1）强阵风干扰。

2）电网频波动。

3）空气密度偏高，使机组出力增加。

4）叶片安装角偏正。

（2）故障处理。

1）待机至限定风速后机组自启动。

2）电网频率稳定后复位开机。

3）待机至限定风速。

4）根据机组功率曲线及观测数据，制订安装角调整方案。

58．电网掉电、缺相、相电压过高或过低

（1）故障原因。

1）电网故障。

2）场区输变电线路故障。

3）机组电压检测回路故障。

（2）故障处理。

1）若全场机组均报该故障，应检查系统进线电压是否正常。

2）若一组机组报该故障，应巡视相关输变电线路是否正常。

3）若单台机组报该故障，应检查机组电压检测回路是否正常。

59．电网频率过高或过低

（1）故障原因。

1）电网故障。

2）机组频率检测回路故障。

（2）故障处理。

1）若全场机组均报该故障，应检查系统进线频率是否正常。

2）若单台机组报该故障，应检查机组频率检测回路是否正常。

60．变流器过流

（1）故障原因。

1）负载突然增加。

2）主电路中有短路。

3）参数设置与负载不符。

（2）故障处理。

1）检查负载。

2）检查电缆。

3）检查设置的参数。

61．直流母线电压过高

（1）故障原因。

1）直流母线功率输入侧电压峰值有较高毛刺。

2）负载暂态特性。

（2）故障处理。

1）检查设置的参数是否与负载相符合。

2）测量直流母线电压，把测量值与变流器控制器检测值对比。如果两个值不相符合，检查变流器的电压测量器件。

62．变流器控制器检测到发电机三相电流的和不为零

（1）故障原因。电缆或发电机绝缘有损坏。

（2）故障处理。

1）检查发电机电缆。

2）检查发电机。

3）测量每相电流。如果每相电流相等，检查电流测量器件。

63．变流器温度低

（1）故障原因。散热器温度低于－10℃。

（2）故障处理。检测散热器周围的温度。如果该器件温度与周围温度不符，且温度低于－10℃，则检查测温回路。

64．变桨控制通信故障

（1）故障原因。

1）轮毂控制器与主控器之间的通信中断。

2）若轮毂控制器无故障，则故障可能是信号线。由机舱柜到滑环，由滑环进入轮毂这一回路出现干扰、断线、航空插头损坏、滑环接触不良、通信模块损坏等。

（2）故障处理。

1）用万用表测量轮毂中控器进线端电压为230V左右，出线端电压为24V左右，说明中控器无故障。

2）继续检查滑环，齿轮箱漏油严重时造成滑环内进油，油附着在滑环与插针之间形成油膜，起绝缘作用，导致变桨通信信号时断时续。冬季油变黏，变桨通信故障更为常见。

3）将轮毂端接线脱开与滑环端进线进行校线，校线的目的是检查线路有无接错、短接、破皮、接地等现象。滑环座随主轴一起旋转，其中的线容易与滑环座摩擦导致破皮接地，也会引起变桨故障。

65．变桨失效

（1）故障原因。当风轮转动时，机舱柜控制器要根据转速调整变桨位置使风轮按定值转动，若该传输错误或延迟300ms内不能给变桨控制器传达动作指令，则为了避免超速会报错停机。

（2）故障处理。机舱柜控制器的信号无法传给变桨控制器主要由信号故障引起，影响该信号的主要是信号线和滑环。检查信号端子有无电压，有电压则控制器将变桨信号发出，继续查机舱柜到滑环部分；若无故障继续检查滑环，再检查滑环到轮毂，分段检查，逐步排查故障。

66．传动比错误

（1）故障原因。

1）软启动板损坏（机组启动并网时剪断销屡次被剪断）。

2）安全离合器有渗漏现象（压力保持不住或有明显漏油点）。

3）安全离合器原始打压不到标准或偶然剪断。

4）转速传感器损坏。

5）转速传感器线路断。

6）转速信号干扰。

7）CPU 程序原因或损坏。

（2）故障处理。

1）根据剪断销被剪断时机组的运行状态排除软启动板损坏的可能。

2）根据机组运行数据判断剪断销是否被剪断，如剪断则应更换剪断销并检查安全离合器的密封情况。

3）根据机组运行数据判断是否为线路干扰或松动故障（转速出现跳动或明显低于/高于额定转速），应做相应的线路紧固，调整转速传感器位置。

4）判断 CPU224 是否损坏或出现程序问题（用相应的转速信号测试不同的转速检测点），如有损坏应更换模块。

67. 偏航计数器故障

（1）故障原因。

1）两个或两个以上位置开关同时动作。

2）两个或两个以上位置开关同时不复位。

3）偏航计数器信号电源丢失或中断。

（2）故障处理。

1）通过开关量检查三个位置开关信号，如三个位置开关信号均为开量，应检查位置开关信号电源。

2）如开关量信号显示两个位置开关信号为开量，应检查偏航计数器三个位置开关凸轮紧固螺栓是否到位（如否应调整）。

3）检查偏航计数器位置开关触点，如不回位应更换计数器。

68. 并网超时故障

机组自投入软启动直到收到旁路接触器反馈信号所用的时间超过设定值。

（1）故障原因。

1）风速突然变小。

2）无法满足并网条件。

（2）故障处理。

1）观察风速是否过小。

2）观察转速检测是否正常。

3）观察并记录故障发生前后的动作及状态。

69. 并网次数过多

并网次数过多的含义为 1h 内并网超过 4 次。

（1）故障原因。

1）风速较小。

2）电量采集或通信故障。

3）风向标故障。

（2）故障处理。

1）根据现场情况排除风速较小的可能，否则应做暂停机处理，待风速稳定时启动机组。

2）根据运行数据确定是否为电量采集故障，如是应更换电量模块或检查电量通信线。

3）现场观察机组所在风箱，如相差较大应检查风向标做更换或位置调整处理。

70. 控制盘温度高

(1) 故障原因。

1）主回路接触点接触不良。

2）晶闸管频繁投切或过载。

3）冷却风扇损坏。

(2) 故障处理。

1）检查主回路各接点是否松动或氧化，检查力矩或用细砂纸打磨。

2）打开塔架门和主柜门，通风散热。

3）测试冷却风扇工作是否正常，若不正常应维修或更换。

小　结

(1) 兆瓦级永磁同步直驱型风力发电机组系统结构组成和主要技术数据。

(2) 兆瓦级永磁同步直驱型风力发电机组运行状态与系统控制。

运行状态有初始化、启动、待机、增速、发电运行、降速、停机、紧急停机等。

系统控制采取部分负荷、满负荷和停机控制方式，优化输出功率，并能限制设备的机械应力达到比较小的值。

(3) 兆瓦级永磁同步直驱型风力发电机组安全保护措施（主动保护与被动保护）。

(4) 风力发电机组五大组成部分的定期巡检内容。

(5) 异常报警信号的现场检查和处理，包括：油位偏低、液压控制系统压力异常、风速仪故障、风向标故障、异常声响、运行超温、偏航故障、转速超限、振动超限、桨距调节机构故障、安全链回路动作、主空气开关动作、电网故障、机组过负荷、系统断电等。

(6) 立即停机的操作顺序：遥控停机→就地正常停机→紧急停机→拉开主开关或线路断路器。

(7) 年度例行维护计划和维护清单。

(8) 风力发电机组故障产生的原因（内部因素、环境因素、人为因素）。

(9) 风力发电机组常出现的硬件故障，包括电气元件故障、机械故障、传感器故障、人为硬件故障。

(10) 风力发电机组70条常见故障及处理方法。

复习思考

(1) 风力发电机组的总体检查包括哪些内容？

(2) 试述风速仪损坏的故障原因和处理过程。

(3) 出现哪些事故，风力发电机组应进行停机处理？

(4) 试述齿轮油温高的故障原因和处理过程。

(5) 试述发电机绕组温度高的故障原因和处理过程。
(6) 风力发电机组的巡视检查工作的重点是哪些机组?
(7) 当风力发电机组在运行中发生主开关跳闸现象时应如何检查处理?
(8) 当风力发电机组发生事故后应如何处理?
(9) 试述风力发电机组齿轮油位低的故障原因及处理过程。
(10) 风力发电机组因异常情况需要立即停机应如何操作?
(11) 试述风力发电机组巡视检查的主要内容、重点和目的。
(12) 风力发电机组的日常运行维护工作内容主要包括哪些?
(13) 风力发电机组的年度例行维护周期是如何规定的?

附录A　现场安全规范

一、范围

本规范严格遵守中华人民共和国电力行业标准 DL 796—2001《风力发电场安全规程》。

二、责任与义务

(1) 在工作过程中必须正确地使用工作设备和所有防护性设备，在可能遇到危险情况时必须及时报告。

(2) 在风力发电机中进行有关工作的人员应在风力发电机周围设置警告标志。

(3) 所有在风力发电机中进行有关工作的人员都必须遵守 DL 796—2001《风力发电场安全规程》，避免产生对人身和设备的伤害。

三、人员要求

(1) 在风力发电机中进行有关工作的人员必须符合 DL 796—2001 中对风电场工作人员的基本要求，并得到切实可行的保护。

(2) 只有读过并理解说明书要求、并且由制造商指定、经过培训的专业人员，才可以进行风力发电机的相关工作。

(3) 高于地面的工作必须由经过攀爬塔筒训练的人员进行。

(4) 正在接受培训的人员对风力发电机进行任何工作，必须由一位有经验的人员持续监督。

(5) 只有满 18 岁的人员才允许在风力发电机上独立工作。

(6) 原则上，必须至少有两人同时进入风力发电机工作。

(7) 除了由制造商指导外，工作人员还必须具备下列知识。

1) 可能的危险、危险的后果及预防。

2) 在危险情况下对风力发电机采取安全措施。

3) 使用人员安全防护设施。

4) 安全设备。

5) 遵守操作要求。

6) 与风力发电机有关的可能的故障和问题。

7) 正确使用工具，并完成急救培训。

不具备这些知识或者不能正确操作风力发电机的人员不得操作风力发电机。

四、安全及防护设备

1. 安全必备设备

在对风力发电机进行工作之前，每个工作人员至少应该理解如下设备的使用说明。攀登塔筒的工作人员必须使用合格的安全带、攀登用的安全辅助设备或者适合的安全设施。如果风力发电机位于近水地点，应穿救生衣。攀登塔筒时应穿戴下列用品，见附表 1。

除了上述设备外，每个维护或者检查小组必须具有如下物件：

(1) 紧急下降设备。

(2) 灭火器。

附表 1 安全装备

	安全带及相关装备，如安全钢丝绳、快速挂钩、两个脚踏套环； 安全带用肩带、胸带，肚带和腿带系在人员的身体和两腿上
	在风力发电机内部工作时，要戴上有锁紧带的安全帽
	防护服可以防止受伤和油污
	手套可以防止手受伤和油污
	橡胶底防护鞋
	耳塞，防止大风和设备噪声的影响
	手电筒，应急时使用
	护目镜，特殊工作时需要
	在室外低温条件下，要穿保暖衣服

(3) 移动电话或与控制室的对讲通信设备。

(4) 建议在上升设备中准备手电筒、安全眼镜和保护性耳塞，这取决于要完成的工作(是对正在运行的风力发电机的检查还是维护)。

(5) 操作者必须正确使用安全设备，并在使用前和使用后都对安全设备进行检查。对安全设备的检查，必须由经授权的维修公司进行，并且必须记录在设备的维护记录中。不要使用任何有磨损或撕裂痕迹的设备或者超过制造商建议使用寿命的设备。

(6) 在上、下塔筒时，必须将身上的安全带系到救生索（缆）上。

(7) 利用安装在塔筒内部的梯子攀登塔筒。攀登塔筒时两人之间必须至少相距 5m。安装有休息平台，用于休息和等待。

(8) 防护设备必须适于期望的功能，符合现行法律和标准，且具有 CE 标识、符合性声明和使用说明。

在风力发电机内部和外部周围工作时要穿戴附表 2 所列用品。

附表 2 风力发电机内部工作装备

	戴上有锁紧带的安全帽，以防止下落物品砸伤
	橡胶底防护鞋

2. 用于紧急下降的设备

（1）当正在风力发电机上工作时，操作员手边必须有紧急下降设备，以便能快速撤离到安全环境下。

（2）在需要撤离的紧急情况下，操作员必须对设备及其使用说明非常熟悉。在任何时候，紧急下降设备的使用说明书都必须与设备放在一起，且必须在不打开设备的情况下可以查看说明书。

（3）在机舱后门的上框架有一吊环螺栓，可用于紧急下降设备的悬挂。

（4）防护设备必须适于期望的功能，符合现行法律和标准，且具有 CE 标识、符合性声明和使用说明。

3. 风力发电机上的安全标志及标志牌

风力发电机底部设有附表 3 所列标志。这些标志应定期检查，不清楚或妨碍阅读时应立即更换标志。

附表 3 风力发电机上的安全标志和标牌

安全标志/标志牌	表示含义	位　置
	电击危险	开关柜、变桨控制开关柜和扼流圈罩子处
	戴安全帽	塔筒底部标示牌
	戴耳塞	塔筒底部标示牌
	穿防护服	塔筒底部标示牌
	戴保护手套	塔筒底部标示牌
	系安全带	塔筒底部标示牌

续表

安全标志/标志牌	表示含义	位置
	穿防护鞋	塔筒底部标示牌
	禁止明火	塔筒底部标示牌
	禁止吸烟	塔筒底部标示牌
线路有人工作禁止合闸	禁止合闸	塔筒底部标示牌

五、操作基本安全注意事项

1. 概述

(1) 在运行风力发电机时，应遵守有效的健康卫生规范、劳动安全规程、事故防范规定、防火及环保规范。风力发电机的工作人员必须熟悉上述规定。

(2) 在对风力发电机执行任何操作之前，必须告知负责风力发电机控制的人员风力发电机的准确位置和标志，以及将要执行的操作或者说工作的类型和范围。负责风力发电机控制的人员将准许或者拒绝要执行的工作。

(3) 在开始工作之前，操作员必须知道当地的电话号码以备紧急情况下使用。

(4) 在风力发电机上工作必须小心谨慎。

(5) 在风力发电机内执行任何操作时，在风力发电机内必须至少有两个人。

(6) 风力发电机的工作人员必须随时有使用说明书可用。

(7) 工作人员必须备有急救箱和通信设备。

(8) 开始任何工作之前，必须确保工作人员和安全及防护设备符合要求。

(9) 如果风力发电机的工作状态有异常变化，必须立即切断电源，确保安全后再重新启动。

(10) 在进入到轮毂内或进行有关机舱的转动部件的工作之前，必须用锁定系统将齿轮箱主轴锁住。

(11) 在风力发电机内执行任何操作时，必须断开远程监控系统，在结束工作后离开风力发电机前接通远程监控系统。

2. 机械危险

(1) 移动部件有卷入身体部分造成伤害的危险，危险区域见附图1。

1) 风轮与齿轮箱连接处。

2) 齿轮箱轴。

3) 联轴器和制动器。

4) 叶片变桨驱动器。

5) 偏航驱动器。

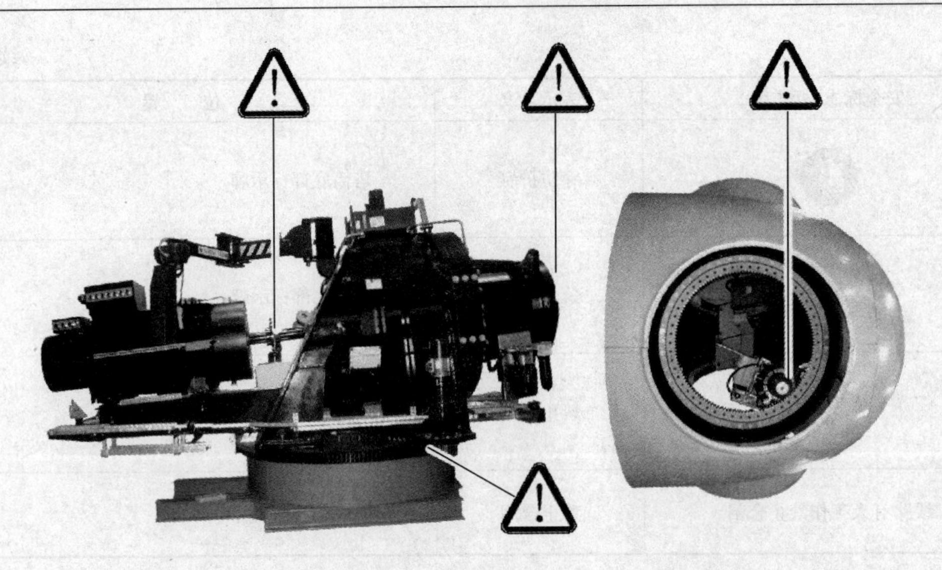

附图1 风力发电机组机械危险区域

(2) 风力发电机内使用的材料和润滑剂可能有侵蚀性，应避免接触到皮肤或者衣服（如果是检查齿轮箱，去掉一个齿轮箱盖且油液仍然温热时，注意不要吸入热油的蒸气）。

(3) 人员必须将长发扎起，禁止衣服松散或佩戴饰物。

坠落危险提示：

(1) 在塔筒内部攀爬时会有坠落危险，机舱处有用于传递工具的门，在门打开时会有从机舱中坠下的危险。门应保持紧闭，只有传递物品时才打开。

(2) 在风力发电机内部和外部会有物体掉落的危险。

(3) 在风力发电机机舱和轮毂内外工作时会有物体掉落的危险。

(4) 为防止被掉落物体砸伤，在高空作业时不要进入危险区域，并且要用警示标志和红白相间的障碍物将危险区域围起来。危险区域的范围取决于掉落物体的高度。

其他提示：

(1) 当风力发电机处于运行状态时，如果要检查齿轮箱的噪声等级、机械部件和发电机，只可进入机舱。

(2) 由于机舱的布局及较小的尺寸，在机舱内移动时必须特别小心，以防被绊倒。

(3) 未经授权的人员在任何情况下都不可去掉电气或者旋转元件的外罩。在风力发电机中工作时，注意不要让系索落在转动着的轴上。

(4) 必须立即清除机舱内所有油污渍，以免掉落。

(5) 每次在检查设备时，应彻底检查是否有油液泄漏和螺母及螺栓松动。设备表面脏物必须用布清除掉。否则很难检测是否有严重的渗漏。

(6) 严重的渗漏意味着有油从齿轮箱中滴出。该类渗漏表明油的损耗达到了需要修理的程度。在结构中螺栓的缺失意味着危险，螺栓必须立即拧紧。如果有多个螺栓出现问题，或者反复出现问题，应立即与售后服务部门联系。

3. 电气危险

打开开关柜和对任何带电部件进行操作前，风力发电机必须处于断电状态。为此风力发电机上符合IEC要求的主电源开关和控制系统电源开关将被断开。必须确保遵守以下安全规定，实现断电。

（1）切断风力发电机的电源。

（2）上锁防止意外启动，在开关柜上要有重新启动警示标记。

（3）检查是否断电。

（4）检查接地和短路。

（5）盖上或隔离临近的带电元件。

（6）不良连接和损坏的电缆要立即拆除。

有电危险提示：

（1）系统的工作电压可能致命，为此绝对禁止带电工作。

（2）发生短路时会损坏设备，并有起火的危险。

（3）系统的连线必须安全可靠，防止过载。

（4）如果发生供电故障，必须立即停机。

（5）只能使用符合规定电流值的熔断器。

（6）电气系统必须保持在安全的状态。要定期维护，例如连接松动等情况必须立即报告并纠正。

（7）开关柜、端子箱和接线箱必须保持关闭。只有经授权的人员才可以对电气元件进行维护和服务。

（8）电气设备中的带电元件必须通过绝缘、摆放位置、布置或辅助设备等方式加以保护，防止直接接触。具体保护措施取决于带电部件的电压、频率、用途和工作位置。

（9）电气设备必须根据其电压、用途和工作位置进行保护，防止间接接触。这样即使在电气元件发生故障时，也可以防止危险电压造成损坏。

（10）辅助设备和工具必须绝缘，每次使用前要检查是否有问题。

（11）电气设备的带电部件和在带电条件下工作的材料，只能在下列情况下，才可以对其进行操作：

1）接触电压低于接地线电压、工作电压低于 24V（AC）。

2）工作位置的短路电流总计最大 AC 3mA（有效值）或 DC 12mA。

3）工作位置的电能总计不超过 350mJ。

4．液压油造成的危险

（1）必须遵守液压系统最大工作压力。压力过高会对承压部件产生极大的载荷，会使液压系统爆裂。液压油在加压状态下会造成危险。

（2）在开始对液压系统操作之前，关闭液压装置，释放系统压力。

（3）不要堵住冷空气进入液压装置的通道。保持冷却装置清洁，以确保最佳冷却效果。

（4）不要在进气口和排气口周围存放物品。

（5）液压油是一种在长时间接触皮肤后会导致过敏反应的化学物质，接触眼睛会导致失明。

（6）系统在工作时，液压油会加热至约 90℃，应注意灼热的液压油（注意不要吸入热油的蒸气）。

（7）在开始维护、检查、修理工作前，要使液压油充分冷却。液压油如果泄漏会造成很严重的环境危害，并且会使人滑倒。要遵守液压油厂家的安全参数表。

(8) 工作结束后必须将设备表面液压油擦拭干净，这是非常重要的。

5. 暴风雨/雷电的危险

(1) 在雷雨时绝不能接近风力发电机。

(2) 如果发生雷雨时，人员位于塔筒或机舱中，应立即爬下离开。

6. 风力发电机发生飞车时的危险

当风力发电机发生飞车时，人员应立即离开风力发电机并切断所有电源，不能在附近地区滞留。

7. 操作不当

(1) 禁止将风力发电机做其他用途使用。

(2) 风力发电机不允许脱离电网运转。

(3) 未经制造商许可，不得对风力发电机进行结构上的修改。

(4) 禁止干扰和修改控制软件。

(5) 不允许录用资质不合格人员进行风力发电机操作。

(6) 由于使用不当造成的损失，仅由使用者自己负责。

六、安全设备

风力发电机装有以下安全设备，见附图 2，各安全设备功能见附表 4。

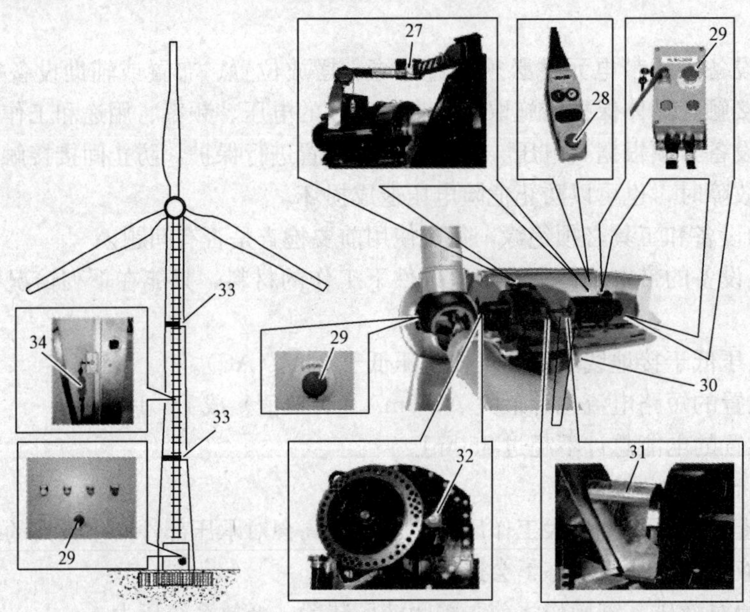

附图 2 风力发电机安全设备

附表 4 安全设备功能

编号	安全设备	数量	功　能
27	止动螺栓	1	固定吊车
28	吊车操作装置上的紧急停止按钮	1	立即停止吊车并切断电流
29	紧急停止开关	7	使风力发电机停机并切断电流
30	保护罩	1	防止进入偏航齿圈

续表

编号	安全设备	数量	功　能
31	保护罩	1	防止进入制动联轴器
32	风轮锁定	2	锁定风轮
33	带有踢脚板和活门的平台	2～3	防止站在下方的人员被掉落物体砸伤
34	抓卡装置	2	防止攀爬人员掉落
35	紧急下降辅助装置	1	在紧急情况下从机舱中逃出

七、安全链

1. 综述

安全链是一个硬件组成的链条。安全链的状态由SPC监控，可监测安全链上哪个部分被触发。

安全链可以由以下因素触发：

（1）机舱内的紧急停止按钮（齿轮箱两侧各一个，机舱柜有一个）。

（2）塔筒底部紧急停止按钮（在变频柜上）。

（3）超速控制开关（旋转速度）。

（4）振动开关（在主机架上）。

（5）变桨处的工作位置开关（变桨角度小于－3°）。

（6）制动信号。

2. 自动复位方法

由紧急停止开关触发安全链时，只能手动复位；由其他方式触发安全链，可以通过操作系统复位。

八、紧急事故下的工作程序

（1）按下或启动紧急停止按钮，将风力发电机停机。确保风力发电机不被重新启动。

（2）保护受伤人员。

（3）通知医疗人员，必要时通知消防部门。

（4）确定事故的程度和类型。

（5）改正引发事故的原因。

（6）只有当事故原因被改正后，方可重新启动风力发电机。向逆时针方向旋转松开紧急停止按钮。

九、发生火灾时的做法

（1）发生火灾时要立即将风力发电机停机（紧急停止按钮），立即离开风力发电机并通知消防队。

（2）紧急出口在塔筒底部。

（3）发生火灾时，可以使用塔筒外部的吊绳装置离开机舱。

（4）风力发电机采用高度易燃材料制成，包括钢材、金属和GRP（玻璃纤维强化塑料）。

（5）发生火灾时只能用风力发电机内的灭火器灭火。

（6）风力发电机内有两个灭火器：一个灭火器在塔筒底部入口；另一个灭火器在最上面

的塔筒平台上。

(7) 发生火灾时，有时难以保持最短距离灭火，所以只有合格的人员才应尝试灭火。

(8) 如果机舱、风轮或塔筒上部燃烧，燃烧物品可能有掉落的危险，应立即停机（紧急停止按钮）并离开。

(9) 发生火灾时，应对风力发电机至少 250m 半径范围内的人群进行疏散，周围区域必须封闭。

(10) 必须牢记由于安装的特点，在风力发电机内部发生火灾时，操作人员的最大危险是缺氧和吸入烟雾，这将导致事故发生时仍在现场但没有发现火情的人员窒息死亡。

(11) 火灾产生的烟雾将很快充满风力发电机的内部空间，风力发电机管状安装产生的烟囱效果更加速了这一过程。

(12) 发生火灾时，在风力发电机内使用灭火器而不戴氧气罩，会使缺氧的情况恶化。

(13) 考虑到以上几点，在风力发电机内部检测到由于火灾存在烟雾时，仍在内部的人员应去往比着火处高的地方，并遵循如下步骤。

1) 保持冷静。

2) 不要试图收拾工具或者任何个人物品。

3) 按照说明书装好紧急降落设备，在接触发电机之前就应熟悉紧急降落设备，且说明书应与设备放在一起。

4) 将紧急降落设备悬到机舱外部，并将安全装置固定到紧急降落设备上。

5) 第一个人着地后松开挂钩，第二个人方可降落。

6) 断开风力发电机的主开关，条件允许的话应通知控制人员断开主开关。

7) 用最快的方式通知风场的人员和火警。

(14) 人员从风力发电机撤离后，研究使用风场分站内可用的灭火设备灭火的可能性。进入风力发电机的内部时应该戴氧气罩，并且应由火警组织。

(15) 如果遇到风力发电机内或附近的火势无法控制的情况，风力发电机必须与电网断开。至少应在发电机周围半径为 250m 的范围内用警戒线隔开，并将里面的人员撤离出来。

(16) 在使用灭火器时，应注意风力发电机内存在高电压，灭火器应适合于扑灭由电引起的火灾。灭火必须使用 CO_2 或干粉灭火器，在任何情况下都不能用水。

应注意在一个小的封闭环境，没有使用氧气罩时切不可使用二氧化碳灭火器。

1) 使用辅助发电机时，附近应有灭火器。

2) 在进行会引起火花的工作之前，应得到 DHI·DCW 的特别准许。工作区域内应该没有油，现场应有轻便的灭火器和灭火毯。

3) 所有的维修或检查运输工具都应有轻便的灭火器，用于风力发电机塔底层平台内的小范围灭火。

十、叶片结冰导致风轮不平衡时的做法

叶片上因结冰产生的额外重量会导致风轮不平衡。应通过控制系统检测结冰情况，并使风力发电机停机。

在检测到可能结冰时，工作程序如下。

1. 平衡控制

塔筒顶部的振动传感器能够检测塔筒的振动速度，当达到临界值时停机。

2. 湿度和温度（备选）

（1）在达到临界温度/湿度时（即达到露点，有结冰危险），风力发电机自动停机并显示“有结冰危险”报警。

（2）在风力发电机外有冰块掉落的危险。

（3）为防止被掉落物体砸伤，切勿接近危险区域。危险区域的半径取决于掉落物体的高度，见附表5。

附表5　　掉落物体的危险区域

物体的高度 h（m）	危险区域的半径	最小安全半径（m）
<100	$R>h+3d$	400
100～150	$R>h+3d$	400

注　d 为风轮直径。

十一、对因气候造成事故的应对

1. 风速过大时的做法

（1）通常在风速超过20～25m/s时，不必对设备进行操作。

（2）负责人在决定是否进行或暂停工作时，必须参考风速（决定性因素）、阵风、雨、任务的情况和特点、操作员的经验、所用机器的特点等。

（3）基本的安装工作和主要的修正工作需要吊起部件，此时风速限值为14m/s。

（4）执行维修任务时无法使用制动器，此时风速限值为10m/s。

（5）要执行具体的维修任务，必须考虑到相应任务的说明。

2. 雷雨时的做法

（1）闪电危险。

（2）在雷雨天气，不能接近风力发电机。

（3）如果在塔筒或机舱内工作时发生雷雨，应立即爬下风力发电机离开。

3. 发生沙暴时的做法

如果在塔筒或机舱内工作时发生沙暴，应立即爬下风力发电机离开。

4. 发生地震时的做法

如果在塔筒或机舱内工作时发生地震，应立即爬下风力发电机离开。

十二、紧急出口

（1）紧急出口在塔筒底部。

（2）可以利用安全攀登设备将受伤人员从机舱中救出，受伤人员必须由另一人陪护。

十三、发电机附近逗留和活动

（1）除非必要，不应进入风力发电机周围120m半径区域。如果必须从地面上检查一台正在运行的风力发电机，不应站在叶片所在的平面内，而应站在风力发电机的上风向。

（2）在风暴天气，不应留在塔内或邻近塔的地区。

（3）在进行风力发电机相关工作时，应确保在风力发电机附近或周边没有无关人员。

（4）应注意在风力发电机底座周围围上围栏。必须使无关人员无法接触到风力发电机的地面控制器，以防闯入者误用地面控制器启动或者停止风力发电机。

十四、在机舱工作时的注意事项

（1）在上塔时，确保下面没有人。

（2）如果在无法控制的情况下有材料需要借助梯子升起或降下（在正常情况下可使用绞盘），材料必须装入固定在安全装置上的袋子（或装入工具袋）运送。不应在运送材料的人员下方上塔或下塔，并应保持安全距离。

（3）在上塔时，系索必须连接到救生索上，不能系在梯子的铝制台阶上。

（4）在偏转环区域继续向上时，应将固定系索挂到稳定的固定点。

（5）通过平台的活板门后，必须将活板门关闭。

（6）在机舱中工作时必须确保风力发电机下方无人。

（7）由于机舱布局紧凑且尺寸较小，在机舱内移动时必须特别注意，以防被元件绊倒。

（8）在后门附近或机舱上部工作时，操作人员必须用系索将自己固定到至少一个可靠的固定点上，且门口的安全条必须完好。

（9）用绞盘吊起紧急下降设备。在机舱内执行任何操作时都必须吊起该设备，在进行某些危险性较高的工作之前，应将下降设备放置到位。

（10）未经授权的人员在任何情况下都不可拆去电气或者旋转元件的外罩。

十五、提升装置的操作

（1）在使用提升绞盘前，必须使用至少1根安全绳使自己处于安全状态下。

（2）打开门并将装置锁定在把手上，使装置处于安全状态下。

（3）松开旋转臂，旋转装置至门外并将门闩锁住。

（4）当提升绞盘处于运行状态时，一定不要碰到周围的链条，钩子应钩紧地面提升绞盘的法兰。

附录B　兆瓦级风力发电机组定期维护项目

1. 发电机

(1) 检查发电机电缆有无损坏、破裂和绝缘老化，系统有无漏水、缺水等情况。

(2) 检查空气入口、通风装置和外壳冷却散热系统。

(3) 检查水冷却系统，并按厂家规定时间更换水及冷却剂。在气温达到－30℃以下地区应加防冻剂。

(4) 紧固电缆接线端子，按厂家规定力矩标准执行。

(5) 直观检查发电机消声装置。

(6) 给轴承注油，检查油质。注油型号和用量按有关标准执行。

(7) 检查空气过滤器，每年检查并清洗一次。

(8) 定期检查发电机绝缘、直流电阻等有关电气参数。

(9) 按力矩表100％紧固螺栓。

(10) 检查发电机轴偏差，按有关标准进行调整。

2. 齿轮箱

(1) 检查齿轮箱有无异常声音。

(2) 检查油温、油色是否正常，油标位置是否在正常范围之内。

(3) 检查油冷却器和油泵系统有无泄漏。

(4) 检查箱体有无泄漏。

(5) 检查齿轮箱油过滤器，并按厂家规定时间进行更换。

(6) 两年采集一次油样进行化验。

(7) 检查齿轮箱支座缓冲胶垫外观及老化情况。

(8) 按力矩表100％紧固齿轮箱与机座螺栓。

(9) 检查轮齿及齿面磨损及损坏情况。

3. 叶片

(1) 检查叶片的表面、根部及边缘有无损坏，以及装配区域有无裂缝。

(2) 根据力矩表抽样紧固叶片10％～20％的螺栓。

(3) 检查风机叶片初始安装角是否改变。

(4) 检查叶片表面附翼有无损坏。

(5) 检查接地系统是否正常。

4. 轮毂

(1) 检查轮毂表面有无腐蚀。

(2) 按力矩表10％～20％抽样紧固主轴法兰与轮毂装配螺栓。

(3) 按设备生产厂家要求更换螺栓。

(4) 检查变桨距系统有无异常情况。

5. 导流罩

(1) 检查导流罩本体有无损坏。

(2) 检查安装螺栓有无松动。
(3) 检查工作窗锁具有无异常。
(4) 检查工作窗钢线是否可靠。

6. 主轴

(1) 检查主轴部件有无破损、磨损、腐蚀，螺栓有无松动、裂纹等现象。
(2) 检查主轴有无异常声音。
(3) 检查轴封有无泄漏，检查轴承两端轴封润滑情况。
(4) 按力矩表100%紧固主轴螺栓、轴套与机座螺栓。
(5) 检查转轴（前端与后盖）罩盖。
(6) 检查主轴润滑系统有无异常并按要求进行注油。
(7) 检查注油罐油位是否正常。
(8) 检查主轴与齿轮箱的连接情况。

7. 集电环

(1) 清理集电环。
(2) 检查集电环磨损程度。
(3) 检查大小碳刷。
(4) 检查接地系统金属刷。
(5) 检查弹簧压力、支架、接线是否正常。
(6) 检查引线与刷架连接紧固螺栓是否松动。

8. 空气制动系统

(1) 检查叶尖制动块与主叶片是否复位。
(2) 检查液压缸及附件有无泄漏。
(3) 检查连接钢索是否牢固。
(4) 检查液压电动机工作是否正常。
(5) 检查液压站本体有无渗油，液压管有无磨损，电气接线端子有无松动。
(6) 检查旋转接合器工作是否正常。
(7) 检查相关阀件工作是否正常。
(8) 检查液压站系统压力是否正常。

9. 机械制动系统

(1) 检查接线端子有无松动。
(2) 检查制动盘和制动块间隙，间隙不能超过厂家规定数值。
(3) 检查制动块磨损程度。
(4) 检查制动盘是否松动，有无磨损和裂缝。如果需要更换，按厂家规定标准执行。
(5) 检查液压栈各测点压力是否正常。
(6) 检查液压连接软管和液压缸的泄漏与磨损情况。
(7) 根据力矩表100%紧固机械制动器相应螺栓。
(8) 检查液压油位是否正常。
(9) 按规定更新过滤器。
(10) 测量制动时间，并按规定进行调整。

10. 联轴器

(1) 检查两个万向节点的运行情况，在一个固定点检查万向节径向和轴向窜动情况。如果在一个方向上运行位移大于厂家规定数值，应更新或修理万向接头。

(2) 检查万向节螺栓，用工具锁紧。

(3) 按照润滑表，给万向节润滑注油。

(4) 检查橡胶缓冲部件有无老化或损坏。

(5) 按厂家要求检查联轴器同心度。

11. 传感器

(1) 检查电气传感器。

(2) 检查位置传感器。

(3) 检查转速传感器。

(4) 检查位移传感器。

(5) 检查温度传感器。

(6) 检查压力传感器。

(7) 检查振动传感器。

(8) 检查方向传感器。

12. 偏航系统

(1) 检查偏航齿轮箱有无渗漏。

(2) 根据力矩表对塔顶法兰10%～20%的螺栓进行抽样紧固。

(3) 根据力矩表对偏航系统螺栓进行100%紧固。

(4) 对偏航系统转动部件进行注油，油型、油量及间隔时间按有关规定执行。

(5) 检查齿牙有无损坏，转动是否自如。

(6) 检查偏航齿圈，必要时需做均衡调整。

(7) 检查偏航电动机或偏航液压电动机功能是否正常。

(8) 检查液压栈本体有无渗油，液压管有无磨损，电气接线端子有无松动。

(9) 检查偏航功率损耗是否在规定范围之内，可根据气温变化做相应调整。

(10) 检查偏航制动系统是否正常。

13. 机舱控制箱

(1) 测试面板上的按钮功能是否正常。

(2) 检查接线端子。

(3) 检查箱体固定是否牢固。

14. 塔架

(1) 根据力矩表对安装在中法兰和底法兰的螺栓抽样10%～20%进行紧固。

(2) 检查电缆表面有无磨损和损坏。

(3) 检查梯子、平台、电缆支架、防风挂钩、门、锁、灯、安全开关等有无异常。

(4) 检查塔门和塔壁焊接有无裂纹。

(5) 检查塔身有无脱漆腐蚀，密封是否良好。

(6) 检查安全装置是否完好。

(7) 检查塔架垂直度。

15. 风电机控制柜

(1) 检查控制柜所有开关、继电器、熔断器、变压器、不间断电源、指示灯等部件是否完好。

(2) 检查电气回路性能及绝缘情况。

(3) 根据要求100%紧固接线端子。

(4) 检查所有插件接触是否良好。

(5) 检查电缆有无损坏和破损。

(6) 检查电容器组、避雷器、晶闸管外观形态有无异常。

(7) 检查控制柜安装是否牢固。

(8) 检查通风散热系统是否正常。

(9) 检查操作机构是否良好。

(10) 检查控制柜密封、防水、防小动物情况。

16. 加热装置

(1) 检查电机加热装置是否正常。

(2) 检查控制柜加热装置是否正常。

(3) 检查齿轮箱油加热装置是否正常。

(4) 检查风速风向仪加热装置是否正常。

(5) 检查机舱加热装置是否正常。

17. 监控系统

(1) 检查所有硬件（包括微型计算机、调制解调器、通信设备及不间断电源）是否正常。

(2) 检查所有接线是否牢固。

(3) 检查并测试监控系统的命令和功能是否正常。

(4) 测试数据传输通道的有关参数是否符合要求。

18. 气象站及风资源分析系统

(1) 检查风资源采集系统是否正常。

(2) 检查与监控系统连接的数据通道是否完好。

(3) 检查风资源分析系统是否良好。

(4) 测试风资源分析软件的所有命令和功能是否正常。

19. 风电机整体检查

(1) 检查法兰间隙。

(2) 检查风机防水、防尘、防沙暴、防腐蚀情况。

(3) 一年一次检查风机防雷系统。

(4) 一年一次测量风机接地电阻。

(5) 检查并测试系统的命令和功能是否正常。

(6) 检查电动吊车。

(7) 根据需要进行超速试验、飞车试验、正常停机试验、安全停机、事故停机试验。

附录C 工具的使用与管理

(1) 工具使用必须按操作规程，正确合理使用，不得违章野蛮操作。

(2) 工具使用完毕后应精心维护保养，保证工具的完好清洁，并按规定位置及方式摆放整齐。

(3) 工作过程中携带的工具和物品应固定牢靠、轻拿轻放，避免发生工具跌落损坏事故。

(4) 临时借用的工具使用完毕后应主动及时归还，不得随意放置，以免丢失。

(5) 贵重工具（如扭力扳手等）必须由值班长负责借用，并对使用者强调使用安全。

(6) 安全带、安全绳的可靠性直接关系到运行人员的工作安全，应当妥善保管，合理使用，定期检查，避免划伤、损坏，不得移为它用。严禁将上述物品用作吊具，超限起吊重物。

(7) 对损坏的工具应当及时进行修复，暂无条件修复的应妥善保管。

维护工具见附表6。

附表6　　维护工具一览

序号	名　　称	规格型号	数量
机舱和叶轮			
1	活动扳手	100	1
2	活动扳手	500	1
3	双开口扳手	13	1
4	双开口扳手	16-18，17-19	2
5	双开口扳手	22-24，30-32	1
6	公制组套工具	12.5（25件）	1
7	扭力扳手	100N·m（12.5）	1
8	扭力扳手	300N·m（12.5）	1
9	扭力扳手	800N·m（20）	1
10	套筒头（12.5）	13	1
11	套筒头（12.5）	18	1
12	套筒头（20）	24	1
13	套筒头（20）	30	1
14	套筒头（20）	36	1
15	套筒头（25）	41（加长）	1
16	套筒头（25）	46	1
17	套筒头（25）	55	1
18	套筒头（25）	65	1
19	一字形螺钉旋具	200×3	1

续表

序号	名　　称	规格型号	数量
		机舱和叶轮	
20	一字形螺钉旋具	125×6	1
21	十字形螺钉旋具	200×4	1
22	十字形螺钉旋具	125×6	1
23	电工刀		1
24	球形内六角扳手	9件，3～14mm	1
25	弹性支撑紧固专用内六方（自制）	14	1
26	液压扭力扳手		1
27	钢卷尺	5m	1
28	数显游标卡尺	150mm	1
29	塞尺	200（14片）	1
30	测压表及接头	0～200bar	1
31	数字万用表	电压量程750V	1
32	数字钳形表	电压量程750V	1
33	油脂加注枪		3
34	漏斗	中	1
35	工具包		2
36	对讲机	MOTOROLA T5428	2
37	望远镜		1
38	手电		1
39	废油桶	5L	1
		塔　　架	
1	活动扳手	100	1
2	双开口扳手	17-19，22-24	2
3	两用扳手	55-60	1
4	公制组套工具	12.5（25件）	1
5	套筒头（25）	60（薄壁）	1
6	液压扭力扳手		1
7	工具包		2
8	对讲机	MOTOROLA T5428	2
9	望远镜		1
		电控柜（塔架下部）	
1	活动扳手	100	1
2	双开口扳手	13	1
3	双开口扳手	16-18，17-19	2
4	双开口扳手	22-24，30-32	2
5	公制组套工具	12.5（25件）	1

续表

序号	名　　称	规格型号	数量
		电控柜（塔架下部）	
6	扭力扳手	100N·m (12.5)	1
7	一字形螺钉旋具	200×3	1
8	一字形螺钉旋具	125×6	1
9	十字形螺钉旋具	200×4	1
10	十字形螺钉旋具	125×6	1
11	电工刀		1
12	球形内六角扳手	9件，3～14mm	1
13	数字万用表	电压量程750V	1
14	数字钳形表	电压量程750V	1
15	工具包		2
16	手电		1

调试工具见附表7。

附表7　　调试工具一览

序号	工具名称	规格型号	数量
1	数字万用表	F15B	1套
2	钳形电流表		1套
3	十字形螺钉旋具	6mm×250mm	1把
4	十字形螺钉旋具	4mm×200mm	1把
5	一字形螺钉旋具	6mm×250mm	1把
6	一字形螺钉旋具	4mm×200mm	1把
7	一字形螺钉旋具	3mm×220mm	2把
8	斜口钳	160mm	1把
9	尖嘴钳	160mm	1把
10	老虎钳	160mm	1把
11	内六方扳手	1.5～10mm	1套
12	开口扳手	8～22mm	1套
13	套筒	10～22mm	1套
14	棘轮		1把
15	压线钳	0.25～6mm	1把
16	剥线钳	0.25～0.75mm	1把
17	剥线钳	185mm	1把
18	断线钳		1把
19	活动扳手	22mm×160mm	1把
20	活动扳手	32mm×500mm	1把

续表

序号	工具名称	规格型号	数量
21	端子起		1把
22	相序表		1套
23	兆欧表		1套
24	美工刀		1把
25	纸胶带		1卷
26	中性笔		1支
27	透明胶带		1卷
28	柜体钥匙		3把
29	系统运行软件		1套
30	笔记本电脑		1台
31	数码相机		1台
32	电气接线图		1套
33	对讲机	带充电器	1对

参 考 文 献

[1] 电力行业职业技能鉴定指导中心. 风力发电运行检修员. 北京：中国电力出版社，2006.

[2] Tony Burton，等. 风能技术. 北京：科学出版社，2007.

[3] 霍志红，等. 风力发电机组控制技术. 北京：中国水利水电出版社，2010.

[4] 叶杭冶. 风力发电机组的控制技术. 2版. 北京：科学出版社，2007.

[5] 叶杭冶，等. 风力发电系统的设计、运行与维护. 北京：电子工业出版社，2010.

[6] 姚兴佳，宋俊. 风力发电机组原理与应用. 北京：机械工业出版社，2011.

[7] 刘万昆，等. 风能与风力发电技术. 北京：化学工业出版社，2007.

[8] 熊礼俭. 风力发电新技术与发电工程设计、运行、维护及标准规范实用手册. 北京：中国科技文化出版社，2005.

[9] 苏绍禹. 风力发电设计与运行维护. 北京：中国电力出版社，2003.

[10] 任清晨. 风力发电机组工作原理和技术基础. 北京：机械工业出版社，2010.

[11] 宫靖远. 风电场工程技术手册. 北京：机械工业出版社，2004.

[12] 任清晨. 风力发电机组安装、运行与维护. 北京：机械工业出版社，2010.

[13] 吴佳梁，等. 风力机可靠性工程. 北京：化学工业出版社，2010.

[14] 何显富，等. 风力机设计、制造与运行. 北京：化学工业出版社，2009.

[15] 王承煦，张源. 风力发电. 北京：中国电力出版社，2003.

[16] 宋海辉. 风力发电技术及工程. 北京：中国水利水电出版社，2009.

[17] 邵联合. 风力发电机组运行维护与调试. 北京：化学工业出版社，2012.

[18] 张小青. 风电机组防雷与接地. 北京：中国电力出版社，2009.

[19] 宋海辉. 风力发电技术及工程. 北京：中国水利水电出版社，2009.

[20] 吴佳梁，等. 风力机安装维护与故障诊断. 北京：化学工业出版社，2011.